DIN-Taschenbuch 317/2

Jetzt diesen Titel zusätzlich als E-Book downloaden und 70 % sparen!

Als Käufer dieses Buchtitels haben Sie Anspruch auf ein besonderes Kombi-Angebot: Sie können den Titel zusätzlich zum Ihnen vorliegenden gedruckten Exemplar für nur 30 % des Normalpreises als E-Book beziehen.

Der BESONDERE VORTEIL: Im E-Book recherchieren Sie in Sekundenschnelle die gewünschten Themen und Textpassagen. Denn die E-Book-Variante ist mit einer komfortablen Volltextsuche ausgestattet!

Deshalb: Zögern Sie nicht. Laden Sie sich am besten gleich Ihre persönliche E-Book-Ausgabe dieses Titels herunter.

In 3 einfachen Schritten zum E-Book:

1. Rufen Sie die Website **www.dinmedia.de/e-book** auf.

2. Geben Sie hier Ihren persönlichen, nur einmal verwendbaren E-Book-Code ein:

   3954378289F56D6

3. Klicken Sie das „Download-Feld“ an und gehen dann weiter zum Warenkorb. Führen Sie den normalen Bestellprozess aus.

Hinweis: Der E-Book-Code wurde individuell für Sie als Erwerber dieses Buches erzeugt und darf nicht an Dritte weitergegeben werden. Mit Zurückziehung dieses Buches wird auch der damit verbundene E-Book-Code für den Download ungültig.

DIN-Taschenbuch 317/2

Ihre Kontakte für Auskünfte und Bestellungen:
DIN Media GmbH
Telefon: +49 30 588 857 00-70
E-Mail: kundenservice@dinmedia.de

DIN

DIN-Taschenbuch 317/2

Werkstoffprüfung 2

Mechanisch-technologische Prüfverfahren 1:
Zug- und Biegeprüfung

1. Auflage

Stand der enthaltenen Normen: September 2025

Herausgeber: DIN Deutsches Institut für Normung e. V.

DIN Media GmbH

Herausgeber: DIN Deutsches Institut für Normung e. V.

© 2025 DIN Media GmbH
Am DIN-Platz
Burggrafenstraße 6
10787 Berlin

Telefon: +49 30 588 857 00-70
Internet: www.dinmedia.de
E-Mail: kundenservice@dinmedia.de

Satz: DIN Media GmbH, Berlin
Druck: BOOKS FACTORY Sp. z o.o., ul. Cukrowa 22, PL-71-004 Szczecin

Gedruckt auf säurefreiem, alterungsbeständigem Papier nach DIN EN ISO 9706

ISBN 978-3-410-39543-0
ISBN (E-Book) 978-3-410-39544-7

Vorwort

Werkstoffprüfungen sind ein unverzichtbarer Bestandteil der Qualitätssicherung und werkstofftechnischen Entwicklung. Insbesondere die Zug- und Biegeprüfung gehören zu den grundlegendsten Prüfverfahren zur Charakterisierung mechanischer Eigenschaften von Werkstoffen. Sie liefern wichtige Kennwerte zur Festigkeit, Steifigkeit und Verformbarkeit und dienen damit als Entscheidungsgrundlage in der Konstruktion, Fertigung und Werkstoffauswahl.

Dieses DIN-Taschenbuch stellt eine systematische und praxisorientierte Zusammenstellung der wichtigsten Prüfverfahren im Bereich der Zug- und Biegeprüfung bereit. Der Fokus liegt bewusst auf einer werkstoffunspezifischen Betrachtung, um die breite Anwendbarkeit dieser Verfahren unabhängig von den eingesetzten Materialien – sei es Metall, Kunststoff oder Faserverbundwerkstoff – zu unterstützen.

Neben den Prüfverfahren bei Raumtemperatur werden auch Normen für Prüfungen bei erhöhten und tiefen Temperaturen sowie für das Kriech- und Langzeitverhalten berücksichtigt. Ergänzend finden sich relevante Normen zu spezifischen Werkstoffgruppen, soweit diese für die allgemeine Prüfpraxis von Bedeutung sind.

Das DIN-Taschenbuch richtet sich an Ingenieurinnen und Ingenieure, Technikerinnen und Techniker sowie Fachkräfte aus Prüflaboren, Fertigung, Qualitätssicherung und Entwicklung, die sich schnell und zielgerichtet über die relevanten Normen informieren wollen.

In diesem Zuge soll auf weiterführende Literatur hingewiesen werden, die sich ebenfalls mit der Thematik der Werkstoffprüfungen befasst:

- DIN-Taschenbuch 317/1 – Grundlagen: Maschinentechnik, Probekörper und Messgenauigkeit
- DIN-Taschenbuch 317/3 – Härteprüfungen
- DIN-Taschenbuch 317/4 – Kerbschlagbiegeversuch
- DIN-Taschenbuch 317/5 – Zerstörungsfreie Prüfung

Inhalt

Maßgebend für das Anwenden jeder in diesem DIN-Taschenbuch enthaltenen Norm ist deren Fassung mit dem neuesten Ausgabedatum.

Sie können sich auch über den aktuellen Stand unter der Telefon-Nr. +49 30 588 857 00-70 oder im Internet unter www.dinmedia.de informieren.

Hinweise zur Nutzung von DIN-Taschenbüchern und Normen-Handbüchern

Was sind DIN-Normen?

DIN Deutsches Institut für Normung e. V. erarbeitet Normen und Standards als Dienstleistung für Wirtschaft, Staat und Gesellschaft. Die Hauptaufgabe von DIN besteht darin, gemeinsam mit Vertreterinnen und Vertretern der interessierten Kreise konsensbasierte Normen markt- und zeitgerecht zu erarbeiten. Hierfür bringen rund 35.000 Expertinnen und Experten ihr Fachwissen in die Normungsarbeit ein. Aufgrund eines Vertrages mit der Bundesregierung ist DIN als die nationale Normungsorganisation und als Vertreter deutscher Interessen in den europäischen und internationalen Normungsorganisationen anerkannt. Heute ist die Normungsarbeit von DIN zu fast 90 Prozent international ausgerichtet. DIN-Normen können Nationale Normen, Europäische Normen oder Internationale Normen sein. Welchen Ursprung und damit welchen Wirkungsbereich eine DIN-Norm hat, ist aus deren Bezeichnung zu ersehen:

DIN (plus Zählnummer, z. B. DIN 4701)

Hier handelt es sich um eine Nationale Norm, die ausschließlich oder überwiegend nationale Bedeutung hat oder als Vorstufe zu einem internationalen Dokument veröffentlicht wird (Entwürfe zu DIN-Normen werden zusätzlich mit einem „E“ gekennzeichnet). Die Zählnummer hat keine klassifizierende Bedeutung. Bei Nationalen Normen mit Sicherheitsfestlegungen aus dem Bereich der Elektrotechnik ist neben der Zählnummer des Dokumentes auch die VDE-Klassifikation angegeben (z. B. DIN VDE 0100).

DIN EN (plus Zählnummer, z. B. DIN EN 71)

Hier handelt es sich um die deutsche Ausgabe einer Europäischen Norm, die unverändert von allen Mitgliedern der europäischen Normungsorganisationen CEN/CENELEC/ETSI übernommen wurde. Bei Europäischen Normen der Elektrotechnik ist der Ursprung der Norm aus der Zählnummer ersichtlich: Von CENELEC erarbeitete Normen haben Zählnummern zwischen 50000 und 59999, von CENELEC übernommene Normen, die in der IEC erarbeitet wurden, haben Zählnummern zwischen 60000 und 69999, Europäische Normen des ETSI haben Zählnummern im Bereich 300000.

DIN EN ISO oder DIN EN ISO/IEC (plus Zählnummer, z. B. DIN EN ISO 306)

Hier handelt es sich um die deutsche Ausgabe einer Europäischen Norm, die mit einer Internationalen Norm identisch ist und die unverändert von allen Mitgliedern der europäischen Normungsorganisationen CEN/CENELEC/ETSI übernommen wurde.

DIN ISO, DIN IEC oder DIN ISO/IEC (plus Zählnummer, z. B. DIN ISO 720)

Hier handelt es sich um die unveränderte Übernahme einer Internationalen Norm in das Deutsche Normenwerk.

Weitere Ergebnisse der Normungs- und Standardisierungsarbeit bei DIN können sein:

Technische Spezifikation (DIN/TS)

Eine Technische Spezifikation ist ein normatives Dokument, bei dem die künftige Möglichkeit zur Annahme als Norm gegeben ist, jedoch zurzeit die Veröffentlichung als Norm aus unterschiedlichen Gründen ausgeschlossen ist (z. B. wenn die technische Entwicklung des Normungsgegenstandes noch nicht abgeschlossen ist).

ANMERKUNG: Publikationen bis 2019 wurden unter der Bezeichnung „DIN SPEC (Vornorm)“ bzw. „Vornorm“ geführt.

ANMERKUNG: Eine Technische Spezifikation von DIN kann auch die Übernahme einer europäischen oder internationalen Technischen Spezifikation beinhalten.

Technischer Report (DIN/TR)

Bei einem Technischen Report handelt es sich um ein informatives Dokument zum technischen Inhalt von Normungsarbeiten (z. B. Daten, die aus einer Umfrage gewonnen wurden, oder Informationen zum „Stand der Technik“ auf einem bestimmten Gebiet).

ANMERKUNG: Publikationen bis 2019 wurden unter der Bezeichnung „DIN SPEC (Fachbericht)“ bzw. „Fachbericht“ geführt.

ANMERKUNG: Ein Technischer Report von DIN kann auch die Übernahme eines europäischen oder internationalen Technischen Reports beinhalten.

DIN SPEC

Eine DIN SPEC ist ein Dokument, das in einem temporär zusammengestellten Gremium unter Beratung von DIN und ohne zwingende Einbeziehung aller interessierten Kreise erarbeitet wird.

ANMERKUNG: Unter dem Produktnamen DIN SPEC wurden auch Publikationen bis 2019 nach den Vornorm- und Fachberichts-Verfahren geführt.

ANMERKUNG: Europäische und internationale Dokumente, die nach dem gleichen Verfahren erarbeitet werden, werden als „Workshop Agreement“ bezeichnet und können von DIN als DIN CWA bzw. DIN IWA übernommen werden.

ANMERKUNG: ISO/PAS und IEC/PAS werden als DIN ISO/PAS und DIN IEC/PAS übernommen.

Beiblatt (Bbl)

Ein Beiblatt enthält Informationen zu einer Norm oder Normenreihe, einer DIN/TS oder einem DIN/TR, jedoch keine zusätzlich genormten Festlegungen.

Was sind DIN-Taschenbücher und Normen-Handbücher?

Ein besonders einfacher und preisgünstiger Zugang zu den DIN-Normen führt über die DIN-Taschenbücher bzw. Normen-Handbücher. Sie enthalten die jeweils für ein bestimmtes Fach- oder Anwendungsgebiet relevanten Normen im Originaltext. Die Dokumente sind in der Regel als Originaltextfassungen enthalten, verkleinert auf das Format A5.

Was muss ich beachten?

Die Anwendung von DIN-Normen ist freiwillig. Das heißt, man kann sie anwenden, muss es aber nicht. DIN-Normen werden verbindlich durch Bezugnahme, z. B. in einem Vertrag zwischen privaten Parteien oder in Gesetzen und Verordnungen.

Der Vorteil der einzelvertraglich vereinbarten Verbindlichkeit von Normen liegt darin, dass sich Rechtsstreitigkeiten von vornherein vermeiden lassen, weil die Normen eindeutige Festlegungen sind. Die Bezugnahme in Gesetzen und Verordnungen entlastet den Staat und die Bevölkerung von rechtlichen Detailregelungen.

DIN-Taschenbücher und Normen-Handbücher geben den Stand der Normung zum Zeitpunkt ihres Erscheinens wieder. Die Angabe zum Stand der enthaltenen Normen und anderer Regeln des DIN-Taschenbuches bzw. Normen-Handbuches finden Sie auf Seite III. Maßgebend für das Anwenden jeder in einem DIN-Taschenbuch bzw. Normen-Handbuch enthaltenen Norm ist deren Fassung mit dem neuesten Ausgabedatum. Den aktuellen Stand zu jeder in diesem DIN-Taschenbuch bzw. Normen-Handbuch enthaltenen DIN-Norm können Sie im Webshop von DIN Media unter www.dinmedia.de abfragen. Dort finden Sie insbesondere etwaige Berichtigungen und Warnvermerke, welche bei der Anwendung der jeweiligen Norm unbedingt zu beachten sind.

Wie sind DIN-Taschenbücher und Normen-Handbücher aufgebaut?

DIN-Taschenbücher bzw. Normen-Handbücher enthalten die im Abschnitt „Verzeichnis enthaltener Normen“ jeweils aufgeführten Dokumente in ihrer Originalfassung. Ein DIN-Nummernverzeichnis sowie ein Stichwortverzeichnis am Ende des Buches erleichtern die Orientierung.

Abkürzungsverzeichnis

Die in den Dokumentnummern der Normen verwendeten Abkürzungen bedeuten:

A	Änderung von Europäischen oder Deutschen Normen
Bbl	Beiblatt
Ber	Berichtigung
CWA	CEN Workshop Agreement
DIN	Deutsche Norm
DIN EN	Deutsche Norm auf der Basis einer Europäischen Norm
DIN EN ISO	Deutsche Norm auf der Grundlage einer Europäischen Norm, die auf einer Internationalen Norm der ISO beruht
DIN EN ISO/IEC	Deutsche Norm auf der Grundlage einer Europäischen Norm, die auf einer Internationalen Norm der IEC beruht
DIN IEC	Deutsche Norm auf der Grundlage einer Internationalen Norm der IEC
DIN ISO	Deutsche Norm auf der Grundlage einer Internationalen Norm der ISO
DIN SPEC	DIN-Spezifikation
DIN VDE	Deutsche Norm, die zugleich VDE-Bestimmung oder VDE-Leitlinie ist
DVS	DVS-Richtlinie oder DVS-Merkblatt
E	Entwurf
EN	Europäische Norm
EN ISO	Europäische Norm, in die eine Internationale Norm unverändert übernommen wurde und deren deutsche Fassung den Status einer Deutschen Norm erhalten hat
ENV	Europäische Vornorm, deren deutsche Fassung den Status einer Deutschen Vornorm erhalten hat
IEC	Internationale Norm der IEC
ISO	Internationale Norm der ISO
IWA	International Workshop Agreement
PAS	Publicly Available Specification
TR	Technischer Report (Technical Report)
TS	Technische Spezifikation (Technical Specification)
VDI	VDI-Richtlinie

DIN-Nummernverzeichnis

Hierin bedeutet:

○ Zur enthaltenen Norm besteht ein Norm-Entwurf

(en) Von dieser Norm gibt es auch eine von DIN herausgegebene englische Übersetzung

Verzeichnis enthaltener Normen

(nach Sachgebieten geordnet)

Sachgebiet 1

Metallische Werkstoffe – Zugversuch

DIN EN ISO 6892-1

ICS 77.040.10

Ersatz für
DIN EN ISO 6892-1:2017-02

Metallische Werkstoffe – Zugversuch – Teil 1: Prüfverfahren bei Raumtemperatur (ISO 6892-1:2019); Deutsche Fassung EN ISO 6892-1:2019

Metallic materials –
Tensile testing –
Part 1: Method of test at room temperature (ISO 6892-1:2019);
German version EN ISO 6892-1:2019

Matériaux métalliques –
Essai de traction –
Partie 1: Méthode d'essai à température ambiante (ISO 6892-1:2019);
Version allemande EN ISO 6892-1:2019

Gesamtumfang 96 Seiten

DIN-Normenausschuss Materialprüfung (NMP)

www.din.de
www.beuth.de

3132591

Nationales Vorwort

Dieses Dokument (EN ISO 6892-1:2019) wurde vom Technischen Komitee ISO/TC 164 „Mechanical testing of metals" in Zusammenarbeit mit dem Technischen Komitee CEN/TC 459 „ECISS — Europäisches Komitee für Eisen- und Stahlnormung" erarbeitet, dessen Sekretariat von AFNOR (Frankreich) gehalten wird.

Das zuständige deutsche Normungsgremium ist der Arbeitsausschuss NA 062-01-42 AA „Zug- und Duktilitätsprüfung für Metalle" im DIN-Normenausschuss Materialprüfung (NMP).

DIN EN ISO 6892 besteht unter dem allgemeinen Titel *„Metallische Werkstoffe — Zugversuch"* aus den folgenden Teilen:

— *Teil 1: Prüfverfahren bei Raumtemperatur*

— *Teil 2: Prüfverfahren bei erhöhter Temperatur*

— *Teil 3: Prüfverfahren bei tiefen Temperaturen*

— *Teil 4: Prüfverfahren in flüssigem Helium*

ANMERKUNG Teil 5 *„Metallic materials — Tensile testing — Part 5: Guideline for testing miniaturised test pieces"* befindet sich als Technischer Report auf internationaler Ebene in Erarbeitung.

Für die in diesem Dokument zitierten internationalen Dokumente wird im Folgenden auf die entsprechenden deutschen Dokumente hingewiesen:

ISO 377	siehe	DIN EN ISO 377
ISO 2566-1	siehe	DIN EN ISO 2566-1
ISO 2566-2	siehe	DIN EN ISO 2566-2
ISO 3183	siehe	DIN EN ISO 3183
ISO 7500-1	siehe	DIN EN ISO 7500-1
ISO 9513	siehe	DIN EN ISO 9513
ISO 11960	siehe	DIN EN ISO 11960
ISO 80000-1	siehe	DIN EN ISO 80000-1

Aktuelle Informationen zu diesem Dokument können über die Internetseiten von DIN (www.din.de) durch eine Suche nach der Dokumentennummer aufgerufen werden.

Änderungen

Gegenüber DIN EN ISO 6892-1:2017-02 wurden folgende Änderungen vorgenommen:

a) Korrektur eines Titels einer Norm im Abschnitt 2 „Normative Verweisungen";

b) Korrektur des Begriffs „Bestimmtheitsmaß" („Bestimmtheitsmaß" anstelle von „Korrelationskoeffizient");

c) Korrektur von Gleichung (1);

d) überarbeitete Formulierungen in 10.3.2.1;

e) überarbeitete Formulierungen in der Legende zu Bild 9;

f) überarbeitete Formulierungen in Tabelle B.2;

g) überarbeitete Formulierungen in Tabelle D.3;

h) Korrektur der Literaturhinweise;

i) redaktionelle Überarbeitung der Norm.

Frühere Ausgaben

DIN 1602: 1924-06, 1927-04, 1929-08, 1936-03, 1944x-02
DIN DVM A 114: 1935-12
DIN 50112: 1935xx-12
DIN 1605-2: 1936-02
DIN DVM 125 = DIN 50125: 1940-08
DIN 50114: 1944x-01, 1960-07, 1965-12, 1980-12, 1981-08
DIN 50143: 1944-10
DIN 50144: 1944-10
DIN 50125: 1951-04, 1986-03, 1991-04
DIN 50146: 1951-05
DIN 50145: 1952-06, 1975-05
DIN 51210: 1961-08
DIN 50140: 1965-11, 1980-09
DIN 51210-1: 1976-04
DIN 51210-2: 1976-04
DIN EN 10002-1: 1991-04, 2001-12
DIN EN ISO 6892-1: 2009-12, 2017-02

Nationaler Anhang NA
(informativ)

Hinweise zur Indizierung der Bruchdehnung

Grundsätzlich wird zwischen proportionalen und nichtproportionalen Proben in Bezug auf die Messlänge und die Bruchdehnung unterschieden. Bei proportionalen Proben ist die Messlänge L_0 proportional der Quadratwurzel aus einem geometrisch beliebigen Anfangsquerschnitt S_0 (rund, oval, quadratisch, rechteckig, ringförmig ...).

$$L_0 = k \times \sqrt{S_0}$$

Um die Vergleichbarkeit mit früher gewonnenen Daten für die Bruchdehnung sicherzustellen, ist der Proportionalitätsfaktor $k = 5{,}65$ international festgelegt. Die Bruchdehnung, die über eine Messlänge mit diesem Proportionalitätsfaktor berechnet wird, erhält keinen Index. Wird ein anderer Proportionalitätsfaktor gewählt, so ist dieser als Index an das Formelzeichen A für die Bruchdehnung anzuhängen, z. B. Proportionalitätsfaktor $k = 11{,}3$: Bruchdehnung $A_{11,3}$. (Die Faktoren 5,65 und 11,3 stammen aus der Umrechnung der Messlänge L_0 für Kreisquerschnitte auf beliebige Querschnittsgeometrien.)

Bei den nichtproportionalen Proben werden entsprechend Anhang B drei verschiedene Probengeometrien unterschieden:

— Die Messlänge $L_0 = 50$ mm

— bei einer Probenbreite $b_0 = 12{,}5$ mm

— die Messlänge $L_0 = 80$ mm

— bei einer Probenbreite $b_0 = 20$ mm

— Die Messlänge $L_0 = 50$ mm

— bei einer Probenbreite $b_0 = 25$ mm („JIS Z 2205"-Probe)

Die Messlänge wird einschließlich der Einheit mm zur Indizierung an das Formelzeichen A angehängt: $A_{50\ \mathrm{mm}}$, $A_{80\ \mathrm{mm}}$. Durch die Einheit mm im Bruchdehnungsindex ist sichergestellt, dass es sich nicht um einen Proportionalitätsfaktor k handelt. Die Bruchdehnungsindizierung zu alten Normen ist in Tabelle NA.1 gegenübergestellt.

Tabelle NA.1 — Gegenüberstellung der Bruchdehnungsindizierung zu alten Normen

Bruchdehnung nach DIN EN ISO 6892	Messlänge L_0	Vereinfachte Formel für L_0 bei rundem Probenquerschnitt	Entspricht der Bruchdehnungsbezeichnung nach den zurückgezogenen Normen
A	$L_0 = 5{,}65 \times \sqrt{S_0}$	$L_0 = 5 \times d_0$	DIN 50145:1975-04: A_5
$A_{11,3}$	$L_0 = 11{,}3 \times \sqrt{S_0}$	$L_0 = 10 \times d_0$	DIN 50145:1975-04: A_{10}
$A_{50\ \mathrm{mm}}$	$L_0 = 50$ mm		DIN 50114:1981-08: $A_{L=50}$
$A_{80\ \mathrm{mm}}$	$L_0 = 80$ mm		DIN 50114:1981-08: $A_{L=80}$

Nationaler Anhang NB
(informativ)

Vergleich internationaler Symbole, die beim Zugversuch Anwendung finden

Internationale Symbole, die beim Zugversuch Anwendung finden, sind in Tabelle NB.1 gegeben.

Tabelle NB.1 — Vergleich internationaler Symbole, die beim Zugversuch Anwendung finden

In diesem Dokument verwendetes Symbol	Englisch	Französisch	Deutsch	Deutsches Symbol	Anglo-amerikanisches Symbol	Einheit
e	Engineering strain	Allongement conventionnel	Dehnung oder technische Dehnung	ε	e	%
R	Engineering stress	Contrainte conventionnelle	Spannung (ggf. Nennspannung, technische Spannung oder Ingenieur-Spannung)	σ	S	MPa
ε	True strain (logarithmic strain)	Déformation vraie	Wahre Dehnung oder Umformgrad	φ	ε	–
σ	True stress	Contrainte vraie	Wahre Spannung	k_f	σ oder R	MPa

Nationaler Anhang NC
(informativ)

Ergänzende Hinweise zur Verwendung von Extensometer-Systemen für die E-Modul-Bestimmung entsprechend Anhang G

In Anhang G wird für die Bestimmung des E-Moduls die Verwendung von speziellen Extensometer-Systemen gefordert. Diese müssen u. a. in der Lage sein, die Dehnungen auf zwei gegenüberliegenden Seiten der Probe zu messen.

Dehnungsaufnehmer, die üblicherweise beim Standardzugversuch eingesetzt werden, besitzen diese Eigenschaft nicht. Bei diesen Systemen wird zwar oftmals die Längenänderung mittels der auf beiden Seiten der Probe angesetzten Messschneiden beidseitig abgegriffen, eine unabhängige Messung der Längenänderung auf beiden Seiten der Probe findet jedoch nicht statt.

Um der Anforderung des Anhangs G der Norm gerecht zu werden, muss hingegen ein System verwendet werden, dass zwei voneinander unabhängig messende Sensoren verwendet. Die beidseitige unabhängige Messung und Darstellung des elastischen Bereichs bietet den zusätzlichen Vorteil, dass durch eine separate Darstellung der Spannung/Dehnung für jede Probenseite bzw. deren Vergleich mögliche Biegespannungen bzw. -dehnungen erkannt und diese ggf. durch Optimierung des gesamten Prüfsystems reduziert werden können.

Des Weiteren ist zu beachten, dass die Dehnungsaufnehmer im relevanten Bereich kalibriert sind (z. B. zwischen 5 µm und 200 µm) und die Dehnungsaufnehmersignale nahezu linear verlaufen.

Geeignete Systeme sind im Allgemeinen in der maximalen Längenänderung auf ca. 1 mm begrenzt, so dass mit ihnen üblicherweise nur sehr kleine Dehnungen – dafür aber sehr genau – gemessen werden können. D. h. ein Standardzugversuch mit Bestimmung der Bruchdehnung ist mit diesen Systemen i. A. nicht möglich.

Es sei auch auf die Methoden zur Abschätzung der Messunsicherheit in Anhang G, hier speziell auf die Fußnote c in Tabelle G.2 verwiesen.

Weiterführende Literatur zu diesem Thema:

1. Aegerter, J., Borsutzki, M., Knauf, G., Moninger, M.: Ergebnisse eines VDEh-Ringversuches zum Stahl-Eisen-Prüfblatt 1235 „Bestimmung des Elastizitätsmoduls an Stahl im Zugversuch bei Raumtemperatur", Tagungsband „Werkstoffprüfung 2012", Verlag Stahleisen GmbH, Düsseldorf (2012), S. 65-72, ISBN 978-3-514-00794-9
2. Kühn, H.-J., Aegerter, J., Uhlemann, P.: Bestimmung des Elastizitätsmoduls im einachsigen, Tagungsband „Werkstoffprüfung 2009", Verlag Stahleisen GmbH, Düsseldorf (2009), S. 137-142, ISBN 978-3-514-00769-7

Weiterführende Vorträge zu dem Thema:

1. 27.06.2018 in Ulm: Aegerter, J.: Die neue Ausgabe der Metallzugnorm DIN EN ISO 6892-1:2017-02 – Hinweise zu E-Modul, Prüfgeschwindigkeiten und Bruchdehnung, 8. Zwick Roell Metall Symposium
2. 29.09.2015 in Darmstadt: Aegerter, J.: Zugversuchsnorm DIN EN ISO 6892-1: Kennwerte, Prüfgeschwindigkeiten und E-Modulbestimmung – was ändert sich mit der Ausgabe 2016, Werkstofftechnischen Kolloquium, Mess- und Kalibriertechnik, MPA Darmstadt
3. 24.09.2013 in Darmstadt: Aegerter, J.: E-Modulbestimmung mit Messunsicherheit nach dem neuen Anhang G, Werkstofftechnischen Kolloquium, Mess- und Kalibriertechnik, MPA Darmstadt
4. 09.10.2012 in Darmstadt: Aegerter, J.: Ermittlung des Elastizitätsmoduls im Zugversuch, Werkstofftechnischen Kolloquium, Mess- und Kalibriertechnik, MPA Darmstadt

Nationaler Anhang ND
(informativ)

Literaturhinweise

DIN EN ISO 377, *Stahl und Stahlerzeugnisse — Lage und Vorbereitung von Probenabschnitten und Proben für mechanische Prüfungen*

DIN EN ISO 2566-1, *Stahl — Umrechnung von Bruchdehnungswerten — Teil 1: Unlegierte und niedrig legierte Stähle*

DIN EN ISO 2566-2, *Stahl — Umrechnung von Bruchdehnungswerten — Teil 2: Austenitische Stähle*

DIN EN ISO 3183, *Erdöl- und Erdgasindustrie — Stahlrohre für Rohrleitungstransportsysteme*

DIN EN ISO 7500-1, *Metallische Werkstoffe — Kalibrierung und Überprüfung von statischen einachsigen Prüfmaschinen — Teil 1: Zug- und Druckprüfmaschinen — Kalibrierung und Überprüfung der Kraftmesseinrichtung*

DIN EN ISO 9513, *Metallische Werkstoffe — Kalibrierung von Längenänderungs-Messeinrichtungen für die Prüfung mit einachsiger Beanspruchung*

DIN EN ISO 11960, *Erdöl- und Erdgasindustrie — Stahlrohre zur Verwendung als Futter- oder Steigrohre für Bohrungen*

DIN EN ISO 80000-1, *Größen und Einheiten — Teil 1: Allgemeines*

— Leerseite —

EUROPÄISCHE NORM

EUROPEAN STANDARD

NORME EUROPÉENNE

EN ISO 6892-1

Dezember 2019

ICS 77.040.10

Ersetzt EN ISO 6892-1:2016

Deutsche Fassung

Metallische Werkstoffe — Zugversuch — Teil 1: Prüfverfahren bei Raumtemperatur (ISO 6892-1:2019)

Metallic materials —
Tensile testing —
Part 1: Method of test at room temperature
(ISO 6892-1:2019)

Matériaux métalliques —
Essai de traction —
Partie 1: Méthode d'essai à température ambiante
(ISO 6892-1:2019)

Diese Europäische Norm wurde vom CEN am 12. November 2019 angenommen.

Die CEN-Mitglieder sind gehalten, die CEN/CENELEC-Geschäftsordnung zu erfüllen, in der die Bedingungen festgelegt sind, unter denen dieser Europäischen Norm ohne jede Änderung der Status einer nationalen Norm zu geben ist. Auf dem letzten Stand befindliche Listen dieser nationalen Normen mit ihren bibliographischen Angaben sind beim CEN-CENELEC-Management-Zentrum oder bei jedem CEN-Mitglied auf Anfrage erhältlich.

Diese Europäische Norm besteht in drei offiziellen Fassungen (Deutsch, Englisch, Französisch). Eine Fassung in einer anderen Sprache, die von einem CEN-Mitglied in eigener Verantwortung durch Übersetzung in seine Landessprache gemacht und dem Management-Zentrum mitgeteilt worden ist, hat den gleichen Status wie die offiziellen Fassungen.

CEN-Mitglieder sind die nationalen Normungsinstitute von Belgien, Bulgarien, Dänemark, Deutschland, Estland, Finnland, Frankreich, Griechenland, Irland, Island, Italien, Kroatien, Lettland, Litauen, Luxemburg, Malta, den Niederlanden, Norwegen, Österreich, Polen, Portugal, der Republik Nordmazedonien, Rumänien, Schweden, der Schweiz, Serbien, der Slowakei, Slowenien, Spanien, der Tschechischen Republik, der Türkei, Ungarn, dem Vereinigten Königreich und Zypern.

EUROPÄISCHES KOMITEE FÜR NORMUNG
EUROPEAN COMMITTEE FOR STANDARDIZATION
COMITÉ EUROPÉEN DE NORMALISATION

CEN-CENELEC Management-Zentrum: Rue de la Science 23, B-1040 Brüssel

Ref. Nr. EN ISO 6892-1:2019 D

Inhalt

Europäisches Vorwort

Dieses Dokument (EN ISO 6892-1:2019) wurde vom Technischen Komitee ISO/TC 164 „Mechanical testing of metals" in Zusammenarbeit mit dem Technischen Komitee CEN/TC 459/SC 1 „Prüfverfahren für Stahl (andere als chemische Analysen)" erarbeitet, dessen Sekretariat von AFNOR gehalten wird.

Diese Europäische Norm muss den Status einer nationalen Norm erhalten, entweder durch Veröffentlichung eines identischen Textes oder durch Anerkennung bis Juni 2020, und etwaige entgegenstehende nationale Normen müssen bis Juni 2020 zurückgezogen werden.

Es wird auf die Möglichkeit hingewiesen, dass einige Elemente dieses Dokuments Patentrechte berühren können. CEN ist nicht dafür verantwortlich, einige oder alle diesbezüglichen Patentrechte zu identifizieren.

Dieses Dokument ersetzt EN ISO 6892-1:2016.

Entsprechend der CEN-CENELEC-Geschäftsordnung sind die nationalen Normungsinstitute der folgenden Länder gehalten, diese Europäische Norm zu übernehmen: Belgien, Bulgarien, Dänemark, Deutschland, die Republik Nordmazedonien, Estland, Finnland, Frankreich, Griechenland, Irland, Island, Italien, Kroatien, Lettland, Litauen, Luxemburg, Malta, Niederlande, Norwegen, Österreich, Polen, Portugal, Rumänien, Schweden, Schweiz, Serbien, Slowakei, Slowenien, Spanien, Tschechische Republik, Türkei, Ungarn, Vereinigtes Königreich und Zypern.

Anerkennungsnotiz

Der Text von ISO 6892-1:2019 wurde von CEN als EN ISO 6892-1:2019 ohne irgendeine Abänderung genehmigt.

Vorwort

ISO (die Internationale Organisation für Normung) ist eine weltweite Vereinigung nationaler Normungsorganisationen (ISO-Mitgliedsorganisationen). Die Erstellung von Internationalen Normen wird üblicherweise von Technischen Komitees von ISO durchgeführt. Jede Mitgliedsorganisation, die Interesse an einem Thema hat, für welches ein Technisches Komitee gegründet wurde, hat das Recht, in diesem Komitee vertreten zu sein. Internationale staatliche und nichtstaatliche Organisationen, die in engem Kontakt mit ISO stehen, nehmen ebenfalls an der Arbeit teil. ISO arbeitet bei allen elektrotechnischen Themen eng mit der Internationalen Elektrotechnischen Kommission (IEC) zusammen.

Die Verfahren, die bei der Entwicklung dieses Dokuments angewendet wurden und die für die weitere Pflege vorgesehen sind, werden in den ISO/IEC-Direktiven, Teil 1 beschrieben. Es sollten insbesondere die unterschiedlichen Annahmekriterien für die verschiedenen ISO-Dokumentenarten beachtet werden. Dieses Dokument wurde in Übereinstimmung mit den Gestaltungsregeln der ISO/IEC-Direktiven, Teil 2 erarbeitet (siehe www.iso.org/directives).

Es wird auf die Möglichkeit hingewiesen, dass einige Elemente dieses Dokuments Patentrechte berühren können. ISO ist nicht dafür verantwortlich, einige oder alle diesbezüglichen Patentrechte zu identifizieren. Details zu allen während der Entwicklung des Dokuments identifizierten Patentrechten finden sich in der Einleitung und/oder in der ISO-Liste der erhaltenen Patenterklärungen (siehe www.iso.org/patents).

Jeder in diesem Dokument verwendete Handelsname dient nur zur Unterrichtung der Anwender und bedeutet keine Anerkennung.

Für eine Erläuterung des freiwilligen Charakters von Normen, der Bedeutung ISO-spezifischer Begriffe und Ausdrücke in Bezug auf Konformitätsbewertungen sowie Informationen darüber, wie ISO die Grundsätze der Welthandelsorganisation (WTO, en: World Trade Organization) hinsichtlich technischer Handelshemmnisse (TBT, en: Technical Barriers to Trade) berücksichtigt, siehe www.iso.org/iso/foreword.html.

Dieses Dokument wurde vom Technischen Komitee ISO/TC 164, *Mechanical testing of metals*, Unterkomitee SC 1, *Uniaxial testing* erarbeitet.

Diese dritte Ausgabe ersetzt die zweite Ausgabe (ISO 6892-1:2016), die geringfügig geändert wurde. Die Änderungen im Vergleich zur Vorgängerausgabe sind folgende:

— Korrektur eines Normentitels in Abschnitt 2;

— Korrektur der Bezeichnung „Bestimmtheitsmaß" („Bestimmtheitsmaß" anstelle von „Korrelationskoeffizient");

— Korrektur von Gleichung (1);

— Formulierung in 10.3.2.1;

— Formulierung in der Legende von Bild 9;

— Formulierung in Tabelle B.2;

— Formulierung in Tabelle D.3;

— Korrektur der Verweisungen.

Eine Auflistung aller Teile der Normenreihe ISO 6892 ist auf der ISO-Internetseite abrufbar.

Rückmeldungen oder Fragen zu diesem Dokument sollten an das jeweilige nationale Normungsinstitut des Anwenders gerichtet werden. Eine vollständige Auflistung dieser Institute ist unter www.iso.org/members.html zu finden.

Einleitung

In Diskussionen über die Prüfgeschwindigkeiten während der Vorbereitung von ISO 6892 wurde entschieden, in zukünftigen Ausgaben die Durchführung dehngeschwindigkeitsgeregelter Versuche zu empfehlen.

In diesem Dokument sind zwei Verfahren bezüglich der Prüfgeschwindigkeit einsetzbar. Das erste, das Verfahren A, basiert auf den Dehngeschwindigkeiten (inklusive der Traversengeschwindigkeit) und das zweite, das Verfahren B, basiert auf den Spannungsgeschwindigkeiten. Verfahren A ist – wenn dehngeschwindigkeitsabhängige Kennwerte bestimmt werden – zur Minimierung von Unterschieden in den Prüfgeschwindigkeiten und zur Minimierung der Messunsicherheit der Prüfergebnisse geeignet. Aufgrund dessen – und aufgrund der Tatsache, dass oftmals die Dehngeschwindigkeitsempfindlichkeit des Materials nicht bekannt ist – wird die Anwendung von Verfahren A dringend empfohlen.

ANMERKUNG Im Folgenden werden die Benennungen „Kraft" und „Spannung" bzw. „Verlängerung (der Extensometer-Messlänge)" und „Extensometer-Dehnung" an unterschiedlichen Stellen verwendet (siehe Achsenbezeichnungen in Bildern oder Erklärungen zur Bestimmung verschiedener Kennwerte). Für die grundsätzliche Beschreibung oder den Punkt in einer Kurve können die Benennungen „Kraft" und „Spannung" bzw. „Verlängerung (der Extensometer-Messlänge)" und „Extensometer-Dehnung" ausgetauscht werden.

1 Anwendungsbereich

Dieses Dokument legt das Verfahren für den Zugversuch an metallischen Werkstoffen fest und definiert die mechanischen Kennwerte, die bei Raumtemperatur bestimmt werden können.

ANMERKUNG Anhang A enthält zusätzliche Empfehlungen für die Anwendung rechnergestützter Zugprüfmaschinen.

2 Normative Verweisungen

Die folgenden Dokumente werden im Text in solcher Weise in Bezug genommen, dass einige Teile davon oder ihr gesamter Inhalt Anforderungen des vorliegenden Dokuments darstellen. Bei datierten Verweisungen gilt nur die in Bezug genommene Ausgabe. Bei undatierten Verweisungen gilt die letzte Ausgabe des in Bezug genommenen Dokuments (einschließlich aller Änderungen).

ISO 7500-1, *Metallic materials — Calibration and verification of static uniaxial testing machines — Part 1: Tension/compression testing machines — Verification and calibration of the force-measuring system*

ISO 9513, *Metallic materials — Calibration of extensometer systems used in uniaxial testing*

3 Begriffe

Für die Anwendung dieses Dokuments gelten die folgenden Begriffe.

ISO und IEC stellen terminologische Datenbanken für die Verwendung in der Normung unter den folgenden Adressen bereit:

— ISO Online Browsing Platform: verfügbar unter http://www.iso.org/obp

— IEC Electropedia: verfügbar unter http://www.electropedia.org/

3.1
Messlänge
L
Länge des parallelen Teils der Probe, an dem zu einem beliebigen Zeitpunkt während des Versuchs die Verlängerung gemessen wird

3.1.1
Anfangsmesslänge
L_o
Länge zwischen den Marken zur Kennzeichnung der *Messlänge* (3.1) auf der Probe, die vor dem Versuch bei Raumtemperatur gemessen wird

3.1.2
Messlänge nach dem Bruch
L_u
Länge zwischen den Marken zur Kennzeichnung der *Messlänge* (3.1) auf der Probe, die nach dem Bruch bei Raumtemperatur gemessen wird, nachdem die beiden Probenbruchstücke sorgfältig so zusammengefügt wurden, dass ihre Achsen in einer Geraden liegen

3.2
parallele Länge
L_c
Länge des parallelen reduzierten Querschnitts der Probe

Anmerkung 1 zum Begriff: Bei unbearbeiteten Proben tritt an die Stelle der parallelen Länge der Abstand zwischen den Einspannungen.

3.3
Verlängerung
Zunahme der *Anfangsmesslänge* (3.1.1) zu einem beliebigen Zeitpunkt während des Versuchs

3.4
Dehnung
Verlängerung (3.3), angegeben in Prozent, bezogen auf die *Anfangsmesslänge* (3.1.1)

3.4.1
bleibende Dehnung
Zunahme der *Anfangsmesslänge* (3.1.1) einer Probe nach Entfernen einer festgelegten Zugspannung, angegeben in Prozent, bezogen auf die *Anfangsmesslänge* (3.1.1)

3.4.2
Bruchdehnung
A
bleibende *Verlängerung* (3.3) der Messlänge nach dem Bruch ($L_u - L_o$), angegeben in Prozent, bezogen auf die *Anfangsmesslänge* (3.1.1)

Anmerkung 1 zum Begriff: Für weitere Informationen siehe 8.1.

3.5
Extensometer-Messlänge
L_e
Anfangsmesslänge des Dehnungsaufnehmers (Extensometer), die zum Messen der *Verlängerung* (3.6) benutzt wird

Anmerkung 1 zum Begriff: Für die Bestimmung mehrerer Eigenschaften, die (teilweise oder vollständig) von der Verlängerung abhängig sind, z. B. R_p, A_e oder A_g, ist die Verwendung eines Extensometers zwingend erforderlich.

Anmerkung 2 zum Begriff: Für weitere Informationen siehe 8.3.

3.6
Verlängerung (der Extensometer-Messlänge)
Zunahme der *Extensometer-Messlänge* (3.5) zu einem beliebigen Zeitpunkt des Versuchs

3.6.1
Extensometer-Dehnung[N1)]
e
in Prozent angegebene *Verlängerung* (3.6) der *Extensometer-Messlänge* (3.5)

Anmerkung 1 zum Begriff: *e* wird oftmals auch als technische Dehnung bezeichnet.

3.6.2
bleibende Extensometer-Dehnung
Vergrößerung der *Extensometer-Messlänge* (3.5) nach Entfernen einer festgelegten, auf die Probe aufgebrachten *Zugspannung* (3.10), angegeben in Prozent, bezogen auf die Extensometer-Messlänge

---

N1) Nationale Fußnote: Der englische Begriff „extension" beschreibt die Verlängerung in mm, die mit einem Extensometer gemessen wird. Der Begriff „percentage extension", wörtlich übersetzt „prozentuale Verlängerung", beschreibt die mit einem Extensometer gemessene prozentuale Verlängerung (Dehnung). Im Deutschen wurde der Begriff „Extensometer-Dehnung" eingeführt, um klarzustellen, dass es sich bei dieser Größe um eine mit einem Extensometer gemessene Dehnung handelt.

3.6.3
Streckgrenzen-Extensometer-Dehnung
A_e
<bei Werkstoffen, die ein diskontinuierliches Fließen zeigen> *Verlängerung* (3.6) der Extensometer-Messlänge zwischen dem Beginn örtlichen Fließens und dem Einsetzen gleichmäßiger Verfestigung, angegeben in Prozent, bezogen auf die *Extensometer-Messlänge* (3.5)

Anmerkung 1 zum Begriff: Siehe Bild 7.

3.6.4
gesamte Extensometer-Dehnung bei Höchstkraft
A_{gt}
gesamte *Verlängerung* (3.6) (elastische plus plastische Verlängerung) der Extensometer-Messlänge bei Höchstkraft, angegeben in Prozent, bezogen auf die *Extensometer-Messlänge* (3.5)

Anmerkung 1 zum Begriff: Siehe Bild 1.

3.6.5
plastische Extensometer-Dehnung bei Höchstkraft
A_g
plastische *Verlängerung* (3.6) der Extensometer-Messlänge bei Höchstkraft, angegeben in Prozent, bezogen auf die *Extensometer-Messlänge* (3.5)

Anmerkung 1 zum Begriff: Siehe Bild 1.

3.6.6
gesamte Extensometer-Dehnung beim Bruch
A_t
gesamte *Verlängerung* (3.6) (elastische plus plastische Verlängerung) der Extensometer-Messlänge beim Bruch, angegeben in Prozent, bezogen auf die *Extensometer-Messlänge* (3.5)

Anmerkung 1 zum Begriff: Siehe Bild 1.

3.7
Prüfgeschwindigkeit
während des Versuchs verwendete Geschwindigkeit(en)

3.7.1
Dehngeschwindigkeit
$\dot{e}_{L_e}$
Zunahme der mit einem Extensometer in der *Extensometer-Messlänge* (3.5) gemessenen Dehnung je Zeiteinheit

3.7.2
abgeschätzte Dehngeschwindigkeit über die parallele Länge
$\dot{e}_{L_c}$
Zunahme der Dehnung über die *parallele Länge* (3.2) der Probe je Zeiteinheit, basierend auf der *Traversengeschwindigkeit* (3.7.3) und der parallelen Länge der Probe

3.7.3
Traversengeschwindigkeit
v_c
Traversenweg je Zeiteinheit

3.7.4
Spannungsgeschwindigkeit
$\dot{R}$
Zunahme der *Spannung* (3.10) je Zeiteinheit

Anmerkung 1 zum Begriff: Die Spannungsgeschwindigkeit wird nur im elastischen Bereich des Versuchs (Verfahren B) verwendet (siehe auch 10.3.3).

3.8
Brucheinschnürung
Z
größte während des Versuchs aufgetretene Änderung des Querschnitts ($S_o - S_u$), angegeben in Prozent, bezogen auf den Anfangsquerschnitt S_o:

$$Z = \frac{S_o - S_u}{S_o} \cdot 100$$

3.9 Höchstkraft

3.9.1
Höchstkraft
F_m
<bei Werkstoffen, die kein diskontinuierliches Fließen zeigen> größte Kraft, der die Probe während des Versuchs standhält

3.9.2
Höchstkraft
F_m
<bei Werkstoffen, die ein diskontinuierliches Fließen zeigen> größte Kraft, der die Probe während des Versuchs nach dem Beginn der Verfestigung standhält

Anmerkung 1 zum Begriff: Für Werkstoffe, die ein diskontinuierliches Fließen zeigen, aber keine Verfestigung erzielt werden kann, ist F_m nicht in diesem Dokument definiert [siehe Fußnote zu Bild 8 c)].

Anmerkung 2 zum Begriff: Siehe Bild 8 a) und b).

3.10
Spannung
R
Kraft zu einem beliebigen Zeitpunkt während des Versuchs dividiert durch den Anfangsquerschnitt (S_o) der Probe

Anmerkung 1 zum Begriff: Mit dem Begriff Spannung ist in diesem Dokument die Ingenieur-Spannung (technische Spannung) gemeint.

3.10.1
Zugfestigkeit
R_m
Spannung (3.10), die der *Höchstkraft* (3.9.2) entspricht

3.10.2
Streckgrenze
wenn der metallische Werkstoff diese Eigenschaft aufweist, die Spannung (3.10) zu einem bestimmten Zeitpunkt während des Versuchs bei dem eine plastische Verformung ohne Zunahme der Kraft auftritt

3.10.2.1
obere Streckgrenze
R_{eH}
höchste *Spannung* (3.10), bevor der erste Kraftabfall auftritt

Anmerkung 1 zum Begriff: Siehe Bild 2.

3.10.2.2
untere Streckgrenze
R_{eL}
kleinste *Spannung* (3.10) während des plastischen Fließens, wobei Einschwingerscheinungen nicht berücksichtigt werden

Anmerkung 1 zum Begriff: Siehe Bild 2.

3.10.3
Dehngrenze bei plastischer Extensometer-Dehnung
R_p
Spannung (3.10), bei der die plastische *Extensometer-Dehnung* (3.6) einem vorgegebenen Prozentanteil der *Extensometer-Messlänge* (3.5) entspricht

Anmerkung 1 zum Begriff: „Dehngrenze bei nicht-proportionaler Extensometer-Dehnung“ nach ISO/TR 25679:2005.

Anmerkung 2 zum Begriff: Der Index wird durch den Zahlenwert ergänzt, der den vorgegebenen Zahlenwert der plastischen Extensometer-Dehnung in Prozent angibt, z. B. $R_{p0,2}$.

Anmerkung 3 zum Begriff: Siehe Bild 3.

3.10.4
Dehngrenze bei gesamter Extensometer-Dehnung
R_t
Spannung (3.10), bei der die gesamte *Extensometer-Dehnung* (3.6) (elastische und plastische Extensometer-Dehnung) einem vorgegebenen Prozentanteil der *Extensometer-Messlänge* (3.5) entspricht

Anmerkung 1 zum Begriff: Der Index wird durch den Zahlenwert ergänzt, der den vorgegebenen Zahlenwert der gesamten Extensometer-Dehnung in Prozent angibt, z. B. $R_{t0,5}$.

Anmerkung 2 zum Begriff: Siehe Bild 4.

3.10.5
Grenzwert der Spannung für eine vorgegebene bleibende Dehnung
R_r
Spannung (3.10), bei der nach Wegnahme der Kraft eine vorgegebene bleibende *Dehnung* (3.3) oder *Extensometer-Dehnung* (3.6), angegeben jeweils als Prozentanteil der *Anfangsmesslänge* (3.1.1) oder der *Extensometer-Messlänge* (3.5), nicht überschritten wurde

Anmerkung 1 zum Begriff: Der Index wird durch den Zahlenwert ergänzt, der den vorgegebenen Prozentanteil der Anfangsmesslänge L_o oder der Extensometer-Messlänge L_e angibt, z. B. $R_{r0,2}$.

Anmerkung 2 zum Begriff: Siehe Bild 5.

3.11
Bruch
Zustand, wenn die Probe vollständig geteilt ist

Anmerkung 1 zum Begriff: Kriterien für den Bruch beim rechnergesteuerten Versuch sind in Bild A.2 dargestellt.

3.12
rechnergestützte Zugprüfmaschine
Maschine, bei der die Regelung und Überwachung des Versuches, die Messungen und die Datenverarbeitung von einem Computer durchgeführt werden

3.13
Elastizitätsmodul
E
Quotient der Änderung der Spannung ΔR und Änderung der prozentualen Dehnung Δe in dem untersuchten Bereich multipliziert mit 100 %

$$E = \frac{\Delta R}{\Delta e} \cdot 100\ \%$$

Anmerkung 1 zum Begriff: Es wird empfohlen, den Wert in GPa, gerundet auf 0,1 GPa, und nach ISO 80000-1 anzugeben.

3.14
Vorgabewert
unterer oder oberer Wert für die *Spannung* (3.10) beziehungsweise *Extensometer-Dehnung* (3.6.1), der für die Beschreibung des Bereichs, in dem der *Elastizitätsmodul* (3.13) berechnet wird, benutzt wird

3.15
Bestimmtheitsmaß
R^2
zusätzliches Ergebnis der linearen Regression, welches die Qualität der Spannung-Dehnung-Kurve in dem untersuchten Bereich beschreibt

Anmerkung 1 zum Begriff: Das verwendete Symbol R^2 ist eine mathematische Darstellung der Regression und ist kein Ausdruck für einen quadrierten Spannungswert.

3.16
Standardabweichung der Steigung
S_{m}
zusätzliches Ergebnis der linearen Regression, welches den Unterschied der *Spannungs*werte (3.10) von der Ausgleichsgeraden für die gegebenen *Extensometer-Dehnungs*werte (3.6.1) in dem untersuchten Bereich beschreibt

3.17
relative Standardabweichung der Steigung
$S_{\mathrm{m(rel)}}$
Quotient der *Standardabweichung der Steigung* (3.16) und der Steigung im untersuchten Bereich multipliziert mit 100 %

$$S_{\mathrm{m(rel)}} = \frac{S_{\mathrm{m}}}{E} \cdot 100\ \%$$

4 Formelzeichen

Die Formelzeichen und die entsprechenden Benennungen, die in diesem Dokument verwendet werden, sind in Tabelle 1 aufgeführt.

Tabelle 1 — Formelzeichen und Benennungen

Formelzeichen	Einheit	Benennung
		Probe
a_o, T[a]	mm	(Anfangs-)Dicke einer Flachprobe oder Wanddicke eines Rohres
b_o	mm	(Anfangs-)Breite einer Flachprobe in der parallelen Länge oder mittlere Breite einer Rohrstreifenprobe oder eines Profildrahtes
d_o	mm	(Anfangs-)Probendurchmesser in der parallelen Länge einer Rundprobe oder Durchmesser eines Drahtes mit Kreisquerschnitt oder Innendurchmesser eines Rohres
D_o	mm	(Anfangs-)Außendurchmesser eines Rohres
L_o	mm	Anfangsmesslänge
L'_o	mm	Anfangsmesslänge zur Bestimmung von A_{wn} (siehe Anhang J)
L_c	mm	parallele Länge
L_e	mm	Extensometer-Messlänge
L_t	mm	Gesamtlänge der Probe
L_u	mm	Messlänge nach dem Bruch
L'_u	mm	Messlänge nach dem Bruch zur Bestimmung von A_{wn} (siehe Anhang J)
S_o	mm^2	Anfangsquerschnitt innerhalb der parallelen Länge
S_u	mm^2	kleinster Querschnitt nach dem Bruch
k	—	Proportionalitätsfaktor (siehe 6.1.1)
Z	%	Brucheinschnürung
		Dehnung
A	%	Bruchdehnung (siehe 3.4.2)
A_{wn}	%	plastische Dehnung ohne Einschnürung (Gleichmaßdehnung) (siehe Anhang J)
		Extensometer-Dehnung
e	%	Extensometer-Dehnung
A_e	%	Streckgrenzen-Extensometer-Dehnung
A_g	%	plastische Extensometer-Dehnung bei Höchstkraft F_m
A_{gt}	%	gesamte Extensometer-Dehnung bei Höchstkraft F_m
A_t	%	gesamte Extensometer-Dehnung beim Bruch
ΔL_m	mm	(gesamte) Verlängerung (der Extensometer-Messlänge) bei Höchstkraft
ΔL_f	mm	(gesamte) Verlängerung (der Extensometer-Messlänge) beim Bruch

Formelzeichen	Einheit	Benennung
Geschwindigkeiten		
$\dot{e}_{L_e}$	s^{-1}	Dehngeschwindigkeit
$\dot{e}_{L_c}$	s^{-1}	abgeschätzte Dehngeschwindigkeit über die parallele Länge
$\dot{R}$	MPa s^{-1}	Spannungsgeschwindigkeit
v_c	mm s^{-1}	Traversengeschwindigkeit
Kraft		
F_m	N	Höchstkraft
Streckgrenze — Dehngrenze — Zugfestigkeit		
R	MPa[b]	Spannung
R_{eH}	MPa	obere Streckgrenze
R_{eL}	MPa	untere Streckgrenze
R_m	MPa	Zugfestigkeit
R_p	MPa	Dehngrenze bei plastischer Extensometer-Dehnung
R_r	MPa	Grenzwert der Spannung für eine vorgegebene bleibende Dehnung
R_t	MPa	Dehngrenze bei gesamter Extensometer-Dehnung
Elastizitätsmodul — Steigung der Spannung/Extensometer-Dehnung-Kurve		
E	GPa	Elastizitätsmodul (E-Modul)[c]
m	MPa	Steigung der Spannung/Extensometer-Dehnung-Kurve zu einem bestimmten Zeitpunkt des Versuches
m_E	MPa	Steigung des elastischen Teils der Spannung/Extensometer-Dehnung-Kurve[d]
R_1	MPa	unterer Spannungswert
R_2	MPa	oberer Spannungswert
e_1	%	unterer Dehnungswert
e_2	%	oberer Dehnungswert
R^2	—	Bestimmtheitsmaß
S_m	MPa	Standardabweichung der Steigung
$S_{m(rel)}$	%	relative Standardabweichung der Steigung

[a] Dieses Formelzeichen wird auch in Produktnormen für Stahlrohre angewendet.

[b] 1 MPa = 1 N mm^{-2}.

[c] Die Berechnung des Elastizitätsmoduls wird in Anhang G beschrieben. Es ist nicht notwendig, den Anhang G zur Bestimmung der Steigung des elastischen Teils der Spannung/Extensometer-Dehnung-Kurve für die Bestimmung der Dehngrenze zu verwenden.

[d] Der Wert der Steigung des elastischen Teils der Spannung/Extensometer-Dehnung-Kurve braucht nicht notwendigerweise mit dem Elastizitätsmodul übereinstimmen. Beim Vorliegen von optimalen Prüfbedingungen (siehe Anhang G) kann dieser Wert dem des Elastizitätsmoduls jedoch recht nahe kommen.

ACHTUNG — Bei Verwendung von Werten in Prozent ist der Faktor 100 erforderlich.

5 Kurzbeschreibung

Der Versuch besteht darin, eine Probe durch eine Zugbeanspruchung im Allgemeinen bis zum Bruch zu dehnen, um eine oder mehrere der in Abschnitt 3 definierten mechanischen Kennwerte zu bestimmen.

Sofern nicht anders festgelegt, muss der Versuch bei Raumtemperatur zwischen 10 °C und 35 °C durchgeführt werden. Bei Laborumgebungen außerhalb der festgelegten Bedingungen liegt es in der Verantwortung des Prüflabors, die Auswirkungen dieser Umgebungsbedingungen auf die Prüf- und/oder Kalibrierdaten zu bewerten, die mit und für die Prüfmaschinen, die in diesen Umgebungen verwendet wurden, erstellt wurden. Wenn die Prüfung und Kalibrierung außerhalb der Temperaturgrenzen von 10 °C und 35 °C durchgeführt werden, ist die Temperatur aufzuzeichnen und anzugeben. Wenn signifikante Temperaturgradienten während der Prüfung und/oder Kalibrierung vorhanden sind, kann die Messunsicherheit zunehmen und weitere Prüfbedingungen außerhalb der Toleranzen auftreten.

Versuche unter kontrollierten Bedingungen müssen bei einer Temperatur von (23 ± 5) °C durchgeführt werden.

Wenn die Bestimmung des Elastizitätsmoduls im Zugversuch gefordert wird, dann muss diese in Übereinstimmung mit Anhang G geschehen.

6 Proben

6.1 Form und Maße

6.1.1 Allgemeines

Form und Maße der Proben können von der Form und den Maßen der Erzeugnisse aus metallischen Werkstoffen abhängen, von denen Proben entnommen werden.

Die Probe wird üblicherweise aus dem Erzeugnis oder einem gepressten oder gegossenen Rohteil herausgearbeitet. Erzeugnisse mit gleichbleibendem Querschnitt (Profile, Stäbe, Drähte usw.) sowie gegossene Probestücke (z. B. Gusseisen, Nichteisen-Legierungen) dürfen ohne Bearbeitung geprüft werden.

Der Probenquerschnitt darf kreisförmig, quadratisch, rechteckig oder ringförmig sein oder in besonderen Fällen auch einen anderen einheitlichen Querschnitt haben.

Die zu bevorzugenden Proben besitzen ein Verhältnis von Anfangsmesslänge L_0 zum Anfangsquerschnitt S_0, welches durch die Gleichung $L_0 = k\sqrt{S_0}$ ausgedrückt wird, wobei k ein Proportionalitätsfaktor ist. Diese Proben werden als proportionale Proben bezeichnet. Der international festgelegte Wert für k ist 5,65. Die Anfangsmesslänge darf nicht kleiner als 15 mm sein. Wenn der Probenquerschnitt zu klein ist, um diese Bedingung bei $k = 5{,}65$ zu erfüllen, darf ein größerer Faktor (vorzugsweise 11,3) vorgesehen oder eine nichtproportionale Probe angewendet werden.

ANMERKUNG Bei Verwendung von Anfangsmesslängen kleiner als 20 mm erhöht sich die Unsicherheit des Kennwertes „Bruchdehnung“.

Bei nichtproportionalen Proben ist die Anfangsmesslänge L_0 unabhängig vom Anfangsquerschnitt S_0.

Die Maßtoleranzen der Proben müssen den Angaben in Anhang B bis Anhang E entsprechen (siehe 6.2).

Weitere Proben, wie die in entsprechenden Produktnormen oder nationalen Normen festgelegten, dürfen in Abstimmung mit dem Vertragspartner verwendet werden, z. B. ISO 3183 [1] (API 5L), ISO 11960 [2] (API 5CT), ASTM A370 [6], ASTM E8M [7], DIN 50125 [10], IACS W2 [13] und JIS Z 2241 [14].

6.1.2 Bearbeitete Proben

Bearbeitete Proben müssen einen Übergangsradius zwischen den Probenköpfen und der parallelen Länge haben, wenn deren Querschnitte unterschiedlich sind. Die Größe des zugehörigen Übergangsradius ist wichtig und es wird empfohlen, ihn in der Werkstoffspezifikation festzulegen, falls er nicht im entsprechenden Anhang aufgeführt ist (siehe 6.2).

Die Form der Probenköpfe darf beliebig sein und ist der Spanneinrichtung der Prüfmaschine entsprechend anzupassen. Die Längsachse der Probe muss mit der Kraftwirkungslinie übereinstimmen.

Die parallele Länge L_c muss immer größer sein als die Anfangsmesslänge L_0. Bei Proben ohne Übergangsradien muss die freie Länge zwischen den Einspannungen immer größer sein als die Anfangsmesslänge L_0.

6.1.3 Unbearbeitete Proben

Wenn die Probe aus einem unbearbeiteten Erzeugnisabschnitt oder aus einem unbearbeiteten Probestück besteht, muss die freie Länge zwischen den Einspannungen so groß sein, dass alle Messmarken in ausreichendem Abstand von diesen Einspannungen angebracht werden können (siehe Anhang B bis Anhang E).

Gegossene Proben müssen einen Übergangsradius zwischen den Probenköpfen und der parallelen Länge haben. Die Größe dieses Übergangsradius ist wichtig und es wird empfohlen, dass er in der Produktnorm festgelegt wird. Die Form der Probenköpfe darf beliebig sein und ist der Spanneinrichtung der Prüfmaschine entsprechend anzupassen unter der Voraussetzung, dass die Mittellinie der Probe und die Kraftwirkungslinie übereinstimmen. Die parallele Länge L_c muss immer größer als die Anfangsmesslänge L_0 sein.

6.2 Arten

Die gebräuchlichsten Probenarten sind in den Anhängen B bis E für die verschiedenen Erzeugnisformen nach Tabelle 2 beschrieben. Andere Probenarten können in Produktnormen festgelegt sein.

Tabelle 2 — Gebräuchliche Probenarten und Erzeugnisformen

Maße in Millimeter

Erzeugnisformen		**Entsprechender Anhang**
Feinblech — Grobblech — Flachstäbe	**Draht — Stäbe — Profile**	
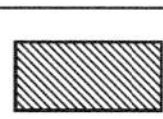	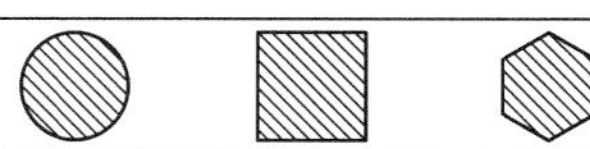	
Dicke *a*	**Durchmesser oder Seitenlänge**	
$0{,}1 \leq a < 3$	—	B
—	< 4	C
$a \geq 3$	≥ 4	D
Rohre		E

6.3 Herstellung der Proben

Die Proben müssen entsprechend den Anforderungen der Internationalen Normen für die unterschiedlichen Werkstoffe entnommen und hergestellt werden (z. B. ISO 377).

7 Bestimmung des Anfangsquerschnitts

Die relevanten Maße der Probe sollten an mehreren Querschnittsebenen rechtwinklig zur Längsachse im mittleren Bereich der parallelen Länge der Probe gemessen werden.

Empfohlen werden Messungen an mindestens drei Querschnittsebenen.

Als Anfangsquerschnitt S_0 wird der mittlere Querschnitt verwendet. Er ist aus den Messwerten der entsprechenden Maße zu berechnen.

Die Genauigkeit dieser Bestimmung hängt von der Beschaffenheit und der Probenart ab. In den Anhängen B bis E sind Verfahren zur Bestimmung von S_0 für verschiedene Probenarten beschrieben und Festlegungen über die Messgenauigkeit enthalten.

Alle zur Bestimmung des Anfangsquerschnittes benutzten Messgeräte müssen mit entsprechenden Normalen kalibriert sein, die auf nationale Normale rückführbar sind.

8 Anfangsmesslänge und Extensometer-Messlänge

8.1 Festlegung der Anfangsmesslänge

Ist bei einer proportionalen Probe die Anfangsmesslänge nicht gleich $5{,}65\sqrt{S_0}$, wobei S_0 der Anfangsquerschnitt innerhalb der parallelen Länge ist, sollte das Formelzeichen A durch einen Index ergänzt werden, der den zugrunde liegenden Proportionalitätsfaktor angibt, wobei z. B. $A_{11,3}$ die Dehnung der Anfangsmesslänge L_0 entsprechend Gleichung (1) angibt:

$$L_0 = 11{,}3\sqrt{S_0} \tag{1}$$

ANMERKUNG $5{,}65\sqrt{S_0} = 5\sqrt{4S_0/\pi}$.

Bei nichtproportionalen Proben (siehe Anhang B und Anhang D) sollte das Formelzeichen A durch einen Index ergänzt werden, der die zugrunde liegende Anfangsmesslänge in Millimeter angibt, wobei z. B. $A_{80\ \mathrm{mm}}$ die Dehnung einer Anfangsmesslänge L_0 von 80 mm angibt.

8.2 Kennzeichnung der Anfangsmesslänge

Zur manuellen Bestimmung der Bruchdehnung A muss die Anfangsmesslänge L_0 durch feine Messmarken, Farbstriche oder Einprägungen gekennzeichnet werden, wobei diese Marken nicht zu einem vorzeitigen Bruch führen dürfen. Die Anfangsmesslänge ist mit einer Unsicherheit von höchstens ± 1 % zu kennzeichnen.

Bei proportionalen Proben darf der berechnete Wert der Anfangsmesslänge auf das nächste Vielfache von 5 mm gerundet werden, sofern der Unterschied zwischen der berechneten und der gekennzeichneten Anfangsmesslänge weniger als 10 % von L_0 beträgt.

Überschreitet die parallele Länge L_c die Anfangsmesslänge beträchtlich, z. B. bei unbearbeiteten Proben, darf eine Reihe von sich überlappenden Anfangsmesslängen markiert werden.

In manchen Fällen kann es vorteilhaft sein, eine parallele Linie zur Längsachse der Probe zu zeichnen, auf der die Messmarken aufgetragen werden.

8.3 Festlegung der Extensometer-Messlänge

Zur Messung von Streck- und Dehngrenzenparametern sollte die Extensometer-Messlänge L_e den größten Teil der parallelen Länge der Probe erfassen. Idealerweise sollte L_e größer als der Minimalwert 0,50 L_o, aber kleiner als etwa 0,9 L_c sein. Dies sollte sicherstellen, dass das Extensometer alle in der Probe vorkommenden Fließeffekte erfasst. Weiterhin sollte L_e ungefähr gleich L_o sein, wenn Kennwerte „bei" oder „nach Erreichen" der Höchstkraft bestimmt werden.

9 Genauigkeit der Prüfeinrichtungen

Die Kraftmesseinrichtung der Prüfmaschine muss mindestens der Klasse 1 nach ISO 7500-1 entsprechen.

Zur Bestimmung der Dehngrenzen (plastische oder gesamte Extensometer-Dehnung) muss das Extensometer im relevanten Bereich mindestens der Klasse 1 nach ISO 9513 entsprechen. Für die Bestimmung anderer Kennwerte (mit Extensometer-Dehnungen größer als 5 %) darf im relevanten Bereich ein Extensometer der Klasse 2 nach ISO 9513 benutzt werden.

10 Prüfbedingungen

10.1 Einstellung des Kraftnullpunktes

Nach der Komplettierung des Kraftstranges, aber vor der Einspannung der Probe an beiden Enden ist das Kraftmesssystem auf null zu stellen. Nachdem die Kraft auf null gestellt wurde, darf das Kraftmesssystem während des Versuchs in keiner Weise mehr verändert werden.

ANMERKUNG Durch Anwendung dieses Verfahrens wird sichergestellt, dass einerseits die Masse des Einspannsystems in der Kraftmessung kompensiert ist und andererseits eine durch das Einspannen der Probe bedingte Kraft die Messung nicht beeinflusst.

10.2 Einspannverfahren

Die Proben müssen mit geeigneten Einrichtungen, z. B. Keilspannzeugen, Gewindestücken, Parallelspannzeugen oder Schulterhalterungen eingespannt werden.

Dabei sollte alles darangesetzt werden, die Proben so einzuspannen, dass die Kraft so axial wie möglich wirkt, um den Biegeeinfluss zu minimieren (weitere Informationen siehe z. B. ASTM E1012 [8]). Dies ist besonders der Prüfung von spröden Werkstoffen wichtig oder bei der Bestimmung der Dehngrenze bei plastischer Extensometer-Dehnung oder der Dehngrenze bei gesamter Extensometer-Dehnung oder bei der Bestimmung der Streckgrenze.

Um ein Ausrichten der Probe in der Einspannvorrichtung zu erreichen, darf eine Vorkraft aufgebracht werden, die 5 % des spezifizierten oder zu erwartenden Streckgrenzenwertes nicht überschreitet. Eine Korrektur der Dehnung sollte unter Berücksichtigung der Vorkraft vorgenommen werden.

10.3 Prüfgeschwindigkeiten

10.3.1 Allgemeine Informationen zu den Prüfgeschwindigkeiten

Wenn nicht anders festgelegt, unterliegt die Wahl des Verfahrens (A1, A2 oder B) und der Prüfgeschwindigkeiten dem Hersteller oder dem von ihm beauftragten Prüflabor, vorausgesetzt, die Festlegungen dieses Dokuments werden eingehalten.

ANMERKUNG 1 Der Unterschied zwischen Verfahren A und Verfahren B besteht darin, dass die notwendige Prüfgeschwindigkeit bei Verfahren A beim interessierenden Punkt, z. B. $R_{p0,2}$, an dem der Kennwert bestimmt werden soll, definiert ist, wohingegen bei Verfahren B die notwendige Prüfgeschwindigkeit im elastischen Bereich, d. h. bevor der Kennwert (z. B. $R_{p0,2}$) bestimmt werden soll, eingestellt wird.

Bei Verwendung von Verfahren B kann unter bestimmten Bedingungen (so z. B. für einige Stähle bei einer Spannungsgeschwindigkeit im elastischen Bereich von etwa 30 MPa/s, bei Verwendung einer Prüfmaschine und eines Einspannsystems mit hoher Steifigkeit und einer Probengeometrie nach Anhang B, Tabelle B.1, Probenform 2) eine Dehngeschwindigkeit nahe des Bereichs 2 von Verfahren A beobachtet werden.

ANMERKUNG 2 In Produktnormen und einschlägigen Prüfnormen (z. B. Luftfahrtnormen) können Prüfgeschwindigkeiten festgelegt sein, die von denen in diesem Dokument abweichen.

10.3.2 Prüfgeschwindigkeit basierend auf Dehngeschwindigkeit (Verfahren A)

10.3.2.1 Allgemeines

Mit Verfahren A ist beabsichtigt, Unterschiede in den Prüfgeschwindigkeiten in den Bereichen der Kennwertbestimmung, insbesondere bei dehngeschwindigkeitsabhängigen Kennwerten, zu minimieren und die Messunsicherheit der Prüfergebnisse zu minimieren.

Zwei unterschiedliche Arten der Dehngeschwindigkeitsregelung sind in diesem Unterabschnitt beschrieben.

— Verfahren A1 „geschlossener Regelkreis" (en: closed loop) bezeichnet die Regelung der Dehngeschwindigkeit $\dot{e}_{L_e}$, die auf dem Signal des Extensometers basiert.

— Verfahren A2 „offener Regelkreis" (en: open loop) bezeichnet die Regelung der abgeschätzten Dehngeschwindigkeit über die parallele Länge $\dot{e}_{L_c}$, die durch Verwendung einer Traversengeschwindigkeit entsprechend dem Produkt aus der gewünschten Dehngeschwindigkeit und der parallelen Länge realisiert wird [siehe Gleichung (2)].

ANMERKUNG Eine präzisere Dehngeschwindigkeitsabschätzung für Verfahren A2 wird in Anhang F beschrieben.

Wenn das Material kein inhomogenes Fließen zeigt und die Kraft dabei nahezu konstant bleibt, sind die Dehngeschwindigkeit $\dot{e}_{L_e}$ und die abgeschätzte Dehngeschwindigkeit über die parallele Länge $\dot{e}_{L_c}$ nahezu gleich. Unterschiede bestehen, wenn das Material inhomogenes oder „gezacktes" Fließen zeigt (z. B. wie bei einigen Stählen und Al-Mg-Legierungen im Bereich der Streckgrenzendehnung oder Materialien, die „gezacktes Fließen" durch den Portevin-Le-Chatelier-Effekt zeigen) oder wenn die Probe einschnürt. Wenn die Kraft zunimmt, kann die Dehngeschwindigkeit [wenn die Traversengeschwindigkeit nach Gleichung (2) berechnet wurde] bedingt durch die Nachgiebigkeit der Prüfmaschine niedriger sein als die gewünschte Dehngeschwindigkeit.

Die Prüfgeschwindigkeit muss die folgenden Anforderungen erfüllen:

a) Wenn nicht anders festgelegt, darf jede geeignete Prüfgeschwindigkeit bis zu einer Spannung verwendet werden, die der Hälfte der erwarteten Streckgrenze entspricht. Oberhalb dieses Bereiches und zur Bestimmung von R_{eH}, R_p oder R_t ist die festgelegte Dehngeschwindigkeit $\dot{e}_{L_e}$ (oder für Verfahren A2 die Traversengeschwindigkeit v_c) zu verwenden.

   Um den Einfluss der Nachgiebigkeit der Zugprüfmaschine zu eliminieren und eine genaue Regelung der Dehngeschwindigkeit in diesem Bereich sicherzustellen, ist die Verwendung eines Dehnungsaufnehmers (Extensometers) zur Messung der Verlängerung der Probe notwendig. Bei Prüfmaschinen, die nicht die Dehngeschwindigkeit regeln können, darf das Verfahren A2 angewandt werden.

b) Im Bereich des inhomogenen Fließens sollte die abgeschätzte Dehngeschwindigkeit über die parallele Länge $\dot{e}_{L_c}$ (siehe 3.7.2) verwendet werden. In diesem Bereich ist eine Regelung der Dehngeschwindigkeit mit einem an die Probe angesetzten Dehnungsaufnehmer nicht möglich, da lokales Fließen außerhalb der Extensometer-Messlänge stattfinden kann. Die notwendige abgeschätzte Dehngeschwindigkeit über die parallele Länge kann in diesem Bereich hinreichend genau erreicht werden, indem eine konstante Traversengeschwindigkeit v_c (siehe 3.7.3) (offener Regelkreis, en: open loop) verwendet wird.

$$v_c = L_c \, \dot{e}_{L_c} \tag{2}$$

Dabei ist

$\dot{e}_{L_c}$ die abgeschätzte Dehngeschwindigkeit über die parallele Länge;

L_c die parallele Länge.

c) In dem Bereich nach R_p oder R_t oder nach Ende des Fließens (siehe 3.7.2) kann $\dot{e}_{L_e}$ oder $\dot{e}_{L_c}$ verwendet werden. Die Verwendung von $\dot{e}_{L_c}$ wird empfohlen, um Regelungsprobleme zu verhindern, die durch Einschnürung außerhalb der Extensometer-Messlänge auftreten können.

Die in 10.3.2.2 bis 10.3.2.4 festgelegten Dehngeschwindigkeiten sind während der Bestimmung der relevanten Kennwerte einzuhalten (siehe auch Bild 9).

Während des Umschaltens auf eine andere Dehngeschwindigkeit oder auf eine andere Regelung sollten keine Unstetigkeiten in der Spannung/Extensometer-Dehnung-Kurve auftreten, welche die Werte für R_m, A_g oder A_{gt} (siehe Bild 10) beeinflussen. Dieser Effekt kann durch eine sanfte Umschaltung zwischen den Geschwindigkeiten verkleinert werden.

Die Form der Spannung/Extensometer-Dehnung-Kurve kann im Verfestigungsbereich ebenfalls durch die Dehngeschwindigkeit beeinflusst werden. Die verwendete Dehngeschwindigkeit sollte daher dokumentiert werden (siehe 10.3.4).

10.3.2.2 Dehngeschwindigkeit zur Bestimmung der oberen Streckgrenze R_{eH} oder der Dehngrenzen R_p und R_t

Die Dehngeschwindigkeit $\dot{e}_{L_e}$ ist so konstant wie möglich bis zu und während der Bestimmung von R_{eH} oder R_p oder R_t zu halten. Während der Bestimmung dieser Kennwerte muss die Dehngeschwindigkeit $\dot{e}_{L_e}$ in einem der beiden folgenden festgelegten Bereiche liegen (siehe auch Bild 9):

Bereich 1: $\dot{e}_{L_e} = 0{,}000\,07\ \mathrm{s}^{-1}$ mit einer relativen Toleranz von $\pm 20\ \%$.

Bereich 2: $\dot{e}_{L_e} = 0{,}000\,25\ \mathrm{s}^{-1}$ mit einer relativen Toleranz von $\pm 20\ \%$ (empfohlen, wenn nicht anders festgelegt).

Wenn die Prüfmaschine nicht in der Lage ist, die Dehngeschwindigkeit direkt zu regeln, muss das Verfahren A2 angewendet werden.

10.3.2.3 Dehngeschwindigkeit zur Bestimmung der unteren Streckgrenze R_{eL} und der Streckgrenzen-Extensometer-Dehnung A_e

Nach der Bestimmung der oberen Streckgrenze (siehe A.3.2) ist die abgeschätzte Dehngeschwindigkeit über die parallele Länge $\dot{e}_{L_c}$ bis zum Ende des diskontinuierlichen Fließens in einem der zwei folgenden festgelegten Bereiche zu halten (siehe Bild 9).

Bereich 2: $\dot{e}_{L_c} = 0{,}000\,25\ \text{s}^{-1}$ mit einer relativen Toleranz von $\pm 20\ \%$ (empfohlen, wenn R_{eL} zu bestimmen ist).

Bereich 3: $\dot{e}_{L_c} = 0{,}002\ \text{s}^{-1}$ mit einer relativen Toleranz von $\pm 20\ \%$.

10.3.2.4 Dehngeschwindigkeit zur Bestimmung der Zugfestigkeit R_m, der Bruchdehnung A, der gesamten Extensometer-Dehnung bei Höchstkraft A_{gt}, der plastischen Extensometer-Dehnung bei Höchstkraft A_g und der Brucheinschnürung Z

Nach Bestimmung der geforderten Streck-/Dehngrenzen muss die abgeschätzte Dehngeschwindigkeit über die parallele Länge $\dot{e}_{L_c}$ in einen der folgenden festgelegten Bereiche verändert werden (siehe Bild 9).

Bereich 2: $\dot{e}_{L_c} = 0{,}000\,25\ \text{s}^{-1}$ mit einer relativen Toleranz von $\pm 20\ \%$.

Bereich 3: $\dot{e}_{L_c} = 0{,}002\ \text{s}^{-1}$ mit einer relativen Toleranz von $\pm 20\ \%$.

Bereich 4: $\dot{e}_{L_c} = 0{,}006\,7\ \text{s}^{-1}$ mit einer relativen Toleranz von $\pm 20\ \%$ (entspricht $0{,}4\ \text{min}^{-1}$ mit einer relativen Toleranz von $\pm 20\ \%$) (empfohlen, wenn nicht anders festgelegt).

Wenn nur die Zugfestigkeit im Zugversuch bestimmt werden soll, darf während des gesamten Versuchs die abgeschätzte Dehngeschwindigkeit über die parallele Länge entsprechend Bereich 3 oder 4 verwendet werden.

10.3.3 Prüfgeschwindigkeit basierend auf Spannungsgeschwindigkeit (Verfahren B)

10.3.3.1 Allgemeines

Die Prüfgeschwindigkeiten müssen den folgenden Festlegungen, die vom Werkstoff abhängen, entsprechen. Wenn nicht anders festgelegt, darf jede geeignete Prüfgeschwindigkeit bis zu einer Spannung verwendet werden, die der Hälfte der spezifizierten Streckgrenze entspricht. Die Prüfgeschwindigkeiten oberhalb dieses Punktes sind nachfolgend festgelegt.

ANMERKUNG Ziel ist es nicht bei Verfahren B, während der Bestimmung der Streckgrenzen eine konstante Spannungsgeschwindigkeit aufrechtzuerhalten oder die Spannungsgeschwindigkeit im geschlossenen Regelkreis über eine Kraftregelung zu steuern, sondern nur über die Einstellung einer Traversengeschwindigkeit eine definierte Spannungsgeschwindigkeit im elastischen Bereich zu erhalten (siehe Tabelle 3). Wenn eine Probe bei der Prüfung anfängt zu fließen, reduziert sich die Spannungsgeschwindigkeit oder kann sogar negativ werden, wenn die Probe diskontinuierliches Fließen zeigt. Der Versuch, während des Fließens eine konstante Spannungsgeschwindigkeit aufrechtzuerhalten, erfordert von der Prüfmaschine extrem hohe Prüfgeschwindigkeiten. Dies ist in den meisten Fällen weder praktikabel noch gewünscht.

10.3.3.2 Streck- und Dehngrenzen

10.3.3.2.1 Obere Streckgrenze R_{eH}

Die Traversengeschwindigkeit der Prüfmaschine muss so konstant wie möglich und innerhalb der Grenzen gehalten werden, die den in Tabelle 3 angegebenen Spannungsgeschwindigkeiten entsprechen.

ANMERKUNG Zur Information: Typische Werkstoffe mit einem Elastizitätsmodul kleiner als 150 000 MPa sind Magnesium, Aluminiumlegierungen, Messing und Titan. Typische Werkstoffe mit einem Elastizitätsmodul größer als 150 000 MPa sind Schmiedeeisen, Stahl, Wolfram und Nickelbasislegierungen.

Tabelle 3 — Spannungsgeschwindigkeit

Elastizitätsmodul des Werkstoffs E MPa	**Spannungsgeschwindigkeit** $\dot{R}$ MPa s^{-1}	
	min.	max.
< 150 000	2	20
≥ 150 000	6	60

10.3.3.2.2 Untere Streckgrenze R_{eL}

Wenn nur die untere Streckgrenze zu bestimmen ist, so muss die Dehngeschwindigkeit im Bereich der parallelen Länge der Probe während des Fließens zwischen 0,000 25 s^{-1} und 0,002 5 s^{-1} liegen. Die Dehngeschwindigkeit im Bereich der parallelen Länge ist so konstant wie möglich zu halten. Wenn diese Dehngeschwindigkeit nicht direkt eingestellt werden kann, ist kurz vor dem Fließbeginn die entsprechende Spannungsgeschwindigkeit einzustellen. Diese Einstellung darf nicht mehr verändert werden, bis das Fließen beendet ist.

In keinem Fall darf die Spannungsgeschwindigkeit im elastischen Bereich die in Tabelle 3 angegebenen Höchstwerte übersteigen.

10.3.3.2.3 Obere und untere Streckgrenze R_{eH} und R_{eL}

Werden die obere und untere Streckgrenze im selben Versuch bestimmt, gelten die Bedingungen zur Bestimmung der unteren Streckgrenze (siehe 10.3.3.2.2).

10.3.3.2.4 Dehngrenze bei plastischer Extensometer-Dehnung und Dehngrenze bei gesamter Extensometer-Dehnung R_p und R_t

Innerhalb des elastischen Bereiches muss die Traversengeschwindigkeit der Prüfmaschine so konstant wie möglich und innerhalb der Grenzen gehalten werden, die den in Tabelle 3 angegebenen Spannungsgeschwindigkeiten entsprechen. Diese Traversengeschwindigkeit muss bis zur Dehngrenze (plastische oder gesamte Extensometer-Dehnung) beibehalten werden. Keinesfalls darf die Dehngeschwindigkeit größer sein als 0,002 5 s^{-1}.

10.3.3.2.5 Traversengeschwindigkeit

Wenn die Prüfmaschine nicht in der Lage ist, die Dehngeschwindigkeit zu messen oder zu kontrollieren, ist bis zur Beendigung des Fließens eine Traversengeschwindigkeit zu verwenden, die der in Tabelle 3 angegebenen Spannungsgeschwindigkeit entspricht.

10.3.3.3 Zugfestigkeit R_m, Bruchdehnung *A*, gesamte Extensometer-Dehnung bei Höchstkraft A_{gt}, plastische Extensometer-Dehnung bei Höchstkraft A_g und Brucheinschnürung *Z*

Nach der Bestimmung der geforderten Streck- und Dehngrenzwerte darf die Prüfgeschwindigkeit bis auf eine Dehngeschwindigkeit (oder entsprechende Traversengeschwindigkeit) von maximal 0,008 s^{-1} erhöht werden.

Wenn nur die Zugfestigkeit des Werkstoffes bestimmt wird, kann eine Dehngeschwindigkeit verwendet werden, die während des gesamten Versuchs 0,008 s^{-1} nicht überschreiten darf.

10.3.4 Dokumentation der gewählten Prüfbedingungen

Zur Dokumentation der Art der Prüfgeschwindigkeitsregelung und der Prüfgeschwindigkeit in einer verkürzten Form kann folgendes System von Abkürzungen verwendet werden:

ISO 6892-1 Annn oder ISO 6892-1 Bn

wobei „A" das verwendete Verfahren A (basierend auf der Dehngeschwindigkeit) und „B" das verwendete Verfahren B (basierend auf der Spannungsgeschwindigkeit) symbolisiert. Die Symbole „nnn" stellen eine Serie von bis zu 3 Zeichen dar, die sich auf die Geschwindigkeiten während jeder Phase des Versuchs wie in Bild 9 dargestellt beziehen. „n" kann zur Dokumentation der Spannungsgeschwindigkeit (in MPa s^{-1}) im elastischen Bereich angehängt werden.

BEISPIEL 1 ISO 6892-1:2019 A224 beschreibt einen dehngeschwindigkeitsbasierenden Versuch mit Verwendung der Bereiche 2, 2 und 4.

BEISPIEL 2 ISO 6892-1:2019 B30 beschreibt einen spannungsgeschwindigkeitsbasierenden Versuch, durchgeführt mit einer nominalen Spannungsgeschwindigkeit von 30 MPa s^{-1}.

BEISPIEL 3 ISO 6892-1:2019 B beschreibt einen spannungsgeschwindigkeitsbasierenden Versuch, durchgeführt mit einer nominalen Spannungsgeschwindigkeit nach Tabelle 3.

11 Bestimmung der oberen Streckgrenze

R_{eH} darf aus der Kraft/Extensometer-Dehnung-Kurve oder einer Schleppzeiger-Kraftanzeige bestimmt werden und ist definiert als die maximale Spannung, bevor der erste deutliche Kraftabfall auftritt. Der Kennwert wird durch Division dieser Kraft durch den Anfangsquerschnitt der Probe S_o berechnet (siehe Bild 2).

12 Bestimmung der unteren Streckgrenze

R_{eL} wird aus der Kraft/Extensometer-Dehnung-Kurve bestimmt und ist definiert als die niedrigste Spannung während des plastischen Fließens, wobei Einschwingerscheinungen unberücksichtigt bleiben. Der Kennwert wird durch Division dieser Kraft durch den Anfangsquerschnitt der Probe S_o berechnet (siehe Bild 2).

Im Falle von Werkstoffen mit einem ausgeprägten Fließverhalten und wenn A_e nicht bestimmt wird: Zur Verkürzung der Versuchsdauer darf R_{eL} als die niedrigste Spannung innerhalb einer Extensometer-Dehnung von 0,25 % nach R_{eH} angenommen werden, wobei Einschwingerscheinungen unberücksichtigt bleiben. Nach Bestimmung von R_{eL} nach diesem Verfahren darf die Prüfgeschwindigkeit entsprechend 10.3.2.4 oder 10.3.3.3 erhöht werden. Die Anwendung dieses (zeitlich) kürzeren Verfahrens sollte im Prüfbericht angegeben werden.

13 Bestimmung der Dehngrenze bei plastischer Extensometer-Dehnung

13.1 R_p wird aus der Kraft/Extensometer-Dehnung-Kurve bestimmt, indem eine parallele Linie zum geraden Teil der Kurve in einem Abstand gezeichnet wird, der der vorgeschriebenen plastischen Dehnung entspricht, z. B. 0,2 %. Die Ordinate des Schnittpunktes dieser Parallelen mit der Kurve ergibt die der gewünschten Dehngrenze bei plastischer Extensometer-Dehnung entsprechende Kraft. Die Dehngrenze wird durch Dividieren dieser Kraft durch den Anfangsquerschnitt der Probe S_0 errechnet (siehe Bild 3).

Ist der gerade Abschnitt der Kraft/Extensometer-Dehnung-Kurve nicht genügend ausgeprägt und kann folglich die Parallele nicht mit ausreichender Genauigkeit gezogen werden, wird das nachstehende Verfahren empfohlen (siehe Bild 6).

Ist die erwartete Dehngrenze überschritten, wird die Kraft auf etwa 10 % des vorherigen Wertes vermindert. Die Kraft wird dann wieder erhöht, bis der ursprüngliche Wert überschritten ist. Zur Bestimmung der gesuchten Dehngrenze wird die Gerade durch die Hystereseschleife gezogen. Dann wird eine Parallele zu dieser Geraden in dem Abstand vom korrigierten Kurvenursprung (an der Abszisse gemessen) gezogen, der dem vorgegebenen Wert der plastischen Extensometer-Dehnung entspricht. Die Ordinate des Schnittpunktes dieser Parallelen mit der Kraft/Extensometer-Dehnung-Kurve ergibt die der Dehngrenze entsprechende Kraft. Die Dehngrenze wird durch Dividieren dieser Kraft durch den Anfangsquerschnitt der Probe S_0 berechnet (siehe Bild 6).

ANMERKUNG Für die Bestimmung des korrigierten Nullpunktes der Kraft/Extensometer-Dehnung-Kurve können verschiedene Verfahren angewendet werden. Ein Verfahren, das angewendet werden kann, ist das Zeichnen einer Geraden parallel zu der durch die Hystereseschleife festgelegten Geraden als Tangente an die Kraft/Extensometer-Dehnung-Kurve. Der Schnittpunkt dieser Geraden mit der Abszisse ergibt den tatsächlichen Nullpunkt der Kraft/Extensometer-Dehnung-Kurve (siehe Bild 6).

Es sollte darauf geachtet werden, dass die Hysterese nach dem Erreichen der letzten Dehngrenze, aber bei einer möglichst kleinen Extensometer-Dehnung gestartet wird, da ansonsten nachteilige Effekte auf die Steigung beobachtet werden.

Es ist unüblich, Dehngrenzen während oder nach diskontiniuierlichem Fließen zu bestimmen, wenn nicht in der Produktnorm festgelegt oder zwischen den Vertragspartnern vereinbart.

13.2 Diese Kenngröße darf bei automatischen Auswertesystemen (Mikroprozessor usw.) auch ohne Zeichnen der Kraft/Extensometer-Dehnung-Kurve bestimmt werden (siehe Anhang A).

ANMERKUNG Ein anderes mögliches Verfahren ist in GB/T 228 [12] beschrieben.

14 Bestimmung der Dehngrenze bei gesamter Extensometer-Dehnung

14.1 Die Dehngrenze bei gesamter Extensometer-Dehnung R_t wird aus der Kraft/Extensometer-Dehnung-Kurve unter Berücksichtigung von 10.2 bestimmt, indem eine Parallele zur Ordinatenachse (Kraft-Achse) in dem Abstand gezogen wird, der der vorgegebenen gesamten Extensometer-Dehnung entspricht. Die Ordinate des Schnittpunktes dieser Geraden mit der Kurve ergibt die der gewünschten Dehngrenze entsprechende Kraft. Der Kennwert wird durch Dividieren dieser Kraft durch den Anfangsquerschnitt der Probe S_0 berechnet (siehe Bild 4).

14.2 Diese Kenngröße darf bei automatischen Auswertesystemen auch ohne Zeichnen der Kraft/Extensometer-Dehnung-Kurve bestimmt werden (siehe Anhang A).

15 Verfahren zum Nachweis des Grenzwertes der Spannung für eine vorgegebene bleibende Dehnung

Die Probe wird 10 s bis 12 s einer Kraft ausgesetzt, die der vorgegebenen Spannung entspricht. Diese Kraft wird durch Multiplikation der vorgegebenen Spannung mit dem Anfangsquerschnitt der Probe S_o erhalten. Nach Wegnahme der Kraft wird nachgewiesen, dass die bleibende Dehnung oder Extensometer-Dehnung nicht größer ist als der für die Anfangsmesslänge vorgegebene prozentuale Wert, siehe Bild 5.

ANMERKUNG Dieser Versuch ist ein „erfüllt/nicht erfüllt"-Versuch und wird normalerweise nicht als ein Teil des Zugversuchs durchgeführt. Die auf die Probe wirkende Spannung und die zulässige bleibende Dehnung oder Extensometer-Dehnung sind entweder durch die Produktspezifikation oder durch den Auftraggeber festzulegen. Beispiel: Das Ergebnis „$R_{r0,5} = 750$ MPa erfüllt" bedeutet, dass eine Spannung von 750 MPa auf die Probe aufgebracht wurde und die resultierende bleibende festgelegte Dehnung (oder Extensometer-Dehnung) kleiner oder gleich 0,5 % war.

16 Bestimmung der Streckgrenzen-Extensometer-Dehnung

Für Werkstoffe, die diskontinuierliches Fließen zeigen, wird A_e aus der Kraft/Extensometer-Dehnung-Kurve durch Subtraktion der Extensometer-Dehnung bei R_{eH} von der Extensometer-Dehnung beim Start der Verfestigung berechnet. Die Extensometer-Dehnung beim Start der Verfestigung ist definiert durch den Schnittpunkt einer horizontalen Linie durch das letzte lokale Minimum oder einer Regressionsgeraden im Bereich des Fließens vor dem Beginn der Verfestigung und einer der größten Steigung der Kurve entsprechenden Geraden bei Beginn der Verfestigung (siehe Bild 7). Die Streckgrenzen-Extensometer-Dehnung wird als prozentualer Wert der Extensometer-Messlänge L_e angegeben.

Das verwendete Verfahren [siehe Bild 7 a) oder b)] sollte im Prüfbericht angegeben werden.

17 Bestimmung der plastischen Extensometer-Dehnung bei Höchstkraft

Das Verfahren besteht in der Bestimmung der Verlängerung der Extensometer-Messlänge bei Höchstkraft aus der Kraft/Extensometer-Dehnung-Kurve, die mit einem Extensometer gemessen wurde, und der Subtraktion der elastischen Dehnung.

Die plastische Extensometer-Dehnung bei Höchstkraft A_g wird nach Gleichung (3) berechnet:

$$A_g = \left(\frac{\Delta L_m}{L_e} - \frac{R_m}{m_E}\right) \cdot 100 \qquad (3)$$

Dabei ist

ΔL_m die Verlängerung der Extensometer-Messlänge bei Höchstkraft;

L_e die Extensometer-Messlänge;

R_m die Zugfestigkeit;

m_E die Steigung im elastischen Teil der Spannung/Extensometer-Dehnung-Kurve.

ANMERKUNG Für Werkstoffe, die im Bereich der Höchstkraft ein Plateau zeigen, wird die plastische Extensometer-Dehnung am Mittelpunkt dieses Plateaus bestimmt (siehe Bild 1).

18 Bestimmung der gesamten Extensometer-Dehnung bei Höchstkraft

Das Verfahren besteht aus der Bestimmung der Verlängerung der Extensometer-Messlänge bei Höchstkraft aus der Kraft/Extensometer-Dehnung-Kurve, die mit einem Extensometer gemessen wurde.

Die gesamte Extensometer-Dehnung bei Höchstkraft A_{gt} wird nach Gleichung (4) berechnet:

$$A_{gt} = \frac{\Delta L_m}{L_e} \cdot 100 \tag{4}$$

Dabei ist

ΔL_m die Verlängerung der Extensometer-Messlänge bei Höchstkraft;

L_e die Extensometer-Messlänge.

ANMERKUNG Für Werkstoffe, die im Bereich der Höchstkraft ein Plateau zeigen, wird die gesamte Extensometer-Dehnung am Mittelpunkt dieses Plateaus bestimmt (siehe Bild 1).

19 Bestimmung der gesamten Extensometer-Dehnung beim Bruch

Das Verfahren besteht aus der Bestimmung der Verlängerung der Extensometer-Messlänge beim Bruch aus der Kraft/Extensometer-Dehnung-Kurve, die mit einem Extensometer gemessen wurde.

Die gesamte Extensometer-Dehnung beim Bruch A_t wird nach Gleichung (5) berechnet:

$$A_t = \frac{\Delta L_f}{L_e} \cdot 100 \tag{5}$$

Dabei ist

ΔL_f die Verlängerung der Extensometer-Messlänge beim Bruch;

L_e die Extensometer-Messlänge.

20 Bestimmung der Bruchdehnung

20.1 Die Bruchdehnung muss nach der in 3.4.2 angegebenen Definition bestimmt werden.

Zu diesem Zweck sind die beiden Bruchstücke der Probe sorgfältig so zusammenzulegen, dass ihre Achsen eine Gerade bilden.

Es ist insbesondere darauf zu achten, dass die Bruchflächen der beiden Bruchstücke der Probe bei der Messung der Messlänge nach dem Bruch möglichst gut ineinander passen. Dies ist insbesondere bei Proben mit kleinem Probenquerschnitt und bei Proben mit geringer Bruchdehnung wichtig.

Die Bruchdehnung A wird nach Gleichung (6) berechnet:

$$A = \frac{L_u - L_o}{L_o} \cdot 100 \tag{6}$$

Dabei ist

L_u die Messlänge nach dem Bruch;

L_o die Anfangsmesslänge.

Die Verlängerung nach dem Bruch $L_u - L_o$ muss auf mindestens 0,25 mm genau bestimmt werden unter Benutzung einer Messeinrichtung mit einer ausreichenden Auflösung.

Liegt der geforderte Mindestwert der Bruchdehnung unter 5 %, wird empfohlen, besondere Vorkehrungen bei der Bestimmung der Bruchdehnung zu treffen (siehe Anhang H). Das Ergebnis der Bestimmung der Bruchdehnung ist nur dann gültig, wenn der Abstand zwischen der Bruchstelle und der nächsten Messmarke nicht weniger als $L_o/3$ beträgt. Die Bruchdehnung ist jedoch ungeachtet der Lage des Bruches gültig, wenn sie gleich dem oder größer als der geforderte Wert ist. Um zu vermeiden, dass Proben, bei denen der Abstand zwischen der Bruchstelle und der nächsten Messmarke kleiner als $L_o/3$ ist, verworfen werden müssen, darf nach Vereinbarung das in Anhang I beschriebene Verfahren angewendet werden.

20.2 Bei Verwendung von Extensometern zur Messung der Verlängerung beim Bruch sind Messmarken nicht erforderlich. Da es sich bei der gemessenen Verlängerung um die gesamte Verlängerung handelt, muss, um die Bruchdehnung zu erhalten, die elastische Verlängerung subtrahiert werden. Um mit der manuellen Methode vergleichbare Werte zu erhalten, können zusätzliche Maßnahmen notwendig sein (z. B. ausreichend hohe Dynamik und Frequenz-Bandweite des Extensometers) (siehe A.2.2).

Das Ergebnis der Bestimmung ist nur dann gültig, wenn der Bruch und die Einschnürdehnung innerhalb der Extensometer-Messlänge L_e auftreten. Die Bruchdehnung ist jedoch darüber hinaus ungeachtet der Lage des Bruches gültig, wenn sie gleich dem oder größer als der geforderte Wert ist. Wenn in einer Produktnorm die Bestimmung der Bruchdehnung bei einer bestimmten Messlänge festgelegt ist, dann sollte die Extensometer-Messlänge gleich dieser Messlänge sein.

20.3 Die Verlängerung kann an einer festen Messlänge gemessen und unter Verwendung von Gleichungen oder Tabellen auf die proportionale Messlänge umgewertet werden, wenn dies vor Beginn des Versuchs vereinbart wurde (z. B. nach ISO 2566-1 und ISO 2566-2).

ANMERKUNG Vergleiche der Bruchdehnung sind nur möglich, wenn die Messlänge oder die Extensometer-Messlänge sowie die Form und Querschnittsfläche gleich sind oder der Proportionalitätsfaktor *k* gleich ist.

21 Bestimmung der Brucheinschnürung

Die Brucheinschnürung muss nach der Definition in 3.8 bestimmt werden.

Wenn notwendig, sind die gebrochenen Teilstücke der Probe sorgfältig zusammenzufügen, so dass ihre Achsen eine Gerade bilden.

Bei Rundproben sollten die Messungen im Minimum des Einschnürbereichs in 2 um 90° zueinander befindlichen Ebenen durchgeführt und der Mittelwert für die Berechnung von *Z* verwendet werden.

Es sollte darauf geachtet werden, dass sich die Bruchflächen nicht während der Messung verschieben.

Die Brucheinschnürung *Z* wird nach Gleichung (7) berechnet:

$$Z = \frac{S_o - S_u}{S_o} . 100 \quad (7)$$

Dabei ist

S_o die Anfangsquerschnittsfläche in der parallelen Länge;

S_u der kleinste Querschnitt nach dem Bruch.

Es wird empfohlen, S_u mit einer Genauigkeit von ±2 % zu messen (siehe Bild 13).

Die Bestimmung von S_u mit einer Genauigkeit von ±2 % ist an Rundproben mit kleinem Durchmesser oder an Proben mit anderen Querschnittsgeometrien gegebenenfalls nicht möglich.

22 Prüfbericht

Der Prüfbericht muss, wenn zwischen den beteiligten Parteien nicht anders vereinbart, mindestens die folgenden Angaben enthalten:

a) Verweisung auf dieses Dokument, erweitert mit Informationen zu den Prüfbedingungen entsprechend den Festlegungen in 10.3.4, z. B. ISO 6892-1:2019 A224;

b) Kennzeichnung der Probe;

c) Werkstoff, falls bekannt;

d) Art der Probe;

e) Probenlage und -richtung, wenn bekannt;

f) Regelungsart(en) des Versuchs und Prüfgeschwindigkeit(en) oder Prüfgeschwindigkeitsbereich(e) (siehe 10.3.1.), wenn abweichend von den empfohlenen Regelungsarten und von den in 10.3.2 und 10.3.3 angegebenen Werten;

g) Prüfergebnisse:

- falls in Produktnormen nicht anders spezifiziert, sollten die Prüfergebnisse (nach ISO 80000-1) zur Angabe mit mindestens der folgenden Präzision gerundet werden: Festigkeitswerte in Megapascal auf die nächste ganze Zahl;
- Werte für die Streckgrenzen-Extensometer-Dehnung A_e auf 0,1 %;
- alle anderen Dehnungs- und Extensometer-Dehnungswerte auf 0,5 %;
- Brucheinschnürung Z auf 1 %.

23 Messunsicherheit

23.1 Allgemeines

Die Betrachtung der Messunsicherheit ist geeignet, die Haupteinflussgrößen der Messunsicherheit der Versuchsergebnisse zu beurteilen.

Produktnormen und Werkstoffdatenblätter, die auf diesem Dokument und früheren Versionen von ISO 6892 basieren, berücksichtigen bereits ausreichend die Aspekte der Messunsicherheit. Weitere Annahmen zur Messunsicherheit sind daher ungeeignet, da sie zur Ablehnung von Produkten, die vereinbarten Konformitätserklärungen entsprechen, führen können. Aus diesem Grund ist die Abschätzung der Unsicherheit nach diesem Verfahren nur informativ.

23.2 Prüfbedingungen

Es ist unzulässig, die in diesem Dokument festgelegten Prüfbedingungen und Grenzen um den Wert der Messunsicherheit zu korrigieren.

23.3 Prüfergebnisse

Die Abschätzung der Messunsicherheit darf nicht mit Messergebnissen kombiniert werden, um daraus die Übereinstimmung von Produktspezifikationen zu beurteilen.

Zur Betrachtung der Messunsicherheit sind in Anhang K und Anhang L Anleitungen zur Bestimmung der Unsicherheit basierend auf den Messgrößen beschrieben und Daten aus Ringversuchen an Stählen und Aluminiumlegierungen dokumentiert.

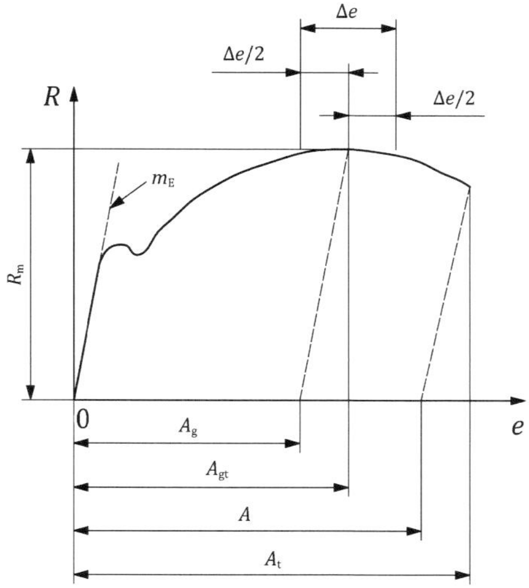

Legende

A	Bruchdehnung [mit einem Extensometer oder direkt an der Probe bestimmt (siehe 20.1)]
A_g	plastische Extensometer-Dehnung bei Höchstkraft
A_{gt}	gesamte Extensometer-Dehnung bei Höchstkraft
A_t	gesamte Extensometer-Dehnung beim Bruch
e	Extensometer-Dehnung
m_E	Steigung des elastischen Teils der Spannung/Extensometer-Dehnung-Kurve
R	Spannung
R_m	Zugfestigkeit
Δe	Plateaubereich (für die Bestimmung von A_g siehe Abschnitt 17, für die Bestimmung von A_{gt} siehe Abschnitt 18)

Bild 1 — Definitionen der Extensometer-Dehnungen

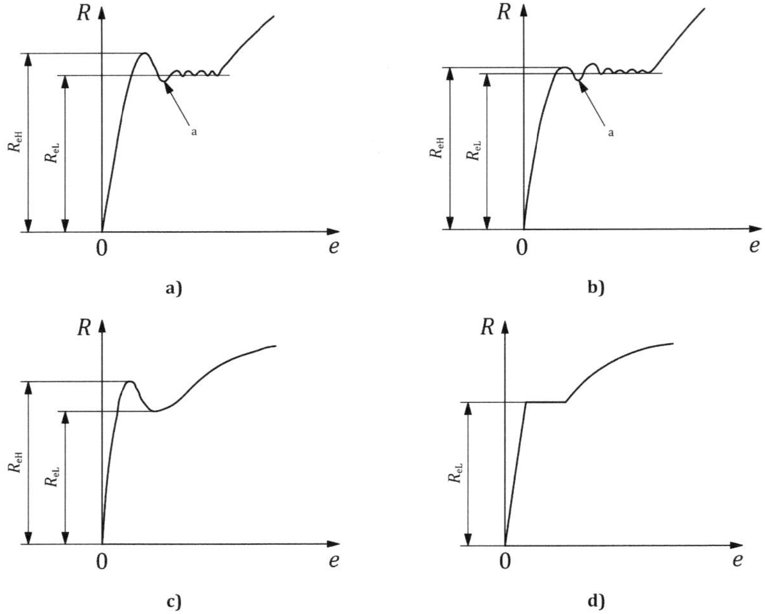

Legende

e	Extensometer-Dehnung
R	Spannung
R_{eH}	obere Streckgrenze
R_{eL}	untere Streckgrenze
[a]	Einschwingerscheinung

Bild 2 — Beispiele für die obere und untere Streckgrenze bei unterschiedlichen Formen der Spannung/Extensometer-Dehnung-Kurve

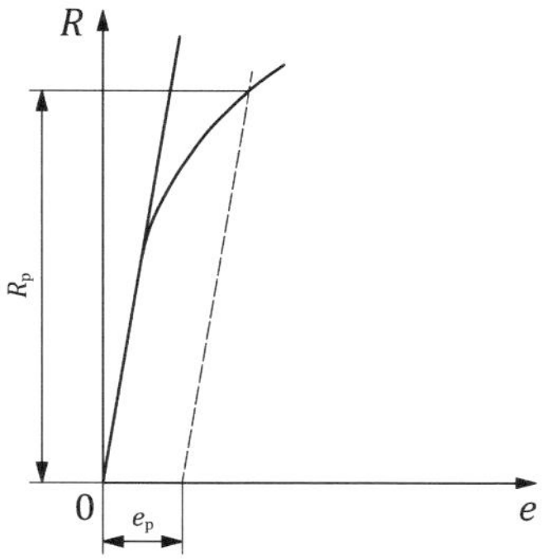

Legende

e Extensometer-Dehnung
e_p vorgegebene plastische Extensometer-Dehnung
R Spannung
R_p Dehngrenze bei plastischer Extensometer-Dehnung

Bild 3 — Dehngrenze bei plastischer Extensometer-Dehnung R_p (siehe 13.1)

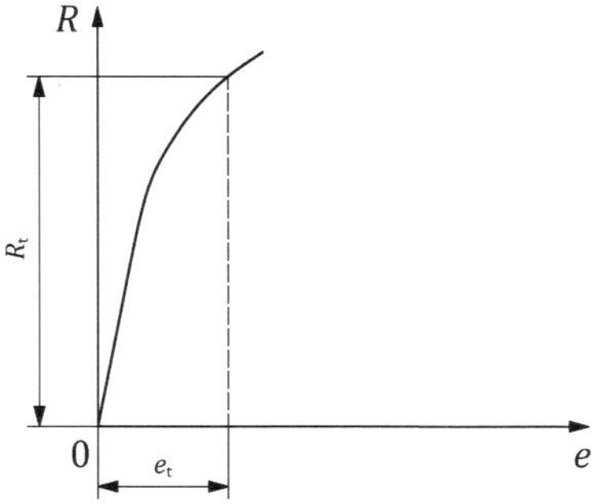

Legende

e Extensometer-Dehnung
e_t gesamte Extensometer-Dehnung
R Spannung
R_t Dehngrenze bei gesamter Extensometer-Dehnung

Bild 4 — Dehngrenze bei gesamter Extensometer-Dehnung R_t

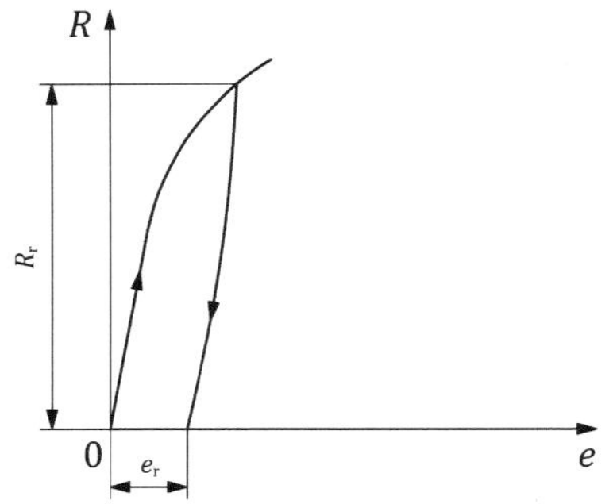

Legende

e Dehnung oder Extensometer-Dehnung
e_r bleibende Extensometer-Dehnung oder bleibende Dehnung
R Spannung
R_r Grenzwert der Spannung für eine vorgegebene bleibende Dehnung

Bild 5 — Grenzwert der Spannung für eine vorgegebene bleibende Dehnung R_r

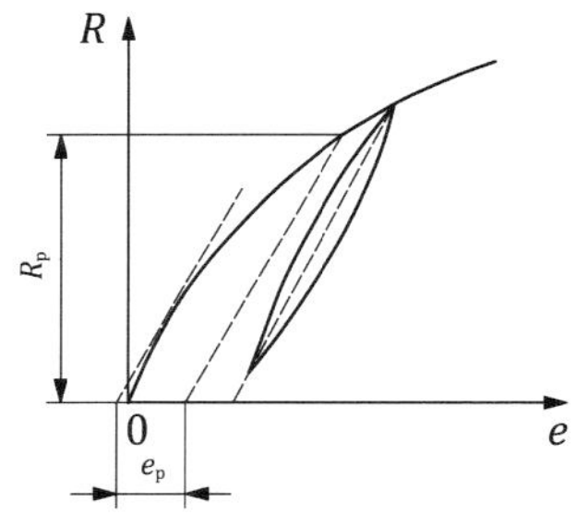

Legende

e Extensometer-Dehnung
e_p vorgegebene plastische Extensometer-Dehnung
R Spannung
R_p Dehngrenze bei plastischer Extensometer-Dehnung

Bild 6 — Dehngrenze bei plastischer Extensometer-Dehnung R_p, alternatives Verfahren (siehe 13.1)

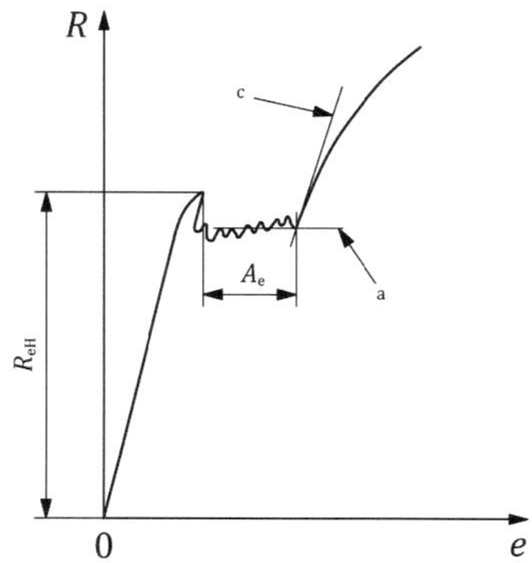

a) Verfahren mit horizontaler Linie

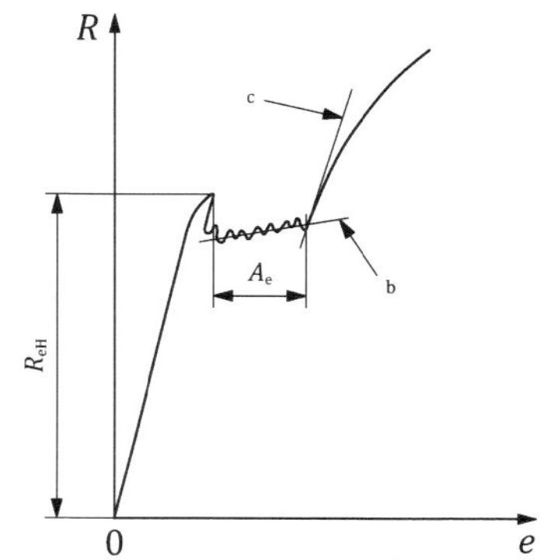

b) Regressionsverfahren

Legende

A_e Streckgrenzen-Extensometer-Dehnung
e Extensometer-Dehnung
R Spannung
R_{eH} obere Streckgrenze

[a] Horizontale Linie durch das letzte lokale Minimum bis zur Verfestigung

[b] Regressionsgerade im Bereich des Fließens bis zur Verfestigung

[c] Der größten Steigung der Kurve entsprechende Gerade bei Beginn der Verfestigung

Bild 7 — Unterschiedliche Auswerteverfahren zur Bestimmung der Streckgrenzen-Extensometer-Dehnung A_e

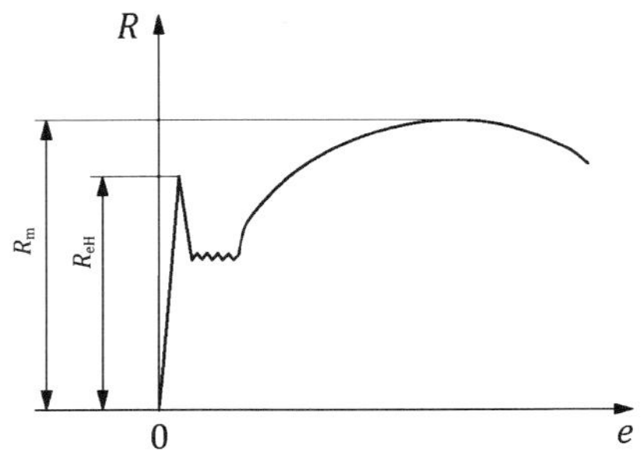

a) $R_{eH} < R_m$

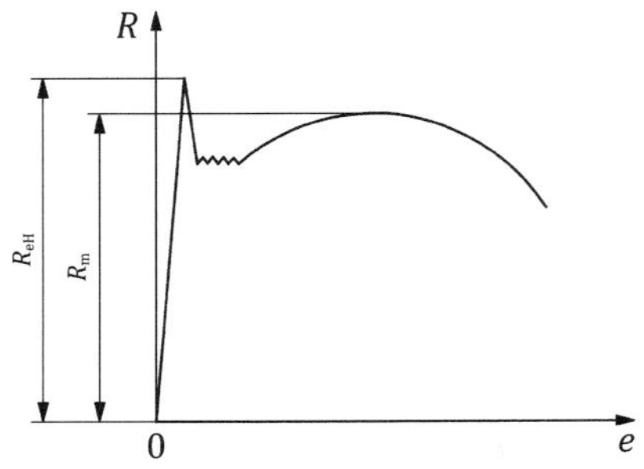

b) $R_{eH} > R_m$

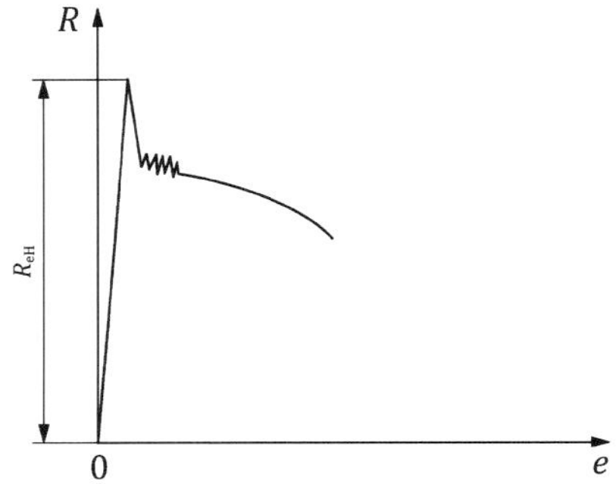

c) Sonderfall des Verhaltens der Spannung/Extensometer-Dehnung[a]

Legende

e Extensometer-Dehnung
R Spannung
R_{eH} obere Streckgrenze
R_m Zugfestigkeit
[a] Für Werkstoffe, die dieses Spannung-Dehnung-Verhalten zeigen, ist keine Zugfestigkeit entsprechend diesem Dokument festgelegt. Sofern notwendig, können gesonderte Vereinbarungen dafür zwischen den Beteiligten getroffen werden

Bild 8 — Unterschiedliche Formen von Spannung/Extensometer-Dehnung-Kurven zur Bestimmung der Zugfestigkeit R_m

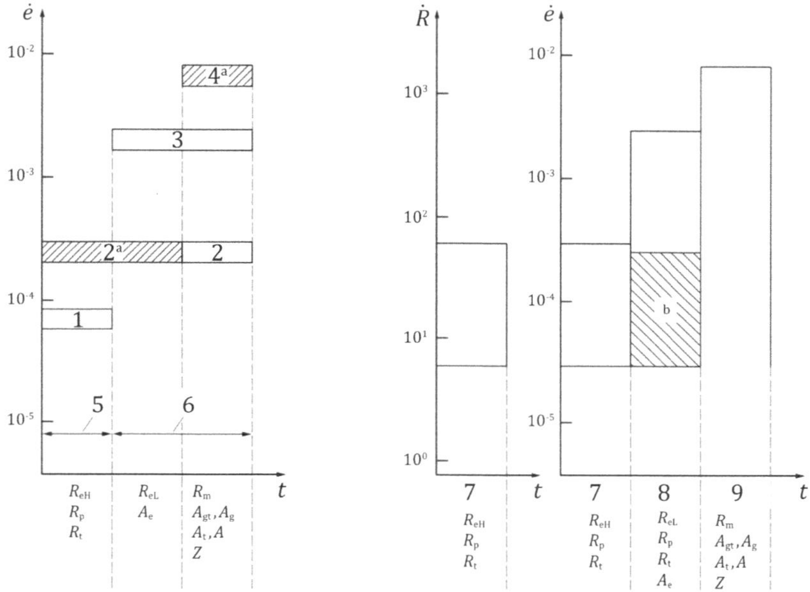

a) Verfahren A

b) Verfahren B

Legende

$\dot{e}$ Dehngeschwindigkeit, in s^{-1}

$\dot{R}$ Spannungsgeschwindigkeit, in MPa s^{-1}

t Zeit

1 Bereich 1: $\dot{e} = 0{,}000\,07\ s^{-1}$, mit einer relativen Toleranz von ± 20 %

2 Bereich 2: $\dot{e} = 0{,}000\,25\ s^{-1}$, mit einer relativen Toleranz von ± 20 %

3 Bereich 3: $\dot{e} = 0{,}002\ s^{-1}$, mit einer relativen Toleranz von ± 20 %

4 Bereich 4: $\dot{e} = 0{,}006\,7\ s^{-1}$, mit einer relativen Toleranz von ± 20 % (0,4 min^{-1} mit einer relativen Toleranz von ± 20 %)

5 Regelungsart: dehngeschwindigkeitsgeregelt (Verfahren A1 „geschlossener Regelkreis") oder traversenweggeregelt (Verfahren A2 „offener Regelkreis")

6 Regelungsart: traversenweggeregelt (Verfahren A2 „offener Regelkreis")

7 elastischer Bereich des Versuchs

8 plastischer Bereich für die Bestimmung von R_{eL}, R_p, R_t, A_e

9 maximale Dehngeschwindigkeit für die Bestimmung von R_m, A_{gt}, A_g, A_t, A, Z

[a] empfohlen

[b] erweiterter Bereich zu geringeren Prüfgeschwindigkeiten, wenn die Prüfmaschine nicht in der Lage ist, die Dehngeschwindigkeit zu messen oder zu kontrollieren (siehe 10.3.3.2.5)

ANMERKUNG 1 Formelzeichen siehe Tabelle 1.

ANMERKUNG 2 Für Verfahren B wird die Dehngeschwindigkeit im elastischen Bereich aus der Spannungsgeschwindigkeit unter Verwendung des Elastizitätsmoduls von 210 000 MPa (Stahl) berechnet.

Bild 9 — Darstellung der anzuwendenden Dehngeschwindigkeiten im Zugversuch, wenn R_{eH}, R_{eL}, R_p, R_t, R_m, A_e, A_g, A_{gt}, A, A_t und Z zu bestimmen sind

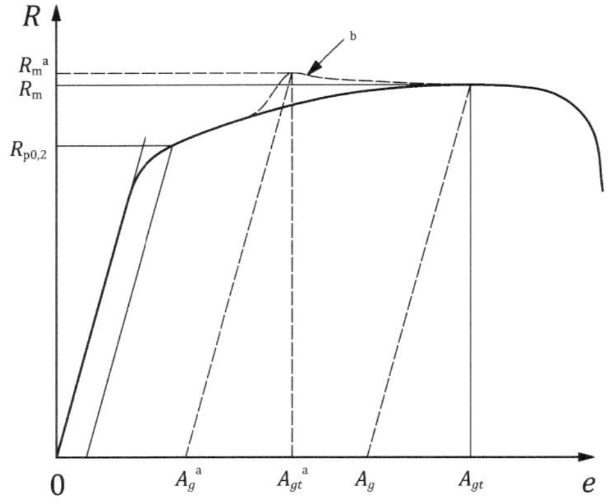

Legende

e Extensometer-Dehnung

R Spannung

a Falsche Kennwerte, durch eine plötzliche Dehngeschwindigkeitszunahme verursacht.

b Spannung/Dehnung-Verhalten, wenn die Dehngeschwindigkeit plötzlich zunimmt.

ANMERKUNG Zur Erklärung der Symbole siehe Tabelle 1.

Bild 10 — Darstellung einer unzulässigen Unstetigkeit in der Spannung/Extensometer-Dehnung-Kurve

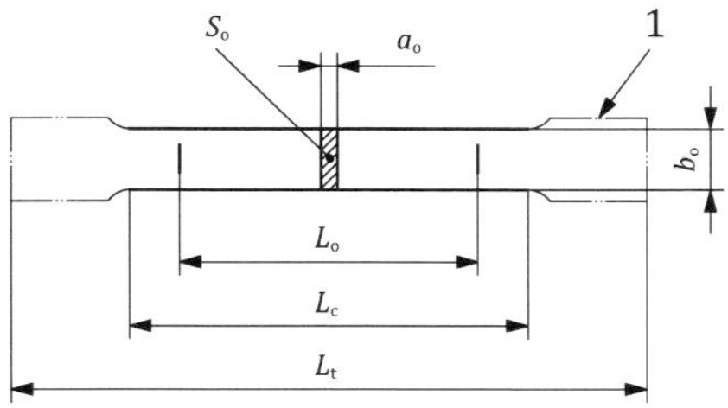

a) Vor dem Versuch

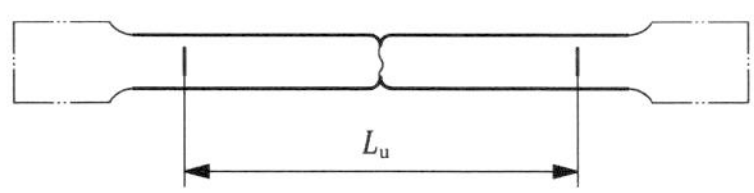

b) Nach dem Versuch

Legende

a_o (Anfangs-)Dicke einer Flachprobe oder Wanddicke eines Rohres
b_o (Anfangs-)Breite einer Flachprobe in der parallelen Länge
L_c parallele Länge
L_o Anfangsmesslänge
L_t Gesamtlänge der Probe
L_u Messlänge nach dem Bruch
S_o Anfangsquerschnitt innerhalb der parallelen Länge
1 Probenköpfe

ANMERKUNG Die dargestellte Form der Probenköpfe ist als Beispiel zu verstehen.

Bild 11 — Bearbeitete Proben mit rechteckigem Querschnitt (siehe Anhang B und Anhang D)

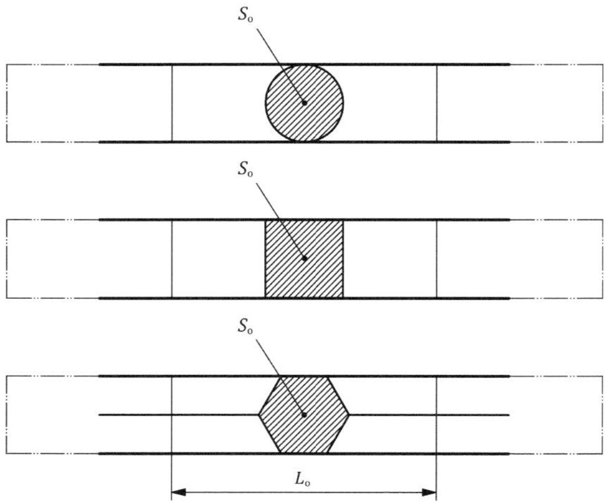

Legende

L_o Anfangsmesslänge

S_o Anfangsquerschnitt innerhalb der parallelen Länge

Bild 12 — Aus einem unbearbeiteten Abschnitt des Erzeugnisses bestehende Proben (siehe Anhang C)

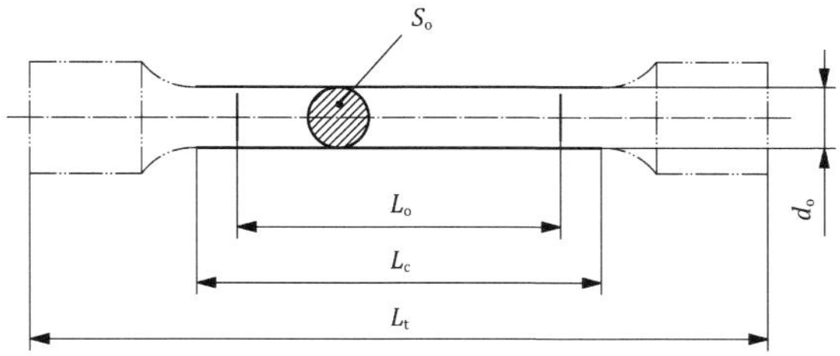

a) Vor dem Versuch

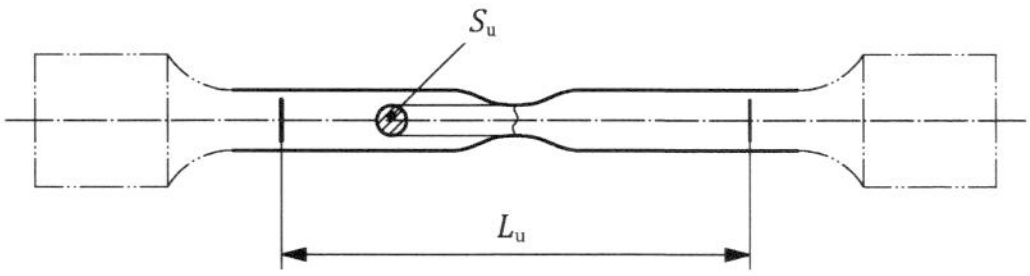

b) Nach dem Versuch

Legende

d_o Anfangsdurchmesser einer kreisförmigen Probe in der parallelen Länge
L_c parallele Länge
L_o Anfangsmesslänge
L_t Gesamtlänge der Probe
L_u Messlänge nach dem Bruch
S_o Anfangsquerschnitt innerhalb der parallelen Länge
S_u kleinster Probenquerschnitt nach dem Bruch

ANMERKUNG Die dargestellte Form der Probenköpfe ist als Beispiel zu verstehen.

Bild 13 — Bearbeitete Proben mit rundem Querschnitt (siehe Anhang D)

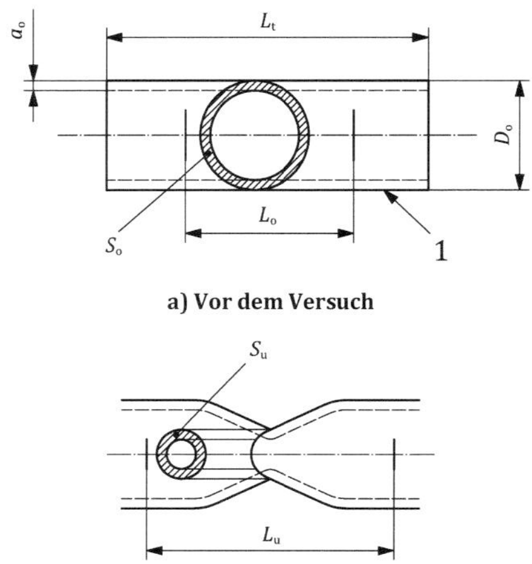

a) Vor dem Versuch

b) Nach dem Versuch

Legende

a_o (Anfangs-)Wanddicke eines Rohres
D_o (Anfangs-)Außendurchmesser eines Rohres
L_o Anfangsmesslänge
L_t Gesamtlänge der Probe
L_u Messlänge nach dem Bruch
S_o Anfangsquerschnitt innerhalb der parallelen Länge
S_u kleinster Probenquerschnitt nach dem Bruch
1 Probenköpfe

Bild 14 — Aus einem Rohrabschnitt bestehende Proben (siehe Anhang E)

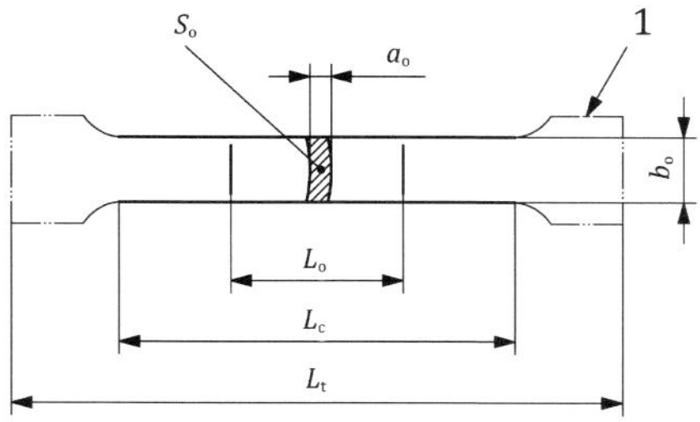

a) Vor dem Versuch

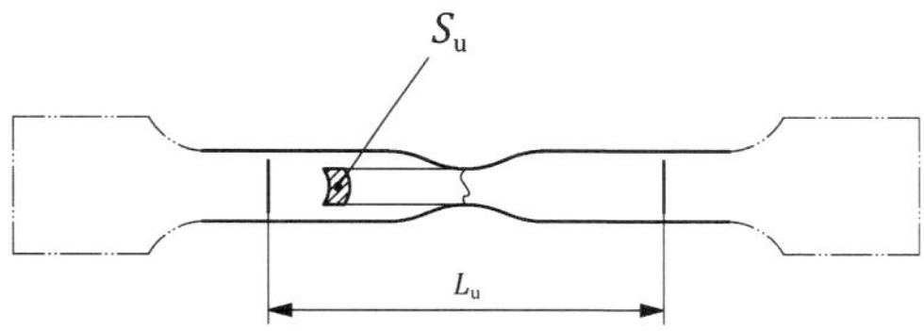

b) Nach dem Versuch

Legende

a_o	(Anfangs-)Wanddicke eines Rohres
b_o	mittlere Anfangsbreite einer Rohrstreifenprobe
L_c	parallele Länge
L_o	Anfangsmesslänge
L_t	Gesamtlänge der Probe
L_u	Messlänge nach dem Bruch
S_o	Anfangsquerschnitt innerhalb der parallelen Länge
S_u	kleinster Probenquerschnitt nach dem Bruch
1	Probenköpfe

ANMERKUNG Die dargestellte Form der Probenköpfe ist als Beispiel zu verstehen.

Bild 15 — Längsstreifenprobe aus einem Rohr (siehe Anhang E)

Anhang A
(informativ)

Empfehlungen für die Verwendung rechnergestützter Zugprüfmaschinen

A.1 Allgemeines

Dieser Anhang enthält zusätzliche Empfehlungen zur Bestimmung der mechanischen Eigenschaften bei Verwendung einer rechnergestützten Zugprüfmaschine. Insbesondere enthält dieser Empfehlungen, die für die Software und für die Prüfbedingungen beachtet werden sollten.

Diese Empfehlungen beziehen sich auf die Ausrüstung der Maschine, die Software und ihre Validierung sowie die Prüfbedingungen des Zugversuchs.

A.2 Zugprüfmaschine

A.2.1 Ausrüstung

Die Prüfmaschine sollte mit einer analogen Messwertausgabe, die nicht durch die Software beeinflusst wird, ausgerüstet sein. Ist eine solche Ausgabe nicht vorgesehen, sollten digitale Rohdaten ausgegeben werden können. Der Prüfmaschinenhersteller sollte Auskunft über die Erzeugung der digitalen Rohdaten und ihre Verarbeitung durch die Software geben. Die Rohdaten sollten in SI-Einheiten angegeben werden und sich auf die Kraft, die Verlängerung (der Extensometer-Messlänge), den Traversenweg, die Zeit und die Probenmaße beziehen. Ein Beispiel eines geeigneten Datenformats ist in Bild A.1 dargestellt.

A

```
"Reference";"ISO 6892"
"Identification";"TENSTAND"
"Material";"DC 04 Steel"
"Extensometer to crosshead transition";0.00;"%"
"Specimen geometry";"flat"
"Specimen thickness = ao"
"Specimen width = bo"
"Cross-sectional area = So"
"Extensometer gauge length = Le"
"Extensometer output in mm"
"Parallel length = Lc"
"Data acquisition rate 50Hz"
"Data row for start force reduction (Hysteresis) = Hs"
"Data row for end force reduction (Hysteresis) = He"
"Data row for swtich to crosshead = Cs"
"File length N data rows"
"File width M data columns"
.
.
```

B

```
"ao";0.711;"mm"
"bo";19.93;"mm"
"So";14.17;"mm2"
"Le";80.00;"mm"
"Lc";120.00;"mm"
"N";2912
"M";4
"Hs";0
"He";0
"Cs";0
.
.
```

C

```
"time";"crosshead";"extensometer";"force"
"s";"mm";"mm";"kN"
.
.
0.40;0.0012;0.0000;0.12694
0.42;0.0016;0.0000;0.12992
0.44;0.0020;0.0001;0.13334
0.46;0.0024;0.0002;0.13699
0.48;0.0029;0.0003;0.14114
0.50;0.0035;0.0004;0.14620
0.52;0.0041;0.0006;0.15124
0.54;0.0047;0.0007;0.15669
0.56;0.0054;0.0008;0.16247
0.58;0.0060;0.0009;0.16794
0.60;0.0067;0.0012;0.17370
0.62;0.0074;0.0013;0.17980
0.64;0.0082;0.0014;0.18628
.
.
```

Legende

A Protokollkopf (Header)
B Prüfparameter und Probenmaße
C Daten

Bild A.1 — Beispiel eines geeigneten Datenformats

A.2.2 Messwerterfassungsfrequenz

Die Frequenz-Bandweite jedes Messkanals sowie die Messwerterfassungsfrequenz sollten ausreichend hoch sein, damit die zu bestimmenden Werkstoffkenngrößen aufgezeichnet werden können. So kann z. B. bei Ermittlung von R_{eH} die Gleichung (A.1) zur Bestimmung der in 1/Sekunde angegebenen Mindestmesswerterfassungsgrenze f_{min} verwendet werden:

$$f_{min} = \frac{\dot{e} \cdot E}{R_{eH} \cdot q} \cdot 100 \qquad (A.1)$$

Dabei ist

$\dot{e}$ die Dehngeschwindigkeit, in s^{-1};

E der Elastizitätsmodul (E-Modul), in MPa;

R_{eH} die obere Streckgrenze, in MPa;

q die relative Anzeigeabweichung der Kraftmessvorrichtung der Prüfmaschine (nach ISO 7500-1), in %.

Die Auswahl von R_{eH} für die Gleichung (A.1) erfolgte, weil es der von der Einlesefrequenz am stärksten beeinflusste Messwert der Prüfung ist. Bei der Prüfung von Werkstoffen, die keine ausgeprägte Streckgrenze haben, sollte der Wert der Dehngrenze $R_{p0,2}$ benutzt werden. Die empfohlene Mindestmesswerterfassungsfrequenz kann halbiert werden.

Wenn Verfahren B (basierend auf Spannungsgeschwindigkeit) angewendet wird, sollte die Mindestmesswerterfassungsgrenze nach Gleichung (A.2) berechnet werden:

$$f_{min} = \frac{\dot{R}}{R_{eH} \cdot q} \cdot 100 \qquad (A.2)$$

Dabei ist $\dot{R}$ die Spannungsgeschwindigkeit, in MPa s^{-1}.

A.3 Bestimmung der mechanischen Eigenschaften

A.3.1 Allgemeines

Die folgenden Anforderungen sollten von der Software der Prüfmaschine erfüllt werden.

A.3.2 Obere Streckgrenze

R_{eH} (3.10.2.1) sollte als die Spannung betrachtet werden, die dem höchsten Kraftwert vor einer Kraftabnahme von mindestens 0,5 % entspricht, wobei im nachfolgenden Dehnungsbereich von mindestens 0,05 % die vorherige Maximalkraft nicht überschritten werden sollte.

A.3.3 Dehngrenze bei plastischer Extensometer-Dehnung und Dehngrenze bei gesamter Extensometer-Dehnung

R_p (3.10.3) und R_t (3.10.4) können durch Interpolation zwischen benachbarten Punkten der Kurve bestimmt werden.

A.3.4 Gesamte Extensometer-Dehnung bei Höchstkraft

Der A_{gt}-Wert (siehe 3.6.4 und Bild 1) sollte als die gesamte Extensometer-Dehnung betrachtet werden, die der Extensometer-Dehnung bei Höchstkraft entspricht.

Für einige Werkstoffe ist es notwendig, die Spannung/Extensometer-Dehnung-Kurve zu glätten, wobei eine Regression auf der Grundlage eines Polynoms empfohlen wird. Der Bereich, über den die Kurve geglättet wird, kann das Ergebnis beeinflussen. Die geglättete Kurve sollte den wichtigen Bereich der originalen Spannung/Extensometer-Dehnung-Kurve sinnvoll darstellen.

A.3.5 Plastische Extensometer-Dehnung bei Höchstkraft

Der A_g-Wert (siehe 3.6.5 und Bild 1) sollte als die plastische Extensometer-Dehnung betrachtet werden, die der Extensometer-Dehnung bei Höchstkraft entspricht.

Für einige Werkstoffe ist es notwendig, die Spannung/Extensometer-Dehnung-Kurve zu glätten, wobei eine Regression auf der Grundlage eines Polynoms empfohlen wird. Der Bereich, über den die Kurve geglättet wird, kann das Ergebnis beeinflussen. Die geglättete Kurve sollte den wichtigen Bereich der originalen Spannung/Extensometer-Dehnung-Kurve sinnvoll darstellen.

A.3.6 Gesamte Dehnung beim Bruch

A.3.6.1 Die Bestimmung von A_t ist unter Verweisung auf die in Bild A.2 dargestellte Definition des Probenbruches durchzuführen.

Als Probenbruch wird der Punkt angenommen, nach welchem die Kraft zwischen zwei aufeinanderfolgenden Messpunkten abfällt:

a) um mindestens fünfmal mehr als zwischen den beiden vorherigen Messpunkten, gefolgt von einem Abfall auf kleiner 2 % der maximalen Zugkraft, und

b) auf kleiner 2 % der maximalen Zugkraft (bei weichen Werkstoffen).

Eine erhöhte Messwerterfassungsfrequenz und/oder die Filterung des Kraftsignals kann/können den nach dieser Methode bestimmten Punkt des Probenbruchs beeinflussen.

Ein weiteres nützliches Verfahren zur Erkennung des Probenbruchs ist die Aufzeichnung der elektrischen Spannung oder des elektrischen Stroms, den man durch die Probe fließen lässt. Bei diesem Verfahren sind die Messwerte vor dem plötzlichen Abfall des Stromes als Probenbruch definiert.

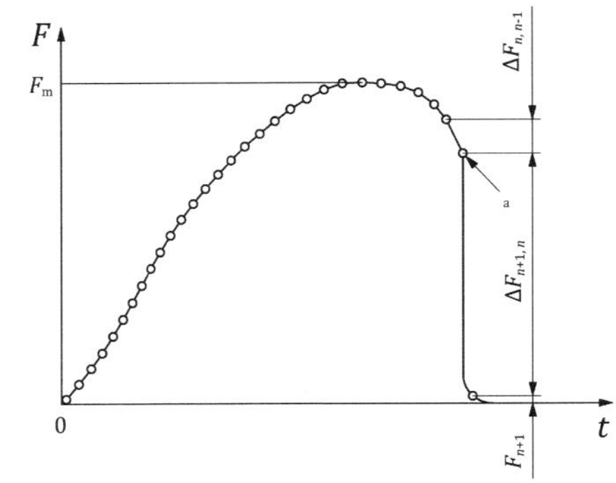

Legende

F Kraft

F_m Höchstkraft

F_{n+1} Kraft am Messpunkt $n + 1$

$\Delta F_{n,n-1}$ Kraftdifferenz zwischen den Messpunkten n und $n - 1$

$\Delta F_{n+1,n}$ Kraftdifferenz zwischen den Messpunkten $n + 1$ und n

t Zeit

a Bruch

○ Messpunkte

Bruchkriterien:

$|\Delta F_{n+1,n}| > 5|\Delta F_{n,n-1}|$ und/oder

$F_{n+1} < 0{,}02\ F_m$

Bild A.2 — Schematische Darstellung der Definition des Probenbruchs

A.3.6.2 Bleibt das Extensometer bis zum Bruch an der Probe und wird die Verlängerung bis zum Probenbruch gemessen, ist der Wert am Punkt 1 in Bild A.2 als Probenbruch auszuwerten.

A.3.6.3 Wird der Extensometer vor dem Probenbruch, aber nach der Höchstkraft F_m entfernt oder wird die Verlängerungsmessung vor dem Probenbruch, aber nach der Höchstkraft F_m unterbrochen, dann ist es erlaubt, den Traversenweg zur Bestimmung der zusätzlichen Längenänderung zwischen dem Entfernen des Extensometers und dem Bruch zu benutzen. Das verwendete Verfahren sollte überprüfbar sein.

A.3.7 Messung der Kurvensteigung im elastischen Bereich

Um eine allgemeine Gültigkeit bei Proben unbekannter Eigenschaften sicherzustellen, sollte sich das angewandte Verfahren nicht auf festgelegte Spannungsgrenzen stützen, es sei denn, dies ist in der Produktnorm festgelegt oder zwischen den am Versuch beteiligten Parteien vereinbart.

Verfahren, die auf der Grundlage der Verschiebung von Kurvensegmenten arbeiten, sind besonders geeignet. Die Parameter sind folgende:

a) die Länge der Kurvensegmente (Anzahl der benutzten Punkte);

b) die zur Bestimmung der Kurvensteigung ausgewählte Gleichung.

ANMERKUNG Ist der gerade Teil der Kraft/Extensometer-Dehnung-Kurve nicht genügend ausgeprägt, siehe 13.1.

Die Kurvensteigung im elastischen Bereich entspricht der mittleren Steigung in einem Bereich, in dem die folgenden Bedingungen erfüllt sind:

— konstante Steigung des Kurvensegments;

— der ausgewählte Bereich ist repräsentativ.

Es wird in jedem Fall empfohlen, dass der Anwender Anstiegsgrenzen vorgeben kann, um Werte, die nicht der Steigung der Kurve im elastischen Bereich entsprechen, zu vermeiden.

Angaben bezüglich dieser und anderer geeigneter Verfahren sind in den Literaturhinweisen [5], [17], [18], und [19] enthalten.

Ein empfohlenes Verfahren zur Bestimmung der Steigung der elastischen Geraden zur Ermittlung von $R_{p0,2}$ (Literaturhinweis [20]), wird nachfolgend beschrieben:

— lineare Regression im linearen Bereich;

— untere Grenze: etwa 10 % von $R_{p0,2}$;

— obere Grenze: etwa 40 % von $R_{p0,2}$;

— um exaktere Werte für $R_{p0,2}$ zu erhalten, sollte die elastische Gerade überprüft und — wenn notwendig — mit anderen Grenzen neu berechnet werden.

A.4 Validierung der Software zur Bestimmung von Zugversuchskennwerten

Die Leistungsfähigkeit der Verfahren, die das Prüfsystem verwendet, um die verschiedenen Werkstoffeigenschaften zu bestimmen, kann durch Vergleich mit den Ergebnissen, die auf herkömmliche Art durch Auswertungen/Berechnungen auf der Basis von Aufzeichnungen (Diagrammen) analoger oder digitaler Daten ermittelt worden sind, geprüft werden. Daten, die unmittelbar von den (D/A-)Wandlern oder Verstärkern der Maschine stammen, sollten unter Verwendung von Geräten gesammelt und verarbeitet werden, deren Frequenzbandbreite, Erfassungsfrequenz und Messunsicherheit mindestens denen entsprechen, die verwendet werden, um die vom Maschinenrechner berechneten Ergebnisse zu liefern.

Wenn die Unterschiede der arithmetischen Mittelwerte zwischen rechner- und manuell bestimmten Werten an der gleichen Probe gering sind, kann das auf eine leistungsfähige Software der Prüfmaschine hinweisen. Zur Bewertung solcher Unterschiede sollten fünf gleiche Proben geprüft werden, und der Mittelwert der Differenz für jeden entsprechenden Kennwert sollte innerhalb der in Tabelle A.1 dargestellten Grenzen liegen.

ANMERKUNG Dieses Verfahren bestätigt lediglich, dass die Maschine die Werkstoffkennwerte für die jeweilige Probenform, den jeweils geprüften Werkstoff sowie die jeweiligen Prüfbedingungen richtig ermittelt. Es darf nicht daraus geschlossen werden, dass die geprüften Werkstoffeigenschaften entweder richtig bzw. für den vorgesehenen Verwendungszweck geeignet sind.

Wenn andere Verfahren verwendet werden, wie z. B. die Verwendung eines vorgeprüften Datensatzes von einem bekannten Material mit anerkannt hohem Stand der Qualitätssicherung, sollten diese die Kriterien der obigen Abschnitte sowie der Tabelle A.1 erfüllen.

Als Teil des EU-geförderten Projektes TENSTAND (GBRD-CT-2000-00412) wurden ASCII-Daten-Dateien mit vereinbarten Zugversuchskennwerten erstellt, die für die Validierung der Software genutzt werden können. Weitere Informationen sind in den Literaturhinweisen [21] und [22] zu finden.

Tabelle A.1 — Maximal zulässige Differenzen zwischen von Computer bestimmten und manuell bestimmten Werten

Parameter	D[a]		s[b]	
	Relativ[c]	Absolut[c]	Relativ[c]	Absolut[c]
$R_{p0,2}$	≤0,5 %	2 MPa	≤0,35 %	2 MPa
R_{p1}	≤0,5 %	2 MPa	≤0,35 %	2 MPa
R_{eH}	≤1 %	4 MPa	≤0,35 %	2 MPa
R_{eL}	≤0,5 %	2 MPa	≤0,35 %	2 MPa
R_m	≤0,5 %	2 MPa	≤0,35 %	2 MPa
A	—	≤2 %	—	≤2 %

[a] $D = \frac{1}{n}\sum_{i=1}^{n} D_i$.

[b] $s = \sqrt{\frac{1}{n-1}\sum_{i=1}^{n}(D_i - D)^2}$.

Dabei ist

D_i die Differenz zwischen dem Ergebnis der manuellen Auswertung H_i und der Rechnerauswertung R_i für eine Probe ($D_i = H_i - R_i$);

n die Anzahl gleichartiger Proben aus einem Probestück (≥ 5).

[c] Der jeweils höchste Wert (relativ oder absolut) sollte verwendet werden.

A.5 Computer-kompatible Darstellung der Normen

Computer-kompatible Darstellung von Normen mit Computer-lesbaren Datenformaten wurde im Rahmen der CEN/WS ELSSI-EMD entwickelt. Sie sind geeignet, um die Interoperabilitätsprobleme von Systemen zu überwinden und ermöglichen die elektronische Dokumentation im Bereich der Ingenieurwerkstoffe. Die Ergebnisse des CEN/WS ELSSI-EMD, dessen Ziel es war, die Anwendbarkeit von Datenformat-Definitionen auf der Grundlage von dokumentierten Normen zu etablieren, sind in CWA 16200 [42] dokumentiert. Die Richtlinien, die in CWA 16200 für die Definition von Computer-lesbaren Dateiformaten beschrieben sind, basieren auf einer dokumentarischen Prüfnorm und wurden für ISO 6892-1 angewandt. Die resultierenden Definitionen sind auf dem BSI Standards Resources Server verfügbar.

Zur Demonstration des potentiellen Nutzens enthält CWA 16200 Beispiele für die Berichtsmöglichkeiten für Datenformate basierend auf einem Zugversuch, der an Proben, die aus zertifiziertem Referenzmaterial für Zugprüfung CRM 661 (INGELBRECHT und LOVEDAY 2000 [29]) im Rahmen des TENSTAND-Projektes durchgeführt wurde (RIDES und LORD, 2005 [21]).

Anhang B
(normativ)

Probenarten für Flacherzeugnisse mit einer Dicke zwischen 0,1 mm und 3 mm: Bleche, Bänder und flache Walzprodukte

B.1 Allgemeines

Bei Erzeugnissen mit einer Dicke unter 0,5 mm können besondere Vorkehrungen erforderlich sein.

B.2 Probenform

Im Allgemeinen sind die Probenköpfe breiter als die Breite der Probe im Bereich der parallelen Länge. Der Übergang von der parallelen Länge L_c zu den Probenköpfen muss einen Übergangsradius von mindestens 20 mm haben. Die Breite dieser Köpfe sollte $\geq 1{,}2\ b_0$ sein, wobei b_0 die Anfangsbreite ist.

Nach Absprache darf die Probe auch aus einem Streifen mit parallelen Seiten bestehen (Streifenprobe). Bei Erzeugnissen mit einer Breite kleiner oder gleich 20 mm darf die Breite der Probe gleich der Erzeugnisbreite sein.

B.3 Probenmaße

Drei unterschiedliche nichtproportionale Probengeometrien werden häufig verwendet (siehe Tabelle B.1).

Die parallele Länge darf nicht weniger als $L_0 + b_0/2$ betragen.

In Schiedsfällen sollte sie immer gleich $L_0 + 2\ b_0$ sein, falls ausreichend Werkstoff vorhanden ist.

Bei Streifenproben mit einer Breite von weniger als 20 mm muss die Anfangsmesslänge L_0 gleich 50 mm sein, falls in der Produktnorm nichts anderes festgelegt ist. Bei dieser Probenart muss die freie Länge zwischen den Einspannungen gleich $L_0 + 3\ b_0$ sein.

Für den Fall, dass die Maße jeder Probe einzeln gemessen werden, gelten die Formtoleranzen in Tabelle B.2.

Für den Fall, dass die Breite der Probe mit der Breite des Erzeugnisses übereinstimmt, muss der Anfangsquerschnitt S_0 aus den gemessenen Probenmaßen errechnet werden.

Die Nennbreite der Probe darf zur Berechnung verwendet werden, sofern die Grenzabmaße und Formgrenzabmaße nach Tabelle B.2 eingehalten werden. Auf diese Weise kann die Messung der Probenbreite vor dem Versuch unterbleiben.

Tabelle B.1 — Probenmaße

Maße in Millimeter

Probenform	Breite b_0	Anfangsmesslänge L_0	Parallele Länge L_c		Freie Länge zwischen den Einspannungen bei Streifenproben
			Mindestwert	Empfohlen	
1	12,5 ± 1	50	57	75	87,5
2	20 ± 1	80	90	120	140
3	25 ± 1	50[a]	60[a]	—	nicht definiert

[a] Das Verhältnis L_0/b_0 und L_c/b_0 von Probenform 3 ist im Vergleich zu den Probenformen 1 und 2 sehr klein. Daher unterscheiden sich die Kennwerte, besonders die Bruchdehnung (absoluter Wert und Streubereich), die an Proben dieser Form bestimmt werden, von den Kennwerten, die an Proben mit anderen Formen bestimmt werden.

Tabelle B.2 — Grenzabmaße und Formtoleranzen für die Breite der Proben

Maße und Grenzabmaße in Millimeter

Nennbreite der Probe	Grenzabmaße[a]	Formtoleranz[b]
12,5	±0,05	0,06
20	±0,10	0,12
25	±0,10	0,12

[a] Diese Grenzabmaße sind anzuwenden, wenn die Nennbreite der Probe für die Berechnung der Anfangsquerschnittsfläche S_0 verwendet wird, ohne dass die Breite jeder einzelnen Probe gemessen wird.

[b] Maximale Abweichung zwischen Messungen der Breite in der gesamten parallelen Länge L_c, der Probe.

B.4 Probenherstellung

Die Proben müssen so hergestellt werden, dass ihre Werkstoffeigenschaften nicht beeinflusst werden. Alle Bereiche, die bei der Probenherstellung durch Schneiden oder Stanzen kaltverfestigt worden sind, müssen — wenn sie die Eigenschaften beeinflussen — abgearbeitet werden. Diese Proben werden überwiegend aus Blechen und Bändern gefertigt. Wenn möglich, sollten die Walzoberflächen nicht abgearbeitet werden.

Die Herstellung dieser Proben durch Stanzen kann zu signifikanten Änderungen in den Werkstoffeigenschaften, besonders der Streck-/Dehngrenzen führen (bedingt durch die Verfestigung). Werkstoffe, die stark verfestigen, sollten grundsätzlich durch Fräsen, Schleifen usw. endbearbeitet werden.

Bei sehr dünnen Werkstoffen wird empfohlen, Streifen gleicher Breite zu schneiden und in einem Bündel mit Zwischenschichten aus Papier, das gegen Schneidöl beständig ist, zusammenzufassen. Die einzelnen Bündel sollten mit dickeren Deckblechen auf beiden Seiten versehen werden, bevor die Proben auf die endgültigen Maße bearbeitet werden.

Die in Tabelle B.2 angegebenen Grenzabmaße, z. B. ±0,05 mm für eine Nennbreite von 12,5 mm, bedeuten, dass keine Probe eine Breite außerhalb der unten angegebenen beiden Werte haben darf, wenn der Nennwert des Anfangsquerschnitts S_0 ohne Messung benutzt wird.

— 12,5 mm + 0,05 mm = 12,55 mm

— 12,5 mm − 0,05 mm = 12,45 mm

B.5 Bestimmung des Anfangsquerschnitts

S_0 muss aus den gemessenen Probenmaßen berechnet werden oder bei entsprechend guter Probenfertigung aus den Nominalwerten (siehe Fußnote a der Tabelle B.2).

Die Unsicherheit bei der Bestimmung des Anfangsquerschnitts darf ± 2 % nicht überschreiten. Da der größte Teil dieser Unsicherheit im Allgemeinen aus der Messung der Probendicke herrührt, darf die Unsicherheit bei der Messung der Probenbreite nicht größer sein als $\pm 0{,}2$ %.

Um die Prüfergebnisse mit einer reduzierten Messunsicherheit zu erhalten, wird die Bestimmung des Anfangsquerschnittes mit einer Genauigkeit von ± 1 % oder besser empfohlen. Für dünne Produkte/Proben können daher besondere Messtechniken notwendig werden.

Anhang C
(normativ)

Probenarten für Draht, Stäbe und Profile mit einem Durchmesser oder einer Dicke unter 4 mm

C.1 Probenform

Die Probe besteht im Allgemeinen aus einem unbearbeiteten Abschnitt des Erzeugnisses (siehe Bild 12).

C.2 Probenmaße

Die Anfangsmesslänge L_0 muss entweder gleich (200 ± 2) mm oder gleich (100 ± 1) mm sein. Der Abstand zwischen den Einspannungen der Prüfmaschine muss wenigstens $L_0 + 3\,b_0$, aber mindestens $L_0 + 20$ mm betragen.

Wenn keine Bruchdehnung bestimmt werden muss, darf ein Abstand zwischen den Einspannungen von mindestens 50 mm verwendet werden.

C.3 Probenherstellung

Wenn das Erzeugnis in gewickelter Form vorliegt, muss es vorsichtig gerichtet werden.

C.4 Bestimmung des Anfangsquerschnitts

S_0 muss mit einer Genauigkeit von ± 1 % oder besser bestimmt werden.

Bei Erzeugnissen mit kreisrundem Querschnitt darf der Anfangsquerschnitt aus dem arithmetischen Mittel aus zwei Messungen von zwei senkrecht zueinander stehenden Durchmessern berechnet werden.

Der Anfangsquerschnitt S_0 in Quadratmillimeter darf auch aus der Masse eines Erzeugnisabschnitts bekannter Länge und seiner Dichte nach der Gleichung (C.1) errechnet werden:

$$S_0 = \frac{1\,000 \cdot m}{\rho \cdot L_t} \tag{C.1}$$

Dabei ist

m die Masse der Probe, in Gramm;

ρ die Dichte des Werkstoffs der Probe, in Gramm je Kubikzentimeter;

L_t die Gesamtlänge der Probe, in Millimeter.

Anhang D
(normativ)

Probenarten für Flacherzeugnisse mit einer Dicke gleich oder größer als 3 mm und Draht, Stäbe und Profile mit einem Durchmesser oder einer Dicke gleich oder größer als 4 mm

D.1 Probenform

Üblicherweise werden die Proben bearbeitet. Zwischen der parallelen Länge und den Probenköpfen müssen Übergangsbereiche (Übergangsradien) liegen. Die Probenköpfe müssen den Spanneinrichtungen der Prüfmaschine entsprechen (siehe Bild 13). Die Übergangsbereiche müssen Radien haben von mindestens

a) 0,75 d_0 für zylindrische Proben, wobei d_0 der Durchmesser der parallelen Länge ist;

b) 12 mm für andere Proben.

Profile, Stäbe usw. dürfen, falls erforderlich, auch in unbearbeitetem Zustand geprüft werden.

Der Querschnitt der Probe darf kreisförmig, quadratisch oder rechteckig sein oder, in besonderen Fällen, auch eine andere Form haben.

Bei Proben mit einem rechteckigen Querschnitt sollte das Verhältnis zwischen Breite und Dicke nicht größer sein als 8 : 1.

Im Allgemeinen darf der Durchmesser innerhalb der parallelen Länge von bearbeiteten zylindrischen Proben nicht kleiner als 3 mm sein.

D.2 Probenmaße

D.2.1 Parallele Länge bearbeiteter Proben

Die parallele Länge L_c muss gleich oder größer

a) $L_0 + (d_0/2)$ für Proben mit kreisförmigem Querschnitt;

b) $L_0 + 1{,}5\sqrt{S_0}$ für proportionale Proben mit anderen Querschnitten als zylinderförmig;

c) $L_0 + (b_0/2)$ für nichtproportionale Proben (siehe Tabelle D.2)

sein.

Im Schiedsfall ist je nach Probenform eine parallele Länge von $L_0 + 2\ d_0$ oder $L_0 + 2\sqrt{S_0}$ zu verwenden, falls ausreichend Probenmaterial vorhanden ist.

D.2.2 Länge unbearbeiteter Proben

Die freie Länge zwischen den Einspannungen der Prüfmaschine muss so sein, dass die Messmarken mindestens einen Abstand von $\sqrt{S_0}$ zu diesen Einspannungen haben.

D.2.3 Anfangsmesslänge

D.2.3.1 Proportionale Proben

Im Allgemeinen werden proportionale Proben verwendet, bei denen zwischen L_0 und dem Anfangsquerschnitt S_0 eine Beziehung besteht, die durch Gleichung (D.1) angegeben wird:

$$L_o = k\sqrt{S_o} \quad \text{(D.1)}$$

Dabei ist k gleich 5,65.

Alternativ darf k gleich 11,3 verwendet werden.

Proben mit kreisförmigem Querschnitt sollten vorzugsweise die in Tabelle D.1 angegebenen Maße haben.

Tabelle D.1 — Proben mit kreisförmigem Querschnitt

Proportionalitätsfaktor k	**Durchmesser** d mm	**Anfangsmesslänge** $L_o = k\sqrt{S_o}$ mm	**Minimum der parallelen Länge** L_c mm
5,65	20	100	110
	14	70	77
	10	50	55
	5	25	28

D.2.3.2 Nichtproportionale Proben

Nichtproportionale Proben dürfen verwendet werden, wenn dies in der Produktnorm festgelegt ist.

Die parallele Länge L_c sollte nicht kleiner sein als $L_0 + b_0/2$. Im Schiedsfall muss die parallele Länge $L_c = L_0 + 2\,b_0$ verwendet werden, falls ausreichend Probenmaterial vorhanden ist.

Tabelle D.2 gibt Einzelheiten für einige typische Probenmaße.

Tabelle D.2 — Typische Maße für Flachproben

Maße in Millimeter

Breite b_o	**Anfangsmesslänge** L_o	**Minimum der parallelen Länge** L_c	**Ungefähre Gesamtlänge** L_t
$40 \pm 0{,}7$	200	220	450
$25 \pm 0{,}7$	200	212,5	450
$20 \pm 0{,}5$	80	90	300

D.3 Probenherstellung

D.3.1 Allgemeines

Die Toleranzen der Querschnittsmaße bearbeiteter Proben sind in Tabelle D.3 angegeben.

In D.3.2 und D.3.3 wird ein Anwendungsbeispiel für diese Toleranzen gegeben.

D.3.2 Grenzabmaße

Der in Tabelle D.3 angegebene Wert, z. B. ±0,03 mm bei einem Nenndurchmesser von 10 mm, bedeutet, dass keine Probe einen Durchmesser außerhalb der zwei nachstehenden Werte haben darf, wenn der Anfangsquerschnitt S_0 als Nennwert für die Berechnung von Kennwerten verwendet werden soll, ohne dass jede einzelne Probe gemessen wird:

— 10 mm + 0,03 mm = 10,03 mm

— 10 mm − 0,03 mm = 9,97 mm

D.3.3 Formtoleranzen

Der in Tabelle D.3 angegebene Wert bedeutet, dass bei einer Probe mit einem Nenndurchmesser von 10 mm, die den vorstehend angeführten Bedingungen zur Bearbeitung genügt, die Abweichung von 0,04 mm zwischen dem geringsten und dem größten gemessenen Durchmesser nicht überschritten werden darf.

Folglich darf der größte Durchmesser bei einem kleinsten Durchmesser dieser Probe von 9,99 mm den Wert 9,99 mm + 0,04 mm = 10,03 mm nicht überschreiten.

Tabelle D.3 — Grenzabmaße und Formtoleranzen für verschiedene Probenquerschnitte

Maße und Toleranzen in Millimeter

Benennung	Nenn-Querschnittsmaße	Grenzabmaß[a]	Formtoleranz[b]
Durchmesser bearbeiteter Proben mit kreisförmigem Querschnitt und Querschnittsmaße von Proben mit rechteckigem Querschnitt, die auf allen vier Seiten bearbeitet wurden	≥3 ≤6	±0,02	0,03
	>6 ≤10	±0,03	0,04
	>10 ≤18	±0,05	0,04
	>18 ≤30	±0,10	0,05

Benennung	Nenn-Querschnittsmaße	Grenzabmaß[a]	Formtoleranz[b]
Querschnittsmaße von Proben mit rechteckigem Querschnitt, die nur auf zwei gegenüberliegenden Seiten bearbeitet werden	≥3 ≤6	±0,02	0,03
	>6 ≤10	±0,03	0,04
	>10 ≤18	±0,05	0,06
	>18 ≤30	±0,10	0,12
	>30 ≤50	±0,15	0,15

[a] Diese Grenzabmaße sind anzuwenden, wenn die Nenn-Querschnittsmaße der bearbeiteten Probe für die Berechnung der Anfangsquerschnittsfläche S_0 verwendet werden, ohne dass die Querschnittsmaße jeder einzelne Probe gemessen werden. Wenn diese Grenzabmaße nicht eingehalten werden, ist es zwingend notwendig, jede einzelne Probe zu messen.

[b] Maximale Abweichung zwischen den Messungen eines bestimmten Querschnittsmaßes über die gesamte parallele Länge L_c der Probe.

D.4 Bestimmung des Anfangsquerschnittes

Die Nennquerschnittsmaße können zur Berechnung von S_0 für Proben mit kreisförmigem Querschnitt und für Proben mit rechteckigem Querschnitt, die auf allen vier Seiten bearbeitet werden, dienen, wenn die Grenzabmaße nach Tabelle D.3 eingehalten sind. Bei allen anderen Probenformen ist der Anfangsquerschnitt aus den Probenmaßen zu berechnen, die jeweils mit einer Unsicherheit von höchstens ±0,5 % zu bestimmen sind.

Anhang E
(normativ)

Probenarten bei Rohren

E.1 Probenform

Die Probe besteht entweder aus einem Rohrabschnitt oder einem Längs- oder Querstreifen aus dem Rohr mit voller Wanddicke (siehe Bild 14 und Bild 15), oder sie ist eine Probe mit kreisförmigem Querschnitt, die aus der Rohrwand spanend herausgearbeitet worden ist.

Bearbeitete Querproben, Längsproben und Proben mit kreisförmigem Querschnitt sind im Anhang B für Rohre mit Wanddicken unter 3 mm und im Anhang D für Wanddicken gleich oder größer als 3 mm beschrieben. Längsstreifenproben werden im Allgemeinen bei Rohren mit einer Wanddicke über 0,5 mm verwendet.

E.2 Probenmaße

E.2.1 Länge des Rohrabschnitts

Der Rohrabschnitt darf an beiden Enden mit einem Stopfen versehen werden. Die freie Länge zwischen den Stopfen und zur nächstgelegenen Messmarke muss $D_0/4$ übersteigen. Im Schiedsfall muss der Wert D_0 benutzt werden, sofern ausreichend Material vorhanden ist.

Die Stopfen dürfen um nicht mehr als den Wert D_0 von den Einspannungen aus in die Probe hineinragen. Ihre Form muss so sein, dass sie die Verformung in der parallelen Länge nicht beeinflusst.

E.2.2 Längs- oder Querstreifenproben

Die parallele Länge L_c der Längsstreifenproben darf nicht flachgedrückt werden. Flachgedrückt werden dürfen jedoch die Probenköpfe zum Einspannen in die Prüfmaschine.

Andere als die in Anhang B und Anhang D angegebenen Maße für Quer- oder Längsstreifenproben können in der Produktnorm festgelegt sein.

Beim Richten von Querstreifenproben muss besondere Sorgfalt angewandt werden.

E.2.3 Bearbeitete Proben mit kreisförmigem Querschnitt aus der Rohrwand

Die Entnahme dieser Proben ist in der Produktnorm festgelegt.

E.3 Bestimmung des Anfangsquerschnitts

Der Anfangsquerschnitt S_0 der Probe muss auf $\pm$ 1 % oder besser bestimmt werden.

Der Anfangsquerschnitt S_0 in Quadratmillimeter des Rohrabschnitts oder der Längs- oder Querstreifenprobe darf aus der Masse der Probe, der gemessenen Länge und der Dichte nach Gleichung (E.1) berechnet werden:

$$S_0 = \frac{1\,000\,m}{\rho\, L_t} \tag{E.1}$$

Dabei ist

- m die Masse der Probe, in Gramm;
- ρ die Dichte des Werkstoffs der Probe, in Gramm je Kubikzentimeter;
- L_t die Gesamtlänge der Probe, in Millimeter.

Der Anfangsquerschnitt S_0 einer Längsstreifenprobe muss nach Gleichung (E.2) berechnet werden:

$$S_0 = \frac{b_0}{4}(D_0^2 - b_0^2)^{1/2} + \frac{D_0^2}{4}\arcsin\left(\frac{b_0}{D_0}\right) - \frac{b_0}{4}[(D_0 - 2a_0)^2 - b_0^2]^{1/2} - \left(\frac{D_0 - 2a_0}{2}\right)^2 \arcsin\left(\frac{b_0}{D_0 - 2a_0}\right) \tag{E.2}$$

Dabei ist

- b_0 die mittlere Breite der Rohrstreifenprobe;
- D_0 der Außendurchmesser des Rohres;
- a_0 die Wanddicke des Rohres.

Die folgenden vereinfachten Gleichungen (E.3) können bei Längsstreifenproben angewendet werden, wenn das Verhältnis zwischen der Probenbreite und dem Außendurchmesser kleiner als die angegebenen Werte ist:

$$\left.\begin{array}{ll} S_0 = a_0 b_0 \left[1 + \dfrac{b_0^2}{6D_0(D_0 - 2a_0)}\right] & \text{wenn } \dfrac{b_0}{D_0} < 0{,}25 \\ S_0 = a_0 b_0 & \text{wenn } \dfrac{b_0}{D_0} < 0{,}10 \end{array}\right\} \tag{E.3}$$

Bei einem Rohrabschnitt muss der Anfangsquerschnitt S_0 nach Gleichung (E.4) berechnet werden:

$$S_0 = \pi a_0 (D_0 - a_0) \tag{E.4}$$

Anhang F
(informativ)

Abschätzung der Traversengeschwindigkeit unter Berücksichtigung der Steifigkeit (bzw. Nachgiebigkeit) des Prüfaufbaus

Die Gleichung (2) berücksichtigt keine elastische Verformung des Prüfaufbaus (Lastrahmen, Kraftmessdose, Spannköpfe usw.) während der Kraftaufbringung auf die Probe. Es ist möglich, eine Abschätzung zur Kompensation der Auffederung des Prüfaufbaus unter Verwendung der Steifigkeit der Probe zu einem bestimmten Zeitpunkt (z. B. bei $R_{p0,2}$) vorzunehmen. Wenn der relevante Zeitpunkt hinter dem elastischen Bereich (z. B. bei $R_{p0,2}$) liegt, führt die Verwendung der Steifigkeit der Probe im elastischen Bereich der Spannung/Extensometer-Dehnung-Kurve zu einer stark überschätzen Kompensation. Die Steifigkeit des Prüfaufbaus muss ebenso für die verwendete Spannkopf-Konfiguration und Spannkopföffnung bekannt sein. Bei einigen Konfigurationen kann die effektive Steifigkeit des Prüfaufbaus erheblich zunehmen, wenn die Spannbacken während des Versuches in die Probe beißen. Es ist unabdingbar, dass die Steifigkeit des Prüfaufbaus im relevanten Bereich der Kennwertermittlung bestimmt wird.

Wenn gewünscht, kann nach dem folgenden Verfahren die um die Nachgiebigkeit der Prüfeinrichtung kompensierte Traversengeschwindigkeit unter Berücksichtigung der Steifigkeit des Prüfaufbaus und der Steigung der Spannung/Extensometer-Dehnung-Kurve im relevanten Bereich der Kennwertermittlung berechnet werden. Es wird empfohlen, die resultierende Dehngeschwindigkeit im relevanten Bereich der Kennwertermittlung während der Prüfung zu überprüfen, um sicherzustellen, dass die Berechnung korrekt durchgeführt wurde.

Die Abschätzung der Dehngeschwindigkeit in 1/Sekunde während des Versuchs im relevanten Bereich der Kennwertermittlung wird durch Gleichung (F.1) angegeben (siehe Literaturhinweis [39]):

$$\dot{e}_{\mathrm{m}} = \frac{v_{\mathrm{c}}}{\frac{m \cdot S_{\mathrm{o}}}{C_{\mathrm{M}}} + L_{\mathrm{c}}} \tag{F.1}$$

Dabei ist

v_c die Traversengeschwindigkeit, in mm s^{-1};

m die Steigung der Spannung/Extensometer-Dehnung-Kurve zu einem bestimmten Zeitpunkt des Versuchs (z. B. im relevanten Bereich der Kennwertermittlung, wie $R_{p0,2}$), in MPa;

S_o der Anfangsquerschnitt, in mm^2;

C_M die Steifigkeit des Versuchsaufbaus, in N mm^{-1} (im relevanten Bereich der Kennwertermittlung, wie $R_{p0,2}$, wenn die Steifigkeit nicht konstant ist, z. B. wenn Keilspannköpfe verwendet werden);

L_c die parallele Länge der Probe, in mm.

ANMERKUNG Werte für m und C_M aus dem elastischen Bereich der Spannung/Extensometer-Dehnung-Kurve können nicht verwendet werden.

Die Gleichung (2) berücksichtigt nicht die Nachgiebigkeit des Prüfaufbaus (siehe 10.3.2.1). Bei Regelung des Versuchs über den Traversenweg kann eine bessere Annäherung an die gewünschte Dehngeschwindigkeit durch Verwendung der nach Gleichung (F.2) berechneten Traversengeschwindigkeit erreicht werden (siehe Literaturhinweis [40]):

$$v_\mathrm{c} = \dot{e}_\mathrm{m}\left(\frac{m \cdot S_\mathrm{o}}{C_\mathrm{M}} + L_\mathrm{c}\right) \qquad \text{(F.2)}$$

Zur Nutzung von Gleichung (F.1) oder (F.2) ist es notwendig, die Steifigkeit C_M des kompletten genutzten Prüfaufbaus (Lastrahmen, Kraftmessdose, Spannköpfe, mit denen die Prüfung der Proben durchgeführt wird) zu kennen. Das folgende Verfahren, erstmals beschrieben in Literaturhinweis [53], führt zu korrekten Werten für die Steifigkeit C_M.

Eine Probe der gleichen Geometrie und mit ähnlichen Eigenschaften wie das Material, welches später geprüft werden soll, wird mit einer langsamen konstanten und bekannten Traversengeschwindigkeit geprüft. Danach werden die folgenden Parameter bestimmt:

— die Steigung m aus der Spannung/Extensometer-Dehnung-Kurve im relevanten Bereich;

— die resultierende Dehngeschwindigkeit aus der Extensometer-Dehnung/Zeit-Kurve im relevanten Bereich.

Die Steifigkeit kann dann unter Verwendung von Gleichung (F.3) [Umstellung der Gleichung (F.1) oder (F.2) nach C_M] berechnet werden.

$$C_\mathrm{M} = \frac{m \cdot S_\mathrm{o}}{\frac{v_\mathrm{c}}{\dot{e}_\mathrm{m}} - L_\mathrm{c}} \qquad \text{(F.3)}$$

Dieses Verfahren sollte nur bei Werkstoffen verwendet werden, die kein diskontinuierliches (inhomogenes) Fließen im relevanten Bereich zeigen. Bei Werkstoffen, die diskontinuierliches (inhomogenes) oder gezacktes Fließen zeigen, ist die Kenntnis der Steifigkeit nicht notwendig, da die abgeschätzte Dehngeschwindigkeit über die parallele Länge $\dot{e}_{L_\mathrm{c}}$ und die vereinfachte Gleichung (2) (siehe 10.3.2.1), anstatt von Gleichung (F.2) zur Berechnung der Traversengeschwindigkeit v_c verwendet werden sollte.

Anhang G
(normativ)

Bestimmung des Elastizitätsmoduls (E-Modul) von Metallen im uniaxialen Zugversuch

G.1 Einleitung

In ISO 6892-1 ist für die Bestimmung der Dehngrenze R_p des zu prüfenden Werkstoffs die Parallelverschiebung der Ausgleichsgeraden im elastischen Bereich der Spannung/Extensometer-Dehnung-Kurve um einen definierten Betrag notwendig. Viele Anwender gehen üblicherweise davon aus, dass die Steigung im linear-elastischen Bereich der Spannung/Extensometer-Dehnung-Kurve dem Elastizitätsmodul (E-Modul) E des geprüften Werkstoffs entsprechend der Beziehung E = Spannung/Dehnung entspricht. Im Allgemeinen verfügen die für den (Standard-)Zugversuch geforderten Extensometer der Klasse 1 aber nicht über die erforderliche Genauigkeit für die Messung sehr kleiner Dehnungen im elastischen Bereich, um E-Modul-Werte mit einem noch akzeptablen Maß an Unsicherheit zu bestimmen.

Es ist nicht erforderlich, diesen Anhang für die Bestimmung der Steigung der Spannung/Extensometer-Dehnung-Kurve im elastischen Bereich zur Bestimmung von Dehngrenzen zu verwenden.

Eine weitere Beschreibung zur Bestimmung des E-Moduls im Zugversuch ist in ASTM E 111 [52] gegeben. Für weitere Informationen siehe auch SEP 1235 [43].

G.2 Allgemeines

Dieser Anhang enthält zusätzliche Anforderungen für die Bestimmung des E-Moduls im einachsigen Zugversuch. Dieses Prüfverfahren beschränkt sich auf Werkstoffe, die folgende Kriterien erfüllen:

— vernachlässigbare Kriecheffekte des Materials im Auswertebereich;

— ausreichende Gerade im elastischen Bereich des Materials im Auswertebereich.

Diese Anforderungen beziehen sich auf die Ausstattung der Prüfmaschine, die Probe und die Auswertung der Prüfung.

Der E-Modul ist eine charakteristische Werkstoffeigenschaft und wird für die Berechnung der Elastizität von Produkten und Komponenten unter Anwendung des Hookeschen Gesetz verwendet.

ANMERKUNG Aufgrund der Wegbegrenzung der Extensometer wird dieser Versuch typischerweise als separater Versuch[N2)] durchgeführt.

N2) Nationale Fußnote: Hier ist die Abgrenzung zum Standardzugversuch gemeint (siehe auch Nationaler Anhang NC).

G.3 Prüfeinrichtungen

G.3.1 Genauigkeit der Prüfeinrichtungen

G.3.1.1 Kraftmesseinrichtungen

Die Kraftmesseinrichtung der Zugprüfmaschine muss im relevanten Bereich mindestens der Klasse 1 nach ISO 7500-1 entsprechen.

G.3.1.2 Dehnungsmesssystem (Extensometersystem)

Das Dehnungsmesssystem muss im relevanten Bereich mindestens der Klasse 0,5 nach ISO 9513 entsprechen.

Die Dehnung muss an gegenüberliegenden Seiten der Probe gemessen werden.

Die Verwendung einer großen Messlänge (z. B. ≥ 50 mm) wird empfohlen.

G.3.1.3 Auflösung des Prüfsystems

Die Auflösung des Prüfsystems muss geeignet sein, mindestens 50 unterschiedliche diskrete Messwerte im Auswertebereich zu erfassen.

G.3.1.4 Messeinrichtungen zur Bestimmung der relevanten Probenabmessungen

Alle zur Bestimmung des Anfangsquerschnittes benutzten Geräte müssen mit Referenzstandards kalibriert und auf nationale Normale rückführbar sein. Die Geräte müssen eine Genauigkeit der gemessenen Daten besser als ±0,5 % des gemessenen Wertes garantieren können.

G.3.2 Einspannverfahren und Ausrichtung

Das Einspannverfahren und die Ausrichtung sind wichtig für die Bestimmung des E-Moduls. Zu den Anforderungen bezüglich der Einspannung siehe 10.2 sowie für darüber hinausgehende Informationen siehe ASTM E1012. Weitere hilfreiche Informationen siehe auch ISO 23788.

Es wird empfohlen, mechanische Vorrichtungen (z. B. Probenanschläge) zu verwenden, um die Proben so zu positionieren, dass eine gute Ausrichtung erreicht wird.

G.4 Proben

G.4.1 Allgemeines

Die Proben müssen gerade sein.

ANMERKUNG Gebogene oder verdrehte Proben können nicht entsprechend diesem Anhang geprüft werden.

Die Probenoberfläche muss so beschaffen sein, dass sie durch ihren Zustand das Prüfergebnis nicht beeinflusst.

Wenn die Probe als Folge des Produktionsprozesses oder der Probenherstellung eigenspannungsbehaftet ist, sind die bestimmten E-Modulwerte für den Werkstoff unter Umständen nicht repräsentativ.

G.4.2 Bestimmung des Anfangsquerschnittes

Zur Bestimmung des Anfangsquerschnittes siehe Abschnitt 7. Zusätzlich zu den Anforderungen in Abschnitt 7 sind für jede Dimension mindestens drei Messungen erforderlich. Als Anfangsquerschnitt S_o wird der mittlere Querschnitt verwendet. Er ist aus den Messwerten der entsprechenden Maße zu berechnen und mit einer Genauigkeit von $\pm$0,5 % oder besser zu bestimmen.

G.5 Verfahren

G.5.1 Allgemeines

Wenn die Spannung/Dehnung-Kurve bis R_{eH} oder $R_{p0,2}$ nicht bekannt ist, ist ein Vorversuch vor dem eigentlichen Versuch zur E-Modul-Bestimmung durchzuführen.

G.5.2 Einstellung des Kraftnullpunktes

Die Einstellung des Kraftnullpunktes muss nach 10.1 erfolgen.

G.5.3 Prüfbedingungen

G.5.3.1 Prüfgeschwindigkeit

Im Vergleich zu den anderen Kennwerten, die im Zugversuch bestimmt werden, wird der E-Modul weniger von der Prüfgeschwindigkeit beeinflusst. Die Prüfgeschwindigkeit sollte der von Verfahren A, Bereich 1 entsprechen. Andere Prüfgeschwindigkeiten einschließlich der von Verfahren B sind zulässig.

Die Prüfgeschwindigkeit kann gering sein, um die für die Auswertung notwendige Anzahl an Daten zu erhalten.

Eine konstante Traversengeschwindigkeit darf gewählt werden, um Unstetigkeiten zu vermeiden.

G.5.3.2 Messwerterfassungsfrequenz

Die Messwerterfassungsfrequenz muss so gewählt werden, dass mindestens 50 Messwerte im relevanten Bereich (R_1, R_2) erhalten werden.

Die minimale Messwerterfassungsfrequenz kann nach der Gleichung (G.1) berechnet werden:

$$f = \frac{N \cdot E \cdot \dot{e}}{R_2 - R_1} \qquad \text{(G.1)}$$

Dabei ist N die Anzahl der Messdaten im relevanten Bereich.

Für Stahl mit $R_1 = 10$ MPa und $R_2 = 50$ MPa und einer Prüfgeschwindigkeit von 0,000 07 s^{-1} muss die Messwerterfassungsfrequenz größer als 18 Hz sein.

G.5.3.3 Prüfverfahren

Wenn die Probe mehrfach für die Bestimmung des E-Moduls verwendet wird, darf die verwendete Kraft nicht größer als der Wert, der 50 % der erwarteten R_{eH} bzw. $R_{p0,2}$ entspricht, sein.

Ansonsten wird empfohlen, die Prüfung bis zu dem Punkt, an dem plastische Verformung beobachtet werden kann, durchzuführen.

G.6 Auswertung

G.6.1 Mittelwertbildung der Dehnungsmesssignale

Der gemittelte Dehnungswert, notwendig für die Berechnung in G.6.2, wird für jeden Spannungswert durch die Mittelung der Dehnungen von den gegenüberliegenden Seiten der Probe berechnet.

Dehnungswerte jeder einzelnen Seite der Probe können dargestellt werden. Differenzen in den Steigungen der zwei Kurven können durch Optimierung der Prüfeinrichtung (Verringerung der Biegung) reduziert werden. Für zusätzliche Informationen siehe ASTM E 1012. Weitere hilfreiche Informationen können ISO 23788 entnommen werden.

G.6.2 Berechnung des E-Moduls

Zur Auswertung der aufgezeichneten Daten wird das folgende interaktive Verfahren empfohlen.

Das Verfahren basiert auf einer numerischen Bestimmung der Ausgleichsgeraden für den elastischen Bereich (Methode der kleinsten Fehlerquadrate) einschließlich der visuellen Beurteilung der Übereinstimmung zwischen dieser Ausgleichsgeraden und der Kurve mit den tatsächlichen Messwerten, gefolgt von einer erneuten Berechnung mit veränderten Parametern, falls erforderlich. Im Wesentlichen entspricht diese Methode der manuellen Analyse im X-Y-Diagramm.

Die Anwendung dieser Methode hängt von der Verfügbarkeit geeigneter Computersoftware ab.

Eine lineare Regression der Spannung über die Dehnung (G.4) ist zwischen einem unteren Spannungswert R_1 und einem oberen Spannungswert R_2 (alternativ dürfen Dehnungswerte e_1 und e_2 verwendet werden) durchzuführen:

$$R = \frac{E \cdot e}{100\,\%} + b \qquad \text{(G.2)}$$

Dabei ist

R die Spannung, in MPa;

E der Elastizitätsmodul (E-Modul), in MPa;

e die Extensometer-Dehnung, in %;

b der Spannungs-Offset, in MPa.

Die auf diese Weise bestimmte Gerade muss in das Spannung/Extensometer-Dehnung-Diagramm eingezeichnet werden, wobei der erste Teil dieses Diagramms zu diesem Zweck zu vergrößern ist. Die Übereinstimmung zwischen der Geraden und der Kurve ist visuell zu beurteilen. Es kann hilfreich sein, das Bestimmtheitsmaß R^2, das nahe bei 1 (> 0,999 5) liegen sollte, zu betrachten. Dabei sollte die Anzahl der berücksichtigten Datenpunkte mindestens 50 betragen.

Ein weiteres hilfreiches Werkzeug ist die Berechnung der relativen Standardabweichung. Die relative Standardabweichung berücksichtigt das Bestimmtheitsmaß R^2 und die Anzahl der berücksichtigten Daten sowie weitere statistische Daten. Sie sollte weniger als 1 % betragen.

Durch Verschieben der unteren und oberen Werte und erneute Berechnung entsprechend der Gleichung kann die Ausgleichsgerade (d. h. der E-Modul) an die Kurve angepasst werden.

Die folgenden Werte werden als Startpunkte für die Regressionsrechnung empfohlen:

— unterer Spannungswert R_1: ≈ 10 % von R_{eH} oder $R_{p0,2}$;

— oberer Spannungswert R_2: ≈ 40 % von R_{eH} oder $R_{p0,2}$.

Zusätzlich kann der Dehnungs-Offset nach Gleichung (G.3) berechnet werden:

$$x_{(y=0)} = \frac{-b}{E} \tag{G.3}$$

Unter optimalen Prüfbedingungen werden die gewählten Vorgabewerte keinen großen Einfluss auf das Ergebnis der Berechnung haben. Beispiel: Wenn der Werkstoff die in G.2 beschriebenen allgemeinen Bedingungen erfüllt und die bestimmten Vorgabewerte R_1 und R_2 10 % und 40 % von R_{eH} bzw. $R_{p0,2}$ entsprechen, wird eine Neuberechnung mittels der Gleichung und innerhalb des bestimmten Intervalls (z. B. 10 % bis 20 %, 20 % bis 30 %, 30 % bis 40 % von R_{eH} bzw. $R_{p0,2}$) das Ergebnis nicht signifikant beeinflussen.

In Fällen, in denen das Material keine elastische Gerade zeigt, z. B. Gusseisen, oder die Daten der Regression auf keiner ausreichenden Qualität basieren, d. h. $R^2 < 0{,}999\,5$, sollte der E-Modul nicht bestimmt werden.

Es wird empfohlen, regelmäßige Kontrollen hinsichtlich der Wiederholbarkeit der Ergebnisse unter Verwendung geeigneter Referenzproben in der für die Prüfung verwendeten Konfiguration durchzuführen.

Geeignete Referenzproben können betriebsintern hergestellt werden und sollten die gleiche Geometrie wie die zu prüfenden Proben haben.

Darüber hinaus bestehen für die Auswertung des E-Moduls verschiedene mathematische Ansätze und computergestützte Analyseverfahren.

G.7 Messunsicherheit

G.7.1 Allgemeines

Die Abschätzung der Messunsicherheit zur E-Modul-Bestimmung kann nach CWA 15261-2:2005, A.5 [9] oder nach Anhang K durchgeführt werden.

ANMERKUNG Die Abschätzung der Messunsicherheit nach CWA 15261-2 basiert auf absoluten Werten. Dies führt zu unterschiedlichen Abschätzungen der jeweiligen einzelnen Unsicherheitsbudgets, wenn z. B. die Probenabmessungen oder die Extensometer-Messlänge sich unterscheiden. Die Abschätzung der Messunsicherheit nach Anhang K basiert auf relativen Abschätzungen. Daher ändern sich die relativen Annahmen üblicherweise nicht. Eine Ausnahme bildet das relative Messunsicherheitsbudget der Dehnungsmessung. Wegen der kleinen Dehnungen während der Prüfung im elastischen Bereich ist die absolute Unsicherheit der Dehnungsmessung für den Unsicherheitsbeitrag relevant (entsprechend ISO 9513).

G.7.2 Abschätzung der Messunsicherheit nach CWA 15261-2

G.7.2.1 Allgemeines

ANMERKUNG In CWA 15261-2 wird L_o als Symbol für die Messlänge und m_E für die Steigung des elastischen Teils der Kraft/Dehnung-Kurve verwendet. Zur Konformität mit diesem Dokument und zur Vermeidung von Verwechselungen wird im Folgenden (abweichend von CWA) das Symbol L_e für die Extensometer-Messlänge und S_E für die Steigung des elastischen Teils der Kraft/Verlängerung-Kurve verwendet.

Die Messunsicherheit nach CWA 15261-2 wird nach Gleichung (G.4) berechnet:

$$u_c(E) = \sqrt{\left(\frac{L_e}{S_o}\right)^2 \cdot u^2(S_E) + \left(\frac{S_E}{S_o}\right)^2 \cdot u^2(L_e) + \left(-\frac{S_E L_e}{S_o^2}\right)^2 \cdot u^2(S_o)} \quad \text{(G.4)}$$

Dabei ist

L_e	die Extensometer-Messlänge;
S_o	der Anfangsquerschnitt;
S_E	die Steigung der Kraft/Verlängerung-Kurve;
$u(S_E)$	die Unsicherheit der Kraft/Verlängerung-Kurve;
$u(L_e)$	die Unsicherheit der Extensometer-Messlänge;
$u(S_o)$	die Unsicherheit des Anfangsquerschnittes.

G.7.2.2 Beispiel für die Berechnung der Messunsicherheit

Tabelle G.1 zeigt die Ergebnisse eines Beispiels für die Messunsicherheit nach CWA 15261-2 für den gemessenen E-Modul von 186,7 GPa [54], basierend auf den folgenden Daten:

L_e:	50 mm
S_o:	78,5 mm^2
S_E:	293,07 kN/mm
$u(L_e)$:	0,144 mm
$u(S_o)$:	0,785 mm^2
$u(S_E)$:	0,064 kN/mm

Tabelle G.1 — Unsicherheitsbeiträge, Beispiel 1 nach CWA 15261-2

Parameter	Sensitivitätskoeffizient[a]	Unsicherheitsanteil[a]
$\frac{L_e}{S_o}$	0,637 mm^{-1}	
$u(S_E)$		0,064 $\frac{\text{kN}}{\text{mm}}$
$\frac{S_E}{S_o}$	3,733 $\frac{\text{kN}}{\text{mm}^3}$	
$u(L_e)$		0,144 mm
$-\frac{S_E L_e}{S_o^2}$	−2,378 $\frac{\text{kN}}{\text{mm}^4}$	
$u(S_o)$		0,785 mm^2
$u_c(E)$[b]		1,9 $\frac{\text{kN}}{\text{mm}^2}$

[a] Werte dienen lediglich der Information.

[b] $u_c(E)$ wurde nach Gleichung (G.5) berechnet.

$$u_c(E) = \sqrt{0{,}637^2 \cdot 0{,}064^2 + 3{,}733^2 \cdot 0{,}144^2 + (-2{,}378)^2 \cdot 0{,}785^2} = 1{,}9 \text{ GPa} \quad \text{(G.5)}$$

Für einen Vertrauensbereich von 95 % muss die kombinierte Unsicherheit mit dem Erweiterungsfaktor $k = 2$ multipliziert werden [siehe Gleichung (G.6)].

$$U(E) = k \cdot u_c(E) = 2 \cdot 1{,}9 \text{ GPa} = 3{,}8 \text{ GPa} \qquad \text{(G.6)}$$

Dies entspricht 2,0 %, basierend auf dem Elastizitätsmodul von 186,7 GPa.

Das Ergebnis der E-Modul-Bestimmung ist: 186,7 GPa ± 3,8 GPa ($k = 2$,95 % Vertrauensbereich).

Das bedeutet, dass mit einem Vertrauensbereich von 95 % der wahre Wert des E-Moduls im Bereich zwischen 182,9 GPa und 190,5 GPa liegt.

G.7.3 Abschätzung der Messunsicherheit nach Anhang K

Tabelle G.2 beinhaltet Unsicherheitsanteile, die für die Unsicherheitsbetrachtung nach Anhang K für den E-Modul berücksichtigt werden sollten.

Tabelle G.2 — Unsicherheitsanteile, Beispiel 2 nach Anhang K

Parameter	Unsicherheitsanteil[a] %
Standardabweichung der Steigung $S_{m(rel)}$	0,2
Standardabweichung der Abszissenwerte (X-Werte) des X-Y-Diagramms S_X[b,c]	3
Standardabweichung der Ordinatenwerte (Y-Werte) des X-Y-Diagramms S_Y	1
Extensometer-Messlänge L_e	0,5
Anfangsquerschnitt S_o	1

[a] Werte dienen lediglich der Information.

[b] S_m basiert auf S_x und S_y, daher sollten S_x und S_y berücksichtigt werden.

[c] Aufgrund der kleinen Verlängerungen, die bei der Prüfung gemessen werden, ist der absolute Wert (1,5 µm eines Extensometers der Klasse 0,5) zu verwenden. Beispiel: $\Delta R = 200$ MPa, $E = 200$ GPa, $L_e = 50$ mm ergibt eine Verlängerung von 0,05 mm. Bei Verwendung der zulässigen Abweichung von 1,5 µm (Absolutwert eines Extensometers der Klasse 0,5) ergibt sich ein Unsicherheitsanteil von 3 %.

Die kombinierte Unsicherheit in Prozent des E-Moduls wird mit Gleichung (G.7) wiedergegeben.

$$u_c(E) = \sqrt{\left(\frac{0{,}2}{\sqrt{3}}\right)^2 + \left(\frac{3}{\sqrt{3}}\right)^2 + \left(\frac{1}{\sqrt{3}}\right)^2 + \left(\frac{0{,}5}{\sqrt{3}}\right)^2 + \left(\frac{1}{\sqrt{3}}\right)^2} = 1{,}9\ \% \qquad \text{(G.7)}$$

Für einen Vertrauensbereich von 95 % muss die kombinierte Unsicherheit mit dem Erweiterungsfaktor, $k = 2$, multipliziert werden [siehe Gleichung (G.8)].

$$U(E) = k \cdot u_c(E) = 2 \cdot 1{,}9\ \% = 3{,}8\ \% \qquad \text{(G.8)}$$

Das Ergebnis der E-Modul-Bestimmung ist: (186,7 ± 7,1) GPa ($k = 2$,95 % Vertrauensbereich).

Das bedeutet, dass mit einem Vertrauensbereich von 95 % der wahre Wert des E-Moduls im Bereich zwischen 179,6 GPa und 193,8 GPa liegt.

G.7.4 Eignungsprüfung

Eine Eignungsprüfung „E-Modul" wurde durchgeführt und die Messunsicherheit für alle Teilnehmer bestimmt. Die ermittelte Messunsicherheit für die Bestimmung des E-Moduls zwischen 1,2 % und 5 % (bei 95 %-Vertrauensbereich) erscheint dabei passend [54].

G.8 Prüfbericht

Der Prüfbericht muss die in Abschnitt 22 a) bis f) angegebenen Informationen enthalten. Darüber hinaus muss er die folgenden Angaben enthalten:

a) Typ des Extensometersystems;

b) die vorgegebenen Spannungswerte R_1 und R_2 (in MPa) bzw. die vorgegebenen Dehnungswerte e_1 und e_2 (in %);

c) Anzahl der gemessenen Datenpunkte im Auswertebereich (zwischen R_1 und R_2 oder e_1 und e_2);

d) E-Modul E (in GPa), das nach ISO 80000-1 auf die nächsten 0,1 GPa gerundet werden sollte;

e) Messunsicherheit einschließlich dem Vertrauensbereich (in GPa) und das Verfahren der Ermittlung (CWA 15261-2:2005, A.5, oder Tabelle G.2);

f) Bestimmtheitsmaß R^2 der Ausgleichsgeraden oder die Standardabweichung S_m (in GPa) oder die relative Standardabweichung $S_{m(rel)}$ (in %).

G.9 Weitere Hinweise

Im Allgemeinen ist es schwierig, im Zugversuch verlässliche Werte des E-Moduls zu bestimmen, es sei denn, spezielle hochauflösende mittelwertbildende Dehnungsaufnehmersysteme werden eingesetzt. Diese Geräte sind jedoch in der Regel nicht für den vollständigen Zugversuch einsetzbar. Werden einseitig messende Extensometer oder „Clip on"-Systeme verwendet, so können bereits kleinste Abweichungen in der Ausrichtung der Probe zu großen Abweichungen bei der scheinbaren E-Modul-Bestimmung führen.

G.10 Andere Verfahren zur Bestimmung des E-Moduls

Der Zugversuch ist nicht zwangsläufig das beste Verfahren für die Ermittlung zuverlässiger Werte des E-Moduls und andere alternative Verfahren, z. B. Impuls-Anregung oder Ultraschall, sind zu bevorzugen. Weitere Informationen können in den Literaturhinweisen [17] und [44] bis [46] gefunden werden.

G.11 Unsicherheit und Vergleichspräzision

Vollständige Unsicherheitsbudgets sind hier nicht enthalten, sondern Verfahren für die Abschätzung der Unsicherheit auf der Grundlage des GUM [4]. In Verbindung mit GUM als Teil des Europäischen UNCERT-Projekts wurden für die E-Modul-Bestimmungen im Zugversuch [47] als auch für dynamische Messungen [48] diese Verfahren entwickelt.

Die in Tabelle G.3 [45] zusammengefassten Vergleichspräzisionen zu der E-Modul-Bestimmung basieren auf der zweifachen Standardabweichung (s) aus verschiedenen Ringversuchen zum Zugversuch und wurden als Teil des TENSTAND-Projektes zusammengestellt.

Tabelle G.3 — Überblick zu diversen Ringversuchen: E-Module bzw. Steigung der elastischen Geraden

Literatur	Autor(en)	Jahr	Werkstoff	Vergleichs-präzisionen (±2 *s*) %
Testing Materials of Construction	Unwin [50]	1910	Baustahl	2
VAMAS	Lord, Roebuck und Orkney [51]	1995	SiC/Al MMC	6
BCR Tensile Reference Material CRM 661	Ingelbrecht und Loveday [29]	2000	Nimonic 75	12
TENSTAND WP3 Modulus Measurement	Lord, Rides und Loveday [49]	2005	verschiedene	5 bis 25
TENSTAND WP2 ASCII Data Files	Lord, Loveday, Rides und McEnteggart [22]	2005	verschiedene – ASCII-Datensätze	1 bis 6

Die meisten der obigen Ergebnisse basieren auf den Kriterien der ISO 6892 oder früheren entsprechenden Normen. Es sollte weiterhin berücksichtigt werden, dass das Ziel diverser Prüfungen die Bestimmung der üblichen Zugversuchskennwerte (sowie die Generierung von ASCII-Datensätzen in TENSTAND WP2) ist. So wurden typischerweise einseitige Klasse-1-Extensometer mit einer begrenzten Genauigkeit im elastischen Bereich eingesetzt und die Steigung des elastischen Teils der Spannung/Extensometer-Dehnung-Kurve m_E bestimmt mit dem Ziel der Bestimmung von $R_{p0,2}$ und weiteren Kennwerten und nicht der Bestimmung des intrinsischen Kennwertes Elastizitätsmodul E. Wenn doppelseitige hochauflösende Extensometer der Klasse 0,5, wie in diesem Anhang beschrieben, verwendet werden, sollte die Messunsicherheit geringer und die Vergleichspräzision deutlich besser sein.

Anhang H
(informativ)

Messung der Bruchdehnung, wenn der vorgeschriebene Wert kleiner als 5 % ist

Die Messung von Bruchdehnungswerten kleiner als 5 % sollte mit besonderer Vorsicht vorgenommen werden.

Ein empfohlenes Verfahren ist nachfolgend beschrieben:

Vor dem Versuch sollte in der Nähe der beiden Enden der parallelen Länge eine sehr kleine Markierung angebracht werden. Mit Hilfe einer Teileinrichtung mit Nadelspitzen, die den Abstand der Messlänge haben, wird ein Bogen mit der ersten Markierung als Mittelpunkt geschlagen. Nach dem Bruch sollte die gebrochene Probe in eine Spannvorrichtung gelegt werden. Durch Aufbringung einer axialen Druckkraft, vorzugsweise durch die Verwendung einer Schraube, werden die Probenstücke während der Messung fest zusammengedrückt. Es sollte ein zweiter Bogen mit dem gleichen Radius vom ursprünglichen Mittelpunkt, der dem Bruch am nächsten liegt, geschlagen werden. Der Abstand zwischen den beiden Markierungen wird mit einem Messmikroskop oder einem anderen geeigneten Instrument gemessen. Um die feinen Markierungen besser sichtbar zu machen, darf vor dem Versuch auf die Probe ein geeigneter Farbüberzug aufgebracht werden.

ANMERKUNG Ein weiteres Verfahren ist in 20.2 beschrieben (Messung der Verlängerung beim Bruch mit einem Extensometer).

Anhang I
(informativ)

Bestimmung der Bruchdehnung bei Unterteilung der Anfangsmesslänge

I.1 Um zu vermeiden, Proben verwerfen zu müssen, bei denen der Bruch nicht die in 20.1 angegebenen Bedingungen erfüllt, aber die komplette Einschnürung innerhalb der Messlänge liegt, darf das folgende Verfahren angewendet werden:

a) vor dem Versuch wird die Anfangsmesslänge L_o in N gleiche Teile von 5 mm (empfohlen) bis 10 mm geteilt;

b) nach dem Versuch wird die Messmarke auf dem kurzen Bruchstück der Probe mit X bezeichnet, während die Messmarke auf dem langen Bruchstück der Probe, die den gleichen Abstand zur Bruchstelle hat wie die Messmarke X, mit Y bezeichnet wird.

I.2 Ist n die Anzahl der Intervalle zwischen X und Y, dann wird die Bruchdehnung wie folgt bestimmt:

a) Wenn $N - n$ eine gerade Zahl ergibt [siehe Bild I.1 a)], werden der Abstand zwischen X und Y, l_{XY}, und der Abstand von Y zum Teilstrich Z, l_{YZ}, gemessen, der bei $(N - n)/2$ Intervalle jenseits von Y liegt.

Die Bruchdehnung A wird dann nach Gleichung (I.1) berechnet:

$$A = \frac{l_{XY} + 2l_{YZ} - L_o}{L_o} \cdot 100 \quad \text{(I.1)}$$

b) Wenn $N - n$ eine ungerade Zahl ergibt [siehe Bild I.1 b)], werden der Abstand zwischen X und Y und der Abstand von Y zu den Teilstrichen Z' und Z'', $l_{YZ'}$ und $l_{YZ''}$, gemessen, die bei $(N - n - 1)/2$ und $(N - n + 1)/2$ Intervalle jenseits von Y liegen.

Die Bruchdehnung wird nach der Gleichung (I.2) berechnet:

$$\frac{A = l_{XY} + l_{YZ'} + l_{YZ''} - L_o}{L_o} \cdot 100 \quad \text{(I.2)}$$

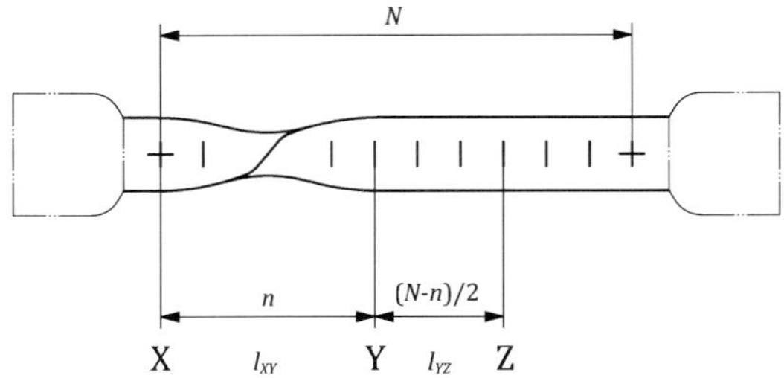

a) $N - n$ **ist eine gerade Zahl**

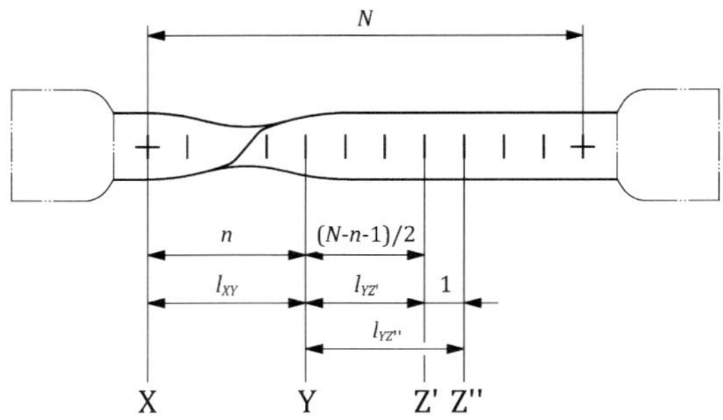

b) $N - n$ **ist eine ungerade Zahl**

Legende

n	Anzahl der Intervalle zwischen X und Y
N	Anzahl der gleichen Längen
X	Messmarke auf dem kürzeren Bruchstück der Probe
Y	Messmarke auf dem längeren Bruchstück der Probe
Z, Z′, Z″	Teilstriche

ANMERKUNG Die gezeichnete Form der Probenköpfe ist als Beispiel zu verstehen.

Bild I.1 — Beispiele zur Bestimmung der Bruchdehnung

Anhang J
(informativ)

Bestimmung der plastischen Dehnung ohne Einschnürung (Gleichmaßdehnung) A_{wn} für Langprodukte wie Stäbe, Drähte und Stangen

Dieses Verfahren basiert auf der Vermessung des längeren Teils einer gebrochenen Zugprobe.

Vor dem Versuch werden auf die Messlänge äquidistante Markierungen aufgebracht. Der Abstand zwischen zwei aufeinanderfolgenden Markierungen entspricht einem Teil der ursprünglichen Messlänge L'_{o}. Die Markierung der ursprünglichen Messlänge L'_{o} sollte mit einer Unsicherheit von höchstens $\pm 0{,}5$ mm erfolgen. Die Bestimmung der Messlänge nach dem Bruch L'_{u} wird an dem längeren Teil der gebrochenen Probe so durchgeführt. Dabei sollte die Unsicherheit höchstens $\pm 0{,}5$ mm betragen.

Für die Gültigkeit der Messung sollten die zwei folgenden Bedingungen erfüllt sein:

a) die Grenzen des Messbereichs sollten mindestens 5 d_{o} vom Bruch und mindestens 2,5 d_{o} von der Einspannung entfernt sein;

b) die Messlänge sollte mindestens dem in der Produktnorm angegebenen Wert entsprechen.

Die plastische Dehnung ohne Einschnürung (Gleichmaßdehnung) wird nach Gleichung (J.1) berechnet:

$$A_{\mathrm{wn}} = \frac{L'_{\mathrm{u}} - L'_{\mathrm{o}}}{L'_{\mathrm{o}}} \cdot 100 \tag{J.1}$$

ANMERKUNG Bei vielen metallischen Werkstoffen tritt die Höchstkraft im Bereich der beginnenden Einschnürung auf. Das heißt, dass die Werte für A_{g} und A_{wn} bei diesen Werkstoffen nahezu identisch sind. Große Unterschiede werden aber bei stark kaltverformten Werkstoffen beobachtet, wie z. B. doppelt reduziertem Zinnblech oder Stahl mit strukturellen Strahlenschäden oder wenn die Versuche bei erhöhter Temperatur durchgeführt werden.

Anhang K
(informativ)

Abschätzung der Messunsicherheit

K.1 Allgemeines

Dieser Anhang gibt eine Anleitung zur Abschätzung der Messunsicherheit bei Anwendung dieses Dokuments. Es gibt keine absolute Unsicherheitsangabe für dieses Prüfverfahren, da zu dieser Unsicherheit *werkstoffunabhängige* und *werkstoffabhängige* Anteile beitragen. ISO/IEC Guide 98-3 [4] ist ein umfassendes Dokument von über 90 Seiten auf der Grundlage strenger statistischer Methoden zur Addition von Messunsicherheiten verschiedenen Ursprungs. Seine Komplexität hat eine Vielzahl von Organisationen veranlasst, einfachere Ausgaben herauszugeben (siehe NIS 80 [15], NIS 3003 [16] und Literaturhinweis [23]). All diese Dokumente geben eine Anleitung zur Abschätzung der Messunsicherheit auf der Grundlage des „Unsicherheitsbudgets". Für Einzelheiten siehe EN 10291 [11] und Literaturhinweis [24]. Weitere Informationen zur Abschätzung der Messunsicherheit sind in den Literaturhinweisen [25] und [26] enthalten. Die hier diskutierte Messunsicherheit beschreibt nicht die Streuung, die aus der Inhomogenität des Materials resultiert, wie z. B. aus einer Charge, vom Anfang und Ende eines gepressten Profils oder gewalzten Bandes oder aus verschiedenen Positionen eines Gussteils. Sie beschreibt vielmehr die Unsicherheit basierend auf der Streuung der Daten, die erhalten werden, wenn ein ideal homogenes Material in verschiedenen Versuchen, auf unterschiedlichen Prüfmaschinen oder in verschiedenen Labors geprüft wird. Im Folgenden werden verschiedene Einflüsse beschrieben, und es wird eine Anleitung zur Bestimmung der Messunsicherheit gegeben.

Die Werte für die Vergleichspräzision, die in Tabelle K.2 bis Tabelle K.4 aufgelistet sind, stellen nach ISO/IEC Guide 98-3 [4] die halbe Spannweite dar und sollten als Werte für die Plus- oder Minus-Streubreite (±) angesehen werden.

K.2 Abschätzung der Messunsicherheit

K.2.1 Allgemeines

Die Standard-Unsicherheit u des Wertes einer Kenngröße kann auf zwei verschiedene Arten abgeschätzt werden.

K.2.2 Typ A — durch wiederholte Messungen

$$u = \frac{s}{\sqrt{n}} \qquad \text{(K.1)}$$

Dabei ist

s die Standardabweichung der Messungen;

n die Anzahl der gemittelten Einzelmessungen, die zur Dokumentation der Messung unter normalen Bedingungen verwendet wurden.

K.2.3 Typ B — aus anderen Quellen, z. B. Kalibrierzeugnisse oder Toleranzen

Hier liegt der wahre Wert irgendwo in dem definierten Intervall, so dass die Verteilung als rechteckig oder gleichmäßig angenommen werden kann. Die Standard-Unsicherheit wird nach Gleichung (K.2) berechnet:

$$u = \frac{a}{\sqrt{3}} \tag{K.2}$$

Dabei ist a die Hälfte der Spannbreite, in der die Kenngröße vermutlich liegt.

Oft ist die Bestimmung einer Kenngröße y mit der Messung von anderen Größen verbunden. Bei der Abschätzung der Messunsicherheit von y müssen die Beiträge aller dieser Messungen zur Messunsicherheit berücksichtigt werden. Sie wird daher als kombinierte Unsicherheit bezeichnet. Wenn die Bestimmung die einfache Addition oder Subtraktion einer Reihe von Messungen, $x_1, x_2 \dots x_n$, beinhaltet, lässt sich die kombinierte Unsicherheit von y, d. h. $u(y)$, nach Gleichung (K.3) bestimmen:

$$u(y) = \sqrt{(u(x_1)^2 + u(x_2)^2 + \ldots + u(x_n)^2)} \tag{K.3}$$

Dabei ist $u(x_1)$ die Unsicherheit des Parameters x_1 usw.

K.3 Einfluss der Prüfvorrichtung auf die Unsicherheit der Prüfergebnisse

Die Unsicherheit der Ergebnisse eines Zugversuchs beinhaltet Anteile der verwendeten Prüfeinrichtung. Verschiedene Kennwerte haben daher in Abhängigkeit von der Art ihrer Bestimmung unterschiedliche Beiträge zur Unsicherheit. Tabelle K.1 stellt die Beiträge der Unsicherheit der Prüfvorrichtung, die bei der Bestimmung der wichtigsten Zugversuchskennwerte berücksichtigt werden sollten, dar. Einige dieser Kennwerte können mit einer geringeren Unsicherheit bestimmt werden als andere. Z. B. ist die obere Streckgrenze R_{eH} nur von der Unsicherheit der Kraftmessung und der Unsicherheit der Bestimmung des Anfangsquerschnittes abhängig, während die Dehngrenze R_p von den Unsicherheiten der Kraft, der Verlängerung (der Extensometer-Messlänge), der Messlänge, des Anfangsquerschnittes und anderen Parametern abhängig ist. Im Falle der Brucheinschnürung Z müssen die Messunsicherheiten beider Querschnittsbestimmungen vor und nach dem Bruch berücksichtigt werden.

Tabelle K.1 — Anteil verschiedener Größen an der Unsicherheit von Kennwerten, bezogen auf die Messmittel

Größe	Kennwerte					
	R_{eH}	R_{eL}	R_m	R_p	A	Z
Kraft	X	X	X	X	—	—
Verlängerung	—	—	—	X	X	—
Messlänge	—	—	—	X	X	—
S_o	X	X	X	X	—	X
S_u	—	—	—	—	—	X

X Relevant.
— Nicht relevant.

Die Unsicherheit der in Tabelle K.1 aufgeführten Kennwerte dürfen von den Kalibrierzeugnissen der für die Bestimmung der Kennwerte verwendeten Prüfeinrichtungen abgeleitet werden. Z. B. ist für eine Kraftmessung bei Verwendung einer Maschine mit der zertifizierten Unsicherheit von 1,4 % der Standard-Unsicherheitswert 1,4/2 oder 0,70 %. Es sollte beachtet werden, dass eine Klassifizierung (der Zugprüfmaschine oder des Extensometers) in Klasse 1,0 nicht unbedingt eine Unsicherheit von 1 % garantiert. Die Unsicherheit kann signifikant größer oder kleiner sein (siehe z. B. für die Kraft ISO 7500-1). Daher sollten die Kalibrierzeugnisse der Messeinrichtungen beachtet werden. Anteile zur Unsicherheit, die aus der Drift der Messeinrichtung seit der Kalibrierung und durch die Verwendung der Messeinrichtung unter verschiedenen Umgebungsbedingungen herrühren können, sollten ebenfalls berücksichtigt werden.

Die Fortsetzung des Beispiels entsprechend der Gleichung (K.3) unter Berücksichtigung der Unsicherheit der Kraft- oder Extensometer-Dehnung-Messung ergibt die kombinierte Unsicherheit für die Kennwerte R_{eH}, R_{eL}, R_m und A ist

$$\sqrt{\left(\frac{1,4}{2}\right)^2 + \left(\frac{1}{\sqrt{3}}\right)^2} = \sqrt{0,70^2 + 0,58^2} = 0,91\ \%$$

unter Anwendung der Quadratwurzel der Summe der Fehlerquadrate.

Zur Abschätzung der Unsicherheit von R_p ist die einfache Addition der Standard-Unsicherheitsbeiträge aus den Klassifizierungen der Messeinrichtungen nicht geeignet. Die Kraft/Extensometer-Dehnung-Kurve muss betrachtet werden. Wenn z. B. die Bestimmung von R_p in einem Punkt der Kraft/Extensometer-Dehnung-Kurve stattfindet, wo sich die Kraftanzeige über einen Dehnungsbereich nicht ändert, ist die Unsicherheit der Kraftanzeige infolge der Unsicherheit der Dehnungsmessung nicht signifikant. Wenn aber andererseits die Bestimmung von R_p in einem Punkt der Kraft/Extensometer-Dehnung-Kurve stattfindet, wo die Kraftanzeige sich im Vergleich zur Verlängerung deutlich verändert, kann die Unsicherheit der bestimmten Kraft viel größer sein als der Beitrag der Unsicherheit, der aus der Klassifizierung der Messeinrichtung stammt. Zusätzlich kann die Bestimmung der Steigung des elastischen Teils der Spannung/Extensometer-Dehnung-Kurve m_E das Ergebnis von R_p beeinflussen, wenn die Kurve in diesem Bereich keine ideale Gerade ist.

Tabelle K.2 — Beispiele zum Anteil verschiedener Messmittel an der Unsicherheit von Kennwerten, bezogen auf die Messmittel

Größe	Messunsicherheitsanteil[a] %				
	R_{eH}	R_{eL}	R_m	A	Z
Kraft	1,4	1,4	1,4	—	—
Verlängerung	—	—	—	1,4	—
Messlänge L_e, L_o	—	—	—	1	—
S_o	1	1	1	—	1
S_u	—	—	—	—	2

[a] Werte dienen lediglich der Information.

Die kombinierte Unsicherheit für Z, d. h. u_Z, in Prozent, ist nach Gleichung (K.4) zu berechnen:

$$u_Z = \sqrt{\left(\frac{a_{S_o}}{\sqrt{3}}\right)^2 + \left(\frac{a_{S_u}}{\sqrt{3}}\right)^2} = \sqrt{\left(\frac{1}{\sqrt{3}}\right)^2 + \left(\frac{2}{\sqrt{3}}\right)^2} = \sqrt{0{,}577^2 + 1{,}155^2} = \sqrt{0{,}33 + 1{,}33} = 1{,}29 \qquad \text{(K.4)}$$

In Tabelle K.3 sind für einige Kennwerte die kombinierten Standard-Unsicherheiten unter Anwendung des gleichen Ansatzes angegeben.

Tabelle K.3 — Beispiele für die kombinierte Unsicherheit

Kombinierte Unsicherheit für verschiedene Kennwerte %				
R_{eH}	R_{eL}	R_m	A	Z
0,91	0,91	0,91	0,91	1,29

In Übereinstimmung mit ISO/IEC Guide 98-3 [4] wird die gesamte erweiterte Unsicherheit durch Multiplikation der kombinierten Standard-Unsicherheiten mit einem Erweiterungsfaktor k berechnet. Für einen Vertrauensbereich von 95 % ist $k = 2$.

Tabelle K.4 — Beispiele für einen Vertrauensbereich von 95 %, $k = 2$ (basierend auf Tabelle K.3)

Vertrauensbereich von 95 % mit $k = 2$ für verschiedene Kennwerte %				
R_{eH}	R_{eL}	R_m	A	Z
1,82	1,82	1,82	1,82	2,58

Unsicherheitsanteile mit gleicher Einheit können in der gezeigten Berechnung addiert werden. Für weitere und detailliertere Informationen zur Messunsicherheit im Zugversuch siehe CWA 15261-2 [9] und Literaturhinweis [27].

Es wird dringend empfohlen, regelmäßig Testproben zu prüfen und die Standardabweichungen der Ergebnisse in Abhängigkeit zu einem speziellen „Werkstofftest" darzustellen. Die Darstellung der resultierenden Standardabweichung der Ergebnisse der Testproben über die Zeit kann einen guten Überblick darüber geben, ob die Unsicherheiten der Kennwerte innerhalb der Erwartung liegen.

K.4 Werkstoff- und/oder vom Prüfablauf abhängige Parameter

Die Präzision der Zugversuchsergebnisse hängt von Einflussgrößen ab, die sich auf den zu untersuchenden Werkstoff, die Prüfmaschine, den Prüfablauf und die Verfahren zur Bestimmung der spezifischen Werkstoffeigenschaften beziehen. Idealerweise sollten alle nachfolgend aufgeführten Faktoren betrachtet werden:

a) Prüftemperatur;

b) Prüfgeschwindigkeiten;

c) Probengeometrie und Probenherstellung;

d) Einspannverfahren und Axialität der Krafteinleitung;

e) Charakteristika der Prüfmaschine (Steifigkeit, Antrieb und Art der Regelung);

f) Bedienungs- und Software-Fehler in Verbindung mit der Bestimmung von Zugversuchskenngrößen;

g) Befestigung der Extensometer und deren Geometrie.

Der Einfluss der oben genannten Faktoren hängt vom jeweiligen Werkstoffverhalten ab und kann nicht als ein definierter Wert angegeben werden. Wenn der Einfluss bekannt ist, kann er bei der Berechnung der Unsicherheit, wie in K.3 beschrieben, berücksichtigt werden. Es ist darüber hinaus möglich, weitere Quellen der Unsicherheit bei der Abschätzung der erweiterten Messunsicherheiten einzubeziehen. Dieses kann nach folgendem Ansatz durchgeführt werden:

a) Der Anwender muss alle weiteren möglichen Quellen, die einen direkten oder indirekten Einfluss auf die zu bestimmenden Kennwerte haben können, identifizieren.

b) Relative Anteile können entsprechend dem zu prüfenden Werkstoff und den speziellen Prüfbedingungen variieren. Einzelne Laboratorien sind angehalten, eine Auflistung von möglichen Quellen der Unsicherheit zu erstellen und deren Einfluss auf die Ergebnisse auszuwerten. Wenn ein signifikanter Einfluss vorhanden ist, so ist diese Unsicherheit u_i in der Berechnung zu berücksichtigen. Die Unsicherheit u_i ist die Unsicherheit der Quelle i auf den zu bestimmenden Kennwert in Prozent, wie in Gleichung (K.3) beschrieben. Für u_i ist die Verteilungsfunktion des entsprechenden Parameters (Normalverteilung, Rechteckverteilung usw.) zu bestimmen. Danach ist der Einfluss auf das Ergebnis auf der Basis des Ein-Sigma-Niveaus zu bestimmen. Dieses ist die Standard-Unsicherheit.

Ringversuche können genutzt werden, um die gesamte Unsicherheit von Kennwerten unter Bedingungen nahe denen von industriellen Laboratorien zu bestimmen. Diese Versuche trennen aber nicht Effekte, die auf Werkstoffinhomogenitäten zurückzuführen sind, von denen, die auf der Prüfmethode basieren (siehe Anhang L).

Wenn geeignete zertifizierte Referenzmaterialien verfügbar sind, sollte auf sie zurückgegriffen werden, weil sie einen nützlichen Beitrag zur Ermittlung der gesamten Messunsicherheit für jede Prüfmaschine unter Berücksichtigung des Einflusses der Einspannungen, der Biegungen usw. leisten. Diese Einflüsse sind bisher nur schwer quantifizierbar. Ein Beispiel für ein zertifiziertes Referenzmaterial ist BCR-661 (Nimonic 75), beziehbar von IRMM[1] (siehe CWA 15261-2 [9]).

Alternativ wird die Durchführung von laborinternen Prüfungen an Werkstoffen mit sehr geringer Streuung der Kennwerte (nichtzertifizierte Referenzmaterialien) für die regelmäßige Qualitätskontrolle empfohlen (siehe Literaturhinweis [28]).

Es gibt einige Beispiele, für die es sehr schwierig ist, genaue Werte für die Unsicherheit ohne Referenzmaterial anzugeben. Wenn die Absicherung der Unsicherheitswerte wichtig ist, wird in einigen Fällen empfohlen, zertifiziertes Referenzmaterial oder nichtzertifiziertes Referenzmaterial zur Bestätigung der Messunsicherheiten zu verwenden. Wenn kein Referenzmaterial benutzt werden kann, sind geeignete Vergleichsprüfungen notwendig (siehe Literaturhinweise [21] und [30]).

---

1 Diese Angabe dient nur zur Unterrichtung der Anwender dieses Dokuments und bedeutet keine Anerkennung des genannten Produkts durch ISO. Gleichwertige Produkte dürfen verwendet werden, wenn sie nachweisbar zu den gleichen Ergebnissen führen.

Anhang L
(informativ)

Präzision von Zugversuchen — Ergebnisse aus Ringversuchen

Angaben zur typischen Streuung von Zugversuchsergebnissen für verschiedene Werkstoffe aus Vergleichsversuchen zwischen verschiedenen Prüflaboratorien sind in Tabelle L.1 bis Tabelle L.4 aufgeführt. Hierin (der typischen Streuung) sind sowohl die Werkstoffstreuung als auch die Messunsicherheit enthalten. Die Ergebnisse für die Vergleichspräzision sind in Prozent ausgedrückt. Sie werden berechnet, indem die Standardabweichung des entsprechenden Kennwertes, z. B. R_p, R_m, Z und A, mit 2 multipliziert und das Ergebnis durch den Mittelwert dividiert wird. Diese Vergleichspräzisionswerte gelten für einen Vertrauensbereich von 95 % und entsprechen den Empfehlungen im ISO/IEC Guide 98-3 [4]; damit können sie direkt vergleichbar mit den Werten für die oben genannte erweiterte Unsicherheit sein, die nach anderen Verfahren berechnet wurden.

Tabelle L.1 — Streckgrenzen (0,2 %-Dehngrenzen oder obere Streckgrenzen) — Vergleichspräzision aus Vergleichsversuchen verschiedener Laboratorien (grafische Darstellung der Werte siehe Bild L.1)

Werkstoff	Code	Streckgrenze MPa	Vergleichspräzision ± %	Referenz
Aluminium				
Blech	AA5754	105,7	3,2	[31]
Blech	AA5182-O	126,4	1,9	[20]
Blech	AA6016-T4	127,2	2,2	[20]
	EC-H 19	158,4	4,1	[33]
	2024-T 351	362,9	3,0	[33]
Stahl				
Blech	DX56	162,0	4,6	[31]
C-armer Flachstahl	HR3	228,6	8,2	[34]
Blech	ZStE 180	267,1	9,9	[31]
AISI 105	P245GH	367,4	5,0	[34]
	C22	402,4	4,9	[33]
Platte	S355	427,6	6,1	[31]
Austenitischer Stahl S S	SS316L	230,7	6,9	[31]
Austenitischer Stahl S S	X2CrNi18-10	303,8	6,5	[34]
Austenitischer Stahl S S	X2CrNiMo18-10	353,3	7,8	[34]
AISI 316	X5CrNiMo17-12-2	480,1	8,1	[33]
Martensitischer Stahl S S	X12Cr13	967,5	3,2	[33]
Hochfester Stahl	30NiCrMo16	1 039,9	2,0	[34]

Werkstoff	Code	Streckgrenze MPa	Vergleichspräzision ± %	Referenz
		Nickel-Legierungen		
INCONEL 600	NiCr15Fe8	268,3	4,4	[33]
Nimonic 75	(BCR-661)	298,1	4,0	[29]
Nimonic 75	(BCR-661)	302,1	3,6	[31]

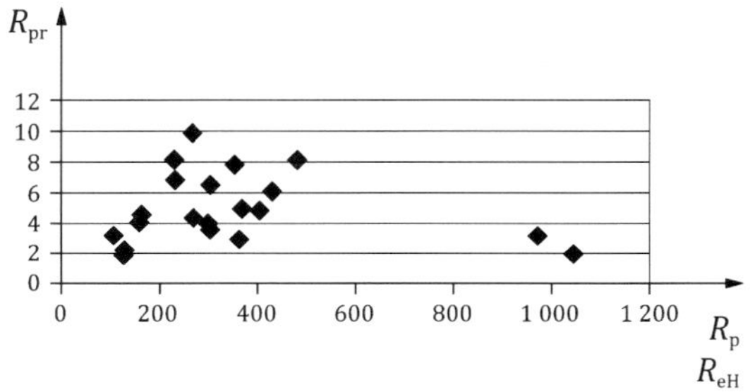

Legende

R_{eH} obere Streckgrenze, ausgedrückt in MPa

R_p Dehngrenze, ausgedrückt in MPa

R_{pr} Vergleichspräzision, ausgedrückt in %

Bild L.1 — Grafische Darstellung der Kennwerte aus Tabelle L.1

Tabelle L.2 — Zugfestigkeit R_m —Vergleichspräzision aus Vergleichsversuchen verschiedener Laboratorien (grafische Darstellung der Werte siehe Bild L.2)

Werkstoff	Code	Zugfestigkeit MPa	Vergleichspräzision ± %	Referenz
		Aluminium		
Blech	AA5754	212,3	4,7	[31]
Blech	AA5182-0	275,2	1,4	[20]
Blech	AA6016-T4	228,3	1,8	[20]
	EC-H 19	176,9	4,9	[33]
	2024-T 351	491,3	2,7	[33]

Werkstoff	Code	Zugfestigkeit MPa	Vergleichspräzision ± %	Referenz
		Stahl		
Blech	DX56	301,1	5,0	[31]
C-armer Flachstahl	HR3	335,2	5,0	[34]
Blech	ZStE 180	315,3	4,2	[31]
AISI 105	Fe510C	552,4	2,0	[34]
	C22	596,9	2,8	[33]
Platte	S355	564,9	2,4	[31]
Austenitischer Stahl S S	SS316L	568,7	4,1	[31]
Austenitischer Stahl S S	X2CrNi18-10	594,0	3,0	[34]
Austenitischer Stahl S S	X2CrNiMo18-10	622,5	3,0	[34]
AISI 316	X7CrNiMo17-12-2	694,6	2,4	[33]
Martensitischer Stahl S S	X12Cr13	1 253,0	1,3	[33]
Hochfester Stahl	30NiCrMo16	1 167,8	1,5	[34]
		Nickel-Legierungen		
INCONEL 600	NiCr15Fe8	695,9	1,4	[33]
Nimonic 75	(BCR-661)	749,6	1,9	[29]
Nimonic 75	(BCR-661)	754,2	1,3	[31]

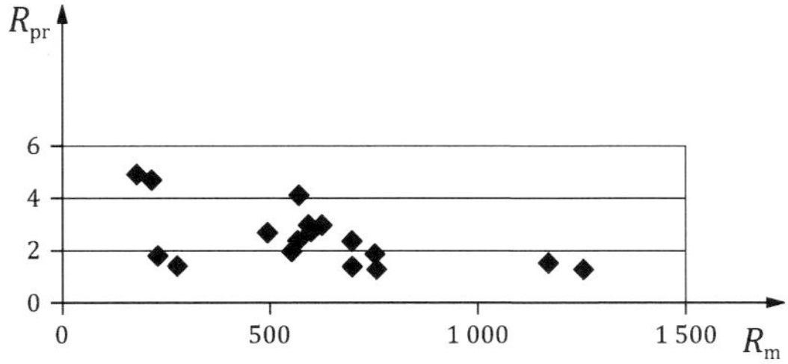

Legende

R_m Zugfestigkeit, ausgedrückt in MPa

R_{pr} Vergleichspräzision, ausgedrückt in %

Bild L.2 — Grafische Darstellung der Kennwerte aus Tabelle L.2

Tabelle L.3 — Bruchdehnung — Vergleichspräzision aus Vergleichsversuchen verschiedener Laboratorien (grafische Darstellung der Werte siehe Bild L.3)

Werkstoff	Code	Bruchdehnung A %	Vergleichspräzision ± %[a]	Referenz
		Aluminium		
Blech	AA5754	27,9	13,3	[31]
Blech	AA5182-0	26,6 ($A_{80\ mm}$)	10,6	[20]
Blech	AA6016-T4	25,9 ($A_{80\ mm}$)	8,4	[20]
	EC-H 19	14,6	9,1	[33]
	2024-T 351	18,0	18,9[a]	[33]
		Stahl		
Blech	DX56	45,2	12,4	[31]
C-armer Flachstahl	HR3	38,4	13,8	[34]
Blech	ZstE 180	40,5	12,7	[31]
AISI 105	Fe510C	31,4	14,0	[34]
	C22	25,6	10,1	[33]
Platte	S355	28,5	17,7	[31]
Austenitischer Stahl S S	SS316L	60,1	27,6	[31]
Austenitischer Stahl S S	X2CrNi18-10	52,5	12,6	[34]
Austenitischer Stahl S S	X2CrNiMo18-10	51,9	12,7	[34]
AISI 316	X5CrNiMo17-12-2	35,9	14,9	[33]
Martensitischer Stahl S S	X12Cr13	12,4	15,5	[33]
Hochfester Stahl	30NiCrMo16	16,7	13,3	[34]
		Nickel-Legierungen		
INCONEL 600	NiCr15Fe8	41,6	7,7	[33]
Nimonic 75	(BCR-661)	41,0	3,3	[29]
Nimonic 75	(BCR-661)	41,0	5,9	[31]

[a] Die Vergleichspräzision wird als prozentualer Anteil des entsprechenden Mittelwertes von A des festgelegten Werkstoffs angegeben; folglich ist für 2024 – T 351 Aluminium der absolute Wert von A (18,0 ± 3,4) %.

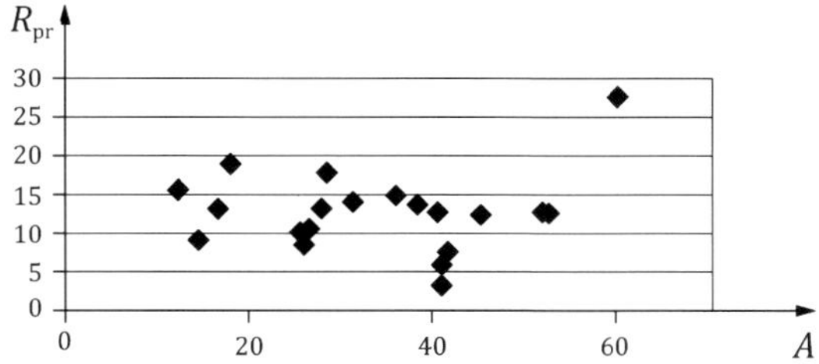

Legende

A Bruchdehnung, ausgedrückt in %
R_{pr} Vergleichspräzision, ausgedrückt in %

Bild L.3 — Grafische Darstellung der Kennwerte aus Tabelle L.3

Tabelle L.4 — Brucheinschnürung *Z* — Vergleichspräzision aus Vergleichsversuchen verschiedener Laboratorien (grafische Darstellung der Werte siehe Bild L.4)

Werkstoff	Code	Brucheinschnürung *Z* %	Vergleichspräzision ± %[a]	Referenz
Aluminium				
	EC-H 19	79,1	5,1	[33]
	2024-T 351	30,3	23,7[b]	[33]
Stahl				
C-armer Flachstahl	HR3			
AISI 105	Fe510C	71,4	2,7	[34]
	C22	65,6	3,8	[33]
Austenitischer Stahl S S	X2CrNi18-10			
Austenitischer Stahl S S	X2CrNiMo18-10	77,9	5,6	[34]
AISI 316	X5CrNiMo17-12-2	71,5	4,5	[33]
Martensitischer Stahl S S	X12Cr13	50,5	15,6[b]	[33]
Hochfester Stahl	30NiCrMo16	65,6	3,2	[34]
Nickel-Legierungen				
INCONEL 600	NiCr15Fe8	59,3	2,4	[33]
Nimonic 75	(BCR-661)	59,0	8,8	[29]

[a] Die Vergleichspräzision wird als prozentualer Anteil des entsprechenden Mittelwertes von *Z* des festgelegten Werkstoffs angegeben; folglich ist für 2024-T 351 Aluminium der absolute Wert von *Z* (30,3 ± 7,2) %.

[b] Einige Werte der Vergleichspräzision mögen relativ hoch erscheinen; diese Werte deuten wahrscheinlich auf Schwierigkeiten bei der Messung der Probe im eingeschnürten Bruchbereich hin. Für dünne Flachproben kann die Messunsicherheit in Dickenrichtung groß sein. Ebenso ist die Messung des Durchmessers oder der Dicke einer Probe im eingeschnürten Bereich sehr von der Fertigkeit und Erfahrung des Prüfers abhängig.

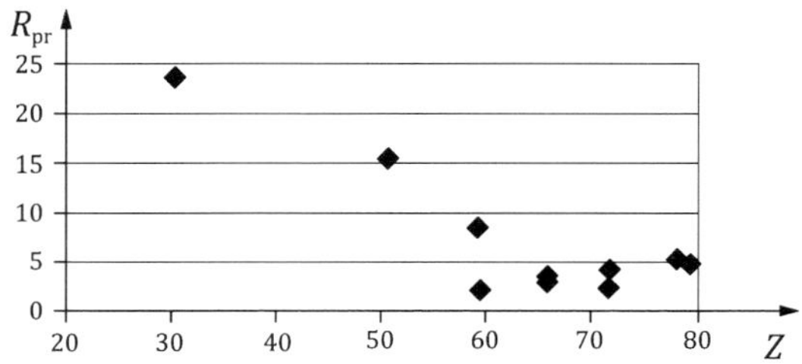

Legende

R_{pr} Vergleichspräzision, ausgedrückt in %

Z Brucheinschnürung, ausgedrückt in %

Bild L.4 — Grafische Darstellung der Kennwerte aus Tabelle L.4

Literaturhinweise

[1] ISO 3183, *Petroleum and natural gas industries — Steel pipe for pipeline transportation systems*

[2] ISO 11960, *Petroleum and natural gas industries — Steel pipes for use as casing or tubing for wells*

[3] ISO/TR 25679, *Mechanical testing of metals — Symbols and definitions in published standards*

[4] ISO/IEC Guide 98-3, *Uncertainty of measurement — Part 3: Guide to the expression of uncertainty in measurement* (GUM:1995)

[5] ISO/TTA 2, *Tensile tests for discontinuously reinforced metal matrix composites at ambient temperatures*

[6] ASTM A370, *Standard test methods and definitions for mechanical testing of steel products*

[7] ASTM E8M, *Standard test methods for tension testing of metallic materials*

[8] ASTM E1012, *Standard practice for verification of test frame and specimen alignment under tensile and compressive axial force application*

[9] CWA 15261-2:2005, *Measurement uncertainties in mechanical tests on metallic materials — Part 2: The evaluation of uncertainties in tensile testing*

[10] DIN 50125, *Prüfung metallischer Werkstoffe — Zugproben*

[11] EN 10291, *Metallische Werkstoffe — Einachsiger Zeitstandversuch unter Zugbeanspruchung — Prüfverfahren*

[12] GB/T 228, *Metallic materials — Tensile testing at ambient temperature*

[13] IACS W2. Test specimens and mechanical testing procedures for materials. In: *Requirements concerning materials and welding*, pp. W2-1 to W2-10. International Association of Classification Societies, London, 2003. Available (2008-06-26) at: http://www.iacs.org.uk/document/public/publications/unified_requirements/pdf/ur_w_pdf159.pdf

[14] JIS Z2241, *Test pieces for tensile test for metallic materials*

[15] NIS 80:1994, *Guide to the expression of uncertainty in testing*

[16] NIS 3003:1995. *The expression of uncertainty and confidence in measurement*

[17] DEAN G.D., LOVEDAY M.S., COOPER P.M., READ, B.E., ROEBUCK B. & MORRELL R. Aspects of modulus measurement. In: DYSON, B.G., LOVEDAY, M.S., GEE, M.G., editors. *Materials metrology and standards for structural performance*, pp. 150–209. Chapman & Hall, London, 1995

[18] ROEBUCK B., LORD J.D., COOPER P.M., MCCARTNEY L.N. Data acquisition and analysis of tensile properties for metal matrix composites. *J. Test. Eval.* 1994, **22** (1) pp. 63–69

[19] SONNE H.M., HESSE B. B. Determination of Young's modulus on steel sheet by computerised tensile test — Comparison of different evaluation concepts. In: Tagungsband *Werkstoffprüfung 1993.* DVM, Berlin

[20] AEGERTER J., KELLER S., WIESER D. Prüfvorschrift zur Durchführung und Auswertung des Zugversuches für Al-Werkstoffe. In: Tagungsband *Werkstoffprüfung 2003*, S. 139–150. Stahleisen, Düsseldorf

[21] RIDES M., LORD J. *TENSTAND final report: Computer-controlled tensile testing according to EN 10002-1: Results of a comparison test programme to validate a proposal for an amendment of the standard*. National Physical Laboratory, Teddington, 2005

[22] LORD J., LOVEDAY, M.S., RIDES, M., MCENTAGGART, I. TENSTAND WP2 final report: Digital tensile software evaluation: Computer-controlled tensile testing machines validation of European Standard EN 10002-1. National Physical Laboratory, Teddington, 2005, 68 p. Available at: http://eprintspublications.npl.co.uk/3224/

[23] TAYLOR B.N., KUYATT C.E. *Guidelines for evaluating and expressing the uncertainty of NIST measurement results.* NIST, Gaithersburg, MD, 1994. 25 p. (*NIST Technical Note 1297.*) Available (2009-07-23) at: http://physics.nist.gov/Pubs/guidelines/TN1297/tn1297s.pdf

[24] LOVEDAY M.S. *Room temperature tensile testing: A method for estimating uncertainty of measurement.* National Physical Laboratory, Teddington, 1999. [*Measurement note* CMMT (MN) 048.] Available (2009-07-23) at: http://eprintspublications.npl.co.uk/2438/

[25] BELL S.A. (1999) *A beginner's guide to uncertainty of measurement*, 2nd edition. National Physical Laboratory, Teddington, 2001. 41 p. (*Measurement Good Practice Guide*, No. 11.) Available (2009-07-31) at: http://eprintspublications.npl.co.uk/1568/

[26] BIRCH K. *Estimating uncertainties in testing*. National Physical Laboratory, Teddington, 2001. (*Measurement Good Practice Guide*, No. 36.) Available (2009-07-23) at: http://eprintspublications.npl.co.uk/2022/

[27] KANDIL F.A., LORD J.D., BULLOUGH C.K., GEORGSSON P., LEGENDRE L., MONEY G. et al. *The UNCERT manual of codes of practice for the determination of uncertainties in mechanical tests on metallic materials* [CD-ROM]. EC, Brussels

[28] SONNE H.M., KNAUF G., SCHMIDT-ZINGES J. Überlegungen zur Überprüfung von Zugprüfmaschinen mittels Referenzmaterial. In: Tagungsband *Werkstoffprüfung 1996*. Bad Nauheim. DVM, Berlin

[29] INGELBRECHT, C.D., LOVEDAY, M.S. The certification of ambient temperature tensile properties of a reference material for tensile testing according to EN 10002-1: CRM 661. EC, Brussels, 2000. (BCR Report EUR 19589 EN.)

[30] LI H.-P., ZHOU X. New Consideration on the uncertainty evaluation with measured values of steel sheet in tensile testing. In: *Metallurgical analysis*, 12th Annual Conference of Analysis Test of Chinese Society for Metals, 2004

[31] KLINGELHÖFFER H., LEDWORUSKI S., BROOKES S., MAY T. *Computer controlled tensile testing according to EN 10002-1 — Results of a comparison test programme to validate a proposal for an amendment of the standard — Final report of the European project TENSTAND — Work Package 4.* Bundesanstalt für Materialforschung und -prüfung (BAM), Berlin, 2005. S. 44. (*Forschungsbericht* 268.) Available (2008-07-01) at: http://www.bam.de/de/service/publikationen/publikationen_medien/fb268_vt.pdf

[32] LOVEDAY, M.S., GRAY, T., AEGERTER, J. *Tensile testing of metallic materials — A review — Final report of the TENSTAND project of work package 1.* Bundesanstalt für Materialforschung und -prüfung (BAM), Berlin, 2004

[33] ASTM Research Report E 28 1004:1994, *Round robin results of interlaboratory tensile tests*

[34] ROESCH, L., COUE, N., VITALI, J., DI FANT, M. *Results of an interlaboratory test programme on room temperature tensile properties — Standard deviation of the measured values.* (IRSID Report, NDT 93310.)

[35] LOVEDAY M.S. Towards a tensile reference material. In: *Loveday, M.S., Gibbons, T.B. Harmonisation of testing practice for high temperature materials.* Elsevier, London, pp. 111–53.

[36] JOHNSON R.F., MURRAY J.D. The effect of rate of straining on the 0.2 % proof stress and lower yield stress of steel. In: Proceedings of Symposium on High Temperature Performance of Steels, Eastbourne, 1966. Iron and Steel Institute, 1967

[37] GRAY T.G.F., SHARP J. Influence of machine type and strain rate interaction in tension testing. In: PAPIRNO, R., WEISS, H.C. *Factors that affect the precision of mechanical tests.* ASTM, Philadelphia, PA. (*Special Technical Publication* 1025.)

[38] AEGERTER J., BLOCHING H., SONNE H.-M. Influence of the testing speed on the yield/proof strength — Tensile testing in compliance with EN 10002-1. *Materialprüfung.* 2001, **10**, pp. 393–403

[39] AEGERTER, J. Strain rate at a given point of a stress/strain curve in the tensile test [Internal memorandum], VAW Aluminium, Bonn, 2000

[40] BLOCHING H. *Calculation of the necessary crosshead velocity in mm/min for achieving a specified stress rate in MPa/s.* Zwick, Ulm, 2000, 8 p. [Report]

[41] MCENTEGGART I., LOHR R.D. Mechanical testing machine criteria. In: DYSON, B.G., LOVEDAY, M.S., GEE, M.G., editors. *Materials metrology and standards for structural performance*, pp. 19–33. Chapman & Hall, London, 1995

[42] AUSTIN, T., BULLOUGH, C., LEAL, D., GAGLIARDI, D. & LOVEDAY, M., A Guide to the Development and Use of Standards Compliant Data Formats for Engineering Materials Test Data, CEN CWA 162002010: ftp://ftp.cen.eu/CEN/Sectors/List/ICT/CWAs/CWA16200_2010_ELSSI.pdf

[43] SEP 1235, *Determination of the modulus of elasticity on steels by tensile testing at room temperature*, Stahl-Eisen-Prüfblatt (SEP) des Stahlinstituts VDEh, Düsseldorf

[44] LORD J.D, ORKNEY L.P. Elevated Temperature Modulus Measurements Using the Impulse Excitation Technique (IET). *NPL Measurement Note CMMT.* MN, 2000, pp. 049. Available at: http://eprintspublications.npl.co.uk/3249/

[45] LORD J.D, ORKNEY L.P. Measurement Good Practice Guide No. 98 *Elastic Modulus Measurement,* ISSN 1744-3911 (2006). Available at http://eprintspublications.npl.co.uk/3782/

[46] CARPENTER. M*, NUNN, J. Impulse Excitation Modulus measurements of Hardmetal Rods using custom software on a standard personal computer and microphone. *Mater. Eval.* 2012, **70** (7), pp. 863–871

[47] GABAUER, W. The Determination of Uncertainties in Tensile Testing UNCERT COP 07: 2000

[48] BULLOUGH C. K. The Determination of Uncertainties in Dynamic Young's Modulus UNCERT CoP 13:2000

[49] LORD. J., RIDES, M. & LOVEDAY, M. *Modulus Measurement Methods* TENSTAND WP3 Final Report NPL REPORT DEPC MPE 016 Jan 2005. ISSN 1744-0262. Available at: http://eprintspublications.npl.co.uk/3223/

[50] UNWIN. W.C., *The testing of materials of construction*. Longmans, Green & Co, London, 1910, pp. 237-8.

[51] LORD. J.D., ROEBUCK, B., ORKNEY, L.P., *Validation of a draft tensile testing standard for discontinuously reinforced MMC*, VAMAS Report No.20, National Physical Laboratory, May 1995

[52] ASTM E 111, *Standard Test Method for Young's Modulus, Tangent Modulus, and Chord Modulus*

[53] AEGERTER J., FRENZ H., KÜHN H.-J., WEIßMÜLLER C. ISO 6892-1:2009 Der Zugversuch: Erste Erfahrungen aus der praktischen Umsetzung der neuen Norm, Carl Hanser Verlag, München, Vol. 53, (2011) 10, S. 595–603, Korrigiertes Bild 6 in Carl Hanser Verlag, München, Vol. 53, (2011) 11

[54] WEIßMÜLLER C., FRENZ H. Measurement Uncertainty for the Determination of Young's Modulus on Steel, Materials Testing, Carl Hanser Verlag, München, 2013, Vol. 55 No. 9, pp. 643–647, available at: http://www.hanser-elibrary.com/doi/pdf/10.3139/120.110482

[55] ISO 377, *Steel and steel products — Location and preparation of samples and test pieces for mechanical testing*

[56] ISO 2566-1, *Steel — Conversion of elongation values — Part 1: Carbon and low alloy steels*

[57] ISO 2566-2, *Steel — Conversion of elongation values — Part 2: Austenitic steels*

[58] ISO 80000-1, *Quantities and units — Part 1: General*

[59] ISO 23788, *Metallic materials — Verification of the alignment of fatigue testing machines*

DIN EN ISO 6892-2

ICS 77.040.10

Ersatz für
DIN EN ISO 6892-2:2011-05

**Metallische Werkstoffe –
Zugversuch –
Teil 2: Prüfverfahren bei erhöhter Temperatur (ISO 6892-2:2018);
Deutsche Fassung EN ISO 6892-2:2018**

Metallic materials –
Tensile testing –
Part 2: Method of test at elevated temperature (ISO 6892-2:2018);
German version EN ISO 6892-2:2018

Matériaux métalliques –
Essai de traction –
Partie 2: Méthode d'essai à température élevée (ISO 6892-2:2018);
Version allemande EN ISO 6892-2:2018

Gesamtumfang 31 Seiten

DIN-Normenausschuss Materialprüfung (NMP)

www.din.de
www.beuth.de
2864330

Nationales Vorwort

Dieses Dokument (EN ISO 6892-2:2018) wurde vom Technischen Komitee ISO/TC 164 „Mechanical testing of metals" in Zusammenarbeit mit dem Technischen Komitee ECISS/TC 101 „Prüfverfahren für Stahl (andere als chemische Analysen)" erarbeitet, dessen Sekretariat von AFNOR (Frankreich) gehalten wird.

Für die deutsche Mitarbeit ist der Arbeitsausschuss NA 062-01-42 AA „Zug- und Duktilitätsprüfung für Metalle" im DIN-Normenausschuss Materialprüfung (NMP) verantwortlich.

Für die in diesem Dokument zitierten internationalen Dokumente wird im Folgenden auf die entsprechenden deutschen Dokumente hingewiesen:

ISO 377	siehe DIN EN ISO 377
ISO 2566-1	siehe DIN EN ISO 2566-1
ISO 2566-2	siehe DIN EN ISO 2566-2
ISO 6892-1	siehe DIN EN ISO 6892-1
ISO 7500-1	siehe DIN EN ISO 7500-1
ISO 9513	siehe DIN EN ISO 9513
ISO 80000-1	siehe DIN EN ISO 80000-1

Änderungen

Gegenüber DIN EN ISO 6892-2:2011-05 wurden folgende Änderungen vorgenommen:

a) eine Anmerkung wurde hinter dem ersten Satz in 10.2.1 eingefügt;

b) einige Verweisungen auf Unterabschnitte in ISO 6892-1 wurden entfernt;

c) in der deutschen Sprachfassung wurde in Anlehnung an die DIN EN ISO 6892-1 der Begriff „Versuchslänge" durch „parallele Länge" ersetzt.

Frühere Ausgaben

DIN 1602: 1924-06; 1927-04; 1929-08; 1936-03; 1944-02
DIN 1605:1929-06
DIN 1605-1:1936-02
DIN 1605-2: 1936-02
DIN 50112: 1935xx-12
DIN 50143: 1944-10
DIN 50144: 1944-10
DIN 50145: 1952-06, 1975-05
DIN 50146: 1951-05
DIN EN 10002-5: 1992-02
DIN EN ISO 6892-2: 2011-05

Nationaler Anhang NA
(informativ)

Literaturhinweise

DIN EN ISO 377, *Stahl und Stahlerzeugnisse — Lage und Vorbereitung von Probenabschnitten und Proben für mechanische Prüfungen*

DIN EN ISO 2566-1, *Stahl — Umrechnung von Bruchdehnungswerten — Teil 1: Unlegierte und niedrig legierte Stähle*

DIN EN ISO 2566-2, *Stahl — Umrechnung von Bruchdehnungswerten — Teil 2: Austenitische Stähle*

DIN EN ISO 6892-1, *Metallische Werkstoffe — Zugversuch — Teil 1: Prüfverfahren bei Raumtemperatur*

DIN EN ISO 7500-1, *Metallische Werkstoffe — Kalibrierung und Überprüfung von statischen einachsigen Prüfmaschinen — Teil 1: Zug- und Druckprüfmaschinen — Kalibrierung und Überprüfung der Kraftmesseinrichtung*

DIN EN ISO 9513, *Metallische Werkstoffe — Kalibrierung von Längenänderungs-Messeinrichtungen für die Prüfung mit einachsiger Beanspruchung*

DIN EN ISO 80000-1, *Größen und Einheiten — Teil 1: Allgemeines*

— Leerseite —

EUROPÄISCHE NORM
EUROPEAN STANDARD
NORME EUROPÉENNE

EN ISO 6892-2

Mai 2018

ICS 77.040.10

Ersatz für EN ISO 6892-2:2011

Deutsche Fassung

Metallische Werkstoffe — Zugversuch — Teil 2: Prüfverfahren bei erhöhter Temperatur (ISO 6892-2:2018)

Metallic materials —
Tensile testing —
Part 2: Method of test at elevated temperature
(ISO 6892-2:2018)

Matériaux métalliques —
Essai de traction —
Partie 2: Méthode d'essai à température élevée
(ISO 6892-2:2018)

Diese Europäische Norm wurde vom CEN am 3. Mai 2018 angenommen.

Die CEN-Mitglieder sind gehalten, die CEN/CENELEC-Geschäftsordnung zu erfüllen, in der die Bedingungen festgelegt sind, unter denen dieser Europäischen Norm ohne jede Änderung der Status einer nationalen Norm zu geben ist. Auf dem letzten Stand befindliche Listen dieser nationalen Normen mit ihren bibliographischen Angaben sind beim CEN-CENELEC-Management-Zentrum oder bei jedem CEN-Mitglied auf Anfrage erhältlich.

Diese Europäische Norm besteht in drei offiziellen Fassungen (Deutsch, Englisch, Französisch). Eine Fassung in einer anderen Sprache, die von einem CEN-Mitglied in eigener Verantwortung durch Übersetzung in seine Landessprache gemacht und dem Management-Zentrum mitgeteilt worden ist, hat den gleichen Status wie die offiziellen Fassungen.

CEN-Mitglieder sind die nationalen Normungsinstitute von Belgien, Bulgarien, Dänemark, Deutschland, der ehemaligen jugoslawischen Republik Mazedonien, Estland, Finnland, Frankreich, Griechenland, Irland, Island, Italien, Kroatien, Lettland, Litauen, Luxemburg, Malta, den Niederlanden, Norwegen, Österreich, Polen, Portugal, Rumänien, Schweden, der Schweiz, Serbien, der Slowakei, Slowenien, Spanien, der Tschechischen Republik, der Türkei, Ungarn, dem Vereinigten Königreich und Zypern.

EUROPÄISCHES KOMITEE FÜR NORMUNG
EUROPEAN COMMITTEE FOR STANDARDIZATION
COMITÉ EUROPÉEN DE NORMALISATION

CEN-CENELEC Management-Zentrum: Rue de la Science 23, B-1040 Brüssel

Ref. Nr. EN ISO 6892-2:2018 D

Inhalt

Europäisches Vorwort

Dieses Dokument (EN ISO 6892-2:2018) wurde vom Technischen Komitee ISO/TC 164 „Mechanical testing of metals" in Zusammenarbeit mit dem Technischen Komitee ECISS/TC 101 „Prüfverfahren für Stahl (andere als chemische Analysen)" erarbeitet, dessen Sekretariat von AFNOR gehalten wird.

Diese Europäische Norm muss den Status einer nationalen Norm erhalten, entweder durch Veröffentlichung eines identischen Textes oder durch Anerkennung bis November 2018, und etwaige entgegenstehende nationale Normen müssen bis November 2018 zurückgezogen werden.

Es wird auf die Möglichkeit hingewiesen, dass einige Elemente dieses Dokuments Patentrechte berühren können. CEN ist nicht dafür verantwortlich, einige oder alle diesbezüglichen Patentrechte zu identifizieren.

Dieses Dokument ersetzt EN ISO 6892-2:2011.

Entsprechend der CEN-CENELEC-Geschäftsordnung sind die nationalen Normungsinstitute der folgenden Länder gehalten, diese Europäische Norm zu übernehmen: Belgien, Bulgarien, Dänemark, Deutschland, die ehemalige jugoslawische Republik Mazedonien, Estland, Finnland, Frankreich, Griechenland, Irland, Island, Italien, Kroatien, Lettland, Litauen, Luxemburg, Malta, Niederlande, Norwegen, Österreich, Polen, Portugal, Rumänien, Schweden, Schweiz, Serbien, Slowakei, Slowenien, Spanien, Tschechische Republik, Türkei, Ungarn, Vereinigtes Königreich und Zypern.

Anerkennungsnotiz

Der Text von ISO 6892-2:2018 wurde von CEN als EN ISO 6892-2:2018 ohne irgendeine Abänderung genehmigt.

Vorwort

ISO (die Internationale Organisation für Normung) ist eine weltweite Vereinigung nationaler Normungsorganisationen (ISO-Mitgliedsorganisationen). Die Erstellung von Internationalen Normen wird üblicherweise von Technischen Komitees von ISO durchgeführt. Jede Mitgliedsorganisation, die Interesse an einem Thema hat, für welches ein Technisches Komitee gegründet wurde, hat das Recht, in diesem Komitee vertreten zu sein. Internationale staatliche und nichtstaatliche Organisationen, die in engem Kontakt mit ISO stehen, nehmen ebenfalls an der Arbeit teil. ISO arbeitet bei allen elektrotechnischen Themen eng mit der Internationalen Elektrotechnischen Kommission (IEC) zusammen.

Die Verfahren, die bei der Entwicklung dieses Dokuments angewendet wurden und die für die weitere Pflege vorgesehen sind, werden in den ISO/IEC-Direktiven, Teil 1 beschrieben. Es sollten insbesondere die unterschiedlichen Annahmekriterien für die verschiedenen ISO-Dokumentenarten beachtet werden. Dieses Dokument wurde in Übereinstimmung mit den Gestaltungsregeln der ISO/IEC-Direktiven, Teil 2 erarbeitet (siehe www.iso.org/directives).

Es wird auf die Möglichkeit hingewiesen, dass einige Elemente dieses Dokuments Patentrechte berühren können. ISO ist nicht dafür verantwortlich, einige oder alle diesbezüglichen Patentrechte zu identifizieren. Details zu allen während der Entwicklung des Dokuments identifizierten Patentrechten finden sich in der Einleitung und/oder in der ISO-Liste der erhaltenen Patenterklärungen (siehe www.iso.org/patents).

Jeder in diesem Dokument verwendete Handelsname dient nur zur Unterrichtung der Anwender und bedeutet keine Anerkennung.

Eine Erläuterung zum freiwilligen Charakter von Normen, der Bedeutung ISO-spezifischer Begriffe und Ausdrücke in Bezug auf Konformitätsbewertungen sowie Informationen darüber, wie ISO die Grundsätze der Welthandelsorganisation (WTO) hinsichtlich technischer Handelshemmnisse (TBT) berücksichtigt, enthält der folgende Link: www.iso.org/iso/foreword.html.

Dieses Dokument wurde vom Technischen Komitee ISO/TC 164, *Mechanical testing of metals*, Unterkomitee SC 1, *Uniaxial testing* erarbeitet.

Diese zweite Ausgabe ersetzt die erste Ausgabe (ISO 6892-2:2011), die geringfügig geändert wurde.

Die wesentlichen Änderungen im Vergleich zur Vorgängerausgabe sind folgende:

— nach dem ersten Satz von 10.2.1 wurde eine Anmerkung hinzugefügt;

— einige Verweise auf Unterabschnitte von ISO 6892-1 wurden entfernt.

Eine Liste aller Teile der Normenreihe ISO 6892 ist auf der ISO-Internetseite abrufbar.

Einleitung

In diesem Dokument sind zwei Verfahren bezüglich der Prüfgeschwindigkeit beschrieben. Das erste, das Verfahren A, basiert auf Dehngeschwindigkeiten (einschließlich der Traversengeschwindigkeit) mit engen Toleranzen (±20 %), und das zweite, das Verfahren B, basiert auf konventionellen Dehngeschwindigkeitsbereichen und Toleranzen. Verfahren A ist zur Minimierung von Unterschieden bei den Prüfgeschwindigkeiten zum Zeitpunkt der Bestimmung dehngeschwindigkeitsabhängiger Kennwerte und zur Minimierung der Messunsicherheit der Prüfergebnisse geeignet.

Der Einfluss der Prüfgeschwindigkeit auf die mechanischen Eigenschaften, die mit Hilfe des Zugversuchs ermittelt werden, ist in der Regel bei erhöhten Temperaturen größer als bei Raumtemperatur.

In der Vergangenheit erfolgte die Bestimmung der mechanischen Eigenschaften im Warmzugversuch bei einer geringeren Dehn- oder Spannungsgeschwindigkeit als die Bestimmung der mechanischen Eigenschaften im Zugversuch bei Raumtemperatur. Dieses Dokument empfiehlt die Anwendung geringerer Dehngeschwindigkeiten, es werden jedoch für bestimmte Anwendungsfälle, wie z. B. für den Vergleich mit den Raumtemperatur-Zugversuchskennwerten bei gleicher Dehnungsgeschwindigkeit, zusätzlich höhere Dehngeschwindigkeiten zugelassen.

Während der Diskussion bezüglich der Prüfgeschwindigkeit bei der Vorbereitung dieses Dokuments wurde entschieden, die Entfernung der Methode der Spannungsgeschwindigkeit für zukünftige Versionen der Norm zu diskutieren.

WARNUNG — Dieses Dokument fordert die Verwendung von Substanzen und/oder Verfahren, die gesundheitsschädlich sein können, wenn keine geeigneten Sicherheitsvorkehrungen getroffen werden. Dieses Dokument enthält keine Ausführungen zu Gesundheitsgefährdungen, Sicherheits- oder Umweltaspekten, die mit seiner Anwendung zusammenhängen. Es liegt in der Verantwortung des Anwenders dieses Dokuments, geeignete Maßnahmen hinsichtlich Arbeits-, Gesundheits- und Umweltschutz einzuführen.

1 Anwendungsbereich

Dieses Dokument legt ein Verfahren für den Zugversuch an metallische Werkstoffen bei Temperaturen, die höher sind als Raumtemperatur, fest.

2 Normative Verweisungen

Die folgenden Dokumente werden im Text in solcher Weise in Bezug genommen, dass einige Teile davon oder ihr gesamter Inhalt Anforderungen des vorliegenden Dokuments darstellen. Bei datierten Verweisungen gilt nur die in Bezug genommene Ausgabe. Bei undatierten Verweisungen gilt die letzte Ausgabe des in Bezug genommenen Dokuments (einschließlich aller Änderungen).

ISO 6892-1, *Metallic materials — Tensile testing — Part 1: Method of test at room temperature*

ISO 7500-1, *Metallic materials — Calibration and verification of static uniaxial testing machines — Part 1: Tension/compression testing machines — Calibration and verification of the force-measuring system*

ISO 9513, *Metallic materials — Calibration of extensometer systems used in uniaxial testing*

3 Begriffe

Für die Anwendung dieses Dokuments gelten die Begriffe nach ISO 6892-1 mit folgenden Ausnahmen und Ergänzungen.

ISO und IEC stellen terminologische Datenbanken für die Verwendung in der Normung unter den folgenden Adressen bereit:

— IEC Electropedia: unter http://www.electropedia.org

— ISO Online Browsing Platform: unter https://www.iso.org/obp

Im Allgemeinen basieren alle Angaben zu Probengeometrie und Maßen auf bei Raumtemperatur durchgeführten Messungen. Die Ausnahme hiervon kann die Extensometer-Messlänge sein (siehe 3.3 und 10.2.2).

ANMERKUNG Die folgenden Eigenschaften werden im Allgemeinen nicht bei erhöhten Temperaturen ermittelt, es sei denn, sie werden in entsprechenden Spezifikationen oder Vereinbarungen gefordert:

— Grenzwert der Spannung für eine vorgegebene bleibende Dehnung (R_r);

— bleibende Dehnung;

— bleibende Extensometer-Dehnung;

— Streckgrenzen-Extensometer-Dehnung (A_e);

— gesamte Extensometer-Dehnung bei Höchstkraft (A_{gt});

— plastische Extensometer-Dehnung bei Höchstkraft (A_g);

— gesamte Extensometer-Dehnung beim Bruch (A_t).

3.1
Anfangsmesslänge
L_o
Messlänge, die vor dem Erwärmen der Probe und vor der Krafteinleitung bei Raumtemperatur gemessen wird

3.2
Bruchdehnung
A
bleibende Verlängerung der Messlänge nach dem Bruch ($L_u - L_o$) bei Raumtemperatur

Anmerkung 1 zum Begriff: Sie wird angegeben in Prozent, bezogen auf die *Anfangsmesslänge* (L_o) (3.1).

Anmerkung 2 zum Begriff: Für weitere Details siehe ISO 6892-1.

3.3
Extensometer-Messlänge
L_e
Länge innerhalb des parallelen Teils der Probe, der zur Messung der *Verlängerung* (3.4) mit Hilfe einer Längenänderungsmesseinrichtung (Extensometer) verwendet wird

3.4
Verlängerung (der Extensometer-Messlänge)
Zunahme der *Extensometer-Messlänge* (L_e) (3.3) zu einem beliebigen Zeitpunkt des Versuchs

3.5
Extensometer-Dehnung
in Prozent angegebene *Verlängerung* (3.4) der *Extensometer-Messlänge* (L_e) (3.3)

3.6
Brucheinschnürung
Z
größte, während des Versuchs aufgetretene Änderung des Querschnitts ($S_o - S_u$)

Anmerkung 1 zum Begriff: Sie wird angegeben in Prozent, bezogen auf den Anfangsquerschnitt (S_o), wobei S_o und S_u aus den Maßen bei Raumtemperatur zu berechnen sind.

3.7
Spannung
R
Kraft zu einem beliebigen Zeitpunkt während des Versuchs, dividiert durch den Anfangsquerschnitt (S_o) der Probe

Anmerkung 1 zum Begriff: Mit dem Begriff Spannung ist in diesem Dokument die Ingenieur-Spannung (technische Spannung) gemeint. Sie wird unter Verwendung des Anfangsquerschnittes der Probe, der aus den Maßen bei Raumtemperatur ermittelt wird, berechnet.

3.8
Durchwärmzeit
t_s
Zeit vor der mechanischen Belastung, die benötigt wird, um die Prüftemperatur zu stabilisieren

4 Symbole und Bezeichnungen

ISO 6892-1 enthält eine ausführliche Liste von Symbolen und deren entsprechender Bezeichnung.

Formelzeichen, die in diesem Dokument zusätzlich verwendet werden, sind in Tabelle 1 aufgeführt.

Tabelle 1 — Symbole und Bezeichnungen

Symbol	Einheit	Bezeichnung
T	°C	Festgelegte Temperatur oder Nominaltemperatur, bei der der Versuch durchgeführt werden sollte
T_i	°C	Angezeigte oder gemessene Temperatur an der Oberfläche der parallelen Länge der Probe
t_s	min	Durchwärmzeit

5 Kurzbeschreibung

Der Versuch besteht darin, eine Probe durch eine Zugbeanspruchung zu dehnen, um eine oder mehrere der in Abschnitt 3 definierten mechanischen Eigenschaften zu bestimmen.

Der Versuch wird bei einer Temperatur größer als 35 °C durchgeführt, dies bedeutet, bei Temperaturen höher als Raumtemperatur, wie in ISO 6892-1 festgelegt.

6 Proben

Für Anforderungen an die Probe siehe ISO 6892-1.

ANMERKUNG Anhang A enthält weitere Beispiele für Proben.

7 Bestimmung des Anfangsquerschnitts (S_0)

Für Anforderungen bezüglich der Bestimmung des Anfangsquerschnitts siehe ISO 6892-1.

ANMERKUNG Diese Größe wird anhand von bei Raumtemperatur durchgeführten Messungen berechnet.

8 Kennzeichnung der Anfangsmesslänge (L_0)

Für Anforderungen bezüglich der Kennzeichnung der Anfangsmesslänge siehe ISO 6892-1.

9 Prüfeinrichtung

9.1 Kraftmesseinrichtung.

Die Kraftmesseinrichtung der Zugprüfmaschine muss nach ISO 7500-1 kalibriert sein und mindestens die Bedingungen der Klasse 1 erfüllen.

9.2 Extensometer.

Zur Bestimmung der Dehngrenzen (plastische oder gesamte Extensometer-Dehnung) muss die Längenänderungs-Messeinrichtung im relevanten Bereich der Prüfung mindestens der Klasse 1 nach ISO 9513 entsprechen; für die Bestimmung anderer Kennwerte (mit größeren Extensometer-Dehnungen) darf im relevanten Bereich eine Längenänderungs-Messeinrichtung der Klasse 2 nach ISO 9513 benutzt werden.

Die Extensometer-Messlänge darf nicht geringer als 10 mm sein und muss mittig zur parallelen Länge liegen.

Alle Teile des Extensometers außerhalb der Temperiereinrichtung (Ofen, Temperierkammer usw.) müssen so ausgelegt oder vor Zugluft geschützt werden, dass Schwankungen der Raumtemperatur nur minimale Auswirkungen auf die Messwerte haben. Es ist ratsam, die Temperatur und die Luftgeschwindigkeit in der Umgebung der Prüfeinrichtung stabil zu halten, soweit dies mit vertretbarem Aufwand möglich ist.

9.3 Heizeinrichtung.

9.3.1 Zulässige Temperaturabweichungen

Die zur Erwärmung der Probe verwendete Temperiereinrichtung muss so beschaffen sein, dass die Probe auf die festgelegte Temperatur T erwärmt werden kann.

Die angezeigten Temperaturen T_i sind die an der Oberfläche der parallelen Länge der Probe gemessenen Temperaturen nach Anwendung der entsprechenden Korrekturen für die bekannten systematischen Fehler, aber ohne Berücksichtigung der Messunsicherheit der Temperaturmesseinrichtung.

Die zulässigen Abweichungen zwischen der festgelegten Temperatur T und den angezeigten Temperaturen T_i sowie die maximal zulässigen Temperaturdifferenzen über die Länge der Probe sind in Tabelle 2 angegeben.

Für Temperaturen über 1 100 °C sind die zulässigen Abweichungen zwischen den beteiligten Parteien zu vereinbaren.

Tabelle 2 — Zulässige Abweichungen zwischen T_i und T und maximal zulässige Temperaturdifferenzen über die Länge der Probe

Festgelegte Temperatur, T °C	Zulässige Abweichung zwischen T_i und T °C	Maximal zulässige Temperaturdifferenzen über die Länge der Probe °C
$T \leq 600$	±3	3
$600 < T \leq 800$	±4	4
$800 < T \leq 1\,000$	±5	5
$1\,000 < T \leq 1\,100$	±6	6

9.3.2 Temperaturmessung

Bei Messlängen unter 50 mm ist die Temperatur an den Enden der parallelen Länge mit Hilfe je eines Temperaturfühlers direkt zu messen. Bei Messlängen größer oder gleich 50 mm ist mit Hilfe eines dritten Temperaturfühlers zusätzlich die Temperatur mittig zur parallelen Länge zu messen.

Diese Anzahl darf verringert werden, sofern die Gesamtanordnung von Temperiereinrichtung und Probe so gestaltet ist, dass erfahrungsgemäß die Temperaturdifferenzen über die Länge der Probe die in 9.3.1 festgelegten zulässigen Abweichungen nicht überschreiten. Die Temperatur der Probe ist in jedem Fall mit mindestens einem Temperaturfühler direkt zu messen.

Die Temperaturfühler müssen guten thermischen Kontakt mit der Oberfläche der Probe haben und in geeigneter Weise gegen direkte Bestrahlung von der Wand der Temperiereinrichtung geschützt sein.

9.3.3 Überprüfung des Temperaturmesssystems

Das Temperaturmesssystem muss eine Auflösung von gleich oder besser als 1 °C und eine Fehlergrenze von $\pm 0{,}004\ T$ °C oder ± 2 °C haben, wobei der größere Wert gilt.

ANMERKUNG Zum Temperaturmesssystem gehören sämtliche Bestandteile der Messkette (Messfühler, Kabel, Anzeigegerät und Vergleichsstelle).

Alle Bestandteile des Temperaturmesssystems sind im Abstand von höchstens einem Jahr über den gesamten Arbeitsbereich zu überprüfen und zu kalibrieren. Fehler sind im Prüfprotokoll festzuhalten. Die Komponenten des Temperaturmesssystems sind nach einem auf die Internationale Einheit (SI-Einheit) der Temperatur rückführbaren Verfahren zu überprüfen.

10 Prüfbedingungen

10.1 Einstellung des Kraftnullpunktes

Nach der Komplettierung des Kraftstranges, aber vor der Einspannung der Probe an beiden Enden ist das Kraftmesssystem auf null zu stellen. Nachdem die Kraft auf null gestellt wurde, darf das Kraftmesssystem bis zum Ende des Versuchs in keiner Weise mehr verändert werden.

ANMERKUNG Durch Anwendung dieses Verfahrens wird sichergestellt, dass die Masse des Einspannsystems in der Kraftmessung kompensiert ist und eine durch das Einspannen der Probe bedingte Kraft den Kraftnullpunkt nicht beeinflusst.

10.2 Einspannen der Probe, Befestigung des Extensometers und Erwärmen der Probe, nicht notwendigerweise in der nachstehenden Reihenfolge

10.2.1 Einspannverfahren

Für Anforderungen an das Einspannverfahren siehe ISO 6892-1.

ANMERKUNG Die Aufbringung und Aufrechterhaltung einer sehr kleinen Zugbelastung (z. B. Prüfeinrichtung in Kraftsteuerung) während der Aufheizphase und der Durchwärmzeit kann mögliche Druckspannungen aufgrund von Wärmeausdehnung verhindern.

10.2.2 Ansetzen des Extensometers und Festlegung der Messlänge

10.2.2.1 Allgemeines

In der Praxis werden unterschiedliche Verfahren zur Festlegung der Gerätemesslänge verwendet. Dies kann zu geringen Differenzen in den Prüfergebnissen führen. Das gewählte Verfahren ist im Prüfbericht anzugeben.

10.2.2.2 L_e basierend auf der Raumtemperatur (Verfahren 1)

Das Extensometer wird bei Raumtemperatur mit der nominalen Messlänge an die Probe angesetzt. Die Dehnung wird bei Prüftemperatur gemessen, und die Extensometer-Dehnung wird auf Basis der nominalen Messlänge bei Raumtemperatur berechnet.

Die Wärmeausdehnung wird dabei außer Acht gelassen.

10.2.2.3 L_e basierend auf der Prüftemperatur (Verfahren 2)

Dieser Wert berücksichtigt die Wärmeausdehnung der Probe.

10.2.2.3.1 Nominale L_e bei Prüftemperatur (Verfahren 2a)

Das Extensometer wird vor Beginn der mechanischen Belastung bei Prüftemperatur mit der nominalen Messlänge an die Probe angesetzt.

10.2.2.3.2 Verkürzte L_e bei Raumtemperatur (Verfahren 2b)

Ein Extensometer mit verkürzter Messlänge wird bei Raumtemperatur so an die Probe angesetzt, dass bei der Prüftemperatur die nominale Messlänge erreicht wird.

Für die Berechnung der Extensometer-Dehnung wird die nominale Messlänge verwendet.

10.2.2.3.3 Korrigierte L_e bei Prüftemperatur (Verfahren 2c)

Das Extensometer wird bei Raumtemperatur an die Probe mit der nominalen Messlänge angesetzt.

Für die Berechnung der Extensometer-Dehnung wird die korrigierte nominale Messlänge bei Prüftemperatur (Messlänge bei Raumtemperatur plus thermische Ausdehnung) verwendet.

10.2.3 Erwärmung der Probe

Die Probe ist auf die Nominaltemperatur T zu erwärmen und vor der Belastung für eine Dauer von mindestens 10 min (Durchwärmzeit) auf dieser Temperatur zu halten. Mit der Belastung darf erst begonnen werden, wenn sich die Anzeigen des Extensometers stabilisiert haben.

Häufig können längere Zeiten erforderlich sein, um den gesamten Querschnitt des Probenmaterials auf die Nominaltemperatur zu bringen.

Während der Erwärmung darf die Temperatur der Probe die Nominaltemperatur einschließlich der zulässigen Abweichung nicht überschreiten, es sei denn, dies wurde von den beteiligten Parteien gesondert vereinbart.

10.3 Prüfgeschwindigkeit basierend auf Dehngeschwindigkeitsregelung (Verfahren A)

10.3.1 Allgemeines

Dieses Verfahren wird zur Minimierung von Unterschieden bei den Prüfgeschwindigkeiten zum Zeitpunkt der Bestimmung dehngeschwindigkeitsabhängiger Kennwerte und zur Minimierung der Messunsicherheit der Prüfergebnisse empfohlen.

Für weitere Anforderungen bezüglich der Prüfgeschwindigkeit basierend auf der Dehngeschwindigkeit (Verfahren A) siehe ISO 6892-1.

Im Warmzugversuch werden üblicherweise nicht alle Eigenschaften des Zugversuchs bei Raumtemperatur bestimmt. Daher dürfen nur die geeigneten Prüfgeschwindigkeiten bzw. –regelungsarten für die Ermittlung der zu bestimmenden Eigenschaften verwendet werden (siehe Bild 1).

10.3.2 Dehngeschwindigkeit zur Bestimmung der oberen Streckgrenze (R_{eH}) oder der Dehngrenzen (R_p und, falls erforderlich, R_t)

Für zusätzliche Anforderungen bezüglich der Dehngeschwindigkeit zur Bestimmung der oberen Streckgrenze (R_{eH}) oder der Dehngrenzen (R_p und, falls erforderlich, R_t) siehe ISO 6892-1, jedoch ist der folgende festgelegte Bereich einzuhalten:

— Bereich 1: $\dot{e}_{L_e} = 0{,}000\,07\ \text{s}^{-1}$ (entspricht $0{,}004\,2\ \text{min}^{-1}$) mit einer relativen Toleranz von $\pm 20\ \%$ (empfohlen, wenn nicht anders festgelegt);

— Bereich 2: $\dot{e}_{L_e} = 0{,}000\,25\ \text{s}^{-1}$ (entspricht $0{,}015\ \text{min}^{-1}$) mit einer relativen Toleranz von $\pm 20\ \%$.

Siehe auch Bild 1.

10.3.3 Dehngeschwindigkeit zur Bestimmung der unteren Streckgrenze (R_{eL}) und der Streckgrenzen-Extensometer-Dehnung (A_e), falls erforderlich

Für zusätzliche Anforderungen bezüglich der Dehngeschwindigkeit zur Bestimmung der unteren Streckgrenze (R_{eL}) und der Streckgrenzen-Extensometer-Dehnung (A_e), falls erforderlich, siehe ISO 6892-1, jedoch ist der folgende festgelegte Bereich einzuhalten:

— Bereich 1: $\dot{e}_{L_c} = 0{,}000\,07\ \text{s}^{-1}$ (entspricht $0{,}004\,2\ \text{min}^{-1}$) mit einer relativen Toleranz von $\pm 20\ \%$ (empfohlen, wenn nicht anders festgelegt);

— Bereich 2: $\dot{e}_{L_c} = 0{,}000\,25\ \text{s}^{-1}$ (entspricht $0{,}015\ \text{min}^{-1}$) mit einer relativen Toleranz von $\pm 20\ \%$.

Siehe auch Bild 1.

Empfohlen: Regelung der Traversengeschwindigkeit.

10.3.4 Dehngeschwindigkeit zur Bestimmung der Zugfestigkeit (R_m), der Bruchdehnung (A), der Brucheinschnürung (Z) sowie, falls erforderlich, der gesamten Extensometer-Dehnung bei Höchstkraft (A_{gt})und der plastischen Extensometer-Dehnung bei Höchstkraft (A_g)

Für zusätzliche Anforderungen bezüglich der Dehngeschwindigkeit zur Bestimmung der Zugfestigkeit (R_m), der Bruchdehnung (A), der Brucheinschnürung (Z) sowie, falls erforderlich, der gesamten Extensometer-Dehnung bei Höchstkraft (A_{gt}) und der plastischen Extensometer-Dehnung bei Höchstkraft (A_g) siehe ISO 6892-1, jedoch ist der folgende festgelegte Bereich einzuhalten:

— Bereich 1: $\dot{e}_{L_c} = 0{,}000\,07\ \text{s}^{-1}$ (entspricht $0{,}004\,2\ \text{min}^{-1}$) mit einer relativen Toleranz von $\pm 20\ \%$;

— Bereich 2: $\dot{e}_{L_c} = 0{,}000\,25\ \text{s}^{-1}$ (entspricht $0{,}015\ \text{min}^{-1}$) mit einer relativen Toleranz von $\pm 20\ \%$;

— Bereich 3: $\dot{e}_{L_c} = 0{,}001\,4\ \text{s}^{-1}$ (entspricht $0{,}084\ \text{min}^{-1}$) mit einer relativen Toleranz von $\pm 20\ \%$ (empfohlen, wenn nicht anders festgelegt);

— Bereich 4: $\dot{e}_{L_c} = 0{,}006\,7\ \text{s}^{-1}$ (entspricht $0{,}4\ \text{min}^{-1}$) mit einer relativen Toleranz von $\pm 20\ \%$.

Siehe auch Bild 1.

Empfohlen: Regelung der Traversengeschwindigkeit.

Wenn nur die Zugfestigkeit bestimmt werden soll, darf während des gesamten Versuchs die abgeschätzte Dehngeschwindigkeit über die parallele Länge der Probe entsprechend Bereich 3 angewendet werden.

10.4 Prüfverfahren mit erweiterten Dehngeschwindigkeitsbereichen (Verfahren B)

10.4.1 Allgemeines

Dieses Verfahren beruht auf den konventionellen Dehngeschwindigkeitsbereichen.

Es sollte berücksichtigt werden, dass Metalle bei höheren Temperaturen eine größere Dehngeschwindigkeitsempfindlichkeit aufweisen als bei Raumtemperatur. Die Prüfgeschwindigkeit, auch in den spezifischen Bereichen, kann die zu bestimmenden Kennwerte beeinflussen.

10.4.2 Geschwindigkeit zur Bestimmung der Streckgrenze oder der Dehngrenze

Dieser Abschnitt befasst sich mit der Geschwindigkeit zur Bestimmung der oberen und unteren Streckgrenze und der Dehngrenze bei nichtproportionaler Dehnung.

Die Dehngeschwindigkeit innerhalb der parallelen Länge muss vom Versuchsbeginn bis zur Streckgrenze zwischen 0,000 016 7 s^{-1} und 0,000 083 3 s^{-1} (0,001 min^{-1} und 0,005 min^{-1}) liegen.

Ist das betreffende Prüfsystem nicht in der Lage, die Dehngeschwindigkeit anzuzeigen, so muss die Spannungsgeschwindigkeit so eingestellt werden, dass über den gesamten elastischen Bereich eine Dehngeschwindigkeit kleiner als 0,000 05 s^{-1} (0,003 min^{-1}) aufrechterhalten wird. In keinem Falle darf die Spannungsgeschwindigkeit im elastischen Bereich 5 MPa s^{-1} (300 MPa min^{-1}) überschreiten.

10.4.3 Geschwindigkeit zur Bestimmung der Zugfestigkeit

Falls nur die Zugfestigkeit zu bestimmen ist, muss die Dehngeschwindigkeit zwischen 0,000 33 s^{-1} und 0,003 3 s^{-1} (0,02 min^{-1} und 0,20 min^{-1}) liegen.

Falls im selben Versuch auch eine Streckgrenze zu bestimmen ist, muss die Änderung der Prüfgeschwindigkeit von dem nach 10.4.2 geforderten auf den oben festgelegten Wert gleichmäßig und ohne Überschwingen erfolgen (siehe ISO 6892-1).

10.5 Auswahl des Verfahrens und der Prüfgeschwindigkeiten

Wenn nicht anders festgelegt, unterliegt die Wahl des Verfahrens (A oder B) und der Prüfgeschwindigkeiten dem Hersteller oder dem von ihm beauftragten Prüflabor, vorausgesetzt, die Festlegungen dieses Dokuments werden eingehalten.

10.6 Dokumentation der gewählten Prüfbedingungen

Zur Dokumentation der Art der Prüfgeschwindigkeitsregelung und der Prüfgeschwindigkeit in einer verkürzten Form kann folgendes System von Abkürzungen verwendet werden:

ISO 6892-2 Annn oder ISO 6892-2 Bn

Dabei symbolisiert „A“ die Anwendung des Verfahrens A (Dehngeschwindigkeitsregelung) und „B“ die Anwendung des Verfahrens B (erweiterte Dehngeschwindigkeitsbereiche). Die Buchstaben „nnn“ stellen eine Reihe von bis zu drei Zeichen dar, die sich auf die Geschwindigkeiten während jeder Phase des Versuchs beziehen, wie in Bild 1 dargestellt, und „n“ darf hinzugefügt werden, um die gewählte Dehngeschwindigkeit (in s^{-1}) anzuzeigen.

BEISPIEL 1 ISO 6892-2 A113 beschreibt einen dehngeschwindigkeitsgeregelten Versuch mit Verwendung der Bereiche 1, 1 und 3.

BEISPIEL 2 ISO 6892-2 B beschreibt einen auf erweiterten Dehngeschwindigkeiten bzw. Spannungsgeschwindigkeiten basierenden Versuch nach 10.4.2.

11 Bestimmung oder Berechnung der Eigenschaften

Die Bestimmung oder Berechnung der Eigenschaften erfolgt in Übereinstimmung mit ISO 6892-1.

12 Prüfbericht

Der Prüfbericht muss, wenn zwischen den beteiligten Partnern nicht anders vereinbart, mindestens die folgenden Angaben enthalten:

a) eine Verweisung auf dieses Dokument, erweitert um die in 10.6 festgelegten Angaben zu den Prüfbedingungen, z. B. ISO 6892-2 A113;

b) die Kennzeichnung der Probe;

c) den Werkstoff, falls bekannt;

d) die Art der Probe;

e) die Probenlage und -richtung, wenn bekannt;

f) die Regelungsart des Versuchs und Prüfgeschwindigkeit oder Prüfgeschwindigkeitsbereiche (siehe 10.6), wenn abweichend von den empfohlenen Regelungsarten und von den in 10.3 und 10.4 angegebenen Werten;

g) die Durchwärmzeit;

h) die Prüftemperatur;

i) das Verfahren zur Festlegung der Extensometer-Messlänge (L_e);

j) die Prüfergebnisse.

Falls in Produktnormen nicht anders festgelegt, sollten die Prüfergebnisse zur Angabe mit mindestens der folgenden Präzision (nach ISO 80000-1) gerundet werden:

— Festigkeitswerte, in MPa, auf die nächste ganze Zahl;

— Werte für die Streckgrenzen-Extensometer-Dehnung, A_e, auf 0,1 %;

— alle anderen Dehnungswerte auf 0,5 %;

— Brucheinschnürung, Z, auf 1 %.

13 Messunsicherheit

Für Anforderungen bezüglich der Messunsicherheit siehe ISO 6892-1 und Anhang B.

14 Bilder

Die Bilder 1 bis 8 und 10 bis 15 von ISO 6892-1:2016 behalten ihre Gültigkeit, Bild 9 von ISO 6892-1:2016 wird jedoch durch Bild 1 ersetzt.

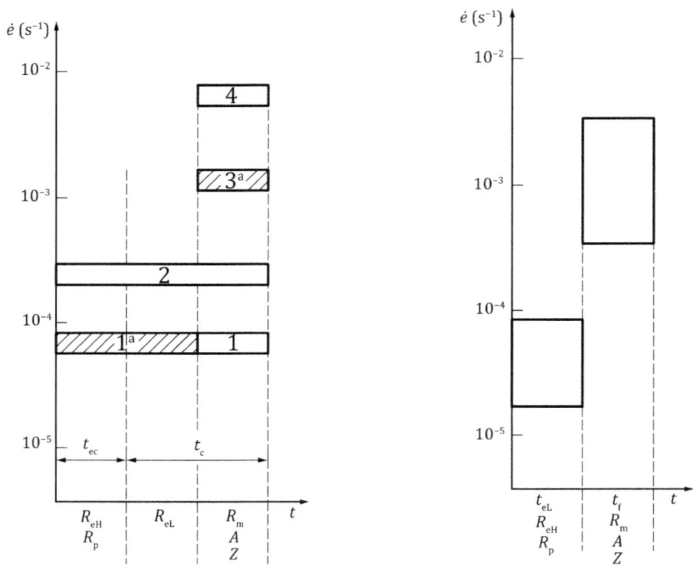

a) Verfahren A　　　b) Verfahren B

Legende

$\dot{e}$	Dehngeschwindigkeit
t	Zeit während des Zugversuchs
t_c	Zeitintervall zur Anwendung der Regelung der Traversengeschwindigkeit
t_{ec}	Zeitintervall zur Anwendung der Regelung der Dehngeschwindigkeit über das Extensometersignal oder der Regelung der Traversengeschwindigkeit
t_{el}	Zeitintervall (elastischer Bereich) zur Bestimmung der aufgeführten Kennwerte (für Benennungen siehe ISO 6892-1)
t_f	Zeitintervall (üblicherweise bis zum Bruch) zur Bestimmung der aufgeführten Kennwerte (für Benennungen siehe ISO 6892-1)
1	Bereich 1: $\dot{e} = 0{,}000\ 07\ s^{-1}$ (0,004 2 min^{-1}) mit einer relativen Toleranz von ± 20 %
2	Bereich 2: $\dot{e} = 0{,}000\ 25\ s^{-1}$ (0,015 min^{-1}) mit einer relativen Toleranz von ± 20 %
3	Bereich 3: $\dot{e} = 0{,}001\ 4\ s^{-1}$ (0,084 min^{-1}) mit einer relativen Toleranz von ± 20 %
4	Bereich 4: $\dot{e} = 0{,}006\ 7\ s^{-1}$ (0,4 min^{-1}) mit einer relativen Toleranz von ± 20 %

[a] Empfohlen.

Bild 1 — Darstellung der im Zugversuch anzuwendenden Dehngeschwindigkeiten, wenn R_{eH}, R_{eL}, R_p, R_m, A und Z zu bestimmen sind

15 Anhänge

Die folgenden Anhänge von ISO 6892-1:2016 behalten ihre Gültigkeit:

— Anhang A: Empfehlungen für die Anwendung rechnergestützter Zugprüfmaschinen;

— Anhang B: Probenarten für Flacherzeugnisse mit einer Dicke zwischen 0,1 mm und 3 mm: Bleche, Bänder und flache Walzprodukte;

— Anhang C: Probenarten für Draht, Stäbe und Profile mit einem Durchmesser oder einer Dicke unter 4 mm;

— Anhang D: Probenarten für Flacherzeugnisse mit einer Dicke gleich oder größer als 3 mm und Draht, Stäbe und Profile mit einem Durchmesser oder einer Dicke gleich oder größer als 4 mm;

ANMERKUNG Ausnahme: ohne Tabelle D.2.

— Anhang E: Probenarten bei Rohren;

— Anhang F: Abschätzung der Traversengeschwindigkeit unter Berücksichtigung der Steifigkeit (bzw. Nachgiebigkeit) des Prüfaufbaus.

Anhang A enthält zusätzliche Angaben zur Probengeometrie und zu den möglichen Verfahren der Einspannung der Proben.

Anhang A
(informativ)

Ergänzungen zu ISO 6892-1:2016, Anhänge B und D

A.1 Allgemeines

Es können grundsätzlich alle Probengeometrien verwendet werden, die den in den Anhängen B bis E von ISO 6892-1:2016 angegebenen Spezifikationen entsprechen. Im Folgenden werden einige Beispiele mit näheren Angaben zu den Probengeometrien gegeben.

A.2 Proben für Flacherzeugnisse: Bleche, Bänder und flache Walzprodukte mit einer Dicke zwischen 0,1 mm und 3 mm

In der Praxis stehen unterschiedliche Einspannsysteme zur Verfügung, z. B. Keilspannzeuge, Parallelspannzeuge, Schulterhalterungen usw. Bei höheren Temperaturen ($T > 250$ °C) kann das kraftschlüssige Einspannen (mit Keil- oder Parallelspannzeugen) große Probleme verursachen. Daher werden die Proben häufig mit Hilfe eines Bolzens oder an den Schultern (formschlüssig) eingespannt, wie in Bild A.1 (siehe Tabelle A.1) gezeigt.

Falls die Probe an den Schultern (formschlüssig) eingespannt wird, ist keine Bohrung erforderlich. Die Toleranz des Radius sollte $\pm 0,1$ mm sein.

ANMERKUNG Es ist die übliche Vorgehensweise, den Werkstoff rund um die Bohrungen zu verstärken, um das Ausreißen oder örtliche Verformung zu vermeiden.

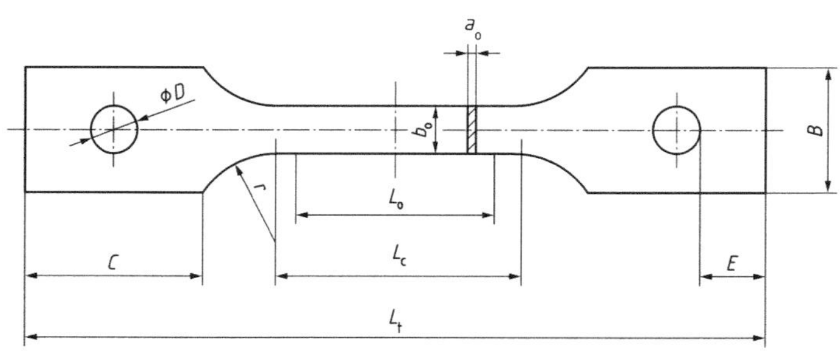

Legende

a_0 Anfangsdicke

b_0 Anfangsbreite der parallelen Länge

r Übergangsradius

B Kopfbreite

C Kopfhöhe

L_0 Anfangsmesslänge ($L_0 = 50$ mm)

L_c parallele Länge ($L_c \geq L_0 + b_0$)

L_t Gesamtlänge der Probe

D Durchmesser der Bohrung

E Abstand vom Ende der Probe zur Bohrung

Bild A.1 — Probenbeispiel für Bleche, Bänder und flache Walzprodukte mit einer Dicke zwischen 0,1 mm und 3 mm

Tabelle A.1 — Probenbeispiel für Bleche, Bänder und flache Walzprodukte mit einer Dicke zwischen 0,1 mm und 3 mm

Maße in Millimeter

a_0		b_0	L_0	r	B	C	D	E	L_c	L_t
≥	≤								min.	min.[a]
0,1	3,0	12,5	50	25	35	50	15	17	62,5	205

[a] Der Mindestwert ist nur dann ausreichend, wenn die parallele Länge L_c der Mindestwert ist.

A.2.1 Proben für Bleche und flache Walzprodukte mit einer Dicke größer oder gleich 3 mm

In der Praxis stehen unterschiedliche Einspannsysteme zur Verfügung, z. B. Keilspannzeuge, Parallelspannzeuge, Schulterhalterungen usw. Bei höheren Temperaturen ($T > 250$ °C) kann das kraftschlüssige Einspannen (mit Keil- oder Parallelspannzeugen) große Probleme verursachen. Daher werden die Proben häufig mit Hilfe eines Bolzens oder an den Schultern (formschlüssig) eingespannt, wie in Bild A.2 (siehe Tabelle A.2) gezeigt.

Falls die Probe an den Schultern (formschlüssig) eingespannt wird, ist keine Bohrung erforderlich. Die Toleranz des Radius sollte ±0,1 mm sein.

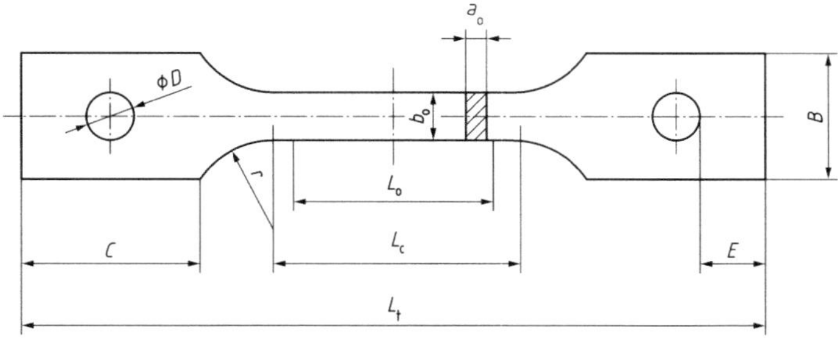

Legende

a_0 Anfangsdicke
b_0 Anfangsbreite der parallelen Länge
r Übergangsradius
B Kopfbreite
C Kopfhöhe
L_0 Anfangsmesslänge ($L_0 = 5{,}65\sqrt{S_0}$)
L_c parallele Länge ($L_c \geq L_0 + 1{,}5\sqrt{S_0}$)
L_t Gesamtlänge der Probe
D Durchmesser der Bohrung
E Abstand vom Ende der Probe zur Bohrung

Bild A.2 — Probenbeispiel für Bleche und flache Walzprodukte mit einer Dicke größer oder gleich 3 mm

Tabelle A.2 — Probenbeispiel für Bleche und flache Walzprodukte mit einer Dicke größer oder gleich 3 mm

Maße in Millimeter

a_0		b_0	L_0	r	B	C	D	E	L_c	L_t
≥	≤								min.	min.[a]
3	3,5	12,5	35	25	35	50	15	17	48	190
3,5	4,5		40						54	196
4,5	5,7		45						61	203
5,7	6,9		50						67	209
6,9	8,3		55						73	215

[a] Der Mindestwert ist nur dann ausreichend, wenn die parallele Länge L_c der Mindestwert ist.

A.3 Proben für Drähte, Stäbe und Profile mit einem Durchmesser oder einer Dicke größer oder gleich 4 mm

Bei diesen Erzeugnissen werden häufig Gewindeköpfe verwendet (siehe Bild A.3 und Tabelle A.3).

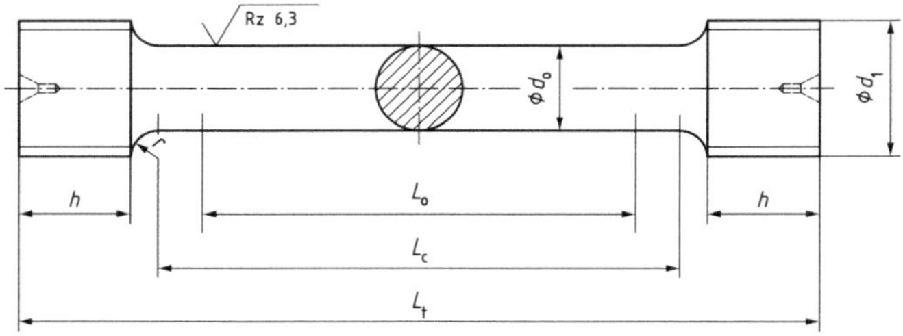

Legende

d_0 Anfangsdurchmesser in der parallelen Länge
d_1 metrisches ISO-Gewinde
r Übergangsradius
h Kopfhöhe
L_0 Anfangsmesslänge ($L_0 = 5d_0$)
L_c parallele Länge ($L_c \geq L_0 + d_0$)
L_t Gesamtlänge der Probe

Bild A.3 — Beispiel einer zylindrischen Probe mit Gewindeköpfen

Tabelle A.3 — Beispiele für zylindrische Proben mit Gewindeköpfen

Maße in Millimeter

d_o	L_o	d_1	r min.	h min.	L_c min.	L_t min.[a]
4	20	M6	3	6	24	41
5	25	M8	4	7	30	51
6	30	M10	5	8	36	60
8	40	M12	6	10	48	77
10	50	M16	8	12	60	97
12	60	M18	9	15	72	116
14	70	M20	11	17	84	134
16	80	M24	12	20	96	154
18	90	M27	14	22	108	173
20	100	M30	15	24	120	191
25	125	M33	20	30	150	234

[a] Der Mindestwert ist nur dann ausreichend, wenn der Übergangsradius r, die Kopfhöhe h und die parallele Länge L_c die Mindestwerte sind.

In Abhängigkeit von der verwendeten Temperiereinrichtung kann es bei großen Proben zu ungültigen Temperaturdifferenzen kommen. In solchen Fällen sollte eine kleinere Probengeometrie gewählt werden.

A.4 Beispiel für Proben mit Bunden/Ringschneiden

Siehe Bild A.4 und Tabelle A.4.

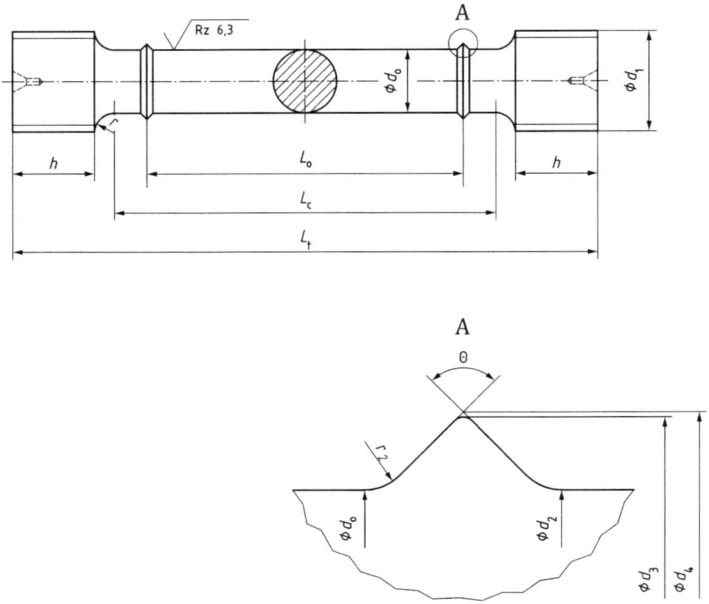

ANMERKUNG Für die verschiedenen Maße bzw. Winkel von Einzelheit A gelten folgende Sollwerte:

— $d_2 = d_o + 0{,}2$;

— $d_3 = d_o + 1{,}8$;

— $d_4 = d_o + 2{,}0$;

— $r_2 = 0{,}5$;

— $\Theta = 90°$.

Bild A.4 — Beispiel einer zylindrischen Probe mit Gewindeköpfen und Bunden/Ringschneiden

Tabelle A.4 — Beispiele zylindrischer Proben mit Gewindeköpfen und Bunden/Ringschneiden

Maße in Millimeter

d_o	L_o	d_1[a]	r min.[b]	h min.	L_c	L_t min.[c]
6	30	M10	4,5	8	5,5 d_o bis 7,5 d_o	57
8	40	M12	6	10	5,5 d_o bis 7,5 d_o	73
10	50	M16	7,5	12	5,5 d_o bis 7,5 d_o	91
12	60	M18	9	15	5,5 d_o bis 7,5 d_o	110

[a] Mindestwert des metrischen ISO-Gewindes.

[b] Mindestwert nach ISO 6892-1.

[c] Der Mindestwert ist nur dann ausreichend, wenn der Übergangsradius r und die Kopfhöhe h die Mindestwerte sind und die parallele Länge L_c gleich 5,5 d_o ist.

Anhang B
(informativ)

Messunsicherheit

Zur Abschätzung der Messunsicherheit der Prüfergebnisse siehe ISO 6892-1 und die folgenden Angaben.

Tabelle B.1 entspricht ISO 6892-1, erweitert um die Temperatur und die Dehngeschwindigkeit. Es hat sich gezeigt, dass Unterschiede in der Temperatur und der Dehngeschwindigkeit bei erhöhten Temperaturen größeren Einfluss auf die Prüfergebnisse haben können als bei Raumtemperatur. Aus diesem Grunde sollten die Beiträge zur Messunsicherheit der auftretenden Temperatur- und Dehngeschwindigkeitsunterschiede bei der Abschätzung der Messunsicherheit der Prüfergebnisse berücksichtigt werden. Wie sich Tabelle B.1 entnehmen lässt, können die Temperatur und die Dehngeschwindigkeit alle aufgeführten Werkstoffkennwerte beeinflussen.

Tabelle B.1 — Anteil verschiedener Größen auf die Unsicherheit von Kennwerten

Parameter	Prüfergebnisse					
	R_{eH}	R_{eL}	R_m	R_p	A	Z
Kraft	X	X	X	X	—	—
Verlängerung	—	—	—	X	X	—
Messlänge	—	—	—	X	X	—
S_o	X	X	X	X	—	X
S_u	—	—	—	—	—	X
Temperatur	X	X	X	X	X	X
Dehngeschwindigkeit	X	X	X	X	X	X

X Relevant.
— Nicht relevant.

Zur Bestimmung der Unsicherheit der in Tabelle B.1 aufgeführten Kennwerte kann der mit der Prüfeinrichtung verbundene Beitrag zur Messunsicherheit aus den Kalibrierscheinen der zur Bestimmung der Kennwerte verwendeten Geräte entnommen werden, siehe ISO 6892-1. Die Beiträge zur Messunsicherheit für temperatur- und dehngeschwindigkeitsabhängige Kennwerte sollten jedoch experimentell bestimmt werden, da sie in hohem Maße vom verwendeten Werkstoff abhängig sind. Aus diesem Grund ist es derzeit nicht möglich, Werte für die zu verwendenden Temperatur- und Dehngeschwindigkeitsbeiträge vorherzusagen. Die Bilder B.1 und B.2 zeigen Beispiele für mögliche Auswirkungen unterschiedlicher Dehngeschwindigkeiten auf die Spannung/Dehnung-Kurven bei zwei verschiedenen Prüftemperaturen für eine bestimmte Legierung.

Beispiele für die Bestimmung von Beiträgen zur Messunsicherheit, deren mathematische Verknüpfung und die Darstellung als gesamte erweiterte Messunsicherheit eines Prüfergebnisses sind in ISO 6892-1 aufgeführt.

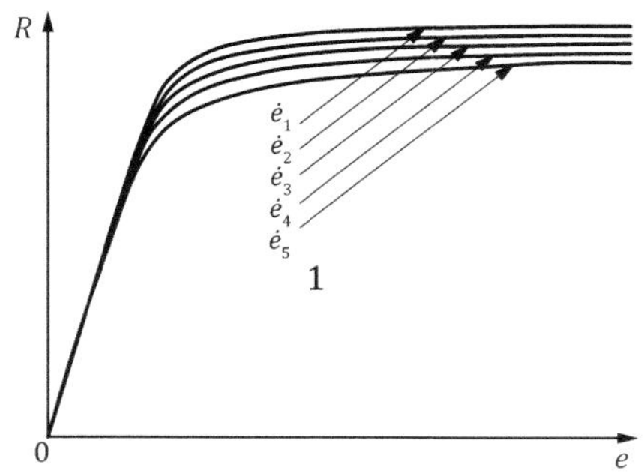

Legende

1 Dehngeschwindigkeit

R Spannung, MPa

e Extensometer-Dehnung (Dehnung), %

Bild B.1 — Spannung/Dehnung-Kurven bei Raumtemperatur und unterschiedlichen Dehngeschwindigkeiten

Bild B.1 zeigt, dass die Unterschiede im Werkstoffverhalten für unterschiedliche Dehngeschwindigkeiten bei Raumtemperatur relativ gering sind ($\dot{e}_1 > \dot{e}_2 > \dot{e}_3 > \dot{e}_4 > \dot{e}_5$).

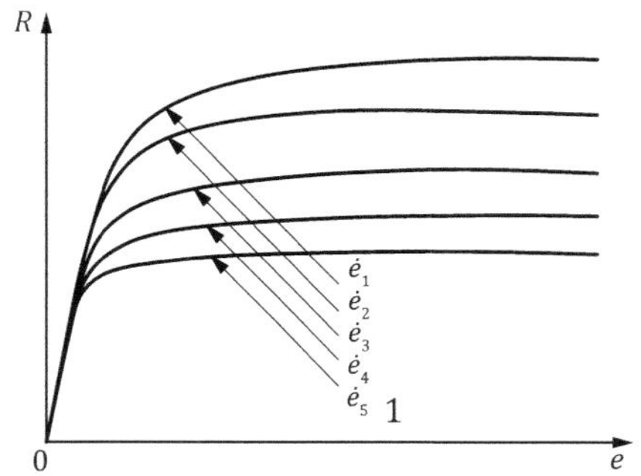

Legende

1 Dehngeschwindigkeit

R Spannung, MPa

e Extensometer-Dehnung (Dehnung), %

Bild B.2 — Spannung/Dehnung-Kurven bei 850 °C und unterschiedlichen Dehngeschwindigkeiten

Bild B.2 zeigt, dass erhebliche Unterschiede im Werkstoffverhalten für unterschiedliche Dehngeschwindigkeiten bei erhöhter Temperatur auftreten ($\dot{e}_1 > \dot{e}_2 > \dot{e}_3 > \dot{e}_4 > \dot{e}_5$).

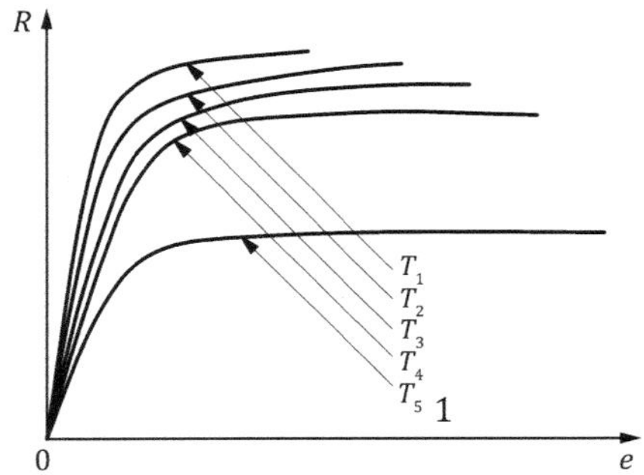

Legende

1 Temperatur

R Spannung, MPa

e Extensometer-Dehnung (Dehnung), %

Bild B.3 — Spannung/Dehnung-Kurven bei unterschiedlichen Temperaturen und bei vorgegebener Dehngeschwindigkeit

Bild B.3 zeigt, dass erhebliche Unterschiede im Werkstoffverhalten für unterschiedliche Temperaturen bei vorgegebener Dehngeschwindigkeit auftreten ($T_1 < T_2 < T_3 < T_4 < T_5$).

Literaturhinweise

[1] ISO 377, *Steel and steel products — Location and preparation of samples and test pieces for mechanical testing*

[2] ISO 2142[1)], *Wrought aluminium, magnesium and their alloys — Selection of specimens and test pieces for mechanical testing*

[3] ISO 2566-1, *Steel — Conversion of elongation values — Part 1: Carbon and low alloy steels*

[4] ISO 2566-2, *Steel — Conversion of elongation values — Part 2: Austenitic steels*

[5] ISO 80000-1, *Quantities and units — Part 1: General*

1) Zurückgezogen.

DIN EN ISO 6892-3

DIN

ICS 77.040.10

Ersatz für
DIN ISO 15579:2002-06

Metallische Werkstoffe – Zugversuch – Teil 3: Prüfverfahren bei tiefen Temperaturen (ISO 6892-3:2015); Deutsche Fassung EN ISO 6892-3:2015

Metallic materials –
Tensile testing –
Part 3: Method of test at low temperature (ISO 6892-3:2015);
German version EN ISO 6892-3:2015

Matériaux métalliques –
Essai de traction –
Partie 3: Méthode d'essai à basse température (ISO 6892-3:2015);
Version allemande EN ISO 6892-3:2015

Gesamtumfang 31 Seiten

DIN-Normenausschuss Materialprüfung (NMP)

www.din.de
www.beuth.de

2238818

Nationales Vorwort

Dieses Dokument (EN ISO 6892-3:2015) wurde vom Technischen Komitee ISO/TC 164 „Mechanical testing of metals“, Unterkomitee 1 „Uniaxial testing“ (Sekretariat: AFNOR, Frankreich) erarbeitet und vom ECISS/TC 101 „Prüfverfahren für Stahl (andere als chemische Analysen)“ (Sekretariat: AFNOR, Frankreich) im Rahmen der Wiener Vereinbarung übernommen.

Für die deutsche Mitarbeit ist der Arbeitsausschuss NA 062-01-42 AA „Zug- und Duktilitätsprüfung für Metalle“ im DIN-Normenausschusses Materialprüfung (NMP) verantwortlich und gibt folgende Hinweise für die Anwendung dieser Norm:

Die grundlegende Änderung gegenüber DIN ISO 15579:2002-06 ist die Einführung der Dehngeschwindigkeit (einschließlich der Traversengeschwindigkeit) mit engen Toleranzen (± 20 %) als Prüfgeschwindigkeit (Methode A).

Die Dehngeschwindigkeit [geregelt über das Signal des Dehnungsaufnehmers (Extensometer) oder Einstellung einer Traversengeschwindigkeit, die zu der geforderten Dehngeschwindigkeit führt] sollte eingesetzt werden, wenn prüfgeschwindigkeitsabhängige Kennwerte ermittelt und eine Minimierung der Messunsicherheit (hinsichtlich des Einflusses der Prüfgeschwindigkeit) gewünscht ist. In DIN EN ISO 6892-1:2009-12 werden ausführliche Hinweise zur Anwendung der Dehngeschwindigkeit einschließlich deren praktischer Umsetzung, Hinweise zur Berechnung der notwendigen Traversengeschwindigkeit zur Erlangung der Dehngeschwindigkeit unter Vernachlässigung, aber auch unter Berücksichtigung der Nachgiebigkeit des Prüfaufbaus gegeben. Die bisherige Methode, basierend auf konventionellen Dehngeschwindigkeiten und Toleranzen (jetzt Methode B), wurde geringfügig überarbeitet. Die Zuständigkeiten für die Auswahl der Methoden und der Prüfgeschwindigkeiten sind geregelt und eine einfache Möglichkeit zur nun verpflichtenden Dokumentation der verwendeten Methode und der Prüfgeschwindigkeiten wird vorgeschlagen.

Aus vorangegangenen Diskussionen und umfangreichen Untersuchungen in diversen Projekten wird vom zuständigen nationalen Arbeitsausschuss NA 062-01-42 AA dringend die Verwendung der in der Norm beschriebenen Methode A empfohlen. Bei Unstimmigkeiten in den Kennwerten wird weiterhin empfohlen, die resultierende Prüfgeschwindigkeit im Moment der Kennwerteermittlung zu bestimmen. Hierzu können in den meisten Fällen die digitalen Rohdatensätze (vgl. DIN EN ISO 6892-1:2009-12, Bild A.1) herangezogen werden, wenn der Zeitkanal ebenfalls mit abgespeichert wurde.

Für die in diesem Dokument zitierten Internationalen Normen wird im Folgenden auf die entsprechenden Deutschen Normen hingewiesen:

ISO 2566-1	siehe	DIN EN ISO 2566-1
ISO 2566-2	siehe	DIN EN ISO 2566-2
ISO 6892-1	siehe	DIN EN ISO 6892-1
ISO 7500-1	siehe	DIN EN ISO 7500-1
ISO 9513	siehe	DIN EN ISO 9513
ISO 80000-1	siehe	DIN EN ISO 80000-1

Änderungen

Gegenüber DIN ISO 15579:2002-06 wurden folgende Änderungen vorgenommen:

a) Änderung der Normnummer und erstmalige europäische und international einheitliche Norm zum Zugversuch bei tiefen Temperaturen;

b) der frühere nationale Anhang mit Hinweisen für die Festlegung von Abkühlbedingungen ist jetzt Bestandteil der internationalen Norm;

c) Neugliederung der gesamten Norm;

d) es werden nur noch die Unterschiede bzw. Erweiterungen zur Prüfung bei Raumtemperatur beschrieben;

e) die Gemeinsamkeiten zur Prüfung bei Raumtemperatur werden nur noch im Rahmen von Verweisungen auf ISO 6892-1 angegeben;

f) Klarstellung zur Verwendung des Probenquerschnitts bei Raumtemperatur zur Berechnung der Spannung, der Streck- bzw. Dehngrenzen, der Zugfestigkeit und der Brucheinschnürung;

g) Klarstellung zur Verwendung der Messlänge und der Verlängerung bei Raumtemperatur zur Berechnung der Bruchdehnung;

h) Beschreibung der unterschiedlichen Verfahren zur Festlegung der Extensometer-Messlänge entsprechend den verschiedenen üblichen Methoden und Verpflichtung zur Dokumentation des angewendeten Verfahrens aufgenommen (in 10.2.2);

i) Unterscheidung von zwei Verfahren bezüglich der Prüfgeschwindigkeiten, Definitionen verschiedener Prüfgeschwindigkeiten und Hinweise zu deren Umsetzung, Auswahl der Prüfgeschwindigkeiten und Dokumentation aufgenommen (in 10.3 und folgende Abschnitte);

j) Beispiele zu verschiedenen Probengeometrien und Abmaßen, die den allgemeinen Anforderungen der Norm entsprechen, aufgenommen (Anhang A);

k) Betrachtung der Messunsicherheit unter Berücksichtigung der Parameter Temperatur und Prüfgeschwindigkeit sowie Abkühlmedium aufgenommen (Anhang C);

l) redaktionelle Überarbeitung.

Frühere Ausgaben

DIN ISO 15579: 2002-06

Nationaler Anhang NA
(informativ)

Literaturhinweise

DIN EN ISO 377, *Stahl und Stahlerzeugnisse — Lage und Vorbereitung von Probenabschnitten und Proben für mechanische Prüfungen*

DIN EN ISO 2566-1, *Stahl — Umrechnung von Bruchdehnungswerten — Teil 1: Unlegierte und niedrig legierte Stähle*

DIN EN ISO 2566-2, *Stahl — Umrechnung von Bruchdehnungswerten — Teil 2: Austenitische Stähle*

DIN EN ISO 6892-1, *Metallische Werkstoffe — Zugversuch — Teil 1: Prüfverfahren bei Raumtemperatur*

DIN EN ISO 7500-1, *Metallische Werkstoffe — Prüfung von statischen einachsigen Prüfmaschinen — Teil 1: Zug- und Druckprüfmaschinen — Prüfung und Kalibrierung der Kraftmesseinrichtung*

DIN EN ISO 9513, *Metallische Werkstoffe — Kalibrierung von Längenänderungs-Messeinrichtungen für die Prüfung mit einachsiger Beanspruchung*

DIN EN ISO 80000-1, *Größen und Einheiten — Teil 1: Allgemeines*

EUROPÄISCHE NORM

EUROPEAN STANDARD

NORME EUROPÉENNE

EN ISO 6892-3

April 2015

ICS 77.040.10

Deutsche Fassung

Metallische Werkstoffe — Zugversuch — Teil 3: Prüfverfahren bei tiefen Temperaturen (ISO 6892-3:2015)

Metallic materials — Tensile testing — Part 3: Method of test at low temperature (ISO 6892-3:2015)

Matériaux métalliques — Essai de traction — Partie 3: Méthode d'essai à basse température (ISO 6892-3:2015)

Diese Europäische Norm wurde vom CEN am 3. Januar 2015 angenommen.

Die CEN-Mitglieder sind gehalten, die CEN/CENELEC-Geschäftsordnung zu erfüllen, in der die Bedingungen festgelegt sind, unter denen dieser Europäischen Norm ohne jede Änderung der Status einer nationalen Norm zu geben ist. Auf dem letzten Stand befindliche Listen dieser nationalen Normen mit ihren bibliographischen Angaben sind beim Management-Zentrum des CEN-CENELEC oder bei jedem CEN-Mitglied auf Anfrage erhältlich.

Diese Europäische Norm besteht in drei offiziellen Fassungen (Deutsch, Englisch, Französisch). Eine Fassung in einer anderen Sprache, die von einem CEN-Mitglied in eigener Verantwortung durch Übersetzung in seine Landessprache gemacht und dem Management-Zentrum mitgeteilt worden ist, hat den gleichen Status wie die offiziellen Fassungen.

CEN-Mitglieder sind die nationalen Normungsinstitute von Belgien, Bulgarien, Dänemark, Deutschland, der ehemaligen jugoslawischen Republik Mazedonien, Estland, Finnland, Frankreich, Griechenland, Irland, Island, Italien, Kroatien, Lettland, Litauen, Luxemburg, Malta, den Niederlanden, Norwegen, Österreich, Polen, Portugal, Rumänien, Schweden, der Schweiz, der Slowakei, Slowenien, Spanien, der Tschechischen Republik, der Türkei, Ungarn, dem Vereinigten Königreich und Zypern.

EUROPÄISCHES KOMITEE FÜR NORMUNG
EUROPEAN COMMITTEE FOR STANDARDIZATION
COMITÉ EUROPÉEN DE NORMALISATION

CEN-CENELEC Management-Zentrum: Avenue Marnix 17, B-1000 Brüssel

Ref. Nr. EN ISO 6892-3:2015 D

Inhalt

Vorwort

Dieses Dokument (EN ISO 6892-3:2015) wurde vom Technischen Komitee ISO/TC 164 „Mechanical testing of metals" in Zusammenarbeit mit dem Technischen Komitee ECISS/TC 101 „Prüfverfahren für Stahl (andere als chemische Analysen)" erarbeitet, dessen Sekretariat vom AFNOR gehalten wird.

Diese Europäische Norm muss den Status einer nationalen Norm erhalten, entweder durch Veröffentlichung eines identischen Textes oder durch Anerkennung bis Oktober 2015, und etwaige entgegenstehende nationale Normen müssen bis Oktober 2015 zurückgezogen werden.

Es wird auf die Möglichkeit hingewiesen, dass einige Elemente dieses Dokuments Patentrechte berühren können. CEN [und/oder CENELEC] sind nicht dafür verantwortlich, einige oder alle diesbezüglichen Patentrechte zu identifizieren.

ISO 6892 besteht unter dem Haupttitel *„Metallic materials — Tensile testing"* aus den folgenden Teilen:

— *Part 1: Method of test at room temperature*

— *Part 2: Method of test at elevated temperature*

— *Part 3: Method of test at low temperature*

— *Part 4: Method of test in liquid helium*

Entsprechend der CEN-CENELEC-Geschäftsordnung sind die nationalen Normungsinstitute der folgenden Länder gehalten, diese Europäische Norm zu übernehmen: Belgien, Bulgarien, Dänemark, Deutschland, die ehemalige jugoslawische Republik Mazedonien, Estland, Finnland, Frankreich, Griechenland, Irland, Island, Italien, Kroatien, Lettland, Litauen, Luxemburg, Malta, Niederlande, Norwegen, Österreich, Polen, Portugal, Rumänien, Schweden, Schweiz, Slowakei, Slowenien, Spanien, Tschechische Republik, Türkei, Ungarn, Vereinigtes Königreich und Zypern.

Anerkennungsnotiz

Der Text von ISO 6892-3:2015 wurde vom CEN als EN ISO 6892-3:2015 ohne irgendeine Abänderung genehmigt.

Einleitung

In dieser Ausgabe werden zwei Verfahren bezüglich der Prüfgeschwindigkeiten beschrieben. Das erste, das Verfahren A, basiert auf Dehngeschwindigkeiten (einschließlich der Traversengeschwindigkeit) mit engen Toleranzen (± 20 %), und das zweite, das Verfahren B, basiert auf konventionellen Dehngeschwindigkeitsbereichen und Toleranzen. Verfahren A ist — wenn dehngeschwindigkeitsabhängige Kennwerte bestimmt werden — zur Minimierung der Abhängigkeit von Prüfgeschwindigkeiten und zur Minimierung der Messunsicherheit der Prüfergebnisse geeignet.

Die Bestimmung der mechanischen Eigenschaften im Zugversuch bei tiefen Temperaturen erfolgte bei den gleichen Geschwindigkeiten wie beim Zugversuch bei Raumtemperatur. In diesen überarbeiteten Teil von ISO 6892 wurden die in ISO 6892-1 und ISO 6892-2 verwendeten neuen Prüfgeschwindigkeiten aufgenommen, die zur Verringerung der Streuung der Prüfergebisse entwickelt wurden.

WARNUNG — Diese Internationale Norm fordert die Verwendung von Substanzen und/oder Verfahren, die gesundheitsschädlich sein können, wenn keine geeigneten Sicherheitsvorkehrungen getroffen werden. Diese Internationale Norm enthält keine Ausführungen zu Gesundheitsgefährdungen, Sicherheits- oder Umweltaspekten und Gesetzgebungen, die mit ihrer Anwendung zusammenhängen. Es liegt in der Verantwortung des Anwenders dieser Internationalen Norm, geeignete Maßnahmen zur Einhaltung von nationalen und internationalen Regeln und Bestimmungen hinsichtlich Arbeits-, Gesundheits- und Umweltschutz einzuführen. Die Übereinstimmung mit dieser Internationalen Norm gewährt keine Immunität gegenüber gesetzlichen Verpflichtungen.

1 Anwendungsbereich

In diesem Teil von ISO 6892 ist der Zugversuch für metallische Werkstoffe bei Temperaturen zwischen +10 °C und −196 °C festgelegt.

2 Normative Verweisungen

Die folgenden Dokumente, die in diesem Dokument teilweise oder als Ganzes zitiert werden, sind für die Anwendung dieses Dokuments erforderlich. Bei datierten Verweisungen gilt nur die in Bezug genommene Ausgabe. Bei undatierten Verweisungen gilt die letzte Ausgabe des in Bezug genommenen Dokuments (einschließlich aller Änderungen).

ISO 6892-1:2009, *Metallic materials — Tensile testing — Part 1: Method of test at room temperature*

ISO 7500-1, *Metallic materials — Verification of static uniaxial testing machines — Part 1: Tension/compression testing machines — Verification and calibration of the force-measuring system*

ISO 9513, *Metallic materials — Calibration of extensometer systems used in uniaxial testing*

3 Begriffe

Für die Anwendung dieses Dokuments gelten die Begriffe nach ISO 6892-1:2009 und die folgenden Begriffe.

Im Allgemeinen basieren alle Angaben zu Probengeometrie und Maßen auf bei Raumtemperatur durchgeführten Messungen. Die Ausnahme hiervon kann die Extensometer-Messlänge sein (siehe 3.3).

ANMERKUNG Die folgenden Eigenschaften werden im Allgemeinen nicht bei tiefen Temperaturen ermittelt, es sei denn, sie werden in entsprechenden Spezifikationen oder Vereinbarungen gefordert:

- Grenzwert der Spannung für eine vorgegebene bleibende Dehnung (R_r);
- bleibende Dehnung;
- bleibende Extensometer-Dehnung;
- Streckgrenzen- Extensometer-Dehnung (A_e);
- gesamte Extensometer-Dehnung bei Höchstkraft (A_{gt});
- plastische Extensometer-Dehnung bei Höchstkraft (A_g);
- gesamte Extensometer-Dehnung beim Bruch (A_t).

3.1
Anfangsmesslänge
L_o
Messlänge, die vor dem Abkühlen der Probe und vor der Krafteinleitung bei Raumtemperatur gemessen wird

3.2
Bruchdehnung
A
bleibende Verlängerung der Messlänge nach dem Bruch ($L_u - L_o$), gemessen bei Raumtemperatur, angegeben in Prozent, bezogen auf die Anfangsmesslänge (L_o)

Anmerkung 1 zum Begriff: Einzelheiten siehe ISO 6892-1:2009.

3.3
Extensometer-Messlänge
L_e
Anfangsmesslänge einer Längenmesseinrichtung (Extensometer), die zur Messung der Verlängerung benutzt wird

3.4
Verlängerung (der Extensometer-Messlänge)
Zunahme der Extensometer-Messlänge (L_e) zu einem beliebigen Zeitpunkt des Versuchs

3.4.1
Extensometer-Dehnung
in Prozent angegebene Verlängerung der Extensometer-Messlänge (3.4) (L_e)

3.5
Brucheinschnürung
Z
größte, während des Versuchs auftretende Änderung des Querschnitts ($S_o - S_u$), angegeben in Prozent, bezogen auf den Anfangsquerschnitt (S_o), wobei S_o und S_u aus den Maßen bei Raumtemperatur zu berechnen sind

3.6
Spannung
R
Kraft zu einem beliebigen Zeitpunkt während des Versuchs, dividiert durch den Anfangsquerschnitt (S_o) der Probe

Anmerkung 1 zum Begriff: Mit dem Begriff Spannung ist in diesem Teil von ISO 6892 die Ingenieur-Spannung (technische Spannung) gemeint. Sie wird unter Verwendung des Anfangsquerschnittes, der aus den Maßen bei Raumtemperatur ermittelt wird, berechnet.

3.7
Durchkühlzeit
t_s
Zeit vor der mechanischen Belastung, die benötigt wird, um die Prüftemperatur zu stabilisieren

4 Formelzeichen und Benennungen

In dieser Internationalen Norm werden Formelzeichen angewendet, die zusammen mit den entsprechenden Benennungen in der nachfolgenden Tabelle 1 als Ergänzung zu ISO 6892-1:2009, Tabelle 1, aufgeführt sind.

Tabelle 1 — Formelzeichen und Benennungen

Formel-zeichen	Einheit	Benennung
T	°C	festgelegte Temperatur oder Nominaltemperatur, bei der der Versuch durchgeführt werden sollte
T_i	°C	angezeigte oder gemessene Temperatur an der Oberfläche der Versuchslänge der Probe
t_s	min	Durchkühlzeit

5 Kurzbeschreibung

Der Versuch besteht darin, eine Probe durch eine Zugbeanspruchung zu dehnen, um eine oder mehrere der in ISO 6892-1:2009, Abschnitt 3, definierten mechanischen Kennwerte zu bestimmen.

Der Versuch wird bei einer vorgegebenen Temperatur zwischen +10 °C und −196 °C durchgeführt.

6 Probe

Für Anforderungen an die Probe siehe ISO 6892-1:2009, Abschnitt 6.

ANMERKUNG Anhang A enthält weitere Beispiele für Proben.

7 Bestimmung des Anfangsquerschnitts (S_o)

Für Anforderungen bezüglich der Bestimmung des Anfangsquerschnitts siehe ISO 6892-1:2009, Abschnitt 7.

ANMERKUNG Diese Größe wird anhand von bei Raumtemperatur durchgeführten Messungen berechnet.

8 Kennzeichnung der Anfangsmesslänge (L_o)

Für Anforderungen bezüglich der Kennzeichnung der Anfangsmesslänge siehe ISO 6892-1:2009, Abschnitt 8.

9 Prüfeinrichtung

9.1 Kraftmesseinrichtung

Die Kraftmesseinrichtung der Zugprüfmaschine muss nach ISO 7500-1 kalibriert sein und mindestens die Bedingungen der Klasse 1 erfüllen.

9.2 Längenänderungs-Messgerät

Zur Bestimmung der Dehngrenzen (plastische oder gesamte Extensometer-Dehnung) muss die Längenänderungs-Messeinrichtung im relevanten Bereich mindestens ISO 9513, Klasse 1, entsprechen. Für die Bestimmung anderer Kennwerte (mit größerer Extensometer-Dehnung) kann im relevanten Bereich eine Längenänderungs-Messeinrichtung nach ISO 9513, Klasse 2, benutzt werden.

Die Extensometer-Messlänge darf nicht geringer als 10 mm sein und muss mittig zur Versuchslänge liegen.

ANMERKUNG Wird zum Messen der Verlängerung bis zum Bruch ein Extensometer verwendet, sollte die Extensometer-Messlänge L_e etwa gleich der Anfangsmesslänge L_o sein. Andernfalls sollte die Extensometer-Messlänge L_e mindestens halb so lang wie die Anfangsmesslänge L_o, jedoch nicht mehr als 90 % der Versuchslänge L_c sein. Dadurch wird sichergestellt, dass das Extensometer die in der Probe vorkommenden Fließeffekte erfasst. Weiterhin sollte L_e etwa gleich L_o sein, wenn Kennwerte „bei" oder „nach Erreichen" der Höchstkraft bestimmt werden.

Alle Teile des Extensometers außerhalb der Kühleinrichtung müssen so ausgelegt oder gegen Zugluft geschützt werden, dass Schwankungen der Raumtemperatur nur minimale Auswirkungen auf die Messwerte haben. Es ist ratsam, die Temperatur und die Strömung der Luft in der Umgebung der Prüfeinrichtung stabil zu halten, soweit dies mit vertretbarem Aufwand möglich ist.

9.3 Kühleinrichtung

9.3.1 Allgemeines

Die Kühleinrichtung muss die Probe auf die vorgegebene Temperatur T abkühlen können.

Arten der Kühlung können z. B. sein:

— Kühlkammer;

— durch Ausdehnung von komprimierten Gasen (z. B. CO_2 oder N_2), und

— durch Eintauchen in eine Flüssigkeit an ihrem Siedepunkt (z. B. N_2) oder in eine Kühlflüssigkeit (z. B. Alkohol).

Zugversuche bei tiefen Temperaturen werden entweder mit gasförmigen oder flüssigen Kühlmedien durchgeführt. Die Art des Kühlmediums hat einen entscheidenden Einfluss auf die Abkühlzeit sowie auf die Wärmeabführung während des Versuchs (isotherm und/oder adiabatisch) und kann somit einen signifikanten Einfluss auf das Prüfergebnis haben.

Beispiele für Abkühlkurven sind in Anhang B einzusehen.

9.3.2 Zulässige Temperaturabweichungen

Die zur Abkühlung der Probe verwendete Kühleinrichtung muss so beschaffen sein, dass die Probe auf die festgelegte Temperatur T abgekühlt werden kann.

Die angezeigten Temperaturen T_i sind die an der Oberfläche der Versuchslänge der Probe oder in der bewegten Flüssigkeit gemessenen Temperaturen nach Anwendung der entsprechenden Korrekturen für die bekannten systematischen Fehler, aber ohne Berücksichtigung der Messunsicherheit der Temperaturmesseinrichtung.

Die zulässige Abweichung zwischen der festgelegten Temperatur T und den angezeigten Temperaturen T_i beträgt $\pm$ 3 °C; die Temperaturdifferenz entlang der Oberfläche der Probe darf 3 °C nicht überschreiten.

Entlang der Versuchslänge (L_c) muss die Temperatur so geregelt werden, dass bis zum Erreichen der letzten Dehngrenze die zulässigen Temperaturabweichungen eingehalten werden.

ANMERKUNG Auch nach Erreichen der letzten Dehngrenze sollte versucht werden, die Temperatur zu regeln. Erfahrungsgemäß kann es jedoch recht schwierig sein, die Temperatur innerhalb des zulässigen Bereichs zu halten, besonders wenn ein gasförmiges Kühlmedium Anwendung findet.

9.3.3 Temperaturmessung

Bei Messlängen unter 50 mm ist die Temperatur an den jeweiligen Enden der Versuchslänge mit Hilfe je eines Temperaturfühlers direkt zu messen. Bei Messlängen größer oder gleich 50 mm ist mit Hilfe eines dritten Messfühlers zusätzlich die Temperatur mittig der Versuchslänge zu messen.

Die Anzahl kann verringert werden, sofern die Gesamtanordnung von Kühleinrichtung und Probe so gestaltet ist, dass erfahrungsgemäß die Temperaturdifferenzen über die Länge der Probe die in 9.3.2 festgelegten zulässigen Abweichungen nicht überschreiten. Die Temperatur der Probe ist in jedem Fall mit mindestens einem Messfühler direkt zu messen.

Die Temperaturfühler müssen guten thermischen Kontakt mit der Oberfläche der Probe haben.

ANMERKUNG Die Verwendung von geeigneten Typen und Klassen von Thermoelementen ist wichtig, um eine geringe Messunsicherheit der gemessenen Temperatur zu erreichen.

Wenn sich die Probe in einem bewegten flüssigen Kühlmedium befindet, das als homogen angesehen werden kann, kann die Temperaturmessung an einer beliebigen Stelle im Kühlmittel vorgenommen werden.

Wenn die Prüfung in flüssigem Stickstoff durchgeführt wird, ist keine Temperaturmessung erforderlich. In diesem Fall muss im Prüfbericht darauf hingewiesen werden, dass kein Gerät zur Temperaturaufzeichnung verwendet wurde.

9.3.4 Überprüfung des Temperaturmesssystems

Das Temperaturmesssystem muss eine Auflösung von gleich oder besser 1 °C besitzen und eine Fehlergrenze von ± 2 °C für den Bereich von +10 °C bis −40 °C und von ± 3 °C für den Bereich von −41 °C bis −196 °C.

ANMERKUNG Zum Temperaturmesssystem gehören sämtliche Bestandteile der Messkette (Messfühler, Kabel, Anzeigegerät und Vergleichsstelle).

Alle Bestandteile des Temperaturmesssystems sind im Abstand von höchstens einem Jahr über den gesamten Arbeitsbereich zu überprüfen und zu kalibrieren. Fehler sind im Kalibrierschein festzuhalten. Die Komponenten des Temperaturmesssystems sind nach einem auf die internationale Einheit (SI-Einheit) der Temperatur rückführbaren Verfahren zu überprüfen.

10 Prüfbedingungen

10.1 Einstellung des Kraftnullpunktes

Nach der Komplettierung des Kraftstranges, aber vor der Einspannung der Probe an beiden Enden, ist das Kraftmesssystem auf Null zu stellen. Nachdem die Kraft auf Null gestellt wurde, kann das Kraftmesssystem bis zum Ende des Versuchs in keiner Weise mehr verändert werden.

ANMERKUNG Durch Anwendung dieses Verfahrens wird sichergestellt, dass die Masse des Einspannsystems in der Kraftmessung kompensiert ist und eine durch das Einspannen der Probe bedingte Kraft den Kraftnullpunkt nicht beeinflusst.

10.2 Einspannen der Probe, Befestigung des Extensometers und Abkühlen der Probe, nicht notwendigerweise in der nachstehenden Reihenfolge

10.2.1 Einspannverfahren

Für Anforderungen an das Einspannverfahren siehe ISO 6982-1:2009, 10.2.

10.2.2 Ansetzen des Extensometers und Festlegung der Messlänge

10.2.2.1 Allgemeines

In der Praxis werden unterschiedliche Verfahren zur Festlegung der Extensometer-Messlänge angewendet. Dies führt möglicherweise zu geringen Differenzen in den Prüfergebnissen. Das gewählte Verfahren ist im Prüfbericht anzugeben.

ANMERKUNG Da der relevante Temperaturbereich nur etwa 200 °C umfasst, hat die (negative) Wärmeausdehnung einen weniger signifikanten Einfluss auf das Prüfergebnis als für den breiteren Temperaturbereich, der nach ISO 6892-2 verfügbar ist.

10.2.2.2 L_e basierend auf der Raumtemperatur (Verfahren 1)

Das Extensometer wird bei Raumtemperatur mit der nominalen Messlänge an die Probe angesetzt. Die Verlängerung wird bei der Prüftemperatur gemessen, und die Extensometer-Dehnung wird auf Basis der nominalen Messlänge bei Raumtemperatur berechnet. Die Wärmeausdehnung wird dabei außer Acht gelassen.

10.2.2.3 L_e basierend auf der Prüftemperatur (Verfahren 2)

Bei den nachfolgend beschriebenen Verfahren werden die Wärmeausdehnung der Probe und gegebenenfalls die Wärmeausdehnung des Extensometers berücksichtigt.

10.2.2.3.1 Nominale L_e bei Prüftemperatur (Verfahren 2a)

Das Extensometer wird vor Beginn der mechanischen Belastung bei Prüftemperatur mit der nominalen Messlänge an die Probe angesetzt.

10.2.2.3.2 Verlängerte L_e bei Raumtemperatur (Verfahren 2b)

Ein Extensometer mit vergrößerter Messlänge wird bei Raumtemperatur so an die Probe angesetzt, dass bei der Prüftemperatur die nominale Messlänge erreicht wird.

Für die Berechnung der Extensometer-Dehnung wird die nominale Messlänge verwendet.

10.2.2.3.3 Korrigierte L_e bei Prüftemperatur (Verfahren 2c)

Das Extensometer wird bei Raumtemperatur an die Probe mit der nominalen Messlänge angesetzt.

Für die Berechnung der Extensometer-Dehnung wird die korrigierte Messlänge bei Prüftemperatur (Messlänge bei Raumtemperatur plus Wärmeausdehnung) verwendet.

ANMERKUNG Die Wärmeausdehnung ist in diesem Fall negativ.

10.2.3 Probenkühlung

Die Probe ist auf die Nominaltemperatur T abzukühlen und vor der Belastung für eine Dauer von mindestens 10 min (Durchkühlzeit) auf dieser Temperatur zu halten. Mit der Belastung darf erst begonnen werden, wenn sich die Anzeigen des Extensometers stabilisiert haben.

ANMERKUNG Um zu erreichen, dass die Nominaltemperatur über den gesamten Querschnitt größerer Proben (z. B. mit $S_o > 100$ mm^2) erreicht wird, können längere Durchkühlzeiten erforderlich sein.

Während der Abkühlung darf die Temperatur der Probe die Nominaltemperatur einschließlich der zulässigen Abweichungen nicht unterschreiten, es sei denn, dies wurde zuvor von den beteiligten Parteien vereinbart.

10.3 Prüfgeschwindigkeit basierend auf Dehngeschwindigkeitsregelung (Verfahren A)

10.3.1 Allgemeines

Dieses Verfahren wird zur Minimierung des Einflusses der Prüfgeschwindigkeit auf dehngeschwindigkeitsabhängige Kennwerte und zur Minimierung der Messunsicherheit der Prüfergebnisse empfohlen.

Für weitere Anforderungen bezüglich der Prüfgeschwindigkeit basierend auf der Dehngeschwindigkeit (Verfahren A) siehe ISO 6892-1:2009, 10.3.1.

Beim Zugversuch bei tiefen Temperaturen werden üblicherweise nicht alle Eigenschaften des Zugversuchs bei Raumtemperatur bestimmt. Daher dürfen nur die geeigneten Prüfgeschwindigkeiten bzw. -regelungsarten für die Ermittlung der zu bestimmenden Eigenschaften verwendet werden (siehe Bild 1).

10.3.2 Dehngeschwindigkeit zur Bestimmung der oberen Streckgrenze (R_{eH}) oder der Dehngrenzen (R_p und, falls erforderlich, R_t)

Für zusätzliche Anforderungen bezüglich der Dehngeschwindigkeit zur Bestimmung der oberen Streckgrenze (R_{eH}) oder der Dehngrenzen (R_p und, falls gefordert, R_t) siehe ISO 6892-1:2009, 10.3.2, jedoch ist einer der folgenden festgelegten Bereiche einzuhalten:

Bereich 1: $\dot{e}_{L_e} = 0{,}000\,07\ s^{-1}$ (entspricht $0{,}004\,2\ min^{-1}$), mit einer relativen Toleranz von $\pm$ 20 %

Bereich 2: $\dot{e}_{L_e} = 0{,}000\,25\ s^{-1}$ (entspricht $0{,}015\ min^{-1}$), mit einer relativen Toleranz von $\pm$ 20 % (empfohlen, wenn nicht anders festgelegt; siehe auch Bild 1)

10.3.3 Dehngeschwindigkeit zur Bestimmung der unteren Streckgrenze (R_{eL}) und der Streckgrenzen-Extensometer-Dehnung (A_e) falls erforderlich

Für zusätzliche Anforderungen bezüglich der Dehngeschwindigkeit zur Bestimmung der unteren Streckgrenze (R_{eL}) und der Streckgrenzen-Extensometer-Dehnung (A_e), falls erforderlich, siehe ISO 6892-1:2009, 10.3.3, jedoch ist einer der folgenden festgelegten Bereiche einzuhalten:,

Bereich 2: $\dot{e}_{L_c} = 0{,}000\,25\ s^{-1}$ (entspricht $0{,}015\ min^{-1}$), mit einer relativen Toleranz von $\pm$ 20 % (empfohlen, wenn nicht anders festgelegt)

Bereich 3: $\dot{e}_{L_c} = 0{,}002\ s^{-1}$ (entspricht $0{,}12\ min^{-1}$), mit einer relativen Toleranz von $\pm$ 20 % (siehe auch Bild 1)

10.3.4 Dehngeschwindigkeit zur Bestimmung der Zugfestigkeit (R_m), der Bruchdehnung (A), der Brucheinschnürung (Z) sowie, falls erforderlich, der gesamten Extensometer-Dehnung bei Höchstkraft (A_{gt}) und der plastischen Extensometer-Dehnung bei Höchstkraft (A_g)

Für zusätzliche Anforderungen bezüglich der Dehngeschwindigkeit zur Bestimmung der Zugfestigkeit (R_m), der Bruchdehnung (A), der Brucheinschnürung (Z) sowie, falls erforderlich, der gesamten Extensometer-Dehnung bei Höchstkraft (A_{gt}) und der plastischen Extensometer-Dehnung bei Höchstkraft (A_g) siehe ISO 6892-1:2009, 10.3.4, jedoch ist einer der folgenden festgelegten Bereiche einzuhalten:

Bereich 2: $\dot{e}_{L_c} = 0{,}000\,25\ s^{-1}$ (entspricht $0{,}015\ min^{-1}$), mit einer relativen Toleranz von $\pm$ 20 %

Bereich 3: $\dot{e}_{L_c} = 0{,}002\ s^{-1}$ (entspricht $0{,}12\ min^{-1}$), mit einer relativen Toleranz von $\pm$ 20 %

Bereich 4 $\dot{e}_{L_c} = 0{,}006\,7\ s^{-1}$ (entspricht $0{,}4\ min^{-1}$), mit einer relativen Toleranz von $\pm$ 20 % (empfohlen, wenn nicht anders festgelegt; siehe auch Bild 1)

Wenn nur die Zugfestigkeit bestimmt werden soll, kann während des gesamten Zugversuchs die abgeschätzte Dehngeschwindigkeit über die Versuchslänge der Probe entsprechend Bereich 4 angewendet werden.

10.4 Prüfverfahren mit erweiterten Dehngeschwindigkeitsbereichen (Verfahren B)

10.4.1 Allgemeines

Dieses Verfahren basiert auf den konventionellen Dehngeschwindigkeitsbereichen.

ANMERKUNG Die Prüfgeschwindigkeit kann selbst bei Einhaltung des festgelegten Bereichs einen Einfluss auf die zu bestimmenden Kennwerte ausüben.

10.4.2 Geschwindigkeit zur Bestimmung der Streckgrenze oder der Dehngrenze

10.4.2.1 Geschwindigkeit zur Bestimmung der oberen Streckgrenze (R_{eH})

Innerhalb des elastischen Bereichs und bis zur oberen Streckgrenze muss die Dehngeschwindigkeit zwischen 0,000 03 s^{-1} und 0,000 30 s^{-1} betragen und so konstant wie möglich gehalten werden.

Wenn die Prüfmaschine nicht in der Lage ist, die Dehngeschwindigkeit zu messen oder zu regeln, sollte eine Traversengeschwindigkeit eingestellt werden, die einer Spannungsgeschwindigkeit zwischen 6 MPa · s^{-1} und 60 MPa · s^{-1} entspricht.

10.4.2.2 Geschwindigkeit zur Bestimmung der unteren Streckgrenze (R_{eL})

Wenn nur die untere Streckgrenze zu bestimmen ist, so muss die Prüfgeschwindigkeit im elastischen Bereich entsprechend 10.4.2.1 eingestellt werden, und die Dehngeschwindigkeit während des Fließens muss zwischen 0,000 03 s^{-1} und 0,002 5 s^{-1} liegen und so konstant wie möglich gehalten werden.

Wenn diese Dehngeschwindigkeit nicht direkt eingestellt werden kann, sollte die kurz vor Beginn des Fließens vorhandene Traversengeschwindigkeit als Prüfgeschwindigkeit fest beibehalten werden; die Einstellung der Maschine sollte bis zur Beendigung des Fließens nicht geändert werden.

10.4.2.3 Geschwindigkeit zur Bestimmung der Dehngrenze bei plastischer Extensometer-Dehnung (R_p)

Innerhalb des elastischen Bereiches muss die Traversengeschwindigkeit so konstant wie möglich und innerhalb der Grenzen gehalten werden, die den Spannungsgeschwindigkeiten in 10.4.2.1 entsprechen. Diese Traversengeschwindigkeit muss bis zur Dehngrenze (plastische oder gesamte Extensometer-Dehnung) beibehalten werden. Keinesfalls darf die Dehngeschwindigkeit größer sein als 0,002 5 s^{-1}.

10.4.3 Geschwindigkeit zur Bestimmung der Zugfestigkeit

Im plastischen Bereich darf die Dehngeschwindigkeit 0,008 s^{-1} nicht überschreiten.

Werden im Versuch keine Streck- oder Dehngrenzen bestimmt, darf die Dehngeschwindigkeit im elastischen Bereich den maximal zulässigen Wert für den plastischen Bereich erreichen.

10.5 Auswahl des Prüfverfahrens und der Prüfgeschwindigkeiten

Wenn nicht anders festgelegt, unterliegt die Wahl des Verfahrens (A oder B) und der Prüfgeschwindigkeiten dem Hersteller oder dem von ihm beauftragten Prüflabor, vorausgesetzt, die Festlegungen dieses Teils von ISO 6892 werden eingehalten.

10.6 Dokumentation der gewählten Prüfbedingungen

Zur Dokumentation der Art der Prüfgeschwindigkeitsregelung und der Prüfgeschwindigkeiten in einer verkürzten Form kann folgendes System von Abkürzungen verwendet werden.

ISO 6892-3, Annn oder ISO 6892-3 Bn

Dabei symbolisiert „A“ die Anwendung des Verfahrens A (Dehngeschwindigkeitsregelung) und „B“ die Anwendung des Verfahrens B (erweiterte Dehngeschwindigkeitsbereiche). Die Buchstaben „nnn“ stellen eine Serie von bis zu 3 Zeichen dar, die sich auf die Geschwindigkeiten während jeder Phase des Versuchs beziehen, wie in Bild 1 dargestellt, und „n“ kann hinzugefügt werden, um die gewählte Dehngeschwindigkeit (in s^{-1}) anzuzeigen.

BEISPIEL 1 ISO 6892-3 A224 beschreibt einen dehngeschwindigkeitsgeregelten Versuch unter Verwendung der Bereiche 2, 2 und 4.

BEISPIEL 2 ISO 6892-3 B beschreibt einen auf erweiterten Dehn- bzw. Spannungsgeschwindigkeiten basierenden Versuch nach 10.4.2.1.

11 Bestimmung oder Berechnung der Kennwerte

Die Bestimmung oder Berechnung der Kennwerte erfolgt nach ISO 6892-1.

12 Prüfbericht

Der Prüfbericht muss, wenn zwischen den beteiligten Partnern nicht anders vereinbart, mindestens die folgenden Angaben enthalten:

a) Verweisung auf diesen Teil von ISO 6892, erweitert um die in 10.6 festgelegten Angaben zu den Prüfbedingungen (z. B. ISO 6892-3:2015, A224);

b) Kennzeichnung der Probe;

c) Werkstoff, falls bekannt;

d) Art der Probe;

e) Probenlage und -richtung, falls bekannt;

f) Regelungsart des Versuchs und Prüfgeschwindigkeit oder Prüfgeschwindigkeitsbereiche (siehe 10.6), wenn abweichend von den empfohlenen Regelungsarten und von den in 10.3 und 10.4 angegebenen Werten;

g) Kühlmedium, Abkühlzeit und Durchkühlzeit;

h) Prüftemperatur;

i) Verfahren zur Festlegung der Extensometer-Messlänge L_e;

j) Prüfergebnisse.

Falls in den Produktnormen nicht anders festgelegt, sollten die Prüfergebnisse zur Angabe mit mindestens der folgenden Präzision (nach ISO 80000-1 [5]) gerundet werden:

— Festigkeitswerte, in MPa, auf die nächste ganze Zahl;

— Werte für die Streckgrenzen-Extensometer-Dehnung A_e auf 0,1 %, alle anderen Dehnungswerte auf 0,5 %;

— Brucheinschnürungswerte auf 1 %.

13 Messunsicherheit

Für Anforderungen bezüglich der Messunsicherheit siehe ISO 6892-1:2009, Abschnitt 23.

14 Bilder

Die Bilder 1 bis 8 und Bilder 10 bis 15 von ISO 6892-1:2009 behalten ihre Gültigkeit. ISO 6892-1:2009, Bild 9, wird jedoch durch Bild 1 ersetzt.

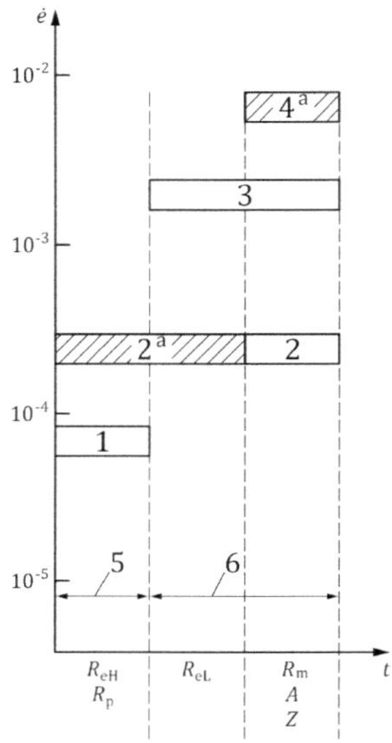

a) Verfahren A

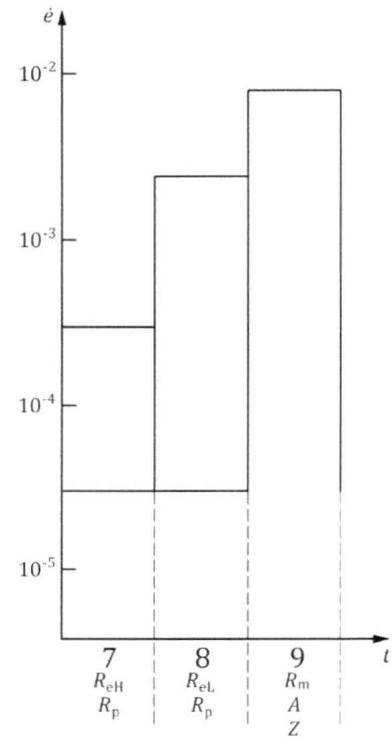

b) Verfahren B

Legende

- $\dot{e}$ Dehngeschwindigkeit, in s^{-1}
- t Zeit
- 1 Bereich 1: $\dot{e} = 0{,}000\ 07\ s^{-1}$ ($0{,}004\ 2\ min^{-1}$) mit einer relativen Toleranz von ± 20 %
- 2 Bereich 2: $\dot{e} = 0{,}000\ 25\ s^{-1}$ ($0{,}015\ min^{-1}$) mit einer relativen Toleranz von ± 20 %
- 3 Bereich 3: $\dot{e} = 0{,}002\ s^{-1}$ ($0{,}12\ min^{-1}$) mit einer relativen Toleranz von ± 20 %
- 4 Bereich 4: $\dot{e} = 0{,}006\ 7\ s^{-1}$ ($0{,}4\ min^{-1}$) mit einer relativen Toleranz von ± 20 %
- 5 Regelungsart: dehngeschwindigkeitsgeregelt (closed loop) oder traversenweggeregelt (open loop)
- 6 Regelungsart: traversenweggeregelt (open loop)
- 7 Elastischer Bereich des Versuchs
- 8 Elastischer Bereich für die der Bestimmung von R_{eL}, R_p
- 9 Maximale Dehngeschwindigkeit für die Bestimmung von R_m, A, Z

[a] empfohlen

Bild 1 — Darstellung der im Zugversuch anzuwendenden Dehngeschwindigkeiten, wenn R_{eH}, R_{eL}, R_p, R_m, A und Z zu bestimmen sind

15 Anhänge

Die folgenden Anhänge von ISO 6892-1 behalten ihre Gültigkeit:

— ISO 6892-1:2009, Anhang A: Empfehlungen für die Anwendung rechnergestützter Zugprüfmaschinen;

— ISO 6892-1:2009, Anhang B: Probenarten für Flacherzeugnisse mit einer Dicke zwischen 0,1 mm und 3 mm: Bleche, Bänder und flache Walzprodukte;

— ISO 6892-1:2009, Anhang C: Probenarten für Draht, Stäbe und Profile mit einem Durchmesser oder einer Dicke unter 4 mm;

— ISO 6892-1:2009, Anhang D: Probenarten für Bleche und Flacherzeugnisse mit einer Dicke gleich oder größer als 3 mm und Draht, Stäbe und Profile mit einem Durchmesser oder einer Dicke gleich oder größer als 4 mm;

  Ausnahme: Tabelle D.2 ist nicht gültig;

— ISO 6892-1:2009, Anhang E: Probenarten für Rohre;

— ISO 6892-1:2009, Anhang F: Abschätzung der Traversengeschwindigkeit unter Berücksichtigung der Nachgiebigkeit der Prüfmaschine.

Anhang A der vorliegenden Norm enthält zusätzliche Angaben zur Probengeometrie und zu den möglichen Verfahren zur Einspannung von Proben.

Anhang A
(informativ)

Ergänzung zu ISO 6892-1:2009, Anhänge B und D

A.1 Allgemeines

Es können grundsätzlich alle Probengeometrien verwendet werden, die den in ISO 6892-1:2009, Anhänge B bis E, angegebenen Spezifikationen entsprechen. Im Folgenden werden einige Beispiele mit näheren Angaben zu den Probengeometrien gegeben.

A.2 Proben für Flacherzeugnisse: Bleche, Bänder und flache Walzprodukte mit einer Dicke zwischen 0,1 mm und 3 mm

Es stehen unterschiedliche Einspannsysteme zur Verfügung, z. B. Keilspannzeuge, Parallelspannzeuge, Schulterhalterungen usw. Kraftschlüssiges Einspannen (mit Keil- oder Parallelspannzeugen) kann gegebenenfalls in Verbindung mit Kühlkammern (Kühleinrichtungen) nicht umgesetzt werden. Daher werden die Proben häufig an den Schultern (formschlüssig) oder mit Hilfe eines Bolzens eingespannt, wie beispielhaft in Bild A.1 gezeigt.

ANMERKUNG 1 Falls die Probe an den Schultern (formschlüssig) eingespannt wird, ist keine Bohrung erforderlich. Das Grenzabmaß des Radius beträgt ± 0,1 mm.

ANMERKUNG 2 Um ein Ausreißen der Bohrung oder örtliches Ausbeulen zu vermeiden, hat sich eine Verstärkung des Werkstoffs im Bereich des Bohrlochs als vorteilhaft erwiesen.

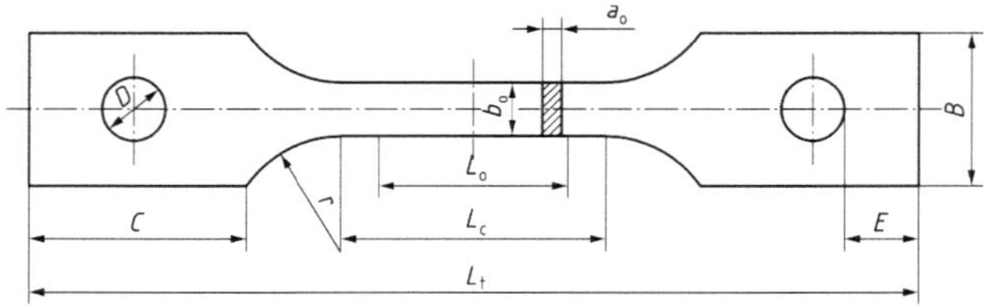

Legende

a_0	Anfangsdicke	L_0	Anfangsmesslänge (L_0 = 50 mm)
b_0	Anfangsbreite der Versuchslänge	L_c	Versuchslänge ($L_c \geq L_0 + b_0$)
r	Übergangsradius	L_t	Gesamtlänge der Probe
B	Kopfbreite	D	Durchmesser der Bohrung
C	Kopfhöhe	E	Abstand vom Ende der Probe zur Bohrung

Bild A.1 — Probenbeispiel für Bleche, Bänder und flache Walzprodukte mit einer Dicke zwischen 0,1 mm und 3 mm

Tabelle A.1 — Probenbeispiel für Bleche, Bänder und flache Walzprodukte mit einer Dicke zwischen 0,1 mm und 3 mm

Maße in Millimeter

a_o		b_o	L_o	r	B	C	D	E	L_c	L_t
>	≤								min.	min.[a]
0,1	3,0	12,5	50	25	35[b]	50	15	17	62,5	205

[a] Der Mindestwert ist nur dann ausreichend, wenn die übrigen Maße der Probe (besonders die Versuchslänge L_c) die angegebenen Werte nicht überschreiten.

[b] Bei Verwendung einer formschlüssigen Einspannung mittels Bolzen kann es erforderlich sein, dieses Maß für einige Werkstoffe auf 40 mm zu vergrößern.

A.3 Proben für Bleche und flache Walzprodukte mit einer Dicke gleich oder größer als 3 mm

Es stehen unterschiedliche Einspannsysteme zur Verfügung, z. B. Keilspannzeuge, Parallelspannzeuge, Schulterhalterungen usw. Kraftschlüssiges Einspannen (mit Keil- oder Parallelspannzeugen) kann gegebenenfalls in Verbindung mit Kühlkammern (Kühleinrichtungen) nicht umgesetzt werden. Daher werden die Proben häufig an den Schultern (formschlüssig) oder mit Hilfe eines Bolzens eingespannt, wie beispielhaft in Bild A.2 gezeigt.

ANMERKUNG Falls die Probe an den Schultern (formschlüssig) eingespannt wird, ist keine Bohrung erforderlich. Das Grenzabmaß des Radius beträgt ± 0,1 mm.

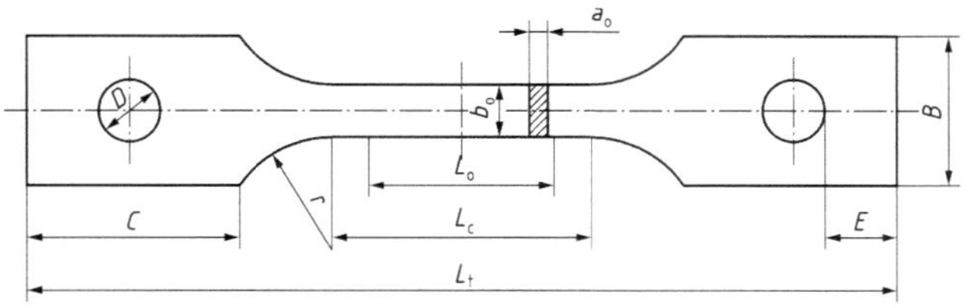

Legende

a_o Anfangsdicke

b_o Anfangsbreite der Versuchslänge

r Übergangsradius

B Kopfbreite

C Kopfhöhe

L_o Anfangsmesslänge ($L_o = 5{,}65\sqrt{S_o}$)

L_c Versuchslänge ($L_c \geq L_o + 1{,}5\sqrt{S_o}$)

L_t Gesamtlänge der Probe

D Durchmesser der Bohrung

E Abstand vom Ende der Probe zur Bohrung

Bild A.2 — Beispiel einer Probe für Bleche und flache Walzprodukte mit einer Dicke gleich oder größer als 3 mm

Tabelle A.2 — Probenbeispiel für Bleche und flache Walzprodukte mit einer Dicke gleich oder größer als 3 mm

Maße in Millimeter

a_0		b_0	L_0	r	B	C	D	E	L_c	L_t
>	≤								min.	min.[a]
3	3,5	12,5	35	25	35[b]	50	15	17	48	190
3,5	4,5		40						54	196
4,5	5,7		45						61	203
5,7	6,9		50						67	209
6,9	8,3		55						73	215

[a] Der Mindestwert ist nur dann ausreichend, wenn die übrigen Maße der Probe (besonders die Versuchslänge L_c) die angegebenen Werte nicht überschreiten.

[b] Bei Verwendung einer formschlüssigen Einspannung mittels Bolzen kann es erforderlich sein, dieses Maß für einige Werkstoffe auf 40 mm zu vergrößern.

A.4 Proben für Drähte, Stäbe und Profile mit einem Durchmesser oder einer Dicke gleich oder größer als 4 mm

Bei diesen Erzeugnissen werden oft Gewindeköpfe angewendet (siehe Bild A.3 und Tabelle A.3).

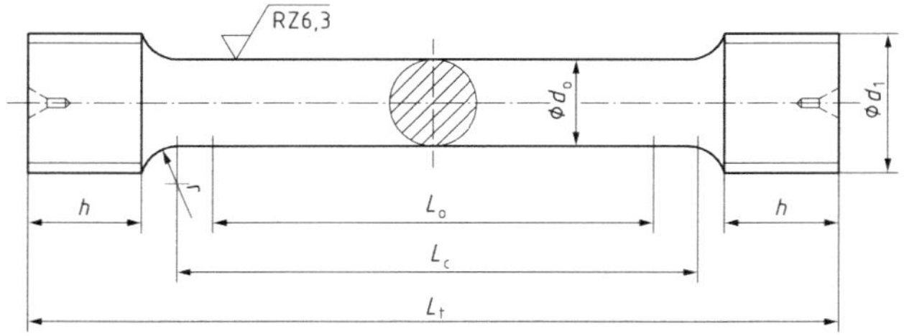

Legende

d_0 Probendurchmesser in der Versuchslänge
d_1 Metrisches ISO-Gewinde
r Übergangsradius
h Kopfhöhe
L_0 Anfangsmesslänge ($L_0 = 5d_0$)
L_c Versuchslänge ($L_c \geq L_0 + d_0$)
L_t Gesamtlänge der Probe

Bild A.3 — Beispiel einer zylindrischen Probe mit Gewindeköpfen

Tabelle A.3 — Beispiele für zylindrische Proben mit Gewindeköpfen

Maße in Millimeter

d_o	L_o	d_1	r min.	h min.	L_c min.	L_t min.[a]
4	20	M6	3	6	24	41
5	25	M8	4	7	30	51
6	30	M10	5	8	36	60
8	40	M12	6	10	48	77
10	50	M16	8	12	60	97
12	60	M18	9	15	72	116
14	70	M20	11	17	84	134
16	80	M24	12	20	96	154
18	90	M27	14	22	108	173
20	100	M30	15	24	120	191
25	125	M33	20	30	150	234

[a] Der Mindestwert ist nur dann ausreichend, wenn die übrigen Maße der Probe (besonders der Übergangsradius, die Kopfhöhe und die Versuchslänge L_c) die angegebenen Werte nicht überschreiten.

ANMERKUNG In Abhängigkeit von der verwendeten Kühleinrichtung können längere Proben zu ungültigen Temperaturdifferenzen führen. In solchen Fällen sollten kürzere Proben gewählt werden.

A.5 Beispiel für Proben mit Bunden/Ringschneiden

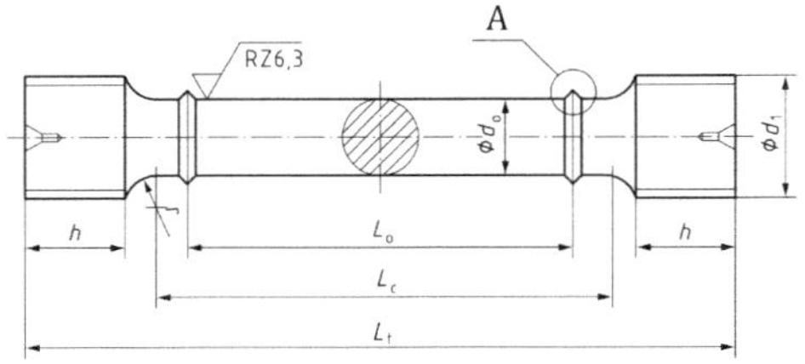

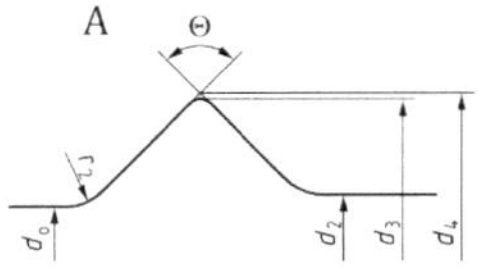

ANMERKUNG Für die verschiedenen Maße bzw. Winkel der Einzelheit A gelten folgende Sollwerte:

$d_2 = d_o + 0{,}2$

$d_3 = d_o + 1{,}8$

$d_4 = d_o + 2{,}0$

$r_2 = 0{,}5$

$\Theta = 90°$

Bild A.4 — Beispiel einer zylindrischen Probe mit Gewindeköpfen und Bunden/Ringschneiden

Tabelle A.4 — Beispiel einer zylindrischen Probe mit Gewindeköpfen und Bunden/Ringschneiden

Maße in Millimeter

d_o	L_o	d_1 [a]	r min. [b]	h min.	L_c	L_t min. [c]
6	30	M10	4,5	8	5,5 d_o bis 7,5 d_o	57
8	40	M12	6	10	5,5 d_o bis 7,5 d_o	73
10	50	M16	7,5	12	5,5 d_o bis 7,5 d_o	91
12	60	M18	9	15	5,5 d_o bis 7,5 d_o	110

[a] Mindestgröße des metrischen ISO-Gewindes

[b] Mindestwert nach ISO 6892-1:2009

[c] Der Mindestwert ist nur dann ausreichend, wenn die übrigen Maße der Probe (besonders der Übergangsradius und die Kopfhöhe) die angegebenen Werte nicht überschreiten und die Versuchslänge L_c gleich 5,5 d_o ist.

ANMERKUNG Die Anwendung dieser Probengeometrie kann bei Vergleichen mit anderen Probengeometrien zu Ergebnissen führen, die durch eine geringere Dehnung gekennzeichnet sind.

Anhang B
(informativ)

Beispiel für Abkühlkurven von Stahl in Abhängigkeit von den Probenmaßen und den vorgesehenen Prüftemperaturen bei Anwendung von Ethanol und flüssigem Stickstoff

Die Modellproben, die für das Erstellen der Abkühlkurven B.2 bis B.4 benutzt werden, sind in Bild B.1 dargestellt. Sie können Anhaltspunkte für die Abkühlzeiten liefern, die erforderlichen sein können.

Bei Verwendung gasförmiger Kühlmedien können deutlich längere Abkühlzeiten erforderlich werden.

ANMERKUNG Beim Umgang mit Ethanol ist zu beachten, dass Gesundheitsschädigungen und Sicherheitsprobleme möglich sind; Ethanol sollte nur in einer geschlossenen Umgebung angewendet werden.

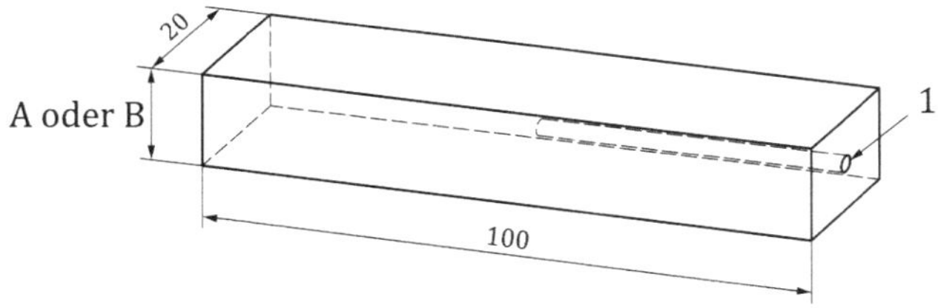

Legende

1 Bohrung für Thermoelement
A Probendicke: 5 mm
B Probendicke: 15 mm

Bild B.1 — Darstellung der verwendeten Modellprobe

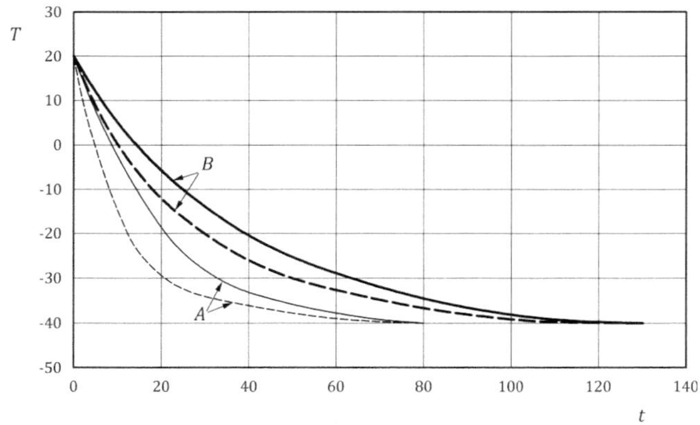

Legende

A Probendicke: 5 mm
B Probendicke: 15 mm
T Temperatur, in °C
t Zeit, in s
---- Oberfläche der Probe
— Zentrum der Probe

Bild B.2 — Abkühlkurven für Modellproben mit Kühlung in Ethanol bei −40 °C

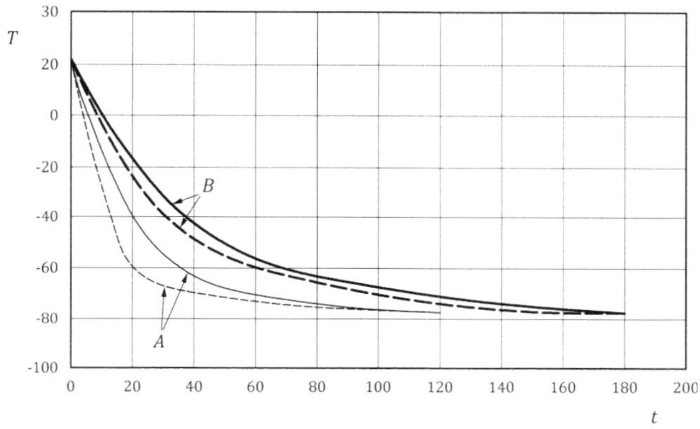

Legende

A Probendicke: 5 mm
B Probendicke: 15 mm
T Temperatur, in °C
t Zeit, in s
---- Oberfläche der Probe
— Zentrum der Probe

Bild B.3 — Abkühlkurven für Modellproben mit Kühlung in Ethanol bei −78 °C

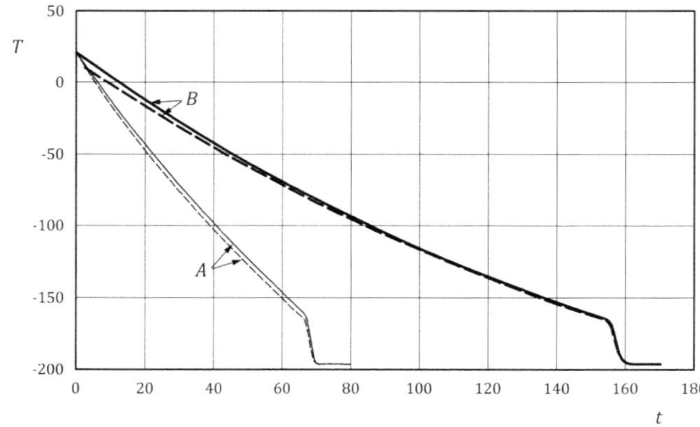

Legende

A Probendicke: 5 mm
B Probendicke: 15 mm
T Temperatur, in °C
t Zeit, in s
---- Oberfläche der Probe
— Zentrum der Probe

Bild B.4 — Abkühlkurven für Modellproben mit Kühlung in flüssigem Stickstoff bei −196 °C

Anhang C
(informativ)

Messunsicherheit

Zur Abschätzung der Messunsicherheit der Prüfergebnisse siehe ISO 6892-1:2009, Anhang J, und die folgenden Angaben.

Tabelle C.1 entspricht ISO 6892-1:2009, Tabelle J.1, erweitert um die Temperatur, die Art des Kühlmediums und die Dehngeschwindigkeit. Es hat sich gezeigt, dass Unterschiede in der Temperatur und die Art des Kühlmediums einen bemerkenswerten potentiellen Einfluss auf die Prüfergebnisse haben. Der Einfluss unterschiedlicher Dehngeschwindigkeiten ist mit dem bei Raumtemperatur beobachteten Einfluss vergleichbar. Aus diesem Grunde sollten die Beiträge zur Messunsicherheit der auftretenden Temperatur- und Dehngeschwindigkeitsunterschiede sowie der Einfluss der Art des Kühlmediums bei einer Abschätzung der Messunsicherheit der Prüfergebnisse berücksichtigt werden. Wie sich aus Tabelle C.1 entnehmen lässt, können die Temperatur, das Kühlmedium und Dehngeschwindigkeit die aufgeführten Werkstoffkennwerte beeinflussen.

Tabelle C.1 — Beitrag verschiedener Größen zur Unsicherheit der Prüfergebnisse

Parameter	Prüfergebnisse					
	R_{eH}	R_{eL}	R_m	R_p	A	Z
Kraft	X	X	X	X	—	—
Verlängerung	—	—	—	X	X	—
Messlänge	—	—	—	X	X	—
S_o	X	X	X	X	—	X
S_u	—	—	—	—	—	X
Temperatur	X	X	X	X	X	X
Dehngeschwindigkeit	X	X	X	X	X	X
Flüssiges/gasförmiges Kühlmedium	—	—	X	X	X	X
X = relevant — = nicht relevant						

Zur Bestimmung der Unsicherheit der in Tabelle C.1 aufgeführten Kennwerte darf der mit der Prüfeinrichtung verbundene Beitrag zur Unsicherheit aus den Kalibrierscheinen der zur Bestimmung der Kennwerte verwendeten Geräte entnommen werden, siehe ISO 6892-1:2009, J.3. Die Beiträge zur Messunsicherheit der durch Schwankungen von Temperatur und Dehngeschwindigkeit sowie der durch die Art des Kühlmediums beeinflussten Prüfergebnisse müssen experimentell bestimmt werden, da sie in hohem Maße materialabhängig sind. Aus diesem Grund ist es derzeit nicht möglich, Werte für die Temperatur, das Kühlmedium und die Dehngeschwindigkeit vorherzusagen, die dann beispielhaft anzuwenden sind.

Beispiele für die Bestimmung von Beiträgen zur Messunsicherheit, deren mathematische Verknüpfung und die Darstellung als gesamte erweiterte Messunsicherheit eines Prüfergebnisses sind in ISO 6892-1:2009, Anhang J, aufgeführt.

Literaturhinweise

[1] ISO 2566-1, *Steel — Conversion of elongation values — Part 1: Carbon and low alloy steels*

[2] ISO 2566-2, *Steel — Conversion of elongation values — Part 2: Austenitic steels*

[3] ISO 80000-1, *Quantities and units — Part 1: General*

[4] ASTM E1012 REV A:1993, *Standard Practice for Verification of Specimen Alignment Under Tensile Loading*

[5] *Tension and Compression Testing at Low Temperatures*, ASM-Handbuch, Band 8, Seite 164

Sachgebiet 2

Metallische Werkstoffe – Biegeversuch

Dokument	Seite
DIN EN ISO 7438	163

DEUTSCHE NORM März 2021

DIN EN ISO 7438

ICS 77.040.10

Ersatz für
DIN EN ISO 7438:2016-07

Metallische Werkstoffe – Biegeversuch (ISO 7438:2020); Deutsche Fassung EN ISO 7438:2020

Metallic materials –
Bend test (ISO 7438:2020);
German version EN ISO 7438:2020

Matériaux métalliques –
Essai de pliage (ISO 7438:2020);
Version allemande EN ISO 7438:2020

Gesamtumfang 20 Seiten

DIN-Normenausschuss Materialprüfung (NMP)

www.din.de
www.beuth.de

3167638

Nationales Vorwort

Dieses Dokument (EN ISO 7438:2020) wurde vom Technischen Komitee ISO/TC 164 „Mechanical testing of metals" in Zusammenarbeit mit dem Technischen Komitee CEN/TC 459/SC 1 „Prüfverfahren für Stahl (andere als chemische Analysen)" erarbeitet, dessen Sekretariat von AFNOR (Frankreich) gehalten wird.

Für die deutsche Mitarbeit ist der Arbeitsausschuss NA 062-01-42 AA „Zug- und Duktilitätsprüfung für Metalle" im DIN-Normenausschuss Materialprüfung (NMP) verantwortlich.

Aktuelle Informationen zu diesem Dokument können über die Internetseiten von DIN (www.din.de) durch eine Suche nach der Dokumentennummer aufgerufen werden.

Generell wird darauf hingewiesen, dass es sich bei dem ISO-Titel „Biegeversuch" aber um einen technologischen Biegeversuch handelt, wie auch in der zurückgezogenen DIN 50111 als Faltversuch bezeichnet.

Je nach verwendetem Verfahren werden im Deutschen die Begriffe „Biegestempel" (siehe 6.1 a) und 6.1 b)) oder „Biegedorn" (Schwenkbiegen, siehe 6.1 c)) verwendet. Im Englischen wird bei allen drei Verfahren einheitlich von „former" gesprochen.

Bei der Verwendung der Biegevorrichtung mit zwei Auflagerrollen und einem Biegestempel (siehe 6.1 a)) bzw. Bild 1) seien folgende Hinweise gegeben:

— Der Hinweis aus dem Nationalen Vorwort der DIN EN ISO 7438:2012-03 bezüglich möglichen Verklemmens und Streckziehen der Probe bei einem Auflagerabstand von $l \leq (D + 2\,a)$ wurde als Anmerkung unter 6.2.2 des Hauptteils dieser Norm übernommen.

— Es wird darauf hingewiesen, dass in dem Fall $l \leq (D + 2\,a)$ Aussagen über erreichbare Biegewinkel bzw. über entstandene Anrisse an der Probe nicht aussagefähig sein können.

— Es kann nicht grundsätzlich davon ausgegangen werden, dass ein Kraftabfall während des Biegeversuchs mit ersten Anrissen in der Probe einhergeht, da ein Kraftabfall auch geometrisch bedingt sein kann.

Änderungen

Gegenüber DIN EN ISO 7438:2016-07 wurden folgende Änderungen vorgenommen:

a) die Beschreibung eines Biegeversuchs, der ebene Dehnungsbedingungen erfordert, wurde als Anhang B (normativ) hinzugefügt;

b) die Beschreibung der Verweisung auf Anhang B (normativ) wurde zu 7.3 hinzugefügt.

Frühere Ausgaben

DIN 1605-4: 1936-02
DIN 50111: 1977-11, 1987-09
DIN EN ISO 7438: 2000-07, 2005-10, 2012-03, 2016-07

EUROPÄISCHE NORM

EUROPEAN STANDARD

NORME EUROPÉENNE

EN ISO 7438

Oktober 2020

ICS 77.040.10

Ersetzt EN ISO 7438:2016

Deutsche Fassung

Metallische Werkstoffe — Biegeversuch (ISO 7438:2020)

Metallic materials —
Bend test
(ISO 7438:2020)

Matériaux métalliques —
Essai de pliage
(ISO 7438:2020)

Diese Europäische Norm wurde vom CEN am 8. August 2020 angenommen.

Die CEN-Mitglieder sind gehalten, die CEN/CENELEC-Geschäftsordnung zu erfüllen, in der die Bedingungen festgelegt sind, unter denen dieser Europäischen Norm ohne jede Änderung der Status einer nationalen Norm zu geben ist. Auf dem letzten Stand befindliche Listen dieser nationalen Normen mit ihren bibliographischen Angaben sind beim CEN-CENELEC-Management-Zentrum oder bei jedem CEN-Mitglied auf Anfrage erhältlich.

Diese Europäische Norm besteht in drei offiziellen Fassungen (Deutsch, Englisch, Französisch). Eine Fassung in einer anderen Sprache, die von einem CEN-Mitglied in eigener Verantwortung durch Übersetzung in seine Landessprache gemacht und dem Management-Zentrum mitgeteilt worden ist, hat den gleichen Status wie die offiziellen Fassungen.

CEN-Mitglieder sind die nationalen Normungsinstitute von Belgien, Bulgarien, Dänemark, Deutschland, Estland, Finnland, Frankreich, Griechenland, Irland, Island, Italien, Kroatien, Lettland, Litauen, Luxemburg, Malta, den Niederlanden, Norwegen, Österreich, Polen, Portugal, der Republik Nordmazedonien, Rumänien, Schweden, der Schweiz, Serbien, der Slowakei, Slowenien, Spanien, der Tschechischen Republik, der Türkei, Ungarn, dem Vereinigten Königreich und Zypern.

EUROPÄISCHES KOMITEE FÜR NORMUNG
EUROPEAN COMMITTEE FOR STANDARDIZATION
COMITÉ EUROPÉEN DE NORMALISATION

CEN-CENELEC Management-Zentrum: Rue de la Science 23, B-1040 Brüssel

Ref. Nr. EN ISO 7438:2020 D

Inhalt

Europäisches Vorwort

Dieses Dokument (EN ISO 7438:2020) wurde vom Technischen Komitee ISO/TC 164 „Mechanical testing of metals“ in Zusammenarbeit mit dem Technischen Komitee CEN/TC 459/SC 1 „Prüfverfahren für Stahl (andere als chemische Analysen)“ erarbeitet, dessen Sekretariat von AFNOR gehalten wird.

Diese Europäische Norm muss den Status einer nationalen Norm erhalten, entweder durch Veröffentlichung eines identischen Textes oder durch Anerkennung bis April 2021, und etwaige entgegenstehende nationale Normen müssen bis April 2021 zurückgezogen werden.

Es wird auf die Möglichkeit hingewiesen, dass einige Elemente dieses Dokuments Patentrechte berühren können. CEN ist nicht dafür verantwortlich, einige oder alle diesbezüglichen Patentrechte zu identifizieren.

Dieses Dokument ersetzt EN ISO 7438:2016.

Entsprechend der CEN-CENELEC-Geschäftsordnung sind die nationalen Normungsinstitute der folgenden Länder gehalten, diese Europäische Norm zu übernehmen: Belgien, Bulgarien, Dänemark, Deutschland, die Republik Nordmazedonien, Estland, Finnland, Frankreich, Griechenland, Irland, Island, Italien, Kroatien, Lettland, Litauen, Luxemburg, Malta, Niederlande, Norwegen, Österreich, Polen, Portugal, Rumänien, Schweden, Schweiz, Serbien, Slowakei, Slowenien, Spanien, Tschechische Republik, Türkei, Ungarn, Vereinigtes Königreich und Zypern.

Anerkennungsnotiz

Der Text von ISO 7438:2020 wurde von CEN als EN ISO 7438:2020 ohne irgendeine Abänderung genehmigt.

Vorwort

ISO (die Internationale Organisation für Normung) ist eine weltweite Vereinigung nationaler Normungsinstitute (ISO-Mitgliedsorganisationen). Die Erstellung von Internationalen Normen wird üblicherweise von Technischen Komitees von ISO durchgeführt. Jede Mitgliedsorganisation, die Interesse an einem Thema hat, für welches ein Technisches Komitee gegründet wurde, hat das Recht, in diesem Komitee vertreten zu sein. Internationale staatliche und nichtstaatliche Organisationen, die in engem Kontakt mit ISO stehen, nehmen ebenfalls an der Arbeit teil. ISO arbeitet bei allen elektrotechnischen Normungsthemen eng mit der Internationalen Elektrotechnischen Kommission (IEC) zusammen.

Die Verfahren, die bei der Entwicklung dieses Dokuments angewendet wurden und die für die weitere Pflege vorgesehen sind, werden in den ISO/IEC-Direktiven, Teil 1 beschrieben. Es sollten insbesondere die unterschiedlichen Annahmekriterien für die verschiedenen ISO-Dokumentenarten beachtet werden. Dieses Dokument wurde in Übereinstimmung mit den Gestaltungsregeln der ISO/IEC-Direktiven, Teil 2 erarbeitet (siehe www.iso.org/directives).

Es wird auf die Möglichkeit hingewiesen, dass einige Elemente dieses Dokuments Patentrechte berühren können. ISO ist nicht dafür verantwortlich, einige oder alle diesbezüglichen Patentrechte zu identifizieren. Details zu allen während der Entwicklung des Dokuments identifizierten Patentrechten finden sich in der Einleitung und/oder in der ISO-Liste der erhaltenen Patenterklärungen (siehe www.iso.org/patents).

Jeder in diesem Dokument verwendete Handelsname dient nur zur Unterrichtung der Anwender und bedeutet keine Anerkennung.

Für eine Erläuterung des freiwilligen Charakters von Normen, der Bedeutung ISO-spezifischer Begriffe und Ausdrücke in Bezug auf Konformitätsbewertungen sowie Informationen darüber, wie ISO die Grundsätze der Welthandelsorganisation (WTO, en: World Trade Organization) hinsichtlich technischer Handelshemmnisse (TBT, en: Technical Barriers to Trade) berücksichtigt, siehe www.iso.org/iso/foreword.html.

Dieses Dokument wurde vom Technischen Komitee ISO/TC 164, *Mechanical testing of metals,* Unterkomitee SC 2, *Ductility testing* in Zusammenarbeit mit dem europäischen Komitee für Normung (CEN) Technischen Komitee CEN/TC 459, *ECISS – Europäisches Komitee für Eisen- und Stahlnormung* in Übereinstimmung mit der Vereinbarung für die technische Zusammenarbeit zwischen ISO und CEN (Wiener Vereinbarung) erarbeitet.

Diese vierte Ausgabe ersetzt die dritte Ausgabe (ISO 7438:2016), die technisch überarbeitet wurde.

Die wesentliche Änderung im Vergleich zur Vorgängerausgabe ist die Aufnahme eines neuen Anhang B, der einen Biegeversuch bei ebenen Dehnungsbedingungen beschreibt.

Rückmeldungen oder Fragen zu diesem Dokument sollten an das jeweilige nationale Normungsinstitut des Anwenders gerichtet werden. Eine vollständige Auflistung dieser Institute ist unter www.iso.org/members.html zu finden.

1 Anwendungsbereich

Dieses Dokument legt ein Verfahren zur Bestimmung der plastischen Verformbarkeit metallischer Werkstoffe im Biegeversuch fest.

Dieses Dokument wird angewendet für Proben, die von metallischen Erzeugnissen nach entsprechenden Werkstoffnormen entnommen werden. Es ist nicht anwendbar auf spezielle Werkstoffe oder Erzeugnisse, z. B. Rohrabschnitte, Schweißverbindungen, für die es andere Normen gibt.

2 Normative Verweisungen

Es gibt keine normativen Verweisungen in diesem Dokument.

3 Begriffe

In diesem Dokument werden keine Begriffe aufgeführt.

ISO und IEC stellen terminologische Datenbanken für die Verwendung in der Normung unter den folgenden Adressen bereit:

— IEC Electropedia: verfügbar unter http://www.electropedia.org/

— ISO Online Browsing Platform: verfügbar unter http://www.iso.org/obp

4 Symbole, Bezeichnungen und Einheiten

Die Symbole und deren Benennungen, die für den Biegeversuch verwendet werden, sind in Bild 1, Bild 2 und Tabelle 1 angegeben.

Tabelle 1 — Symbole, Bezeichnungen und Einheiten

Symbole	Bezeichnung	Einheit
a	Dicke oder Durchmesser der Probe (oder Durchmesser des Innenkreises bei vieleckigem Querschnitt)	mm
b	Probenbreite	mm
c	Abstand zwischen der Ebene, die durch die Mittelpunkte der Auflager geht und dem Mittelpunkt des gerundeten Teils des Biegestempels vor der Prüfung	mm
D	Durchmesser des Biegestempels bzw. des Biegedorns	mm
f	Vorschubbewegung des Biegestempels	mm
$\bar{\theta}$	Lode-Winkelparameter, d. h. Dehnungspfadrichtung	—
L	Probenlänge	mm
l	Abstand zwischen den Auflagerrollen	mm
η	Triaxialitätsfaktor	—
p	Abstand zwischen der vertikalen Mittellinie einer Auflagerolle und der vertikalen Mittellinie des Biegestempels	mm
R	Radius der Auflagerrollen	mm
r	Innerer Radius an der Biegestelle der Probe nach dem Versuch	mm
α	Biegewinkel	Grad

5 Kurzbeschreibung

Der Biegeversuch wird durchgeführt mit einer Probe mit rundem, quadratischem, rechteckigem oder vieleckigem Querschnitt, die durch Biegung plastisch bis zum Erreichen eines bestimmten Biegewinkels verformt wird, ohne dabei die Beanspruchungsrichtung zu ändern.

Die Achsen der zwei Probenschenkel werden rechtwinklig zur Biegeachse ausgerichtet. Im Fall einer 180°-Biegung dürfen die zwei seitlichen Flächen in Abhängigkeit von den Anforderungen der Produktnorm flach aneinanderliegen oder können parallel in einem festgelegten Abstand zueinander sein, der mit einer Beilage eingestellt wird.

6 Prüfeinrichtung

6.1 Allgemeines

Der Biegeversuch muss mit Prüfmaschinen oder Pressen unter Verwendung folgender Vorrichtungen durchgeführt werden:

a) Biegevorrichtung mit zwei Auflagerrollen und einem Biegestempel, wie in Bild 1;

b) Biegevorrichtung mit einer V-förmigen Matrize und einem Biegestempel, wie in Bild 2;

c) Biegevorrichtung mit einem Klemmmechanismus, wie in Bild 3.

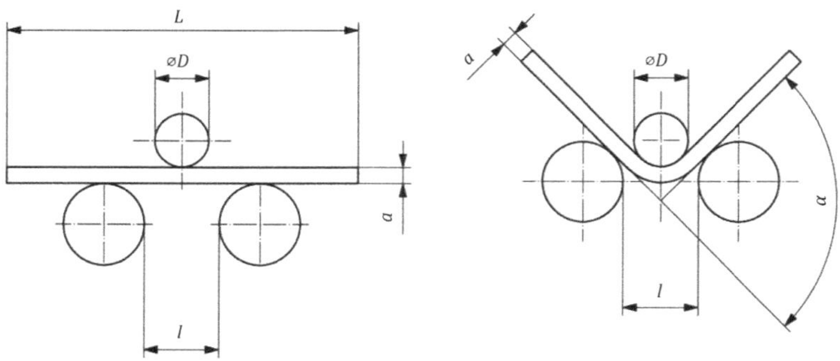

Bild 1 — Biegevorrichtung mit zwei Auflagerollen und einem Biegestempel

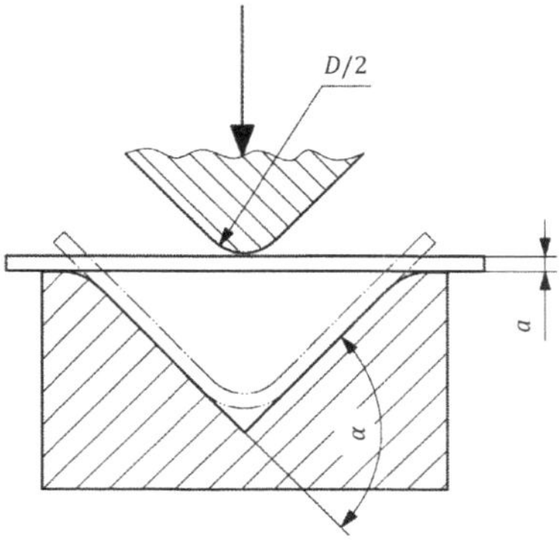

Bild 2 — Biegevorrichtung mit einer V-förmigen Matrize und einem Biegestempel

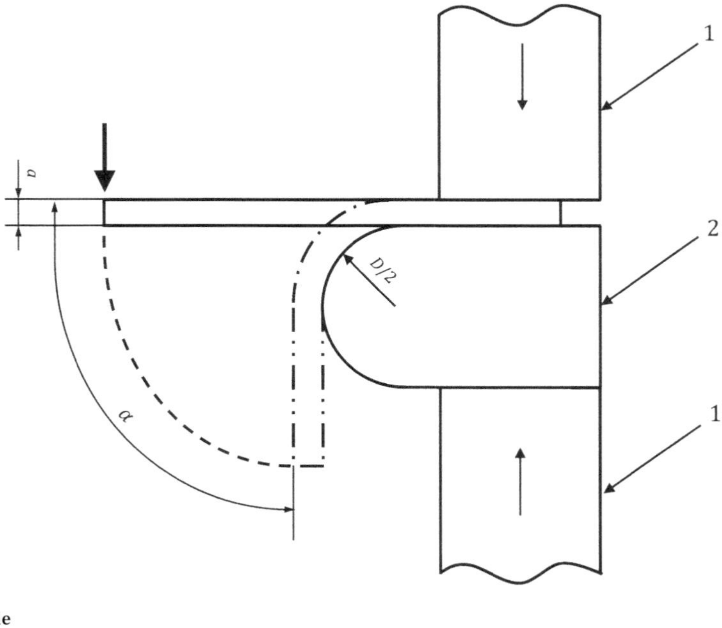

Legende

1 Klemmbacke

2 Biegedorn

Bild 3 — Biegevorrichtung mit einem Klemmmechanismus

6.2 Biegevorrichtung mit Auflagerrollen und einem Biegestempel

6.2.1 Die Länge der Auflagerrollen und die Breite des Biegestempels müssen größer sein als die Breite oder der Durchmesser der Probe. Der Durchmesser des Biegestempels ist durch Produktnormen festgelegt (siehe Bild 1). Die Auflagerrollen und der Biegestempel müssen eine ausreichende Härte haben.

6.2.2 Wenn nichts anderes festgelegt ist, muss der Abstand zwischen den Auflagerrollen l wie in Gleichung (1) sein und darf während des Biegeversuchs nicht verändert werden:

$$l = (D + 3a) \pm \frac{a}{2} \tag{1}$$

ANMERKUNG Wenn der Abstand zwischen den Auflagerrollen l_2 [N1] kleiner oder gleich D + 2a festgelegt wird, kann es bei der Prüfung zum Verklemmen und Streckziehen der Probe kommen.

6.3 Biegevorrichtung mit einer V-förmigen Matrize

Die V-förmigen Flächen der Matrize müssen einen Winkel von $180° - \alpha$ bilden (siehe Bild 2). Der Winkel α ist in der entsprechenden Norm festgelegt.

Die Kanten der V-förmigen Matrize müssen einen Radius zwischen dem einfachen und zehnfachen Wert der Probendicke und eine ausreichende Härte haben.

6.4 Biegevorrichtung mit einem Klemmmechanismus

Diese Vorrichtung besteht aus einem Klemmmechanismus und einem Biegedorn mit ausreichender Härte. Diese Vorrichtung darf mit einem Hebelarm für die Aufbringung der Prüfkraft auf die Probe ausgestattet werden (siehe Bild 3).

Da die Position der linken Ränder der Klemmbacken das Prüfergebnis beeinflussen kann, sollten die linken Ränder der Klemmbacken (wie Bild 3 zeigt) nicht bis zur vertikalen Mittellinie des Radius des Biegedorns oder darüber hinaus reichen.

7 Probe

7.1 Allgemeines

Für die Prüfung müssen Proben mit rundem, quadratischem, rechteckigem oder vieleckigem Querschnitt verwendet werden. Alle Stellen des Werkstoffes, die durch Schneiden oder Brennschneiden und ähnliche Bearbeitungsarten während der Probenahme entstanden sind, müssen entfernt werden. Werden jedoch Proben geprüft, an denen diese beeinflussten Stellen nicht entfernt wurden, können diese Proben akzeptiert werden, vorausgesetzt, das Prüfergebnis ist zufriedenstellend.

7.2 Kanten von rechteckigen Proben

Die Kanten von rechteckigen Proben müssen gebrochen sein auf einen Radius, der die folgenden Werte nicht überschreitet:

— 3 mm bei Probendicke $\geq$ 50 mm;

— 1,5 mm bei Probendicke $<$ 50 mm und $\geq$ 10 mm;

— 1 mm bei Probendicke $<$ 10 mm.

[N1] Nationale Fußnote: Fehler in Referenzfassung. Laut Bild 1 muss das Symbol „l“ verwendet werden und nicht „l_2“.

Das Brechen der Kanten muss so erfolgen, dass keine Querriefen, Kratzer oder Markierungen entstehen, die einen negativen Einfluss auf das Prüfergebnis haben können. Werden jedoch Proben geprüft, deren Kanten nicht gebrochen wurden, können diese Proben akzeptiert werden, vorausgesetzt, das Prüfergebnis ist zufriedenstellend.

7.3 Probenbreite

Wenn nichts anderes in der entsprechenden Norm festgelegt ist, muss die Probenbreite wie folgt sein:

a) gleich der Erzeugnisbreite, wenn diese ≤ 20 mm beträgt;

b) für Erzeugnisbreiten > 20 mm:

   1) (20 ± 5) mm für Erzeugnisse mit einer Dicke < 3 mm;

   2) zwischen 20 mm und 50 mm für Erzeugnisse mit einer Dicke ≥ 3 mm.

Wenn zwischen den Parteien vereinbart wird, dass die ebenen Dehnungsbedingungen (Definition der ebenen Dehnung ist in Anhang B erläutert) für Prüfstücke mit einer Dicke von mehr als 3 mm eingehalten werden müssen, ist die Biegeprüfung nach Anhang B durchzuführen

7.4 Probendicke

7.4.1 Die Probendicke von Blechen, Bändern und Abschnitten muss gleich der Dicke des zu prüfenden Erzeugnisses sein. Wenn die Dicke des Erzeugnisses größer als 25 mm ist, darf sie durch Bearbeitung einer Oberfläche so verringert werden, dass sie nicht kleiner als 25 mm ist. Während der Biegung ist die Probe so einzuspannen, dass die unbearbeitete Fläche die zugbeanspruchte Probenfläche ist.

7.4.2 Proben mit rundem oder vieleckigem Querschnitt müssen mit dem Erzeugnisquerschnitt geprüft werden, wenn der Durchmesser (für einen runden Querschnitt) oder der Innenkreisdurchmesser (für einen vieleckigen Querschnitt) nicht größer als 30 mm ist. Wenn der Durchmesser oder der Innenkreisdurchmesser der Probe über 30 mm und bis zu 50 mm liegt, darf er auf nicht weniger als 25 mm verringert werden. Wenn der Durchmesser oder der Innenkreisdurchmesser der Probe größer als 50 mm ist, muss er verringert werden auf nicht weniger als 25 mm (siehe Bild 4). Während der Biegung ist die Probe so einzuspannen, dass die unbearbeitete Fläche die zugbeanspruchte Probenfläche ist.

Maße in Millimeter

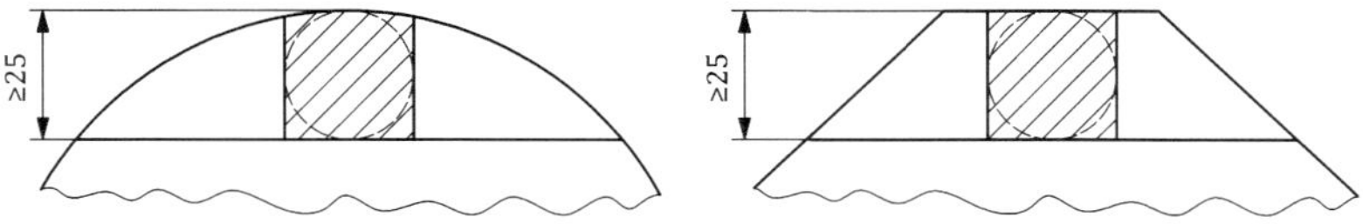

Bild 4 — Durchmesser und Innenkreisdurchmesser der Probe

7.5 Proben aus Schmiedeteilen, Gussstücken, und Halbzeugen

Für Schmiedeteile, Gussstücke und Halbzeuge müssen die Probenmaße und die Probenahme wie in allgemeinen Lieferbedingungen oder durch Vereinbarung festgelegt sein.

7.6 Vereinbarungen für Proben größerer Dicke und Breite

Proben größerer Breite und Dicke als in 7.3 und 7.4 festgelegt dürfen nach Vereinbarung für den Biegeversuch verwendet werden.

7.7 Probenlänge

Die Probenlänge ist abhängig von der Probendicke und der verwendeten Prüfvorrichtung.

8 Durchführung

WARNUNG — Während der Prüfung müssen angemessene Sicherheitsmaßnahmen und Schutzausrüstung verwendet werden.

8.1 Üblicherweise werden Prüfungen bei einer Umgebungstemperatur zwischen 10 °C und 35 °C durchgeführt. Prüfungen unter kontrollierten Bedingungen sind, soweit erforderlich, bei einer Temperatur von (23 ± 5) °C durchzuführen.

8.2 Der Biegeversuch muss nach den entsprechenden Normen unter Anwendung eines der folgenden Verfahren durchgeführt werden:

a) ein festgelegter Biegewinkel wird unter entsprechender Prüfkraft und nach den Prüfbedingungen erreicht (siehe Bild 1, Bild 2 und Bild 3);

b) die Probenschenkel befinden sich parallel zueinander mit einem festgelegten Abstand unter entsprechender Prüfkraft (siehe Bild 6);

c) die Probenschenkel liegen unter entsprechender Prüfkraft direkt aneinander (siehe Bild 7).

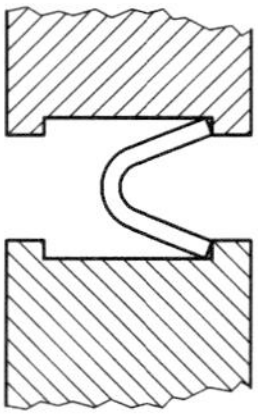

Bild 5 — Biegung der Probenschenkel

Bild 6 — Probenschenkel parallel zueinander

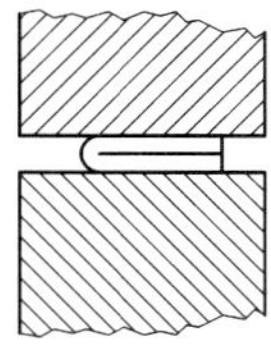

Bild 7 — Probenschenkel aneinanderliegend

8.3 Im Biegeversuch zur Erreichung eines festgelegten Biegewinkels muss die Probe auf den Auflagerrollen (siehe Bild 1) oder auf der V-förmigen Matrize (siehe Bild 2) positioniert werden und wird dann in der Mitte zwischen den Auflagerrollen durch eine ansteigende Prüfkraft gebogen. Der Biegewinkel α kann aus der Messung des Vorschubweges des Biegewinkels berechnet werden, siehe Anhang A.

Für die drei Verfahren (Bilder 1, 2 und 3) muss die Prüfkraft so langsam aufgebracht werden, dass eine unbeeinflusste plastische Verformung des Werkstoffes möglich ist.

Im Schiedsfall muss eine Prüfgeschwindigkeit von $(1 \pm 0{,}2)$ mm/s verwendet werden.

Wenn es nicht möglich ist, die Probe in einer der oben beschriebenen Arten bis zu dem festgelegten Biegewinkel zu biegen, muss der Biegeversuch durch Zusammendrücken der Probenschenkel (siehe Bild 5) zu Ende geführt werden.

Wenn gefordert ist, dass der Biegeversuch zu einer parallelen Lage der Probenschenkel führt, darf die Probe anfangs wie in Bild 5 angegeben gebogen und anschließend zwischen parallelen Platten einer Presse positioniert werden (siehe Bild 6), wo sie weiter durch eine ansteigende Prüfkraft verformt wird, bis die Probenschenkel eine parallele Lage zueinander haben. Die Prüfung darf mit einer oder ohne eine Beilage durchgeführt werden. Die Dicke der Beilage muss der Festlegung in der relevanten Norm entsprechen oder vereinbart werden.

Ein alternatives Verfahren dazu ist die Biegung über einen Biegedorn (siehe 6.4).

8.4 Wenn festgelegt, muss die Probe nach ihrer ersten Biegung weiter zwischen den parallelen Platten einer Presse unter Anwendung einer ansteigenden Prüfkraft gebogen werden bis zum Aneinanderliegen der Probenschenkel (siehe Bild 7).

9 Auswertung der Ergebnisse

9.1 Die Auswertung der Ergebnisse des Biegeversuchs muss in Übereinstimmung mit den Anforderungen der Produktnormen vorgenommen werden. Sind diese Anforderungen nicht festgelegt, ist das Ausbleiben von Rissen die ohne Vergrößerungsmittel festgestellt werden können, ein Kriterium, dass die Probe die Biegeprüfung bestanden hat.

9.2 Der Biegewinkel, der in den Produktnormen festgelegt ist, ist immer als Mindestwert zu verstehen. Wenn der Innenradius einer Biegung festgelegt ist, ist dieser als Höchstwert zu verstehen.

ANMERKUNG Das Vorhandensein einer Oxidschicht auf der unbearbeiteten Oberfläche auf der Spannungsseite des Biegeprüfstücks hat einen Einfluss auf die Beurteilung der Ergebnisse. Dieser Punkt kann vom Produktstandard oder den betroffenen Parteien berücksichtigt werden.

10 Prüfbericht

Der Prüfbericht muss folgende Angaben enthalten:

a) eine Verweisung auf dieses Dokument, d. h. ISO 7438;

b) Angaben zur Probe (Werkstoff, Herstellungsnummer, Richtung der Probenachse in Bezug auf das Probestück, usw.);

c) die Form und Maße der Probe;

d) das verwendete Prüfverfahren;

e) jede Abweichung von diesem Dokument;

f) das Prüfergebnis.

Anhang A
(informativ)

Bestimmung des Biegewinkels aus der Vorschubbewegung des Biegestempels

Dieser Anhang legt fest, wie der Biegewinkel α bei einer unter Last stehenden Probe zu bestimmen ist. Seine direkte Messung würde erheblichen Aufwand erfordern. Aus diesem Grund wird die Berechnung des Biegewinkels aus der Messung des Vorschubweges des Biegestempels f vorgeschlagen. Der Biegewinkel α kann für die belastete Probe aus dem Vorschubweg des Biegestempels und den in Bild A.1 angegebenen Größen nach Gleichung (A.1) bis Gleichung (A.4) berechnet werden:

$$\sin\frac{\alpha}{2} = \frac{p \times c + W \times (f - c)}{p^2 + (f - c)^2} \tag{A.1}$$

$$\cos\frac{\alpha}{2} = \frac{W \times p - c \times (f - c)}{p^2 + (f - c)^2} \tag{A.2}$$

Dabei ist

$$W = \sqrt{p^2 + (f - c)^2 - c^2} \tag{A.3}$$

$$c = R + a + \frac{D}{2} \tag{A.4}$$

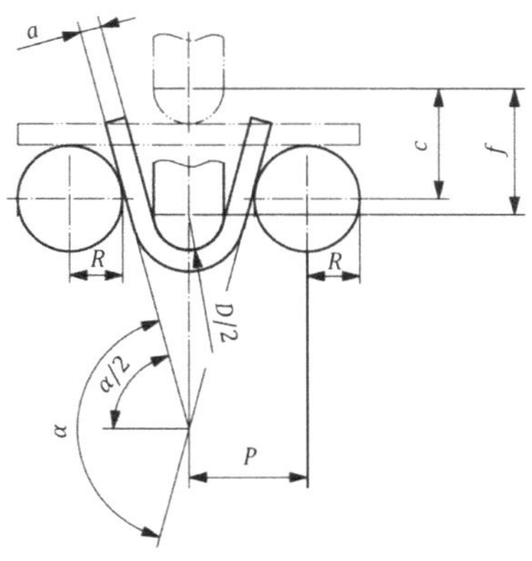

Bild A.1 — Zur Errechnung des Biegewinkels α erforderliche Größen

Anhang B
(normativ)

Biegeversuch unter ebenen Dehnungsbedingungen

B.1 Übersicht

Die Anwendung dieses Anhangs muss von den Beteiligten vereinbart werden.

Die verschiedenen Kombinationen von Dicke und Breite aus 7.3 [a), b)] und die Bedingung für die ebene Dehnung sind in Bild B.1 als Leitlinie für die Auswahl der Breite der Probe dargestellt. Die fettgedruckte Linie trennt die ebene Dehnung von den nicht ebenen Dehnungsbedingungen

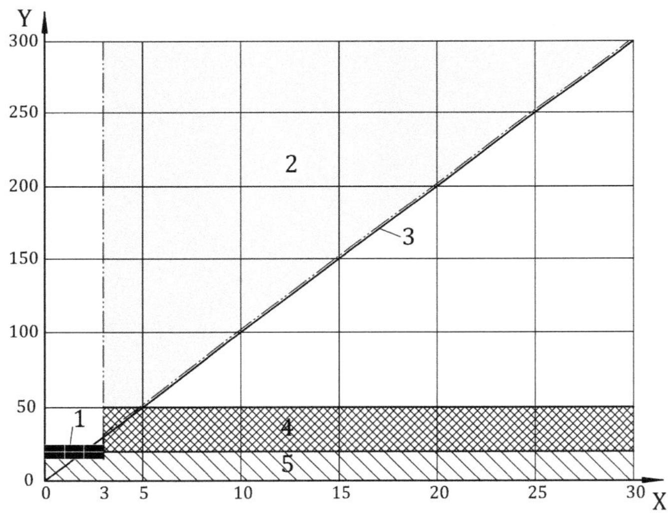

Legende

X Dicke (a) in mm

Y Breite (b) in mm

1 $b = 20 \pm 5$, wenn $a < 3$ [siehe 7.3 b) 1)]

2 $b \geq 10 \times a$ und $a > 3$ [siehe Anhang B]

3 ebene Dehnungsbedingung $b \geq 10 \times a$

4 $20 < b < 50$, wenn $a \geq 3$ [siehe 7.3 b) 2)]

5 $b \leq 20$ [siehe 7.3 a)]

Bild B.1 — Kombinationen von Dicke (a) und Breite (b) in Verhältnis zur ebenen Dehnungsbedingung für Proben nach 7.3

Ein Biegeversuch, der für alle Anwendungen und Maße eines Erzeugnisses geeignet ist, sollte das Erzeugnis im extremsten Zustand prüfen. Der extremste Biegezustand besteht, wenn ebene Dehnungsbedingungen erreicht wurden. Um ebene Dehnungsbedingungen zu erreichen, sollte eine Probe mit einem Verhältnis von Breite zu Dicke von $(b/a) \geq 10$ verwendet werden. Dieser kritische Zustand (ebene Dehnung) kann nicht erreicht werden, wenn die Probenbreite zu gering ist ([1] bis [5]).

Die in diesem Anhang festgelegten Spezifikationen können zu folgenden Effekten führen:

— geringere Winkel der zugelassenen Biegung α im Vergleich zu den zuvor in 7.3 angegebenen Probebreiten;

— infolgedessen können Proben versagen;

— Steigerung der Prüfkraft;

— Steigerung des Gewichts der Probe;

— die Anforderungen an die Biegbarkeit in Produktnormen werden möglicherweise nicht erfüllt.

Dennoch sind die Ergebnisse von Versuchen, die in Übereinstimmung mit diesem Anhang durchgeführt werden, für mehrere Anwendungen realistischer.

Eine Probe mit einem runden oder sechseckigen Querschnitt (Stange) stellt allerdings kein Problem dar, da der kritischste Zustand (ebene Dehnung) nicht erreicht werden kann.

B.2 Allgemeines

Die Biegefähigkeit eines Blechs oder einer Platte (rechteckige Probe) hängt größtenteils von der Probenbreite ab. Verschiedene Probenbreiten fördern unterschiedliche Dehnungszustände. Biegeversuche, die an einer Probe mit zu geringer Breite durchgeführt werden, können ein nicht-konservatives Ergebnis fördern (höhere Duktilität, d. h. geringere Versagenstendenzen). Im folgenden Bild B.2 wird dies sehr klar dargestellt. Es wurde derselbe Biegestempeldurchmesser genutzt, aber abhängig von der Breite der verwendeten Probe fallen die Biegeergebnisse sehr unterschiedlich aus. Die Probe links hat eine Breite b von der vierfachen Dicke a. Bei einer zu geringen Breite b in Bezug auf die Dicke a wird niemals das kritische Niveau des Triaxialitätsfaktors $\left(\eta[\bar{\theta} = 0] = +\frac{1}{\sqrt{3}} \approx 0{,}58\right)$, das dem ebenen Dehnungszustand (unter Zugbeanspruchung) entspricht [6], erreicht. Dieser Wert ergibt sich aus der Beziehung zwischen Triaxialitätsfaktor η und dem Lode-Winkelparameter $\bar{\theta}$ ([7] bis [9]) [siehe Gleichung (B.1)], indem die Wurzeln durch Setzen des Lode-Winkelparameters auf $\bar{\theta} = 0$ berechnet werden, welcher den ebenen Dehnungspfad darstellt.

$$\cos\left[\frac{\pi}{2}(1 - \bar{\theta})\right] = -\frac{27}{2}\eta\left(\eta^2 - \frac{1}{3}\right) \quad \text{(B.1)}$$

In Bild B.2 sind ungefähre Werte des Triaxialitätsfaktors dargestellt (basierend auf Finite-Elemente-Simulationen), die eine gute Korrelation zwischen den Bereichen bestätigen, in denen Schädigung eintritt und ein Triaxialitätsfaktor oberhalb des Grenzwerts für den ebenen Dehnungszustand erreicht wird.

ANMERKUNG Der Lode-Parameter und der Triaxialitätsfaktor werden zur Information über den mechanischen Hintergrund des ebenen Dehnungszustands verwendet, sie werden jedoch nicht direkt im Versuch verwendet. Die ebenen Dehnungsbedingungen werden erreicht, wenn die Spezifikationen von B.3 verwendet werden.

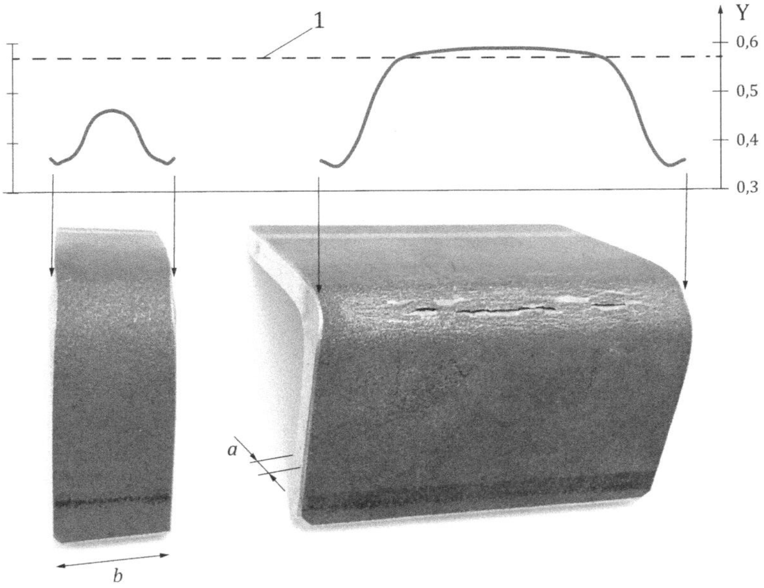

Legende

Y Triaxilitätsfaktor

1 kritischer Wert für den Zustand der ebenen Dehnung

Bild B.2 — Unterschiede in der Biegefähigkeit in Abhängigkeit von der Breite (b)

B.3 Probe

Um ebene Dehnungsbedingungen zu erreichen, muss eine Probe mit einem Verhältnis von Breite zu Dicke von $(b/a) \geq 10$ verwendet werden.

Diese Anforderung wird von einigen dünneren Proben in 7.3 allerdings schon erfüllt, wie in Bild B.1 dargestellt.

B.4 Beurteilung

Aufgrund schlechter Vorbereitung der Kanten können bei rechteckigen Proben Risse von den Kanten ausgehen. Diese Kantenrisse sind kein Anzeichen dafür, dass die Probe den Biegeversuch, wie in 9.1 festgelegt, nicht bestanden hat. Daher dürfen Risse, die von den Kanten ausgehen und sich nicht weiter als zwei Dickenerstrecken, in die Versuchsauswertung nach 9.1 nicht einfließen. Wenn die von den Kanten ausgehenden Risse allerdings mehr als zwei Dicken in die Breite hineinreichen, muss die Probe als ungültig betrachtet werden.

ANMERKUNG Bei einer Probenbreite von etwa des zehnfachen Werts der Dicke entspricht die ebene Dehnungsregion etwa den mittleren 60 % der Gesamtbreite. Da eine Beurteilung der ebenen Dehnungsbiegung erwünscht ist, wird eine Rissbeurteilung nur in dieser Region berücksichtigt. Von den Kanten ausgehende Risse, die nicht in diesen Bereich hineinreichen, werden bei der Auswertung der Prüfergebnisse nicht berücksichtigt.

B.5 Prüfbericht

Neben den nach Abschnitt 10 a) bis f) erforderlichen Informationen muss der Bericht auch Informationen zu den Maßen der verwendeten Proben enthalten. Des Weiteren muss eine Verweisung auf diesen Anhang aufgenommen werden:

BEISPIEL ISO 7438:2020, Anhang B.

Literaturhinweise

[1] HILL R. "*The Mathematical Theory of Plasticity*". Clarendon Press, Oxford, (1950)

[2] CRAFOORD R., "*Plastic sheet bending*", Ph.D. Thesis, Chalmers Tekniska Högskola, Göteborg, (1970)

[3] DUNCAN J. L. "*The Mechanics of Sheet Metal Forming,*" Edward Arnold Ltd., London, (1992)

[4] CHAN W.M., CHEW H.P., LEE B.T., "Finite element analysis of spring-back of V-bending sheet metal forming processes", *Int. Journal of Materials Processing Technology*, **148**, 15–24, (2004)

[5] CHEONG K. et al., "Evaluation of the VDA 238-100 Tight Radius Bending Test using Digital Image Correlation Strain Measurement", *Int. Journal of Physics, Conf. Ser.* **896** 012075, (2017)

[6] LI Y., WIERZBICKI T., "Prediction of plane strain fracture of AHSS sheets with post-initiation softening", *Int. Journal of Solids and Structures* **47**, 2316–2327, (2010)

[7] BAI Y., WIERZBICKI T., "A new model of metal plasticity and fracture with pressure and Lode dependence", *Int. Journal of Plasticity* **24**, 1071–1096, (2008)

[8] WIERZBICKI T., XUE L. "On the Effect of the Third Invariant of the Stress Deviator on Ductile Fracture". *Technical Report*", Impact and Crashworthiness Laboratory, Massachusetts Institute of Technology, Cambridge, MA. (2005)

[9] BAI Y., WIERZBICKI T., "Application of extended Mohr-Coulomb criterion on ductile fracture", *Int. Journal of Fracture* **161**, 1-20 (2010)

Sachgebiet 3

Kunststoffe – Zugversuch

DEUTSCHE NORM **Dezember 2019**

DIN EN ISO 527-1

DIN

ICS 83.080.01

Ersatz für
DIN EN ISO 527-1:2012-06

Kunststoffe – Bestimmung der Zugeigenschaften – Teil 1: Allgemeine Grundsätze (ISO 527-1:2019); Deutsche Fassung EN ISO 527-1:2019

Plastics –
Determination of tensile properties –
Part 1: General principles (ISO 527-1:2019);
German version EN ISO 527-1:2019

Plastiques –
Détermination des propriétés en traction –
Partie 1: Principes généraux (ISO 527-1:2019);
Version allemande EN ISO 527-1:2019

Gesamtumfang 37 Seiten

DIN-Normenausschuss Kunststoffe (FNK)

www.din.de
www.beuth.de

3059426

Nationales Vorwort

Dieses Dokument (EN ISO 527-1:2019) wurde vom Technischen Komitee ISO/TC 61 „Plastics" in Zusammenarbeit mit dem Technische Komitee CEN/TC 249 „Kunststoffe" erarbeitet, dessen Sekretariat von NBN (Belgien) gehalten wird.

Das zuständige nationale Normungsgremium ist der Arbeitsausschuss NA 054-01-02 AA „Mechanische Eigenschaften und Probekörperherstellung" im DIN-Normenausschuss „Kunststoffe" (FNK).

Für die in diesem Dokument zitierten internationalen Dokumente wird im Folgenden auf die entsprechenden deutschen Dokumente hingewiesen:

ISO 291	siehe	DIN EN ISO 291
ISO 294-1	siehe	DIN EN ISO 294-1
ISO 7500-1	siehe	DIN EN ISO 7500-1
ISO 9513:2012	siehe	DIN EN ISO 9513:2013-05
ISO 16012	siehe	DIN EN ISO 16012
ISO 20753	siehe	DIN EN ISO 20753
ISO 23529	siehe	DIN ISO 23529

Änderungen

Gegenüber DIN EN ISO 527-1:2012-06 wurden folgende Änderungen vorgenommen:

a) ein Fehler in Bild 1 bezüglich ε_{tm} wurde entfernt;

b) der Widerspruch hinsichtlich der Messgenauigkeit der Längenänderung bei der Berechnung des Elastizitätsmoduls zwischen Abschnitt 5.1.5.1 und Bild 1 und Anhang C wurde entfernt. Für Messlängen $L_0 \leq 50$ mm ist die Messgenauigkeit auf ± 1 µm eingestellt.

c) die normativen Verweisungen wurden aktualisiert;

d) redaktionelle Änderungen wurden vorgenommen.

Frühere Ausgaben

DIN 53371: 1955-10, 1959-09
DIN 53455: 1952-10, 1968-04, 1981-08
DIN 53457: 1968-05, 1987-06, 1987-10
DIN EN ISO 527-1: 1996-04, 2012-06

Nationaler Anhang NA
(informativ)

Literaturhinweise

DIN EN ISO 291, *Kunststoffe — Normalklimate für Konditionierung und Prüfung*

DIN EN ISO 294-1, *Kunststoffe — Spritzgießen von Probekörpern aus Thermoplasten — Teil 1: Allgemeine Grundlagen und Herstellung von Vielzweckprobekörpern und Stäben*

DIN EN ISO 7500-1, *Metallische Werkstoffe — Kalibrierung und Überprüfung von statischen einachsigen Prüfmaschinen — Teil 1: Zug- und Druckprüfmaschinen — Kalibrierung und Überprüfung der Kraftmesseinrichtung*

DIN EN ISO 9513:2013-05, *Metallische Werkstoffe — Kalibrierung von Längenänderungs-Messeinrichtungen für die Prüfung mit einachsiger Beanspruchung (ISO 9513:2012 + Cor.1:2013); Deutsche Fassung EN ISO 9513:2012*

DIN EN ISO 16012, *Kunststoffe — Bestimmung der linearen Maße von Probekörpern*

DIN EN ISO 20753, *Kunststoffe — Probekörper*

DIN ISO 23529, *Elastomere — Allgemeine Bedingungen für die Vorbereitung und Konditionierung von Prüfkörpern für physikalische Prüfverfahren*

— Leerseite —

EUROPÄISCHE NORM
EUROPEAN STANDARD
NORME EUROPÉENNE

EN ISO 527-1

September 2019

ICS 83.080.01

Ersatz für EN ISO 527-1:2012

Deutsche Fassung

Kunststoffe — Bestimmung der Zugeigenschaften — Teil 1: Allgemeine Grundsätze (ISO 527-1:2019)

Plastics —
Determination of tensile properties —
Part 1: General principles
(ISO 527-1:2019)

Plastiques —
Détermination des propriétés en traction —
Partie 1: Principes généraux
(ISO 527-1:2019)

Diese Europäische Norm wurde vom CEN am 20. Juli 2019 angenommen.

Die CEN-Mitglieder sind gehalten, die CEN/CENELEC-Geschäftsordnung zu erfüllen, in der die Bedingungen festgelegt sind, unter denen dieser Europäischen Norm ohne jede Änderung der Status einer nationalen Norm zu geben ist. Auf dem letzten Stand befindliche Listen dieser nationalen Normen mit ihren bibliographischen Angaben sind beim CEN-CENELEC-Management-Zentrum oder bei jedem CEN-Mitglied auf Anfrage erhältlich.

Diese Europäische Norm besteht in drei offiziellen Fassungen (Deutsch, Englisch, Französisch). Eine Fassung in einer anderen Sprache, die von einem CEN-Mitglied in eigener Verantwortung durch Übersetzung in seine Landessprache gemacht und dem Management-Zentrum mitgeteilt worden ist, hat den gleichen Status wie die offiziellen Fassungen.

CEN-Mitglieder sind die nationalen Normungsinstitute von Belgien, Bulgarien, Dänemark, Deutschland, Estland, Finnland, Frankreich, Griechenland, Irland, Island, Italien, Kroatien, Lettland, Litauen, Luxemburg, Malta, den Niederlanden, Norwegen, Österreich, Polen, Portugal, der Republik Nordmazedonien, Rumänien, Schweden, der Schweiz, Serbien, der Slowakei, Slowenien, Spanien, der Tschechischen Republik, der Türkei, Ungarn, dem Vereinigten Königreich und Zypern.

EUROPÄISCHES KOMITEE FÜR NORMUNG
EUROPEAN COMMITTEE FOR STANDARDIZATION
COMITÉ EUROPÉEN DE NORMALISATION

CEN-CENELEC Management-Zentrum: Rue de la Science 23, B-1040 Brüssel

Ref. Nr. EN ISO 527-1:2019 D

Inhalt

Europäisches Vorwort

Dieses Dokument (EN ISO 527-1:2019) wurde vom Technischen Komitee ISO/TC 61 „Plastics“ in Zusammenarbeit mit dem Technischen Komitee CEN/TC 249 „Kunststoffe“ erarbeitet, dessen Sekretariat von NBN gehalten wird.

Diese Europäische Norm muss den Status einer nationalen Norm erhalten, entweder durch Veröffentlichung eines identischen Textes oder durch Anerkennung bis März 2020, und etwaige entgegenstehende nationale Normen müssen bis März 2020 zurückgezogen werden.

Es wird auf die Möglichkeit hingewiesen, dass einige Elemente dieses Dokuments Patentrechte berühren können. CEN ist nicht dafür verantwortlich, einige oder alle diesbezüglichen Patentrechte zu identifizieren.

Dieses Dokument ersetzt EN ISO 527-1:2012.

Entsprechend der CEN-CENELEC-Geschäftsordnung sind die nationalen Normungsinstitute der folgenden Länder gehalten, diese Europäische Norm zu übernehmen: Belgien, Bulgarien, Dänemark, Deutschland, die Republik Nordmazedonien, Estland, Finnland, Frankreich, Griechenland, Irland, Island, Italien, Kroatien, Lettland, Litauen, Luxemburg, Malta, Niederlande, Norwegen, Österreich, Polen, Portugal, Rumänien, Schweden, Schweiz, Serbien, Slowakei, Slowenien, Spanien, Tschechische Republik, Türkei, Ungarn, Vereinigtes Königreich und Zypern.

Anerkennungsnotiz

Der Text von ISO 527-1:2019 wurde von CEN als EN ISO 527-1:2019 ohne irgendeine Abänderung genehmigt.

Vorwort

ISO (die Internationale Organisation für Normung) ist eine weltweite Vereinigung nationaler Normungsorganisationen (ISO-Mitgliedsorganisationen). Die Erstellung von Internationalen Normen wird üblicherweise von Technischen Komitees von ISO durchgeführt. Jede Mitgliedsorganisation, die Interesse an einem Thema hat, für welches ein Technisches Komitee gegründet wurde, hat das Recht, in diesem Komitee vertreten zu sein. Internationale staatliche und nichtstaatliche Organisationen, die in engem Kontakt mit ISO stehen, nehmen ebenfalls an der Arbeit teil. ISO arbeitet bei allen elektrotechnischen Themen eng mit der Internationalen Elektrotechnischen Kommission (IEC) zusammen.

Die Verfahren, die bei der Entwicklung dieses Dokuments angewendet wurden und die für die weitere Pflege vorgesehen sind, werden in den ISO/IEC-Direktiven, Teil 1 beschrieben. Es sollten insbesondere die unterschiedlichen Annahmekriterien für die verschiedenen ISO-Dokumentenarten beachtet werden. Dieses Dokument wurde in Übereinstimmung mit den Gestaltungsregeln der ISO/IEC-Direktiven, Teil 2 erarbeitet (siehe www.iso.org/directives).

Es wird auf die Möglichkeit hingewiesen, dass einige Elemente dieses Dokuments Patentrechte berühren können. ISO ist nicht dafür verantwortlich, einige oder alle diesbezüglichen Patentrechte zu identifizieren. Details zu allen während der Entwicklung des Dokuments identifizierten Patentrechten finden sich in der Einleitung und/oder in der ISO-Liste der erhaltenen Patenterklärungen (siehe www.iso.org/patents).

Jeder in diesem Dokument verwendete Handelsname dient nur zur Unterrichtung der Anwender und bedeutet keine Anerkennung.

Für eine Erläuterung des freiwilligen Charakters von Normen, der Bedeutung ISO-spezifischer Begriffe und Ausdrücke in Bezug auf Konformitätsbewertungen sowie Informationen darüber, wie ISO die Grundsätze der Welthandelsorganisation (WTO, en: World Trade Organization) hinsichtlich technischer Handelshemmnisse (TBT, en: Technical Barriers to Trade) berücksichtigt, siehe www.iso.org/iso/foreword.html.

Dieses Dokument wurde vom Technischen Komitee ISO/TC 61, *Plastics,* Unterkomitee SC 2, *Mechanical properties* erarbeitet.

Diese dritte Ausgabe ersetzt die zweite Ausgabe (ISO 527-1:2012), die technisch überarbeitet wurde.

Die wesentlichen Änderungen im Vergleich zur Vorgängerausgabe sind folgende:

— ein Fehler in Bild 1 bezüglich $\varepsilon_{\mathrm{tm}}$ wurde entfernt;

— der Widerspruch hinsichtlich der Messgenauigkeit der Längenänderung bei der Berechnung des Zugmoduls zwischen 5.1.5.1, Bild 1 und Anhang C wurde entfernt. Für Messlängen $L_0 \leq 50$ mm ist die Messgenauigkeit auf ± 1 µm festgelegt.

— die normativen Verweisungen (siehe Abschnitt 2) wurden aktualisiert;

— kleine redaktionelle Änderungen wurden vorgenommen;

— die sprachliche Ausdrucksweise wurde klarer gestaltet.

Eine Auflistung aller Teile der Normenreihe ISO 527 ist auf der ISO-Internetseite abrufbar.

Rückmeldungen oder Fragen zu diesem Dokument sollten an das jeweilige nationale Normungsinstitut des Anwenders gerichtet werden. Eine vollständige Auflistung dieser Institute ist unter www.iso.org/members.html zu finden.

1 Anwendungsbereich

1.1 Dieses Dokument legt die allgemeinen Grundsätze zur Bestimmung der Zugeigenschaften von Kunststoffen und Kunststoff-Verbundwerkstoffen unter festgelegten Bedingungen fest. Mehrere verschiedene Probekörpertypen sind für unterschiedliche Werkstoffarten festgelegt, die in den folgenden Teilen von ISO 527 näher beschrieben werden.

1.2 Die Verfahren werden verwendet, um das Zugverformungsverhalten von Probekörpern zu untersuchen und die Zugfestigkeit, den Zugmodul und andere Gesichtspunkte der Zugspannungs-/Dehnungs-Beziehung unter festgelegten Bedingungen zu ermitteln.

1.3 Die Verfahren sind speziell zur Anwendung bei folgenden Werkstoffgruppen geeignet:

— steife und halbsteife thermoplastische Spritzguss-, Extrusions- und Gussformmassen, einschließlich gefüllter und verstärkter Verbunde als Ergänzung zu ungefüllten Sorten; steife und halbsteife thermoplastische Platten und Folien;

— steife und halbsteife duroplastische Formmassen, einschließlich gefüllter und verstärkter Verbunde; steife und halbsteife duroplastische Platten einschließlich Schichtstoffe;

— faserverstärkte duroplastische und thermoplastische Verbundwerkstoffe mit unidirektionaler oder nichtunidirektionaler Verstärkung, wie Matten, Vliese und Gelege, Gewebe, Rovinggewebe, Kombinations- und Mischverstärkung, Stränge (Rovings) und Kurzfasern; Tafeln aus vorgetränkten Werkstoffen (Prepregs);

— thermotrope flüssigkristalline Polymere.

Die Verfahren sind üblicherweise nicht zur Anwendung mit harten Schaumstoffen, für die ISO 1926 angewendet wird, oder für Schichtstoff-Verbundwerkstoffe mit Schaumstoffkern geeignet.

2 Normative Verweisungen

Die folgenden Dokumente werden im Text in solcher Weise in Bezug genommen, dass einige Teile davon oder ihr gesamter Inhalt Anforderungen des vorliegenden Dokuments darstellen. Bei datierten Verweisungen gilt nur die in Bezug genommene Ausgabe. Bei undatierten Verweisungen gilt die letzte Ausgabe des in Bezug genommenen Dokuments (einschließlich aller Änderungen).

ISO 291, *Plastics — Standard atmospheres for conditioning and testing*

ISO 2602, *Statistical interpretation of test results — Estimation of the mean — Confidence interval*

ISO 7500-1, *Metallic materials — Calibration and verification of static uniaxial testing machines — Part 1: Tension/compression testing machines — Calibration and verification of the force-measuring system*

ISO 9513:2012, *Metallic materials — Calibration of extensometer systems used in uniaxial testing*

ISO 16012, *Plastics — Determination of linear dimensions of test specimens*

ISO 23529, *Rubber — General procedures for preparing and conditioning test pieces for physical test methods*

3 Begriffe

Für die Anwendung dieses Dokuments gelten die folgenden Begriffe.

ISO und IEC stellen terminologische Datenbanken für die Verwendung in der Normung unter den folgenden Adressen bereit:

— ISO Online Browsing Platform: verfügbar unter http://www.iso.org/obp

— IEC Electropedia: verfügbar unter http://www.electropedia.org/

3.1
Messlänge
L_0
anfänglicher Abstand zwischen den Messmarken auf dem mittleren Teil des Probekörpers

Anmerkung 1 zum Begriff: Sie wird in Millimeter (mm) angegeben.

Anmerkung 2 zum Begriff: Die Werte für die Messlänge, die für die einzelnen Probekörpertypen in den anderen Teilen von ISO 527 angegeben werden, stellen die jeweils anzuwendende maximale Messlänge dar.

3.2
Dicke
h
kleineres Maß der rechteckigen Querschnittsfläche im mittleren Teil eines Probekörpers vor Beginn der Prüfung

Anmerkung 1 zum Begriff: Sie wird in Millimeter (mm) angegeben.

3.3
Breite
b
größeres Maß der rechteckigen Querschnittsfläche im mittleren Teil eines Probekörpers vor Beginn der Prüfung

Anmerkung 1 zum Begriff: Sie wird in Millimeter (mm) angegeben.

3.4
Querschnittsfläche
A
Produkt aus Anfangs*breite* (3.3) und Anfangs*dicke* (3.2), $A = bh$, eines Probekörpers

Anmerkung 1 zum Begriff: Sie wird in Quadratmillimeter (mm^2) angegeben.

3.5
Prüfgeschwindigkeit
v
Geschwindigkeit, mit der sich die Einspannklemmen voneinander entfernen

Anmerkung 1 zum Begriff: Sie wird in Millimeter je Minute (mm/min) angegeben.

3.6
Zugspannung
σ
Normalkraft je Einheit der Anfangs*querschnittsfläche* (3.4) innerhalb der *Messlänge* (3.1)

Anmerkung 1 zum Begriff: Sie wird in Megapascal (MPa) angegeben.

Anmerkung 2 zum Begriff: Um diese Spannung von der wahren, auf den tatsächlichen momentanen Querschnitt des Probekörpers bezogenen Spannung zu unterscheiden, wird sie häufig als „technische Spannung" bezeichnet.

3.6.1
Streckspannung
σ_y
Spannung bei der *Streckdehnung* (3.7.1)

Anmerkung 1 zum Begriff: Sie wird in Megapascal (MPa) angegeben.

Anmerkung 2 zum Begriff: Sie kann kleiner sein als die maximal erreichbare Spannung (siehe Bild 1, Kurve 2).

3.6.2
Zugfestigkeit
σ_m
Spannung beim ersten Spannungsmaximum im Verlauf des Zugversuchs

Anmerkung 1 zum Begriff: Sie wird in Megapascal (MPa) angegeben.

Anmerkung 2 zum Begriff: Die Zugfestigkeit kann auch die Spannung sein, bei der die Probe zu fließen beginnt oder bricht (siehe Bild 1).

3.6.3
Zugspannung bei x % Dehnung
σ_x
Spannung, bei der die Dehnung ε den in Prozent angegebenen festgelegten Wert x erreicht

Anmerkung 1 zum Begriff: Sie wird in Megapascal (MPa) angegeben.

Anmerkung 2 zum Begriff: Die Angabe der Spannung bei x % Dehnung kann beispielsweise dann hilfreich sein, wenn die Spannungs-/Dehnungskurve keinen Streckpunkt aufweist (siehe Bild 1, Kurve 4).

3.6.4
Bruchspannung
σ_b
Spannung, bei der die Probe bricht

Anmerkung 1 zum Begriff: Sie wird in Megapascal (MPa) angegeben.

Anmerkung 2 zum Begriff: Sie entspricht dem höchsten Spannungswert der Spannungs-/Dehnungskurve unmittelbar vor dem Bruch (der Trennung) des Probekörpers, d. h. direkt vor dem durch die Brucheinleitung verursachten Kraftabfall.

3.7
Dehnung
ε
Verlängerung je Einheit der ursprünglichen Messlänge

Anmerkung 1 zum Begriff: Sie wird als dimensionsloses Verhältnis oder in Prozent (%) angegeben.

3.7.1
Streckdehnung
ε_{y}
bei einem Zugversuch der erste Dehnungswert, bei dem ein Zuwachs der Dehnung ohne Steigerung der Spannung auftritt

Anmerkung 1 zum Begriff: Sie wird als dimensionsloses Verhältnis oder in Prozent (%) angegeben.

Anmerkung 2 zum Begriff: Siehe Bild 1, Kurven (2) und (3).

Anmerkung 3 zum Begriff: Siehe Anhang A für die rechnergestützte Bestimmung der Streckdehnung.

3.7.2
Bruchdehnung
ε_{b}
zuletzt aufgezeichneter Dehnungswert, bevor ein Abfall der *Spannung* (3.6) auf weniger als oder gleich 10 % der *Zugfestigkeit* (3.6.2) erfolgt, wenn der Bruch vor Erreichen der Streckdehnung erfolgt

Anmerkung 1 zum Begriff: Sie wird als dimensionsloses Verhältnis oder in Prozent (%) angegeben.

Anmerkung 2 zum Begriff: Siehe Bild 1, Kurven (1) und (4).

3.7.3
Dehnung bei Zugfestigkeit
ε_{m}
Dehnung, die auftritt, wenn die *Zugfestigkeit* (3.6.2) erreicht ist

Anmerkung 1 zum Begriff: Sie wird als dimensionsloses Verhältnis oder in Prozent (%) angegeben.

3.8
nominelle Dehnung
ε_{t}
Darstellung von *Dehnung* (3.7), berechnet aus der Abstandsänderung der Einspannklemmen und der *Einspannlänge* (3.11) mithilfe einer der in 10.2.2 angegebenen Verfahren

Anmerkung 1 zum Begriff: Sie wird als dimensionsloses Verhältnis oder in Prozent (%) angegeben.

Anmerkung 2 zum Begriff: Sie kann auf Basis der Abstandsänderung der Einspannklemmen ab Beginn der Prüfung, oder auf Basis der Zunahme des Abstandes der Einspannklemmen über die Streckdehnung hinaus berechnet werden, sofern dieser Punkt mit einem Extensometer gemessen wird (vorzugsweise bei Vielzweckprobekörpern).

3.8.1
nominelle Bruchdehnung
ε_{tb}
zuletzt aufgezeichneter nomineller Dehnungswert, bevor ein Abfall der *Spannung* (3.6) auf weniger als oder gleich 10 % der *Zugfestigkeit* (3.6.2) erfolgt, wenn der Bruch nach Erreichen der Streckdehnung auftritt

Anmerkung 1 zum Begriff: Sie wird als dimensionsloses Verhältnis oder in Prozent (%) angegeben.

Anmerkung 2 zum Begriff: Siehe Bild 1, Kurven (2) und (3).

3.8.2
nominelle Dehnung bei Zugfestigkeit
ε_{tm}
nominelle Dehnung, die auftritt, wenn die *Zugfestigkeit* (3.6.2) erreicht ist

Anmerkung 1 zum Begriff: Sie wird als dimensionsloses Verhältnis oder in Prozent (%) angegeben.

Anmerkung 2 zum Begriff: Siehe Bild 1, Kurven (2), (3) und (4).

3.9
Zugmodul
Elastizitätsmodul unter Zugbeanspruchung
E_t
Steigung der Spannungs-/Dehnungskurve $\sigma(\varepsilon)$ im Dehnungsintervall $\varepsilon_1 = 0{,}05$ % und $\varepsilon_2 = 0{,}25$ %

Anmerkung 1 zum Begriff: Er wird in Megapascal (MPa) angegeben.

Anmerkung 2 zum Begriff: Entweder errechnet als Sekantensteigung oder nach der Methode der kleinsten Fehlerquadrate als Steigung der Regressionsgeraden (siehe Bild 1, Kurve 4).

Anmerkung 3 zum Begriff: Diese Definition gilt nicht für Folien.

3.10
Poissonzahl
μ
negativer Quotient aus der Dehnungsänderung $\Delta\varepsilon_n$ in einer der beiden senkrecht zur Zugrichtung liegenden Achsen und der entsprechenden Dehnungsänderung $\Delta\varepsilon_l$ in Zugrichtung, gemessen innerhalb des linearen Anfangsteils der Querdehnungs-/Längsdehnungskurve

Anmerkung 1 zum Begriff: Sie wird als dimensionsloses Verhältnis angegeben.

Anmerkung 2 zum Begriff: Da die Dehnungsänderung $\Delta\varepsilon_n$ in der Querrichtung ein negativer Wert und die Dehnungsänderung $\Delta\varepsilon_l$ in Längsrichtung ein positiver Wert ist, ist die Poissonzahl, wie in 3.10 angegeben, ein positiver Wert.

3.11
Einspannlänge
L
Anfangslänge des Probekörperabschnitts, der sich zwischen den Einspannklemmen befindet

Anmerkung 1 zum Begriff: Sie wird in Millimeter (mm) angegeben.

3.12
steifer Kunststoff
Kunststoff, dessen unter festgelegten Bedingungen bestimmter Biege-Elastizitätsmodul (oder, wenn dies nicht möglich ist, Zug-Elastizitätsmodul) über 700 MPa liegt

3.13
halbsteifer Kunststoff
Kunststoff, dessen unter festgelegten Bedingungen bestimmter Biege-Elastizitätsmodul (oder, wenn dies nicht möglich ist, Zug-Elastizitätsmodul) zwischen 70 MPa und 700 MPa liegt

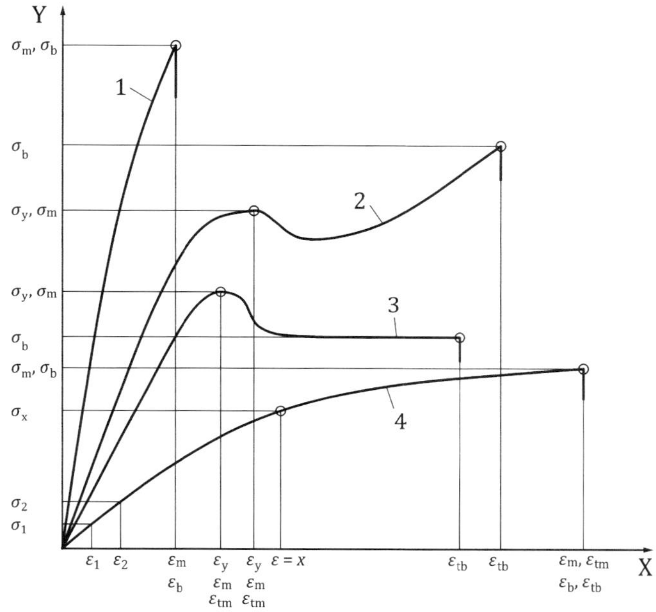

Legende

X Dehnung und/oder nominelle Dehnung

Y Zugspannung

1 Kurve (1) stellt einen spröden Werkstoff dar, der bei geringer Dehnung bricht, ohne dass eine Streckdehnung erreicht wird. Kurve (4) stellt einen gummiähnlichen Werkstoff dar, der erst bei großer Dehnung (> 50 %) bricht.

2,3 Die Kurven (2) und (3) stellen Werkstoffe dar, die einen Streckpunkt mit (2) oder ohne (3) Steigerung der Spannung nach dem Erreichen der Streckdehnung aufweisen. Die Kurven (2) und (3) sind Kurven „Spannung gegen Dehnung" bis zur Streckdehnung und „Spannung gegen nominelle Dehnung" über die Streckdehnung hinaus.

4 Die Kurve (4) kann je nach verwendeter Einrichtung entweder Spannung gegen Dehnung oder Spannung gegen nominelle Dehnung sein.

Bild 1 — Typische Spannungs-/Dehnungskurven

4 Kurzbeschreibung und Verfahren

4.1 Kurzbeschreibung

Der Probekörper wird entlang seiner größten Hauptachse bei konstanter Prüfgeschwindigkeit gedehnt, bis er bricht oder bis die Spannung (Kraft) oder Dehnung (Längenänderung) einen vorgegebenen Wert erreicht. Während dieses Vorgangs werden die vom Probekörper ertragene Belastung und die Längenänderung gemessen.

4.2 Verfahren

4.2.1 Die Verfahren werden an Probekörpern angewendet, die entweder in den ausgewählten Maßen geformt oder aus Fertigteilen und Halbzeugen, wie Formteilen, Schichtpressstoffen, Folien und extrudierten oder gegossenen Platten ausgearbeitet, geschnitten oder gestanzt werden können. Die Typen der Probekörper und die Herstellung der Probekörper werden in dem für den jeweiligen Werkstoff zutreffenden Teil von ISO 527 beschrieben. In einigen Fällen darf ein Vielzweckprobekörper verwendet werden. Vielzweckprobekörper und verkleinerte Probekörper werden in ISO 20753 beschrieben.

4.2.2 Die Verfahren legen bevorzugte Maße für die Probekörper fest. Prüfungen, die an Probekörpern mit anderen Maßen oder an unter abweichenden Bedingungen hergestellten Probekörpern durchgeführt werden, können Ergebnisse liefern, die nicht vergleichbar sind. Andere Einflüsse, wie die Prüfgeschwindigkeit und die Konditionierung der Probekörper, können ebenfalls die Ergebnisse beeinflussen. Folglich müssen diese Einflüsse sorgfältig überwacht und aufgezeichnet werden, sofern vergleichbare Daten verlangt werden.

5 Prüfeinrichtung

5.1 Prüfmaschine

5.1.1 Allgemeines

Die Prüfmaschine muss die in ISO 7500-1 und ISO 9513 angegebenen Bedingungen erfüllen und den in 5.1.2 bis 5.1.6 angegebenen Anforderungen entsprechen.

5.1.2 Prüfgeschwindigkeiten

Die Zugprüfmaschine muss die gewählten Prüfgeschwindigkeiten innerhalb der in Tabelle 1 angegebenen Grenzabweichungen einhalten können.

Tabelle 1 — Empfohlene Prüfgeschwindigkeiten

<table>
<tr><th>Prüfgeschwindigkeit
v
mm/min</th><th>Grenzabweichung
%</th></tr>
<tr><td>0,125</td><td rowspan="7">±20</td></tr>
<tr><td>0,25</td></tr>
<tr><td>0,5</td></tr>
<tr><td>1</td></tr>
<tr><td>2</td></tr>
<tr><td>5</td></tr>
<tr><td>10</td></tr>
<tr><td>20</td><td rowspan="6">±10</td></tr>
<tr><td>50</td></tr>
<tr><td>100</td></tr>
<tr><td>200</td></tr>
<tr><td>300</td></tr>
<tr><td>500</td></tr>
</table>

5.1.3 Probenhalter

Die Probenhalter müssen so an der Maschine befestigt sein, dass die Längsachse des Probekörpers mit der Zugrichtung durch die Mittellinie der Probenhalter zusammenfällt. Der Probekörper muss so gehalten werden, dass Schlupf in den Klemmen vermieden wird. Der Probenhalter darf keinen vorzeitigen Bruch in den Klemmen oder Zerquetschen des Probekörpers im Probenhalter hervorrufen.

Für die Bestimmung des Zugmoduls ist es wichtig, dass die Dehnrate konstant ist und sich nicht zum Beispiel durch Bewegungen in den Einspannklemmen ändert. Dies ist insbesondere dann zu beachten, wenn zum Einspannen Keilspannklemmen verwendet werden.

ANMERKUNG Bezüglich Vorspannungen, die zur korrekten Ausrichtung (siehe 9.3), zum Setzen des Probekörpers und zur Vermeidung eines Kurvenfußes im Anfangsbereich der Spannungs-/Dehnungskurve erforderlich sein können, siehe 9.4.

5.1.4 Kraftmesseinrichtung

Das Kraftmesssystem muss Klasse 1 nach ISO 7500-1 entsprechen.

5.1.5 Dehnungsmesseinrichtung

5.1.5.1 Extensometer

Kontaktextensometer müssen ISO 9513, Klasse 1 entsprechen. Die Klassengenauigkeit muss in dem Dehnungsbereich eingehalten werden, in dem die Messungen stattfinden. Berührungslos arbeitende Extensometer dürfen ebenfalls verwendet werden, sofern sie die gleichen Genauigkeitsanforderungen erfüllen.

Das Extensometer muss geeignet sein, die Änderung der Messlänge am Probekörper zu jedem Zeitpunkt des Zugversuchs zu messen. Es ist erwünscht, aber nicht unbedingt erforderlich, dass das Messgerät diese Änderung automatisch aufzeichnet. Das Messgerät muss bei der festgelegten Prüfgeschwindigkeit im Wesentlichen frei von Massenträgheit sein.

Zur Bestimmung des Zugmoduls muss das Messgerät geeignet sein, die Änderung der Messlänge des Probekörpers mit einer Genauigkeit von 1 % des entsprechenden Wertes oder besser für alle Messlängen von 50 mm oder mehr zu messen, was einer absoluten Genauigkeit von ± 1 µm bei einer Messlänge von 50 mm und $\pm 1{,}5$ µm bei einer Messlänge von 75 mm entspricht.

Bei kleineren Messlängen zwischen 20 mm und 50 mm ist eine absolute Genauigkeit von ± 1 µm ausreichend (siehe Bild 2 und Anhang C.)

ANMERKUNG Abhängig von der verwendeten Messlänge führt die Genauigkeit von 1 % zu unterschiedlichen absoluten Genauigkeitsanforderungen für die Bestimmung der Verlängerung der Messlänge. Die konstante absolute Genauigkeit bei der Messung der Änderung der Messlänge führt zu relativen Genauigkeiten von 2 % für eine Messlänge von 25 mm und zu 2,5 % bei einer Messlänge von 20 mm (siehe Bild 2).

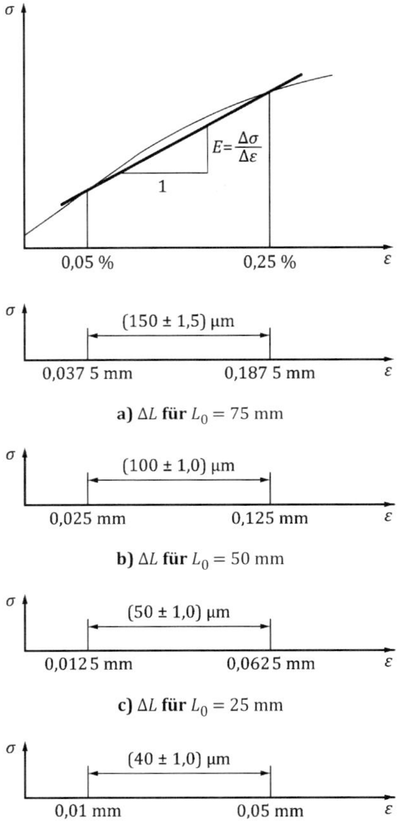

a) ΔL **für** $L_0 = 75$ mm

b) ΔL **für** $L_0 = 50$ mm

c) ΔL **für** $L_0 = 25$ mm

d) ΔL **für** $L_0 = 20$ mm

Bild 2 — Anforderungen an die Genauigkeit des Extensometers zur Zugmodulbestimmung bei unterschiedlichen Messlängen

Üblicherweise verwendete optische Extensometer zeichnen die an der breiten Probekörperfläche gemessene Verformung auf: Im Fall einer solchen einseitigen Dehnungsmessung muss sichergestellt werden, dass niedrige Dehnungswerte nicht durch eine Biegung verfälscht werden, die schon bei einer geringfügigen Fehlausrichtung und bei leichtem anfänglichen Verzug des Probekörpers auftreten kann und zu Dehnungsunterschieden zwischen gegenüberliegenden Probekörperflächen führt. Es wird empfohlen, Dehnungsmessverfahren anzuwenden, bei denen eine Mittelwertbildung für die an gegenüber liegenden Flächen des Probekörpers gemessenen Dehnungswerte durchgeführt wird. Diese Vorgehensweise ist für die Bestimmung des Zugmoduls relevant. Für die Messung größerer Dehnungswerte hat sie jedoch eine weniger große Bedeutung.

5.1.5.2 Dehnungsmessstreifen

Die Probekörper dürfen auch mit längs gerichteten Dehnungsmessstreifen versehen werden. Die Fehlergrenze der Dehnungsmessstreifen muss 1 % des jeweiligen Werts betragen oder besser sein. Dies entspricht einer Dehnungsgenauigkeit von 20×10^{-6} (20 Mikrodehnungen) zur Messung des Zugmoduls. Die Messstreifen, die Oberflächenvorbereitung und Klebemittel sollten so ausgewählt werden, dass eine ausreichende Funktion auf dem zu prüfenden Werkstoff sichergestellt ist.

5.1.6 Aufzeichnung der Daten

5.1.6.1 Allgemeines

Die Frequenz der Datenerfassung, die zur Aufzeichnung der Datenpunkte (für Kraft, Dehnung, Verlängerung) notwendig ist, muss so hoch sein, dass die Genauigkeitsanforderungen erfüllt werden.

5.1.6.2 Aufzeichnung der Dehnungswerte

Die minimale Frequenz für die Datenerfassung f_{min}, die für eine vollständige Übertragung vom Sensor zur Anzeigeeinrichtung notwendig ist, kann dann nach der folgenden Gleichung (1) berechnet werden:

$$f_{\mathrm{min}} = \frac{v}{60} \times \frac{L_0}{L \cdot r} \qquad (1)$$

Dabei ist

f_{min} die Frequenz, angegeben in Hertz (Hz);

v die Prüfgeschwindigkeit, angegeben in mm/min;

L_0/L das Verhältnis zwischen der Messlänge L_0 und dem Anfangsabstand zwischen den Einspannklemmen L;

r die Mindestauflösung für das Dehnungssignal, angegeben in Millimeter (mm), die erforderlich ist, um genaue Werte zu erzielen. Üblicherweise ist die Mindestauflösung halb so groß wie der Genauigkeitswert oder besser.

Die Aufzeichnungsfrequenz der Prüfmaschine muss mindestens dieser Datenrate f_{min} entsprechen.

5.1.6.3 Aufzeichnung der Kraftwerte

Die erforderliche Aufzeichnungsgeschwindigkeit ist von der Prüfgeschwindigkeit, der Dehnrate, der Genauigkeit und der Einspannlänge abhängig. Der Zugmodul, die Prüfgeschwindigkeit und die Einspannlänge bestimmen die Kraftanstiegsgeschwindigkeit. Die Aufzeichnungsfrequenz wird vom Verhältnis der Kraftanstiegsgeschwindigkeit zur erforderlichen Messgenauigkeit bestimmt. Siehe Beispiele unten.

Die Kraftanstiegsgeschwindigkeit wird nach Gleichung (2) bestimmt:

$$\dot{F} = \frac{E_{\mathrm{t}} \cdot A \cdot v}{60L} \qquad (2)$$

Dabei ist

$\dot{F}$ die Kraftanstiegsgeschwindigkeit, angegeben in Newton je Sekunde (N/s);

E_t der Zugmodul, angegeben in Megapascal (MPa);

A die Querschnittsfläche des Probekörpers, angegeben in Quadratmillimeter (mm^2);

v die Prüfgeschwindigkeit, angegeben in Millimeter je Minute (mm/min);

L die Einspannlänge, angegeben in Millimeter (mm);

Setzt man die Kraftdifferenz im Bereich der Zugmodulmessung ein und legt die Genauigkeitsanforderung analog zur Dehnungsmessung fest, dann gelten Gleichung (3) bis Gleichung (5) unter der Voraussetzung, dass die jeweilige Kraft mit einer Genauigkeit von 1 % zu bestimmen ist.

Kraftdifferenz im Bereich für die Bestimmung des Zugmoduls:

$$\Delta F = E_t \cdot A \cdot (\varepsilon_2 - \varepsilon_1) = E_t \cdot A \cdot \Delta\varepsilon \quad (3)$$

Mindestauflösung (die Hälfte von 1 %):

$$r = 5 \times 10^{-3} \cdot \Delta F = 5 \times 10^{-3} \cdot E_t \cdot A \cdot \Delta\varepsilon \quad (4)$$

Aufzeichnungsfrequenz:

$$f_{\text{force}} = \frac{\dot{F}}{r} = \frac{E_t \cdot A \cdot v}{E_t \cdot A \cdot \Delta\varepsilon \cdot 60 \cdot L \cdot 5 \cdot 10^{-3}} \quad (5)$$

BEISPIEL Mit $v = 1$ mm/min, $\Delta\varepsilon = 2 \times 10^{-3}$ und $L = 115$ mm ergibt sich eine Aufzeichnungsfrequenz von $f_{\text{force}} = 14{,}5$ Hz.

5.2 Geräte zum Messen der Breite und Dicke der Probekörper

Siehe ISO 16012 und ISO 23529, sofern anwendbar. Messspitzen/Messschneiden müssen eine Größe und Ausrichtung haben, die eine exakte Bestimmung des Maßes an der gewünschten Stelle ermöglichen.

6 Probekörper

6.1 Form und Maße

Siehe entsprechenden Teil von ISO 527 für den untersuchten Werkstoff.

6.2 Vorbereitung der Probekörper

Siehe entsprechenden Teil von ISO 527 für den untersuchten Werkstoff.

6.3 Messmarken

Siehe entsprechenden Teil von ISO 527 für die zutreffenden Bedingungen der Messlänge.

Wenn, besonders für dünne Tafeln und Folien, optische Extensometer verwendet werden, kann es notwendig sein, die Messlänge mit Messmarken auf den Probekörpern zu markieren. Diese müssen gleich weit von der Mitte entfernt sein (± 1 mm), und die Messlänge muss mit einer Genauigkeit von 1 % oder besser gemessen werden.

Messmarken dürfen keinesfalls in irgendeiner Weise auf den Probekörper geritzt, gestanzt oder aufgeprägt werden, die zu einer Schädigung des zu prüfenden Werkstoffs führen kann. Es muss sichergestellt werden, dass das Markierungsmittel keine nachteilige Auswirkung auf den zu prüfenden Werkstoff hat und, falls es sich um parallele Striche handelt, müssen diese Striche so schmal wie möglich sein.

Die Verlängerung der Messmarken aufgrund ihrer Streckung darf die Messungen der Dehnung nicht beeinflussen.

6.4 Kontrolle der Probekörper

Im Idealfall sollten die Probekörper keine Verwindungen aufweisen, und sie sollten paarweise zueinander parallele und senkrecht aufeinander stehende Oberflächen haben (siehe ANMERKUNG 1, ANMERKUNG 2 und Bild 3). Die Oberflächen und Kanten müssen frei von Fehlern sein, die die Prüfergebnisse beeinflussen können, z. B. Kratzer, Poren, Einfallstellen und Grate. Entformungsschrägen bis zu 2° und Einfallstellen mit einem Dickenunterschied von $\Delta h \leq 0,1$ mm sind zulässig, ebenso rein optische Effekte, die das Prüfergebnis nicht beeinflussen.

Die Übereinstimmung der Probekörper mit diesen Anforderungen muss durch visuelle Kontrolle mit einem Haarlineal, einem Haarwinkel oder gegen plane Flächen, oder durch Messung mit einer Bügelmessschraube geprüft werden.

Probekörper mit messbaren oder sichtbaren Abweichungen von einer oder mehreren dieser Anforderungen müssen verworfen werden. Wenn nicht konforme Probekörper geprüft werden, müssen die Gründe protokolliert werden.

ANMERKUNG 1 Spritzgeformte Probekörper haben üblicherweise eine Entformungsschräge von 1° (in der Messlänge) bis 2° (am Rand), um das Entformen zu erleichtern. Spritzgeformte Probekörper sind niemals absolut frei von Einfallstellen. Wegen des unterschiedlichen Abkühlungsverlaufs haben die Probekörper im Allgemeinen in der Mitte eine geringere Dicke als am Rand.

ANMERKUNG 2 Hinweise zur Verringerung von Einfallstellen in spritzgegossenen Probekörpern enthält ISO 294-1:2017, Anhang D.

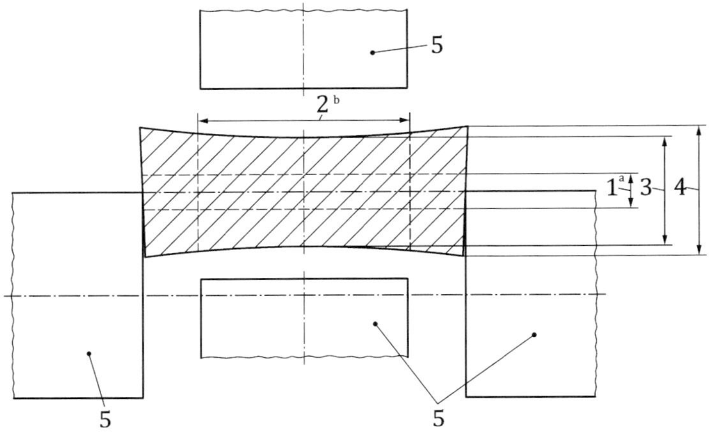

Legende

1 Breitenbestimmung
2 Dickenbestimmung
3 geringste Dicke h_{min}
4 größte Dicke h_{max}
5 Messschraubenspitze

[a] Die Kante der Messschraubenspitze muss den Probekörper innerhalb von ±0,5 mm von der Mitte berühren.

[b] Die Messschraubenspitze muss den Probekörper innerhalb von ±3,25 mm von der Mitte berühren.

ANMERKUNG $\Delta h = h_{max} - h_{min} \leq 0{,}1$ mm.

Bild 3 — Querschnitt eines spritzgegossenen Probekörpers mit Einfallstellen und Entformungsschräge (vergrößert dargestellt) und Messschraubenspitzen

6.5 Anisotropie

Siehe entsprechenden Teil von ISO 527 für den untersuchten Werkstoff.

7 Anzahl der Probekörper

7.1 In jeder verlangten Prüfrichtung müssen mindestens fünf Probekörper geprüft werden. Die Anzahl der Messungen darf größer als fünf sein, wenn eine größere Präzision des Mittelwertes verlangt wird. Es ist möglich, dies durch den Vertrauensbereich abzuschätzen (95 %-Wahrscheinlichkeit, siehe ISO 2602).

7.2 Schulterstäbe, die im Bereich der Einspannklemmen brechen oder rutschen, müssen verworfen und weitere Probekörper müssen geprüft werden.

8 Konditionierung

Der Probekörper muss entsprechend der für den zu prüfenden Werkstoff zutreffenden Norm konditioniert werden. Fehlen Angaben zur Konditionierung, müssen die am besten geeigneten Bedingungen aus ISO 291 ausgewählt und eine Konditionierung über mindestens 16 h durchgeführt werden, sofern die interessierten Parteien keine andere Vereinbarung treffen, beispielsweise eine Prüfung bei erhöhten oder niedrigen Temperaturen.

Das bevorzugte Klima ist (23 ± 2) °C und (50 ± 10) % relative Feuchte; eine Regelung der Luftfeuchte ist bei bekannter Feuchteunempfindlichkeit des Werkstoffs nicht erforderlich.

9 Durchführung

9.1 Prüfklima

Die Prüfung wird im gleichen Klima wie die Konditionierung der Probekörper durchgeführt, sofern zwischen den interessierten Parteien keine andere Vereinbarung getroffen wurde, beispielsweise eine Prüfung bei erhöhten oder niedrigen Temperaturen.

9.2 Maße der Probekörper

9.2.1 Die Breite und die Dicke der Probekörper (siehe 9.2.2) werden nach den allgemeinen Richtlinien von ISO 16012 oder ISO 23529, sofern anwendbar, innerhalb der in Bild 3 angegebenen Grenzen, auf 0,1 mm für die Breite und auf 0,01 mm für die Dicke gemessen.

Die Messung der Dicke am Rand des Probekörpers und direkt in der Mitte ist zu vermeiden (siehe ANMERKUNG). Bei rechteckigen Messfühlern oder Messschneiden muss die lange Seite parallel zur Richtung der Breite beim Messen der Dicke und parallel zur Richtung der Dicke beim Messen der Breite sein.

ANMERKUNG Dies schließt die Höchst- und Mindestdicke aus, die bei spritzgegossenen Probekörpern üblicherweise am Rand bzw. in der Mitte gemessen wird. Spritzgegossene Probekörper, die nach ISO 294-1 vorbereitet wurden, weisen im Allgemeinen Dickenunterschiede aufgrund der Einfallstellen von $\Delta h = h_{max} - h_{min} \leq 0{,}1$ mm (siehe Bild 3) auf.

Für spritzgegossene Probekörper ist es ausreichend, die Breite und Dicke in einem Abstand von 5 mm um die Mitte zwischen den Messlängen zu bestimmen.

9.2.2 Bei spritzgegossenen Probekörpern aus Mehrfach-Spritzgussformen wird sichergestellt, dass die Maße der Probekörper aus unterschiedlichen Kavitäten nicht mehr als ±0,25 % voneinander abweichen.

Bei Probekörpern, die aus Platten oder Folien geschnitten sind, darf angenommen werden, dass die durchschnittliche Breite des parallelen Mittelteils des Schneidwerkzeugs mit der entsprechenden Probekörperbreite übereinstimmt. Die Rechtfertigung dieser Annahme sollte durch periodisch vorgenommene Vergleichsmessungen bestätigt werden.

Für die Anwendung dieses Dokuments werden die Probekörpermaße, aus denen die Zugeigenschaften berechnet werden, nur bei Umgebungstemperatur gemessen. Werden die Eigenschaften bei anderen Temperaturen ermittelt, werden die Wirkungen durch Wärmeausdehnung nicht berücksichtigt.

9.3 Einspannen

Der Probekörper wird so in den Probenhalter eingeführt, dass seine Längsachse mit der Zugachse der Prüfmaschine übereinstimmt. Die Probenhalter werden gleichmäßig und fest angezogen, so dass ein Schlupf (Rutschen) des Probekörpers und eine Bewegung der Einspannklemmen während des Zugversuchs verhindert werden. Der Einspanndruck darf keinen Bruch oder ein Zerquetschen des Probekörpers verursachen (siehe ANMERKUNG 2).

ANMERKUNG 1 Um die Ausrichtung des Probekörpers, besonders beim Einspannen von Hand, zu erleichtern, können Probenanschläge verwendet werden.

Sofern die Prüfmaschine nicht in der Lage ist, thermische Spannungen im Moment ihres Auftretens durch Regelung abzubauen, wird zum Einspannen von Probekörpern in einer Temperierkammer empfohlen, zunächst den Probekörper in nur eine Einspannklemme einzubringen und die zweite Einspannklemme erst dann anzuziehen, wenn ein Temperaturausgleich zwischen Probekörper und Temperierkammer stattgefunden hat.

ANMERKUNG 2 Ein Bruch in den Probenhaltern kann beispielsweise bei Prüfung nach einer Wärmealterung des Probekörpers auftreten. Ein Zerquetschen kann bei Prüfungen bei erhöhter Temperatur vorkommen.

9.4 Vorspannungen

Der Probekörper darf vor der Prüfung nicht wesentlich durch Vorspannungen beansprucht werden. Diese Vorspannungen können z. B. während des Zentrierens eines Folien-Probekörpers oder durch den Klemmendruck erzeugt werden, besonders bei weniger steifen Werkstoffen. Sie sind jedoch notwendig, um im Anfangsbereich der Spannungs-/Dehnungskurve einen Kurvenfuß zu vermeiden (siehe 5.1.3). Die Vorspannung σ_0 zu Beginn des Zugversuchs muss positiv sein, darf jedoch den folgenden Spannungswert nicht übersteigen:

a) für die Messung des Zugmoduls:

$$0 < \sigma_0 \leq E_t/2\,000 \tag{6}$$

was einer Vordehnung von $\varepsilon_0 \leq 0{,}05\ \%$ entspricht, sowie

b) für die Messung der relevanten Spannungen σ^*, z. B. $\sigma^* = \sigma_y$ oder σ_m:

$$0 < \sigma_0 \leq \sigma^*/100 \tag{7}$$

Wenn nach dem Einspannen im Probekörper Spannungen außerhalb der durch die Gleichung (6) und Gleichung (7) angegebenen Bereiche auftreten, sind sie durch langsame Bewegung des Querhaupts, z. B. mit 1 mm/min, so weit zu verringern, dass sie innerhalb des für die Vorspannungen zulässigen Bereichs liegen.

Wenn der Zugmodul oder der zum Einstellen der Vorspannung notwendige Spannungswert nicht bekannt ist, wird ein Vorversuch zur Abschätzung dieser Werte durchgeführt.

9.5 Anbringen der Extensometer

Nach Einstellung der Vorspannung wird im Bereich der Messlänge des Probekörpers ein kalibriertes Extensometer angebracht und ausgerichtet, oder es werden längs gerichtete Dehnungsmessstreifen nach 5.1.5 vorgesehen. Wenn erforderlich, wird der Anfangsabstand (die Messlänge) bestimmt. Zur Messung der Poissonzahl müssen zwei Systeme zum Messen der Verlängerung oder der Dehnung vorgesehen werden, die gleichzeitig in Längsrichtung und in einer senkrecht dazu stehenden Richtung messen.

Für optische Messungen der Verlängerung werden Messmarken nach 6.3 auf die Probekörper aufgebracht, wenn das verwendete System dies erfordert.

Extensometer müssen symmetrisch um die Mitte des parallelen Teils und auf der Mittellinie des Probekörpers angesetzt werden. Dehnungsmessstreifen müssen in der Mitte des parallelen Teils und auf der Mittellinie des Probekörpers appliziert werden.

9.6 Prüfgeschwindigkeit

Die Prüfgeschwindigkeit wird nach der entsprechenden Werkstoffnorm eingestellt. Wenn diese Angabe fehlt, muss die Prüfgeschwindigkeit aus Tabelle 1 ausgewählt oder zwischen den interessierten Parteien vereinbart werden.

Für die Messung des Zugmoduls muss die ausgewählte Prüfgeschwindigkeit zu einer Dehngeschwindigkeit führen, die möglichst nahe bei 1 % der Messlänge je Minute liegt. Die sich daraus für die verschiedenen Probekörpertypen ergebenden Prüfgeschwindigkeiten sind in dem für den zu prüfenden Werkstoff relevanten Teil von ISO 527 angegeben.

Es kann notwendig oder wünschenswert sein, verschiedene Geschwindigkeiten zur Bestimmung des Zugmoduls, der Spannungs-/Dehnungskurve bis zum Streckpunkt und zur Messung der Eigenschaften jenseits des Streckpunktes zu verwenden. Nach Ermittlung der Spannungen für die Bestimmung des Zugmoduls (bis zu einer Dehnung von $\varepsilon_2 = 0{,}25\ \%$) kann für die Fortsetzung des Zugversuchs derselbe Probekörper weiter verwendet werden.

Vorzugsweise wird der Probekörper entlastet, bevor ein Zugversuch mit einer anderen Geschwindigkeit durchgeführt wird; es ist jedoch auch zulässig, die Geschwindigkeit nach Bestimmung des Zugmoduls ohne Entlastung des Probekörpers zu verändern. Bei einer Veränderung der Prüfgeschwindigkeit während des Zugversuchs muss sichergestellt werden, dass die Geschwindigkeitsänderung bei Dehnungen $\varepsilon \leq 0{,}3\ \%$ erfolgt.

Für andere Prüfzwecke müssen bei Anwendung verschiedener Prüfgeschwindigkeiten gesonderte Probekörper verwendet werden.

9.7 Aufzeichnung der Daten

Während des Zugversuchs werden vorzugsweise die Kraft und die entsprechenden Werte für die Zunahme der Messlänge und des Klemmenabstands aufgezeichnet. Dazu werden für die Datenerfassung drei Datenkanäle benötigt. Sind nur zwei Kanäle verfügbar, werden die Signale von der Kraftmesseinrichtung und vom Extensometer aufgezeichnet. Vorzugsweise wird ein automatisches Aufzeichnungssystem eingesetzt.

10 Berechnung und Auswertung der Ergebnisse

10.1 Spannung

Alle in 3.6 festgelegten Spannungswerte werden nach Gleichung (8) berechnet:

$$\sigma = \frac{F}{A} \tag{8}$$

Dabei ist

- σ der Spannungswert, angegeben in Megapascal (MPa);
- F die gemessene Kraft, angegeben in Newton (N);
- A die Anfangsquerschnittsfläche des Probekörpers, angegeben in Quadratmillimeter (mm^2).

Wenn die Spannung bei $x\ \%$ Dehnung bestimmt wird, muss x aus der entsprechenden Produktnorm entnommen oder zwischen den interessierten Parteien vereinbart werden.

10.2 Dehnung

10.2.1 Mittels Extensometer bestimmte Dehnungen

Für Werkstoffe und/oder Prüfbedingungen, für die im parallelen Teil des Probekörpers eine überwiegend homogene Dehnungsverteilung vorliegt, d. h. für Dehnungen vor und bis zur Streckdehnung, werden alle in 3.7 festgelegten Dehnungswerte nach Gleichung (9) berechnet:

$$\varepsilon = \frac{\Delta L_0}{L_0} \tag{9}$$

Dabei ist

ε der betreffende Dehnungswert, angegeben als dimensionsloses Verhältnis oder in Prozent (%);

L_0 die Messlänge des Probekörpers, angegeben in Millimeter (mm);

ΔL_0 die Verlängerung des Probekörpers zwischen den Messmarken, angegeben in Millimeter (mm).

Die Bestimmung von Dehnungswerten mittels eines Extensometers mittelt die Dehnungen über die Messlänge. Das ist so lange korrekt und sinnvoll, wie die Verformung des Probekörpers innerhalb der Messlänge homogen ist. Wenn beim Werkstoff eine Einschnürung auftritt, wird die Dehnungsverteilung inhomogen und die mittels Extensometer bestimmten Dehnungen werden von der Lage und Größe des Einschnürbereichs stark beeinflusst. In derartigen Fällen wird die nominelle Dehnung zur Beschreibung der Dehnung jenseits des Streckpunktes verwendet.

10.2.2 Nominelle Dehnung

10.2.2.1 Allgemeines

Wenn kein Extensometer angewendet wird, z. B. an Kleinprobekörpern oder wenn die Bestimmung der Dehnung mittels Extensometer aufgrund einer örtlich begrenzten Dehnung (Einschnürung) jenseits der Streckdehnung sinnlos wird, wird die nominelle Dehnung verwendet. Die nominelle Dehnung basiert auf der Verlängerung des Klemmenabstandes in Relation zum Anfangsabstand der Klemmen. Anstelle der Messung der Verlängerung des Klemmenabstandes ist es zulässig, die Querhauptbewegung aufzuzeichnen.

ANMERKUNG Je nachdem, welche Art Probenhalter und welche anderen Konformitätsquellen wie Lastzellen und Vorrichtungen verwendet werden, kann die Querhauptbewegung von der Abstandsänderung der Einspannklemmen insbesondere zu Beginn der Prüfung abweichen. In den betreffenden Fällen ist diese dazu bestimmt, die Querhauptbewegung zur Erlangung der Konformität zu korrigieren.

Die nominelle Dehnung darf nach Verfahren A (siehe 10.2.2.2) und Verfahren B (siehe 10.2.2.3) bestimmt werden.

10.2.2.2 Verfahren A

Die Verlängerung zwischen den Klemmen der Prüfmaschine wird ab Beginn der Prüfung aufgezeichnet. Die nominelle Dehnung wird nach Gleichung (10) berechnet:

$$\varepsilon_t = \frac{L_t}{L} \tag{10}$$

Dabei ist

ε_t die nominelle Dehnung, angegeben als dimensionsloses Verhältnis oder in Prozent (%);

L die Einspannlänge, angegeben in Millimeter (mm); die Einspannlänge ist in den entsprechenden Teilen von ISO 527 festgelegt;

L_t die Zunahme der Einspannlänge ab Beginn der Prüfung; in Millimeter (mm).

10.2.2.3 Verfahren B

Bei der Verwendung von Vielzweckprobekörpern, bei denen ein Streckpunkt und Einschnürung auftritt, die Streckdehnung aber präzise mittels Extensometer bestimmt wurde, wird bevorzugt das Verfahren B angewandt. Die Zunahme der Einspannlänge wird ab Beginn der Prüfung aufgezeichnet. Die nominelle Dehnung wird nach Gleichung (11) berechnet:

$$\varepsilon_t = \varepsilon_y + \frac{\Delta L_t}{L} \tag{11}$$

Dabei ist

ε_t die nominelle Dehnung, angegeben als dimensionsloses Verhältnis oder in Prozent (%);

ε_y die Streckdehnung, angegeben als dimensionsloses Verhältnis oder in Prozent (%);

L die Einspannlänge, angegeben in Millimeter (mm); der Abstand der Klemmen ist in den entsprechenden Teilen von ISO 527 festgelegt;

ΔL_t die Zunahme der Einspannlänge ab der Streckdehnung, angegeben in Millimeter (mm).

10.3 Zugmodul

10.3.1 Allgemeines

Der in 3.9 definierte Zugmodul wird nach einer der folgenden Möglichkeiten [siehe Gleichung (12) bis Gleichung (13)] berechnet.

10.3.2 Berechnung mittels Sekantensteigung

$$E_t = \frac{\sigma_2 - \sigma_1}{\varepsilon_2 - \varepsilon_1} \tag{12}$$

Dabei ist

E_t der Zugmodul, angegeben in Megapascal (MPa);

σ_1 die Spannung, angegeben in Megapascal (MPa), die am Dehnungswert $\varepsilon_1 = 0{,}000\,5$ (0,05 %) gemessen wird;

σ_2 die Spannung, angegeben in Megapascal (MPa), die am Dehnungswert $\varepsilon_2 = 0{,}002\,5$ (0,25 %) gemessen wird.

10.3.3 Berechnung mittels Regressionsgerade

Bei rechnergestützten Prüfeinrichtungen kann die Bestimmung des Zugmoduls E_t aus zwei unterschiedlichen Werten für Spannung/Dehnung durch ein lineares Regressionsverfahrens ersetzt werden, das auf den Teil der Kurve zwischen den angegebenen Punkten angewendet wird:

$$E_t = \frac{d\sigma}{d\varepsilon} \tag{13}$$

Dabei ist $\frac{d\sigma}{d\varepsilon}$ die Steigung der Regressionsgeraden, die nach der Methode der kleinsten Fehlerquadrate im Dehnungsbereich von $0{,}000\,5 \le \varepsilon \le 0{,}002\,5$ berechnet und in Megapascal (MPa) angegeben wird.

10.4 Poissonzahl

Die Breite oder Dicke des Probekörpers wird als Funktion der Messlängenänderung außerhalb des Bestimmungsbereichs für den Zugmodul und des Streckpunktes, sofern vorhanden, aufgezeichnet, da diese Bereiche durch Geschwindigkeitswechsel beeinflusst sein können.

Die Steigung $\Delta n/\Delta L$ wird als Regressionsgerade nach der Methode der kleinsten Fehlerquadrate bestimmt, indem die Veränderung der Breite (der Dicke) über die Veränderung der Messlänge aufgetragen wird. Die Poissonzahl wird nach Gleichung (14) berechnet:

$$\mu = -\frac{\Delta\varepsilon_n}{\Delta\varepsilon_l} = -\frac{L_0}{n_0}\frac{\Delta n}{\Delta L} \tag{14}$$

Dabei ist

μ die Poissonzahl, sie ist dimensionslos;

$\Delta\varepsilon_n$ die Dehnungsänderung in der ausgewählten Querrichtung, während die Längsdehnung um $\Delta\varepsilon_l$ zunimmt, angegeben als dimensionsloses Verhältnis oder in Prozent (%);

$\Delta\varepsilon_l$ die Dehnungsänderung in Längsrichtung, angegeben als dimensionsloses Verhältnis oder in Prozent (%);

L_0 die Messlänge in Längsrichtung, angegeben in Millimeter (mm);

n_0 die Messlänge in Querrichtung, angegeben in Millimeter (mm);

Δn die Verringerung der Messlänge des Probekörpers in Querrichtung: $n = b$ (Breite) oder $n = h$ (Dicke), angegeben in Millimeter (mm);

ΔL die zugehörige Zunahme der Länge in Längsrichtung, angegeben in Millimeter (mm).

Die Poissonzahl wird in Abhängigkeit von der jeweiligen Achse als μ_b (in Breitenrichtung) oder als μ_h (in Dickenrichtung) angegeben.

Bei Verwendung von Extensometern wird empfohlen, die Poissonzahl in einem Dehnungsbereich von $0{,}3\,\% \le \varepsilon < \varepsilon_y$ zu bestimmen (siehe Anhang B). Die Gültigkeit des Auswertungsbereichs kann aus einer Kurve von Δn über ΔL (der Maßänderung in Querrichtung über der Maßänderung in Längsrichtung innerhalb der relevanten Messlänge) bestimmt werden. Die Poissonzahl wird aus der Steigung im linearen Teil dieser Kurve bestimmt.

Wenn Dehnungsmessstreifen zur Bestimmung der Poissonzahl verwendet werden, kann die Messung auch im Dehnbereich der Zugmodulbestimmung gemessen werden (0,05 % $\leq \varepsilon \leq$ 0,25 %).

ANMERKUNG Kunststoffe sind viskoelastische Werkstoffe. Bei diesen hängt die Poissonzahl vom Spannungsbereich ab, in dem die Messung durchgeführt wird. Es ist deswegen möglich, dass die Breite (Dicke) als Funktion der Länge keine Gerade ist.

10.5 Statistische Größen

Die arithmetischen Mittelwerte der Prüfergebnisse werden errechnet und, falls verlangt, die Standardabweichungen und die 95 %-Vertrauensbereiche der Mittelwerte, nach der in ISO 2602 beschriebenen Vorgehensweise.

10.6 Signifikante Stellen

Die Spannungen und der Zugmodul werden mit drei signifikanten Stellen angegeben. Die Dehnungen und die Poissonzahl werden mit zwei signifikanten Stellen angegeben.

11 Präzision

Siehe entsprechenden Teil von ISO 527 für den untersuchten Werkstoff.

12 Prüfbericht

Der Prüfbericht muss die in den Punkten a) bis q) angegebenen Informationen enthalten. Für die individuellen und gemittelten Eigenschaften wird das Wort „Zug" hinzugefügt, siehe Punkte m), n) und o):

a) eine Verweisung auf den betreffenden Teil von ISO 527;

b) alle Daten zur vollständigen Kennzeichnung des geprüften Werkstoffs einschließlich Art, Herkunft, Herstellernachweis und Geschichte, soweit bekannt;

c) die Beschreibung der Art und Form des Werkstoffs, ob es sich um ein Fertigteil, Halbzeug, eine Prüfplatte oder einen Probekörper handelt; es sollten Hauptmaße, Gestalt, Herstellbedingungen, Schichtfolge und alle Vorbehandlungen enthalten sein;

d) Probekörpertyp;

e) die Vorbereitung der Probekörper und alle Einzelheiten des verwendeten Herstellverfahrens;

f) wenn der Werkstoff in Form eines Fertigteils oder eines Halbzeugs vorliegt, die Ausrichtung des Probekörpers in Bezug zum Fertigteil oder Halbzeug, aus dem er entnommen wurde;

g) die Anzahl der geprüften Probekörper;

h) das Normalklima zur Konditionierung und bei der Prüfung und alle besonderen Vorbereitungsbehandlungen, falls nach der zutreffenden Werkstoff- oder Produkt-Norm verlangt;

i) die Genauigkeitsklasse der Prüfmaschine und des Extensometers (siehe ISO 7500-1, ISO 9513 und 5.1.5);

j) die Art der Längenänderungs- oder Dehnungsmesseinrichtung sowie die Messlänge L_0;

k) die Art des Probenhalters, die Einspannlänge L;

l) die Prüfgeschwindigkeiten;

m) für jeden Prüfkörper die Breite, Dicke und Prüfergebnisse der in Abschnitt 3 festgelegten Eigenschaften;

n) der (die) Mittelwert(e) der Breite, Dicke und der gemessenen Eigenschaft(en);

o) wenn verlangt, die Standardabweichung und/oder den Variationskoeffizienten und/oder die Vertrauensgrenzen des Mittelwerts;

p) einen Hinweis darauf, ob irgendwelche Probekörper verworfen oder ersetzt wurden, und falls dies so ist, die Gründe sowie die Gründe für die Prüfung nicht konformer Probekörper;

q) das Datum der Messung.

Anhang A
(informativ)

Bestimmung der Streckdehnung

Früher wurde die Streckdehnung bestimmt, indem eine horizontale Tangente an eine kontinuierlich aufgezeichnete Spannungs-/Dehnungskurve gezogen wurde. Seit Einführung rechnergestützter Prüfeinrichtungen wird für die Auswertung der Spannungs-/Dehnungskurven ein Satz diskreter Datenpunkte angewendet, der entsprechend den Eigenschaften der elektronischen Aufzeichnungsgeräte erfasst wurde. Durch Signalrauschen (sowohl elektronisch als auch mechanisch) zeigt der verfügbare Datensatz stets eine bestimmte Streuung, die bei Ableitung der Eigenschaften berücksichtigt werden sollte.

Zur Bestimmung des Streckpunktes sind folgende Punkte wichtig.

a) Kunststoffe weisen unterschiedlichste Spannungs-Dehnungs-Verhalten auf. Der Bereich, in dem die Streckdehnung auftritt, kann sich als eine schmale Spitze (z. B für ASA) oder als ein breites Plateau darstellen (z. B. POM, feuchtes PA6).

b) Die Bestimmung der Streckdehnung schließt die Bestimmung des höchsten Punkts innerhalb des Bereichs, in dem die Streckdehnung auftritt, ein (notwendige Bedingung).

c) Der ausgewählte Punkt sollte jedoch physikalisch sinnvoll sein: Signalrauschen kann die Auswahl nicht geeigneter Punkte verursachen.

d) Der Punkt sollte sinnvolle Auslegungsentscheidungen zulassen. Beispielsweise läge für einen Werkstoff, bei dem im Bereich der Streckdehnung ein Plateau vorliegt eine brauchbare Auslegungsgrenze nahe am Beginn des Plateaus und nicht in dessen Mitte.

Zur Bestimmung dieser Punkte aus digitalen Daten können unterschiedliche Verfahren angewendet werden.

— Punkt-zu-Punkt-Vergleich zur Bestimmung eines maximalen Werts. Dieser Vergleich stellt eine einfache Vorgehensweise dar, die jedoch zusätzliche Überprüfungen benötigt, um zu verhindern, dass fälschlicherweise durch Rauschen beeinflusste Maximalwerte ausgewählt werden. Dazu kann beispielsweise ein bewegliches Bewertungsintervall angewendet werden, dessen Breite systemabhängig ist. In diesem Zusammenhang steht System für die kombinierten Einflüsse des Werkstoffverhaltens und der Versuchsanordnung.

— Steigungs-Verfahren: Dieses Verfahren erfordert einen höheren Berechnungsumfang, der aber mit der Rechenleistung der verfügbaren Rechner durchaus realisierbar ist. Ein Kriterium dieses Verfahrens würde ebenfalls ein bewegliches Bewertungsintervall einbeziehen, in dem die Steigung der Regressionsgeraden für die Spannungs-/Dehnungskurve berechnet wird. Dieses Verfahren hat einen Glättungs-/Filterungseffekt und verringert Rauscheinflüsse. Zusätzlich sollte ein Kriterium definiert werden, für das die Steigung darauf hinweisen würde, dass ein Streckpunkt ermittelt wurde, beispielsweise:

  — Mittelpunkt des Bewertungsintervalls, für das die Steigung das erste Mal negativ wird;

  — Mittelpunkt des Bewertungsintervalls, für das die Steigung das erste Mal einen bestimmten positiven Grenzwert erreicht.

Gleichung (A.1) ist ein vorgeschlagenes Kriterium, das auf den Mittelpunkt eines beweglichen Intervalls angewendet wird, für das die Steigung gleich oder kleiner als der Spannungswert an diesem Punkt wird:

$$\varepsilon_y = \varepsilon\left[\frac{d\sigma}{d\epsilon} \leq \sigma\right] \quad \text{(A.1)}$$

Der Vorteil dieses Kriteriums wäre, dass nur die Streckdehnungen identifiziert würden, die dicht an der ersten größeren Änderung der Steigung der Spannungs-/Dehnungskurve liegen. Die ermittelten Streckdehnungswerte würden jedoch kleiner sein als bei Anwendung der gegenwärtig üblichen Verfahren. Dieses Verfahren eignet sich nur bedingt, wenn im Bereich der Streckdehnung ein Plateau vorliegt.

Auch für das Steigungs-Verfahren ist die korrekte Breite des Bewertungsintervalls wieder systemabhängig, und ihre Identifizierung erfordert vom Anwender, dass er gründliche Kenntnisse des Prüfverfahrens und des Werkstoffs hat.

Diese Beispiele zeigen, dass es mehrere Möglichkeiten zur Bestimmung der Streckdehnung gibt. Die Auswahl und die Pflichteinführung eines dieser Verfahren würden wegen der Vergleichbarkeit der Prüfergebnisse grundsätzlich möglich sein, aber unter Berücksichtigung der vorhandenen Prüfmaschinen und der unterschiedlichen Software-Pakete würde dieser Versuch zwecklos sein.

Eine Lösung könnte ein Verifizierungssystem sein. Es bezieht Referenzdatensätze (Spannungs-/Dehnungskurven) ein, für die zuvor relevante Eigenschaften von Experten vereinbart wurden. Diese Datensätze können in eine Auswertungssoftware eingegeben werden, und dann wird überprüft, ob oder unter welchen Parametern die Software „korrekte Werte" ausgibt. Dieses System würde die Vergleichbarkeit der Prüfergebnisse sicherstellen, während unterschiedliche Auswertungsverfahren zulässig sind.

Ein ähnliches System wurde für die Zugprüfung von Metallen ausgearbeitet. Weitere Informationen dazu können gefunden werden unter Verweisung [5]:

Für die Abschätzung der Breite des Dehnungsintervalls kann Gleichung (A.3) angewendet werden.

$$n = f\Delta t = f\frac{\Delta\varepsilon}{\dot{\varepsilon}} \quad \text{(A.2)}$$

$$\Delta\varepsilon = \dot{\varepsilon}\frac{n}{f} = \frac{v}{60L}\frac{n60Lr}{vL_0} = \frac{nr}{L_0} \quad \text{(A.3)}$$

Dabei ist

n die Anzahl der Datenpunkte;

f die Datenrate der Maschine, siehe Gleichung (1), in s^{-1};

$\Delta\varepsilon$ das Dehnungsintervall;

ε die Dehnungsgeschwindigkeit, in s^{-1};

v die Querhauptverschiebungsgeschwindigkeit, in mm/min;

L die Einspannlänge, in mm;

L_0 die Messlänge, in mm;

r die Auflösung, in mm.

Das Dehnungsintervall nach Gleichung (A.2) wird in Bild A.1 als Funktion der Anzahl an Datenpunkten mit der Auflösung *r* als Parameter dargestellt.

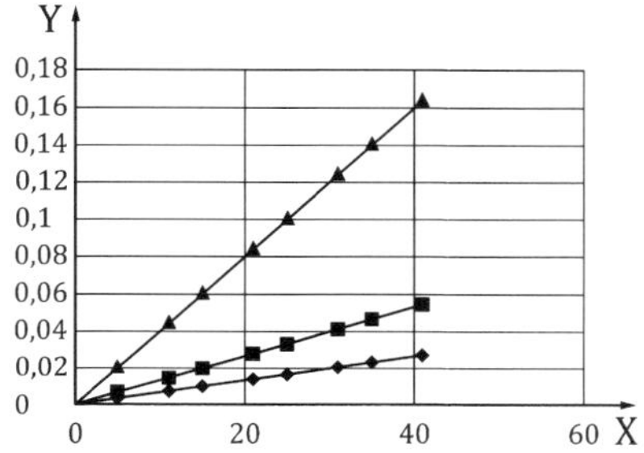

Legende

X Anzahl der Datenpunkte
Y Dehnungsintervall, in %
—◆— $r = 0{,}5$ µm
—■— $r = 1$ µm
—▲— $r = 3$ µm

Bild A.1 — Dehnungsintervall nach Gleichung (A.2)

Anhang B
(informativ)

Fehlergrenze des Extensometers bei Bestimmung der Poissonzahl

Die Ermittlung der Poissonzahl in dem für die Bestimmung des Zugmoduls verwendeten Dehnungsbereich ist nicht zu empfehlen.

Im Bereich des Zugmoduls wird die Verlängerung der Messlänge mit einer Genauigkeit von 1 % bestimmt, d. h. bei Verwendung eines Vielzweckprobekörpers sollte bei einer Verlängerung der Messlänge von 75 mm das Extensometer in der Lage sein, die Verlängerung auf 1,5 µm zu messen (siehe 5.1.5 und Bild 2). Bei einer für die meisten Thermoplaste typischen Poissonzahl von 0,4 und einer Messlänge von 75 mm beträgt die Verlängerung der ursprünglichen Messlänge 150 µm, wobei die Breite um 8 µm abnimmt. Um die gleiche relative Genauigkeit von 1 % wie in Längsrichtung zu erreichen, sollte das Messsystem zum Bestimmen der Verformung in Querrichtung eine Messung auf 0,1 µm ermöglichen, was eine sehr hohe Anforderung darstellt.

Unter der Voraussetzung, dass die Poissonzahl in einem Bereich von $0{,}3\,\% < \varepsilon < 1{,}5\,\%$ bestimmt wird, beträgt die Breitenverringerung 50 µm, wozu eine Auflösung von 0,5 µm erforderlich ist, um eine Genauigkeit von 1 % für die Querkontraktion zu erreichen.

Anhang C
(normativ)

Kalibrieranforderungen für die Bestimmung des Zugmoduls

C.1 Allgemeines

Die allgemeinen Anforderungen an die Verifizierung des Extensometers werden in 5.1.5 beschrieben. Wenn die Prüfeinrichtung für Messungen des Zugmoduls E_t vorgesehen ist, muss das Extensometer eine erhöhte Anforderung an die Messgenauigkeit erfüllen. Dieser Anhang legt das Verfahren und die Anforderungen an die Kalibriereinrichtung fest, die erforderlich ist um zu überprüfen, ob das Extensometer diese zusätzliche Genauigkeitsanforderung erfüllt.

ANMERKUNG ISO 9513 erlaubt dem Anwender die Festlegung verschiedener Messbereiche, in denen das Extensometer kalibriert wird. Diese Bereiche werden jeweils durch ein Verhältnis der gemessenen Längenänderungen definiert. Bereich a) ist definiert für $l_{max}/l_{min} \leq 10$ und Bereich b) für $10 < l_{max}/l_{min} \leq 100$. Bereich a) ist festgelegt für die Bestimmung des Zugmoduls ($l_{max}/l_{min} = 5$) und Bereich b) für Messungen mit Extensometern bis etwa 25 % (bei 50 mm Messlänge).

C.2 Kalibrierverfahren

C.2.1 Allgemeines

Es wird davon ausgegangen, dass die zusätzliche Verifizierung zeitgleich mit der Überprüfung nach ISO 9513 stattfindet, sie kann jedoch auch unabhängig durchgeführt werden. Sofern nicht anders angegeben, müssen die bei der Kalibrierung in ISO 9513 beschriebenen Bedingungen erfüllt werden.

Das System wird wie in ISO 9513 beschrieben für die Verifizierung vorbereitet.

Der Kalibriervorgang wird nach dem in ISO 9513 beschriebenen Verfahren durchgeführt, wobei zwei zusätzliche Messungen in aufsteigender Wegrichtung durchgeführt werden, die 0,05 % und 0,25 % der geforderten Messlänge entsprechen. Der Mittelwert der Differenz zwischen zwei Messpunkten wird aus zwei Messungen bestimmt und muss mit der Differenz des aufgebrachten Verfahrweges verglichen werden. Um die Anforderungen dieses Dokuments zu erfüllen, darf der relative Fehler zwischen der aufgebrachten und der angezeigten Längenänderung für Messlängen ab 50 mm höchstens ±1 % der Längenänderung oder für Messlängen unter 50 mm höchstens ±1 µm betragen.

Tabelle C.1 — Anforderungen an die Messgenauigkeit des Extensometers

Messlänge mm	Erste Längenänderung µm	Zweite Längenänderung µm	Veränderung der Längenänderung µm	Anforderung an die Messgenauigkeit (siehe 5.1.5) ±µm
75	37,5	187,5	150	1,5
50	25	125	100	1
25	12,5	62,5	50	1
20	10	50	40	1

ANMERKUNG Die Fehlergrenzen des Extensometers gelten für die Veränderungen der Ablesung zwischen der ersten und der zweiten Längenänderung.

Aufgrund der Schwierigkeit für Messlängen unter 50 mm die gestellten Anforderungen an das Extensometer einzuhalten, wird empfohlen Zugmodulmessungen mit Probekörpern mit einer Messlänge von mindestens 50 mm durchzuführen.

C.2.2 Anforderungen an die Messgenauigkeit der Kalibriereinrichtung

Die Kalibriereinrichtung muss die Anforderungen für die Klasse 0,2 erfüllen, die in ISO 9513:2012, Tabelle 2, angegeben werden.

C.2.3 Kalibrierbericht

Der Kalibrierbericht muss folgende Angaben enthalten:

a) eine Verweisung auf diesen Anhang dieses Dokuments, d. h. ISO 527-1:2019, Anhang C;

b) den Namen und die Anschrift des Eigentümers des Extensometer-Systems;

c) alle in ISO 9513 aufgeführten anzugebenden Anforderungen;

d) das Ergebnis der Kalibrierung.

Literaturhinweise

[1] ISO 294-1:2017, *Plastics — Injection moulding of test specimens of thermoplastic materials — Part 1: General principles, and moulding of multipurpose and bar test specimens*

[2] ISO 1926, *Rigid cellular plastics — Determination of tensile properties*

[3] ISO 20753, *Plastics — Test specimens*

[4] ASTM D638, *Standard Test Method for Tensile Properties of Plastics*

[5] RIDES M., LORD J. TENSTAND final report: *Computer-controlled tensile testing according to EN 10002-1: Results of a comparison test programme to validate a proposal for an amendment of the standard.* National Physical Laboratory, Teddington, 2005

DIN EN ISO 527-2

ICS 83.080.01

Ersatz für
DIN EN ISO 527-2:2012-06

Kunststoffe – Bestimmung der Zugeigenschaften – Teil 2: Prüfbedingungen für Form- und Extrusionsmassen (ISO 527-2:2025); Deutsche Fassung EN ISO 527-2:2025

Plastics –
Determination of tensile properties –
Part 2: Test conditions for moulding and extrusion plastics (ISO 527-2:2025);
German version EN ISO 527-2:2025

Plastiques –
Détermination des propriétés en traction –
Partie 2: Conditions d'essai des plastiques pour moulage et extrusion (ISO 527-2:2025);
Version allemande EN ISO 527-2:2025

Gesamtumfang 18 Seiten

DIN-Normenausschuss Kunststoffe (FNK)
DIN-Normenausschuss Materialprüfung (NMP)

3634306

Nationales Vorwort

Das Dokument EN ISO 527-2:2025 wurde vom Technischen Komitee ISO/TC 61 „Plastics“ in Zusammenarbeit mit dem Technischen Komitee CEN/TC 249 „Kunststoffe“ erarbeitet, dessen Sekretariat von SIS (Schweden) gehalten wird.

Das zuständige nationale Normungsgremium ist der Arbeitsausschuss NA 054-01-02 AA „Mechanische Eigenschaften und Probekörperherstellung“ im DIN-Normenausschuss Kunststoffe (FNK).

DIN EN ISO 527 besteht unter dem allgemeinen Titel *Kunststoffe — Bestimmung der Zugeigenschaften* aus den folgenden Teilen:

— *Teil 1: Allgemeine Grundsätze*

— *Teil 2: Prüfbedingungen für Form- und Extrusionsmassen*

— *Teil 3: Prüfbedingungen für Folien und Tafeln*

— *Teil 4: Prüfbedingungen für isotrop und anisotrop faserverstärkte Kunststoffverbundwerkstoffe*

— *Teil 5: Prüfbedingungen für unidirektional faserverstärkte Kunststoffverbundwerkstoffe*

Für die in diesem Dokument zitierten Dokumente können die entsprechenden deutschen Dokumente kostenlos auf der DIN-Media-Homepage recherchiert werden.

Aktuelle Informationen zu diesem Dokument können über die Internetseiten von DIN (www.din.de) durch eine Suche nach der Dokumentennummer aufgerufen werden.

Änderungen

Gegenüber DIN EN ISO 527-2:2012-06 wurden folgende Änderungen vorgenommen:

a) Bild 1 und Tabelle 1 von Abschnitt 11 nach 6.1 verschoben;

b) früherer Unterabschnitt 6.6, Anzahl der Probekörper, wurde in Abschnitt 7 umnummeriert, um ihn an ISO 527-1:2019 anzugleichen;

c) Verweisung auf ISO 3167 durch ISO 20753 ersetzt;

d) Probekörper 1A und 1B durch die Probekörper A1 und A2 nach ISO 20753 ersetzt;

e) kleiner Probekörper in Anhang A, Typ 1BA und 1BB durch den verkleinerten Probekörper, wie in ISO 20753 festgelegt, ersetzt;

f) Dokument redaktionell überarbeitet.

Frühere Ausgaben

DIN 53371: 1955-10, 1959-09
DIN 53455: 1952-10, 1968-04, 1981-08
DIN 53457: 1968-05, 1987-06, 1987-10
DIN EN ISO 527-2: 1996-07, 2012-06

EUROPÄISCHE NORM
EUROPEAN STANDARD
NORME EUROPÉENNE

EN ISO 527-2

Juni 2025

ICS 83.080.01

Ersetzt EN ISO 527-2:2012

Deutsche Fassung

Kunststoffe — Bestimmung der Zugeigenschaften — Teil 2: Prüfbedingungen für Form-und Extrusionsmassen (ISO 527-2:2025)

Plastics —
Determination of tensile properties —
Part 2: Test conditions for moulding and extrusion plastics (ISO 527-2:2025)

Plastiques —
Détermination des propriétés en traction —
Partie 2: Conditions d'essai des plastiques pour moulage et extrusion (ISO 527-2:2025)

EUROPÄISCHES KOMITEE FÜR NORMUNG
EUROPEAN COMMITTEE FOR STANDARDIZATION
COMITÉ EUROPÉEN DE NORMALISATION

CEN-CENELEC Management-Zentrum: Rue de la Science 23, B-1040 Brüssel

Ref. Nr. EN ISO 527-2:2025 D

Inhalt

Bilder

Tabellen

Europäisches Vorwort

Dieses Dokument (EN ISO 527-2:2025) wurde vom Technischen Komitee ISO/TC 61 „Plastics" in Zusammenarbeit mit dem Technischen Komitee CEN/TC 249 „Kunststoffe" erarbeitet, dessen Sekretariat von SIS gehalten wird.

Diese Europäische Norm muss den Status einer nationalen Norm erhalten, entweder durch Veröffentlichung eines identischen Textes oder durch Anerkennung bis Dezember 2025, und etwaige entgegenstehende nationale Normen müssen bis Dezember 2025 zurückgezogen werden.

Es wird auf die Möglichkeit hingewiesen, dass einige Elemente dieses Dokuments Patentrechte berühren können. CEN ist nicht dafür verantwortlich, einige oder alle diesbezüglichen Patentrechte zu identifizieren.

Dieses Dokument ersetzt EN ISO 527-2:2012.

Rückmeldungen oder Fragen zu diesem Dokument sollten an das jeweilige nationale Normungsinstitut des Anwenders gerichtet werden. Eine vollständige Liste dieser Institute ist auf den Internetseiten von CEN abrufbar.

Entsprechend der CEN-CENELEC-Geschäftsordnung sind die nationalen Normungsinstitute der folgenden Länder gehalten, diese Europäische Norm zu übernehmen: Belgien, Bulgarien, Dänemark, Deutschland, die Republik Nordmazedonien, Estland, Finnland, Frankreich, Griechenland, Irland, Island, Italien, Kroatien, Lettland, Litauen, Luxemburg, Malta, Niederlande, Norwegen, Österreich, Polen, Portugal, Rumänien, Schweden, Schweiz, Serbien, Slowakei, Slowenien, Spanien, Tschechische Republik, Türkei, Ungarn, Vereinigtes Königreich und Zypern.

Anerkennungsnotiz

Der Text von ISO 527-2:2025 wurde von CEN als EN ISO 527-2:2025 ohne irgendeine Abänderung genehmigt.

Vorwort

ISO (die Internationale Organisation für Normung) ist eine weltweite Vereinigung von Nationalen Normungsorganisationen (ISO-Mitgliedsorganisationen). Die Erstellung von Internationalen Normen wird normalerweise von ISO Technischen Komitees durchgeführt. Jede Mitgliedsorganisation, die Interesse an einem Thema hat, für welches ein Technisches Komitee gegründet wurde, hat das Recht, in diesem Komitee vertreten zu sein. Internationale Organisationen, staatlich und nicht staatlich, in Liaison mit ISO, nehmen ebenfalls an der Arbeit teil. ISO arbeitet eng mit der Internationalen Elektrotechnischen Kommission (IEC) bei allen elektrotechnischen Themen zusammen.

Die Verfahren, die bei der Entwicklung dieses Dokuments angewendet wurden und die für die weitere Pflege vorgesehen sind, werden in den ISO/IEC Directives, Teil 1, beschrieben. Es sollten insbesondere die unterschiedlichen Annahmekriterien für die verschiedenen ISO-Dokumentenarten beachtet werden. Dieses Dokument wurde in Übereinstimmung mit den Gestaltungsregeln der ISO/IEC Directives, Teil 2, erarbeitet (siehe www.iso.org/directives).

ISO weist auf die Möglichkeit hin, dass die Anwendung dieses Dokuments mit der Verwendung eines oder mehrerer Patente verbunden sein kann. ISO bezieht jedoch in dieser Hinsicht keinerlei Stellung bezüglich Nachweis, Gültigkeit oder Anwendbarkeit jeglicher beanspruchten Patentrechte. Zum Zeitpunkt der Veröffentlichung dieses Dokuments lag ISO keine Mitteilung über ein Patent bzw. mehrere Patente vor, welche/s zur Umsetzung dieses Dokuments erforderlich sein könnte/n. Anwender werden jedoch darauf hingewiesen, dass dies möglicherweise nicht der aktuelle Informationsstand ist. Dieser kann jedoch der Patentdatenbank unter www.iso.org/patents entnommen werden. ISO ist nicht dafür verantwortlich, einige oder alle diesbezüglichen Patentrechte zu identifizieren.

Jeder in diesem Dokument verwendete Handelsname dient nur zur Unterrichtung der Anwender und bedeutet keine Anerkennung.

Für eine Erläuterung des freiwilligen Charakters von Normen, der Bedeutung ISO-spezifischer Begriffe und Ausdrücke in Bezug auf Konformitätsbewertungen sowie Informationen darüber, wie ISO die Grundsätze der Welthandelsorganisation (WTO, en: World Trade Organization) hinsichtlich technischer Handelshemmnisse (TBT, en: Technical Barriers to Trade) berücksichtigt, siehe www.iso.org/iso/foreword.html.

Dieses Dokument wurde vom Technischen Komitee ISO/TC 61, *Plastics*, Unterkomitee SC 2, *Mechanical behavior*, in Zusammenarbeit mit dem Europäischen Komitee für Normung (CEN), Technisches Komitee CEN/TC 249, *Kunststoffe*, in Übereinstimmung mit der Vereinbarung zur technischen Zusammenarbeit zwischen ISO und CEN (Wiener Vereinbarung) erarbeitet.

Diese dritte Ausgabe ersetzt die zweite Ausgabe (ISO 527-2:2012), die technisch überarbeitet wurde.

Die wesentlichen Änderungen sind folgende:

— Bild 1 und Tabelle 1 wurden von Abschnitt 11 nach 6.1 verschoben;

— früherer Unterabschnitt 6.6, Anzahl der Probekörper, wurde in Abschnitt 7 umnummeriert, um ihn an ISO 527-1:2019 anzugleichen;

— die Verweisung auf ISO 3167 wurde durch ISO 20753 ersetzt;

— Probekörper 1A und 1B wurden durch Probekörper A1 und A2 nach ISO 20753 ersetzt;

— der kleine Probekörper in Anhang A, Typ 1BA und 1BB wurde durch den verkleinerten Probekörper, wie in ISO 20753 festgelegt, ersetzt.

Eine Auflistung aller Teile der Normenreihe ISO 527 ist auf der ISO-Internetseite abrufbar.

Rückmeldungen oder Fragen zu diesem Dokument sollten an das jeweilige nationale Normungsinstitut des Anwenders gerichtet werden. Eine vollständige Auflistung dieser Institute ist unter www.iso.org/members.html zu finden.

1 Anwendungsbereich

1.1 Dieses Dokument legt auf der Basis der allgemeinen Grundsätze aus ISO 527-1 die Prüfbedingungen zur Bestimmung der Zugeigenschaften von Form- und Extrusionsmassen fest.

1.2 Die Verfahren sind speziell zur Anwendung für folgende Werkstoffgruppen in der bevorzugten Dicke oder bei aus Formteilen mechanisch herausgearbeiteten Probekörpern in der Dicke nach Ausformung geeignet:

— steife und halbsteife thermoplastische Spritzguss-, Extrusions- und Gussformmassen einschließlich gefüllter und verstärkter Formmassen, beispielsweise mit Kurzfasern, kleinen Stäbchen, Plättchen oder Granulat, nicht jedoch mit Textilfasern (siehe ISO 527-4 und ISO 527-5).

ANMERKUNG Definition für „steif“ und „halbsteif“ siehe ISO 527-1:2019, Abschnitt 3;

— steife und halbsteife härtbare Spritzguss- und Gussformmassen einschließlich gefüllter und verstärkter Formmassen, nicht jedoch mit Textilfasern als Verstärkungsmaterial (siehe ISO 527-4 und ISO 527-5);

— thermotrope flüssigkristalline Polymere.

Die Verfahren sind üblicherweise nicht für Hartschäume oder Schichtstoff-Verbundwerkstoffe mit Schaumstoffkern geeignet. Für Hartschäume siehe ISO 1926.

Die Verfahren sind nicht geeignet für flexible Folien und Tafeln mit einer Dicke unter 1 mm, siehe ISO 527-3.

1.3 Die Verfahren werden an Probekörpern angewendet, die entweder in den ausgewählten Maßen geformt oder aus spritzgegossenen oder gepressten Platten ausgearbeitet, geschnitten oder gestanzt werden können. Der Vielzweckprobekörper wird bevorzugt (siehe ISO 20753).

2 Normative Verweisungen

Die folgenden Dokumente werden im Text in solcher Weise in Bezug genommen, dass einige Teile davon oder ihr gesamter Inhalt Anforderungen des vorliegenden Dokuments darstellen. Bei datierten Verweisungen gilt nur die in Bezug genommene Ausgabe. Bei undatierten Verweisungen gilt die letzte Ausgabe des in Bezug genommenen Dokuments (einschließlich aller Änderungen).

ISO 293, *Plastics — Compression moulding of test specimens of thermoplastic materials*

ISO 294-1, *Plastics — Injection moulding of test specimens of thermoplastic materials — Part 1: General principles, and moulding of multipurpose and bar test specimens*

ISO 295, *Plastics — Compression moulding of test specimens of thermosetting materials*

ISO 527-1:2019, *Plastics — Determination of tensile properties — Part 1: General principles*

ISO 2818, *Plastics — Preparation of test specimens by machining*

ISO 10724-1, *Plastics — Injection moulding of test specimens of thermosetting powder moulding compounds (PMCs) — Part 1: General principles and moulding of multipurpose test specimens*

ISO 20753, *Plastics — Test specimens*

3 Begriffe

Für die Anwendung dieses Dokuments gelten die Begriffe nach ISO 527-1.

ISO und IEC stellen terminologische Datenbanken für die Verwendung in der Normung unter den folgenden Adressen bereit:

— ISO Online Browsing Platform: verfügbar unter https://www.iso.org/obp

— IEC Electropedia: verfügbar unter https://www.electropedia.org/

4 Kurzbeschreibung und Verfahren

Die Kurzbeschreibung und die Verfahren müssen ISO 527-1:2019, Abschnitt 4, entsprechen.

5 Prüfeinrichtung

5.1 Allgemeines

Die Prüfeinrichtung muss ISO 527-1:2019, Abschnitt 5, insbesondere 5.1.1 bis 5.1.4, entsprechen.

5.2 Extensometer

Das Extensometer muss ISO 527-1:2019, 5.1.5, entsprechen.

Für dieses Dokument wird eine Messlänge von 75 mm bevorzugt, wenn ein Probekörper Typ A1 nach ISO 20753 verwendet wird.

Eine Messlänge von 50 mm ist zu Zwecken der Qualitätskontrolle oder in den Fällen zulässig, in denen diese Messlänge festgelegt ist.

Wird die Dehnung an nur einer Probekörperfläche gemessen, muss sichergestellt werden, dass niedrige Dehnungswerte nicht durch eine Biegung verfälscht werden, die auch bei einer geringfügigen Fehlausrichtung und bei leichtem anfänglichem Verzug des Probekörpers auftreten kann und zu Dehnungsunterschieden zwischen gegenüber liegenden Probekörperflächen führt.

Eine größere Messlänge erhöht die Messsicherheit, besonders bei Bestimmung des Moduls. Um bei der Modulbestimmung eine Messunsicherheit von ±1 % zu erhalten, muss der absolute Wert für die Verlängerung auf ±1,5 µm gemessen werden. Diese Anforderung ist weniger streng als für eine Messlänge von 50 mm, die auf ±1 µm gemessen werden muss. Außerdem tritt bei größeren Messlängen eine Einschnürung außerhalb der Messlänge weniger häufig auf.

5.3 Aufzeichnung der Daten

Siehe ISO 527-1:2019, 5.1.6.

ANMERKUNG Bei Bestimmung des Zugmoduls ist unter Anwendung von v = 1 mm/min, L_0 = 75 mm, L = 115 mm und r = 0,000 5 mm nach ISO 527-1:2019, Gleichung (1), eine Aufzeichnungshäufigkeit für das Dehnungssignal größer als oder gleich 22 s^{-1} ausreichend. Die Aufzeichnungshäufigkeit steigt mit Zunahme der Messlänge. Für größere Messlängen ist die mit dem Extensometer gemessene absolute Verlängerung für dieselbe Querhauptverschiebung größer, d. h. das Aufzeichnungsgerät erfasst in derselben Zeitspanne eine größere Anzahl von Datenpunkten.

6 Probekörper

6.1 Form und Maße

Die mit Schultern versehenen Probekörpertypen A1 und A2 nach ISO 20753, wie in Bild 1 und Tabelle 1 dargestellt, müssen, wenn immer es möglich ist, verwendet werden. Der Probekörpertyp A1 muss bei direkt spritzgegossenen Vielzweckprobekörpern und der Probekörpertyp A2 bei durch mechanische Bearbeitung hergestellten Probekörpern verwendet werden. Für die Anwendung von maßstabsgerecht verkleinerten Probekörpern müssen Anhang A und ISO 20753 berücksichtigt werden.

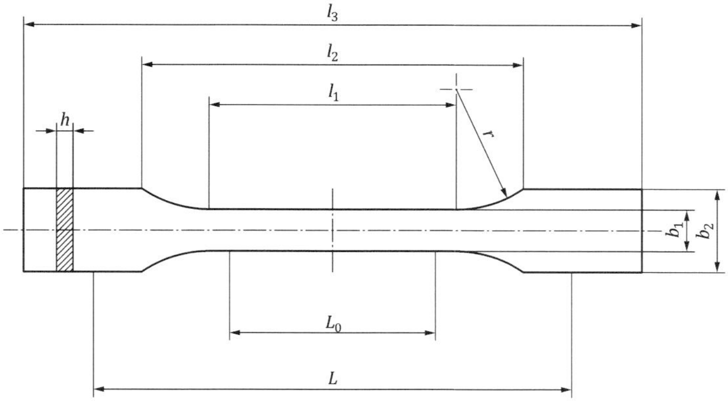

ANMERKUNG Beispiel für Typ A1 nach ISO 20753.

Bild 1 — Schulterprobekörper

Tabelle 1 — Maße für die Probekörper Typ A1 und Typ A2

Maße in Millimeter

	Probekörpertyp	**A1**	**A2**
l_3	Gesamtlänge		
l_2	Entfernung zwischen den breiten parallelen Seiten		
l_1	Länge des engen parallelen Teils		
r	Schulterradius	Siehe ISO 20753	
b_2	Breite an den Enden		
b_1	Breite des engen Teils		
h	Bevorzugte Dicke		
L_0	Messlänge (bevorzugt)	75,0 ± 0,5	50,0 ± 0,5
	Messlänge (zulässig auf Anforderung für die Qualitätskontrolle oder wenn festgelegt)	50,0 ± 0,5	
L	Anfangsabstand der Klemmen	115 ± 1	115 ± 1
Die Maße für die Probekörper der Typen A1 und A2 entsprechen ISO 20753.			

Wenn eine große Anzahl von Probekörpern in einem begrenzten Raum exponiert werden muss, beispielsweise bei Untersuchung der Umwelteinflüsse durch Strahlung, Hitze und/oder Chemikalien (siehe ISO 11403-3), können kleine Probekörper des Typs C nach ISO 20753 angewendet werden. In diesen Fällen ist häufig nur die relative Änderung der Festigkeit von Interesse, und besonders vorteilhaft sind Probekörper Typ CW. Zur Anpassung an die Wanddicken bei der endgültigen Anwendung dürfen auch Dicken angewendet werden, die sich von den bevorzugten Dicken nach ISO 20753 unterscheiden.

6.2 Vorbereitung der Probekörper

Die Probekörper müssen nach der jeweils zutreffenden Norm ISO 293, ISO 294-1, ISO 295 oder ISO 10724-1 entweder aus dem Werkstoff direkt spritzgegossen oder formgepresst oder nach ISO 2818 aus formgepressten oder spritzgegossenen Platten aus der Formmasse oder aus gegossenen oder extrudierten Platten (Tafeln) durch mechanische Bearbeitung hergestellt werden. Die Bedingungen beim Formen müssen den Festlegungen der Internationalen Norm für den jeweiligen Werkstoff entsprechen, oder, wenn für einen Werkstoff keine entsprechende Norm existiert, zwischen den interessierten Parteien vereinbart werden.

Eine strenge Überprüfung aller Bedingungen bei der Probekörperherstellung ist wichtig, um sicherzustellen, dass tatsächlich alle Probekörper einer Messreihe den gleichen Zustand aufweisen.

Alle Oberflächen der Probekörper müssen frei von sichtbaren Mängeln, Kratzern oder anderen Fehlern sein. Von gegossenen Probekörpern muss jeder Grat, falls vorhanden, entfernt werden, wobei darauf zu achten ist, dass die gegossene Oberfläche nicht beschädigt wird.

Probekörper aus Fertigteilen müssen aus flachen Bereichen oder Zonen mit minimaler Krümmung entnommen werden. Wenn möglich, sollten sie in ihrer ursprünglichen Dicke geprüft werden. Bei verstärkten Kunststoffen sollten Probekörper zur Dickenreduzierung nur dann mechanisch bearbeitet werden, wenn unbedingt notwendig. Ergebnisse an Probekörpern mit bearbeiteten Oberflächen sind nicht vergleichbar mit Ergebnissen an Probekörpern mit nicht bearbeiteten Oberflächen.

6.3 Messmarken

Siehe ISO 527-1:2019, 6.3.

6.4 Kontrolle der Probekörper

Siehe ISO 527-1:2019, 6.4.

6.5 Anisotropie

Spritzgegossene und extrudierte Platten sowie Fertigteile zeigen in einem bestimmten Umfang Anisotropie als Folge der beim Fließen auftretenden Orientierung. Die Richtungsabhängigkeit der Zugeigenschaften kann beurteilt werden, indem Probekörper parallel und senkrecht zur charakteristischen Fließrichtung beim Formvorgang bearbeitet werden. Fehlen diese Richtungsangaben, müssen die Probekörper in den zwischen den interessierten Parteien vereinbarten Richtungen bearbeitet werden.

7 Anzahl der Probekörper

Siehe ISO 527-1:2019, Abschnitt 7.

8 Konditionierung

Siehe ISO 527-1:2019, Abschnitt 8.

9 Durchführung

Siehe ISO 527-1:2019, Abschnitt 9.

Zur Messung des Zugmoduls (siehe ISO 527-1:2019, 3.9) muss die Prüfgeschwindigkeit für die Probekörper des Typs A1 und Typs A2 nach ISO 20753 (siehe Bild 1) 1 mm/min betragen. Das entspricht einer Dehnungsrate von etwa 1 % min^{-1}. Für kleine Probekörper muss Anhang A berücksichtigt werden.

10 Berechnung und Auswertung der Ergebnisse

Siehe ISO 527-1:2019, Abschnitt 10.

11 Präzision

Siehe Anhang B.

12 Prüfbericht

Der Prüfbericht muss die folgenden Angaben enthalten:

a) eine Verweisung auf dieses Dokument, d. h. ISO 527-2:2025 und alle weiteren Angaben wie in ISO 527-1:2019, 12 b) bis q), vorgeschrieben.

Anhang A
(normativ)

Kleine Probekörper

Wenn es aus bestimmten Gründen nicht möglich ist, den Standard-Probekörper Typ A1 oder A2 nach ISO 20753 zu verwenden, darf ein verkleinerter Probekörper, wie in ISO 20753 festgelegt, verwendet werden, vorausgesetzt, dass die Prüfgeschwindigkeit auf den in ISO 527-1:2019, 5.1.2, Tabelle 1, angegebenen Wert eingestellt wird, der für kleine Probekörper die nominelle Dehnrate ergibt, die der beim Standard-Probekörper verwendeten Dehnrate so nahe wie möglich kommt. Die nominelle Dehnrate ist das Verhältnis aus Prüfgeschwindigkeit (siehe ISO 527-1:2019, 3.5) und dem Anfangsabstand zwischen den Klemmen. Wenn Modulbestimmungen verlangt werden, wird empfohlen, dass die Prüfgeschwindigkeit einer Dehnrate von 1 % min^{-1} entspricht. Wegen der kleinen Messlänge und der kurzen Prüfzeiten kann es technisch schwierig sein, den Modul an kleinen Probekörpern zu ermitteln. Die an kleinen Probekörper ermittelten Ergebnisse sind nicht mit den Ergebnissen vergleichbar, die an Probekörpern Typ A1 und Typ A2 nach ISO 20753 ermittelt werden. Für die Maße L Anfangsabstand der Klemmen und L_0 Messlänge muss der in ISO 20753 erwähnte Maßstabsfaktor des verwendeten Probekörpers berücksichtigt werden (siehe Tabelle A.1).

Tabelle A.1 — Maße von verkleinerten Probekörpern

Maße in Millimeter

	Probekörpertyp	Ax2	Ax3	Ax4	Ax5	Ax8
L_0	Messlänge	25,0 ± 0,5	15,0 ± 0,2	12,0 ± 0,2	10,0 ± 0,2	6,0 ± 0,2
L	Anfangsabstand der Klemmen (bezüglich l_2 siehe ISO 20753)	$l_2{}^{+2}_{0}$	$l_2{}^{+2}_{0}$	$l_2{}^{+1}_{0}$	$l_2{}^{+1}_{0}$	$l_2{}^{+1}_{0}$
Die Maße von verkleinerten Probekörpern entsprechen ISO 20753.						

Andere Schulterprobekörper, die ursprünglich in anderen Normen festgelegt wurden, dürfen ebenfalls verwendet werden, z. B. Probekörper vom Typ 5A und Typ 5B (siehe Bild A.1 und Tabelle A.2).

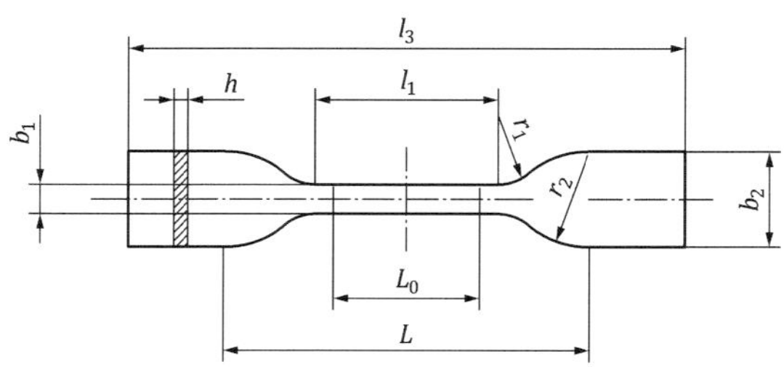

Bild A.1 — Probekörper Typ 5A und Typ 5B

Tabelle A.2 — Maße der Probekörpertypen 5A und 5B

Maße in Millimeter

	Probekörpertyp	**5A**	**5B**
l_3	Gesamtlänge	≥75	≥35
b_2	Breite an den Enden	12,5 ± 1	6 ± 0,5

Tabelle A.2 (*fortgesetzt*)

Maße in Millimeter

	Probekörpertyp	**5A**	**5B**
l_1	Länge des engen parallelen Teils	25 ± 1	12 ± 0,5
b_1	Breite des engen Teils	4 ± 0,1	2 ± 0,1
r_1	Kleiner Radius	8 ± 0,5	3 ± 0,1
r_2	Großer Radius	12,5 ± 1	3 ± 0,1
h	bevorzugte Dicke	2 ± 0,2	1 ± 0,1
L	Anfangsabstand der Klemmen	50 ± 2	20 ± 2
L_0	Messlänge	20 ± 0,5	10 ± 0,2
ANMERKUNG Die Probekörper der Typen 5A und 5B sind ähnlich wie Typ 5 in ISO 527-3 und entsprechen den Typen 2 bzw. 4 in ISO 37.			

Anhang B
(informativ)

Angaben zur Präzision

B.1 Definitionen und Informationen

B.1.1 Tabelle B.1 bis Tabelle B.4 basieren auf den Ergebnissen eines Ringversuchs unter Einbeziehung von drei bis sieben Prüflaboratorien an vier bis sieben Werkstoffen. Die in den Tabellen angegebenen Ergebnisse stellen eine Untergruppe der Ringversuchsergebnisse dar, die von sieben Prüflaboratorien in Deutschland, Österreich und der Schweiz an insgesamt 25 Werkstoffen ermittelt wurden. Die Probekörper wurden alle von einer Stelle hergestellt und verteilt. Jedes Prüflaboratorium ermittelte und protokollierte fünf (5) Einzelergebnisse für jeden Werkstoff. Die angegebenen Ergebnisse wurden nach ISO 5725-2 ausgewertet.

ACHTUNG — Wegen der begrenzten Anzahl von Prüflaboratorien und Werkstoffen stellen die folgenden Erklärungen für r und R (siehe B.1.2.1 bis B.1.2.3) lediglich eine sinnvolle Art und Weise zur Angabe der *ungefähren* Präzision dieses Prüfverfahrens dar. Die Daten aus Tabelle B.1 und Tabelle B.4 sollten nicht rigoros dazu angewendet werden, über Annahme oder Rückweisung des Materials zu entscheiden, da diese Daten spezifisch für den Ringversuch und möglicherweise nicht repräsentativ für andere Chargen, Bedingungen, Werkstoffe oder Laboratorien sind.

B.1.2 Die Bedeutung von „r" und „R" kann Tabelle B.1 bis Tabelle B.4 entnommen werden.

B.1.2.1 *Wiederholpräzision* — Zwei innerhalb eines Prüflaboratoriums ermittelte Untersuchungsergebnisse müssen als nicht äquivalent angesehen werden, wenn sie sich um mehr als den für dieses Material für r ermittelten Wert unterscheiden. Dabei ist r das Intervall für die kritische Differenz zwischen zwei Untersuchungsergebnissen für dasselbe Material, die von einem Bearbeiter mit denselben Prüfgeräten im selben Prüflaboratorium ermittelt wurden.

B.1.2.2 *Vergleichpräzision* — Zwei in unterschiedlichen Prüflaboratorien ermittelte Untersuchungsergebnisse müssen als nicht äquivalent angesehen werden, wenn sie sich um mehr als den für dieses Material für R ermittelten Wert unterscheiden. Dabei ist R das Intervall für die kritische Differenz zwischen zwei Untersuchungsergebnissen für dasselbe Material, die von unterschiedlichen Bearbeitern mit anderen Prüfgeräten in unterschiedlichen Prüflaboratorien ermittelt wurden.

B.1.2.3 Die Beurteilungen in B.1.2.1 und B.1.2.2 sind mit einer Wahrscheinlichkeit von etwa 95 % (0,95) korrekt.

B.2 Präzisionsdaten

In den folgenden Tabellen werden folgende statistische Eigenschaften angewendet:

s_r = Standardabweichung innerhalb eines Laboratoriums,

s_R = Standardabweichung zwischen Laboratorien,

r = 95 %-Wiederholgrenze = 2,8s_r,

R = 95 %-Vergleichgrenze = 2,8s_R,

n_{Lab} = Anzahl der Laboratorien, die Ergebnisse meldeten.

Tabelle B.1 — Präzision, Zugmodul (MPa)

		L_0 = 50 mm				
Werkstoff	n_{Lab}	Mittelwert	s_r	s_R	r	R
RAHECO	7	435	17	30	47	83
ABS	6	1 799	15	92	42	258
PC	6	2 448	34	98	94	274
PMMA	7	3 375	33	136	92	381
POM GF30	7	8 641	229	425	641	1 190
PBT GF30	6	9 882	168	680	471	1 904
LCP	7	30 414	966	2 547	2 705	7 131
		L_0 = 75 mm				
Werkstoff	n_{Lab}	Mittelwert	s_r	s_R	r	R
RAHECO	7	491	8	29	21	80
ABS	6	1 799	14	63	40	175
PC	6	2 456	23	78	64	217
PMMA	7	3 411	36	79	102	220
POM GF30	7	8 711	86	291	242	816
PBT GF30	6	9 954	119	370	332	1 037
LCP	7	30 580	1 014	1 699	2 840	4 757

Tabelle B.2 — Präzision, Streckspannung (MPa)

		L_0 = 50 mm				
Werkstoff	n_{Lab}	Mittelwert	s_r	s_R	r	R
RAHECO	7	13,7	0,14	0,61	0,4	1,7
PEBA	7	22,2	0,36	1,21	1	3,4
ABS	6	36,4	0,18	1,93	0,5	5,4
PC	6	63,6	0,18	0,89	0,5	2,5
PA 63T	7	84	0,32	5,11	0,9	14,3

Tabelle B.3 — Präzision, Streckdehnung (%)

		L_0 = 50 mm				
Werkstoff	n_{Lab}	Mittelwert	s_r	s_R	r	R
ABS	6	2,6	0,07	0,21	0,2	0,6
PC+ABS	6	4,5	0,07	0,18	0,2	0,5
POM	7	7,3	0,18	0,54	0,5	1,5
PA 63T	7	7,5	0,11	0,79	0,3	2,2
RAHECO	7	13,1	0,46	2,00	1,3	5,6

Tabelle B.3 (*fortgesetzt*)

		L_0 = 75 mm				
Werkstoff	n_{Lab}	Mittelwert	s_r	s_R	r	R
ABS	6	2,7	0,04	0,04	0,1	0,1
PC+ABS	6	4,4	0,07	0,21	0,2	0,6
POM	7	7,2	0,21	0,71	0,6	2,0
PA 63T	7	7,4	0,32	0,93	0,9	2,6
RAHECO	7	12,8	0,75	2,25	2,1	6,3

Tabelle B.4 — Präzision, Bruchdehnung (%)

		L_0 = 50 mm				
Werkstoff	n_{Lab}	Mittelwert	$\boldsymbol{s_r}$	$\boldsymbol{s_R}$	$\boldsymbol{r}$	$\boldsymbol{R}$
LCP	7	0,6	0,1	0,1	0,2	0,2
ABS	4	2,8	0,4	0,4	1	1,1
PA66GF30	7	3,1	0,1	0,7	0,4	2,0
PA12	3	17,7	1,2	2,3	3,4	6,5
		L_0 = 75 mm				
Werkstoff	n_{Lab}	Mittelwert	s_r	s_R	r	R
LCP	7	0,6	0,1	0,1	0,2	0,2
ABS	4	6,2	1,1	1,3	3,2	3,6
PA66GF30	7	3,4	0,1	0,2	0,4	0,6
PA12	3	16,3	1,2	2,8	3,4	7,9

Literaturhinweise

[1] ISO 37, *Rubber, vulcanized or thermoplastic — Determination of tensile stress-strain properties*

[2] ISO 294-2, *Plastics — Injection moulding of test specimens of thermoplastic materials — Part 2: Small tensile bars*

[3] ISO 294-3, *Plastics — Injection moulding of test specimens of thermoplastic materials — Part 3: Small plates*

[4] ISO 527-3, *Plastics — Determination of tensile properties — Part 3: Test conditions for films and sheets*

[5] ISO 527-4, *Plastics — Determination of tensile properties — Part 4: Test conditions for isotropic and orthotropic fibre-reinforced plastic composites*

[6] ISO 527-5, *Plastics — Determination of tensile properties — Part 5: Test conditions for unidirectional fibre-reinforced plastic composites*

[7] ISO 1926, *Rigid cellular plastics — Determination of tensile properties*

[8] ISO 5725-2, *Accuracy (trueness and precision) of measurement methods and results — Part 2: Basic method for the determination of repeatability and reproducibility of a standard measurement method*

[9] ISO 11403-3, *Plastics — Acquisition and presentation of comparable multipoint data — Part 3: Environmental influences on properties*

DIN EN ISO 527-3

DIN

ICS 83.140.10

Ersatz für
DIN EN ISO 527-3:2003-07

Kunststoffe –
Bestimmung der Zugeigenschaften –
Teil 3: Prüfbedingungen für Folien und Tafeln (ISO 527-3:2018);
Deutsche Fassung EN ISO 527-3:2018

Plastics –
Determination of tensile properties –
Part 3: Test conditions for films and sheets (ISO 527-3:2018);
German version EN ISO 527-3:2018

Plastiques –
Détermination des propriétés en traction –
Partie 3: Conditions d'essai pour films et feuilles (ISO 527-3:2018);
Version allemande EN ISO 527-3:2018

Gesamtumfang 13 Seiten

DIN-Normenausschuss Kunststoffe (FNK)
DIN-Normenausschuss Verpackungswesen (NAVp)

www.din.de
www.beuth.de

3021563

Nationales Vorwort

Dieses Dokument (EN ISO 527-3:2018) wurde vom Technischen Komitee ISO/TC 61 „Plastics" in Zusammenarbeit mit dem Technischen Komitee CEN/TC 249 „Kunststoffe" erarbeitet, dessen Sekretariat von NBN (Belgien) gehalten wird.

Für die deutsche Mitarbeit ist der Arbeitsausschuss NA 054-04-04 AA „Kunststoff-Folien und kunststoffbeschichtete Flächengebilde (Kunstleder); allgemeine Eigenschaften" im DIN-Normenausschuss Kunststoffe (FNK) verantwortlich.

Für die in diesem Dokument zitierten internationalen Dokumente wird im Folgenden auf die entsprechenden deutschen Dokumente hingewiesen:

ISO 527-1:2012	siehe DIN EN ISO 527-1:2012-06
ISO 527-2	siehe DIN EN ISO 527-2

Änderungen

Gegenüber DIN EN ISO 527-3:2003-07 wurden folgende Änderungen vorgenommen:

a) Verweisungen auf ISO 527-1 wurden entsprechend der neuesten Ausgabe aktualisiert;

b) Abschnitte 3 und 4 wurden getauscht;

c) das Dokument wurde redaktionell überarbeitet.

Frühere Ausgaben

DIN 53371: 1955-10, 1959-09
DIN 53455: 1952-10, 1968-04, 1981-08
DIN EN ISO 527-3: 1995-10, 2003-07
DIN EN ISO 527-3 Berichtigung 1: 1998-09

Nationaler Anhang NA
(informativ)

Literaturhinweise

DIN EN ISO 527-1:2012-06, *Kunststoffe — Bestimmung der Zugeigenschaften — Teil 1: Allgemeine Grundsätze (ISO 527-1:2012); Deutsche Fassung EN ISO 527-1:2012*

DIN EN ISO 527-2, *Kunststoffe — Bestimmung der Zugeigenschaften — Teil 2: Prüfbedingungen für Form- und Extrusionsmassen*

EUROPÄISCHE NORM

EUROPEAN STANDARD

NORME EUROPÉENNE

EN ISO 527-3

Dezember 2018

ICS 83.140.10

Ersatz für EN ISO 527-3:1995

Deutsche Fassung

Kunststoffe — Bestimmung der Zugeigenschaften — Teil 3: Prüfbedingungen für Folien und Tafeln (ISO 527-3:2018)

Plastics —
Determination of tensile properties —
Part 3: Test conditions for films and sheets
(ISO 527-3:2018)

Plastiques —
Détermination des propriétés en traction —
Partie 3: Conditions d'essai pour films et feuilles
(ISO 527-3:2018)

Diese Europäische Norm wurde vom CEN am 12. November 2018 angenommen.

Die CEN-Mitglieder sind gehalten, die CEN/CENELEC-Geschäftsordnung zu erfüllen, in der die Bedingungen festgelegt sind, unter denen dieser Europäischen Norm ohne jede Änderung der Status einer nationalen Norm zu geben ist. Auf dem letzten Stand befindliche Listen dieser nationalen Normen mit ihren bibliographischen Angaben sind beim CEN-CENELEC-Management-Zentrum oder bei jedem CEN-Mitglied auf Anfrage erhältlich.

Diese Europäische Norm besteht in drei offiziellen Fassungen (Deutsch, Englisch, Französisch). Eine Fassung in einer anderen Sprache, die von einem CEN-Mitglied in eigener Verantwortung durch Übersetzung in seine Landessprache gemacht und dem Management-Zentrum mitgeteilt worden ist, hat den gleichen Status wie die offiziellen Fassungen.

CEN-Mitglieder sind die nationalen Normungsinstitute von Belgien, Bulgarien, Dänemark, Deutschland, der ehemaligen jugoslawischen Republik Mazedonien, Estland, Finnland, Frankreich, Griechenland, Irland, Island, Italien, Kroatien, Lettland, Litauen, Luxemburg, Malta, den Niederlanden, Norwegen, Österreich, Polen, Portugal, Rumänien, Schweden, der Schweiz, Serbien, der Slowakei, Slowenien, Spanien, der Tschechischen Republik, der Türkei, Ungarn, dem Vereinigten Königreich und Zypern.

EUROPÄISCHES KOMITEE FÜR NORMUNG
EUROPEAN COMMITTEE FOR STANDARDIZATION
COMITÉ EUROPÉEN DE NORMALISATION

CEN-CENELEC Management-Zentrum: Rue de la Science 23, B-1040 Brüssel

Ref. Nr. EN ISO 527-3:2018 D

Inhalt

Europäisches Vorwort

Dieses Dokument (EN ISO 527-3:2018) wurde vom Technischen Komitee ISO/TC 61 „Plastics" in Zusammenarbeit mit dem Technischen Komitee CEN/TC 249 „Kunststoffe" erarbeitet, dessen Sekretariat von NBN gehalten wird.

Diese Europäische Norm muss den Status einer nationalen Norm erhalten, entweder durch Veröffentlichung eines identischen Textes oder durch Anerkennung bis Juni 2019, und etwaige entgegenstehende nationale Normen müssen bis Juni 2019 zurückgezogen werden.

Es wird auf die Möglichkeit hingewiesen, dass einige Elemente dieses Dokuments Patentrechte berühren können. CEN ist nicht dafür verantwortlich, einige oder alle diesbezüglichen Patentrechte zu identifizieren.

Dieses Dokument ersetzt EN ISO 527-3:1995.

Entsprechend der CEN-CENELEC-Geschäftsordnung sind die nationalen Normungsinstitute der folgenden Länder gehalten, diese Europäische Norm zu übernehmen: Belgien, Bulgarien, Dänemark, Deutschland, die ehemalige jugoslawische Republik Mazedonien, Estland, Finnland, Frankreich, Griechenland, Irland, Island, Italien, Kroatien, Lettland, Litauen, Luxemburg, Malta, Niederlande, Norwegen, Österreich, Polen, Portugal, Rumänien, Schweden, Schweiz, Serbien, Slowakei, Slowenien, Spanien, Tschechische Republik, Türkei, Ungarn, Vereinigtes Königreich und Zypern.

Anerkennungsnotiz

Der Text von ISO 527-3:2018 wurde von CEN als EN ISO 527-3:2018 ohne irgendeine Abänderung genehmigt.

Vorwort

ISO (die Internationale Organisation für Normung) ist eine weltweite Vereinigung nationaler Normungsorganisationen (ISO-Mitgliedsorganisationen). Die Erstellung von Internationalen Normen wird üblicherweise von Technischen Komitees von ISO durchgeführt. Jede Mitgliedsorganisation, die Interesse an einem Thema hat, für welches ein Technisches Komitee gegründet wurde, hat das Recht, in diesem Komitee vertreten zu sein. Internationale staatliche und nichtstaatliche Organisationen, die in engem Kontakt mit ISO stehen, nehmen ebenfalls an der Arbeit teil. ISO arbeitet bei allen elektrotechnischen Themen eng mit der Internationalen Elektrotechnischen Kommission (IEC) zusammen.

Die Verfahren, die bei der Entwicklung dieses Dokuments angewendet wurden und die für die weitere Pflege vorgesehen sind, werden in den ISO/IEC-Direktiven, Teil 1 beschrieben. Es sollten insbesondere die unterschiedlichen Annahmekriterien für die verschiedenen ISO-Dokumentenarten beachtet werden. Dieses Dokument wurde in Übereinstimmung mit den Gestaltungsregeln der ISO/IEC-Direktiven, Teil 2 erarbeitet (siehe www.iso.org/directives).

Es wird auf die Möglichkeit hingewiesen, dass einige Elemente dieses Dokuments Patentrechte berühren können. ISO ist nicht dafür verantwortlich, einige oder alle diesbezüglichen Patentrechte zu identifizieren. Details zu allen während der Entwicklung des Dokuments identifizierten Patentrechten finden sich in der Einleitung und/oder in der ISO-Liste der erhaltenen Patenterklärungen (siehe www.iso.org/patents).

Jeder in diesem Dokument verwendete Handelsname dient nur zur Unterrichtung der Anwender und bedeutet keine Anerkennung.

Für eine Erläuterung des freiwilligen Charakters von Normen, der Bedeutung ISO-spezifischer Begriffe und Ausdrücke in Bezug auf Konformitätsbewertungen sowie Informationen darüber, wie ISO die Grundsätze der Welthandelsorganisation (WTO, en: World Trade Organization) hinsichtlich technischer Handelshemmnisse (TBT, en: Technical Barriers to Trade) berücksichtigt, siehe www.iso.org/iso/foreword.html.

Dieses Dokument wurde vom Technischen Komitee ISO/TC 61, *Plastics,* Unterkomitee SC 11, *Products* erarbeitet.

Diese zweite Ausgabe ersetzt die erste Ausgabe (ISO 527-3:1995), die geringfügig geändert wurde. Sie enthält auch die Technischen Berichtigungen ISO 527-3:1995/Cor.1:1998 und ISO 527-3:1995/Cor.2:2001. Die wesentlichen Änderungen im Vergleich zur Vorgängerausgabe sind folgende:

— Verweisungen auf ISO 527-1 wurden auf die letzte Ausgabe aktualisiert;

— Abschnitte 3 und 4 wurden getauscht;

— das Dokument wurde redaktionell überarbeitet.

Eine Auflistung aller Teile der Normenreihe ISO 527 ist auf der ISO-Internetseite abrufbar.

Rückmeldungen oder Fragen zu diesem Dokument sollten an das jeweilige nationale Normungsinstitut des Anwenders gerichtet werden. Eine vollständige Auflistung dieser Institute ist unter www.iso.org/members.html zu finden.

1 Anwendungsbereich

1.1 Dieses Dokument legt die Bedingungen für die Bestimmung der Zugeigenschaften von Kunststofffolien und -tafeln mit einer Dicke von weniger als 1 mm fest und basiert auf den in ISO 527-1 angegebenen allgemeine Grundsätzen.

ANMERKUNG Es wird hinsichtlich Tafeln mit einer Dicke größer als 1 mm auf ISO 527-2 verwiesen.

1.2 Siehe ISO 527-1:2012, 1.2.

1.3 Dieses Dokument ist normalerweise nicht geeignet für die Bestimmung der Zugeigenschaften von

a) Schaumstoffen und

b) mit textilen Fasern verstärkten Kunststoffen.

1.4 Siehe ISO 527-1:2012, 1.3.

2 Normative Verweisungen

Die folgenden Dokumente werden im Text in solcher Weise in Bezug genommen, dass einige Teile davon oder ihr gesamter Inhalt Anforderungen des vorliegenden Dokuments darstellen. Bei datierten Verweisungen gilt nur die in Bezug genommene Ausgabe. Bei undatierten Verweisungen gilt die letzte Ausgabe des in Bezug genommenen Dokuments (einschließlich aller Änderungen).

ISO 527-1:2012, *Plastics — Determination of tensile properties — Part 1: General principles*

ISO 4591, *Plastics — Film and sheeting — Determination of average thickness of a sample, and average thickness and yield of a roll, by gravimetric techniques (gravimetric thickness)*

ISO 4593, *Plastics — Film and sheeting — Determination of thickness by mechanical scanning*

3 Begriffe

Für die Anwendung dieses Dokuments gelten die Begriffe nach ISO 527-1.

ISO und IEC stellen terminologische Datenbanken für die Verwendung in der Normung unter den folgenden Adressen bereit:

— ISO Online Browsing Platform: verfügbar unter https://www.iso.org/obp

— IEC Electropedia: verfügbar unter http://www.electropedia.org/

4 Kurzbeschreibung

Siehe ISO 527-1:2012, 4.1.

5 Geräte

Siehe ISO 527-1:2012, Abschnitt 5. Außerdem gelten folgende zusätzliche Anforderungen.

Nach ISO 527-1:2012, 5.1.2, muss die Zugprüfmaschine in der Lage sein, die in ISO 527-1:2012, Tabelle 1, festgelegten Prüfgeschwindigkeiten einzuhalten. Üblicherweise werden Folien und Tafeln mit einer Geschwindigkeit von 5 mm/min, 50 mm/min, 100 mm/min, 200 mm/min, 300 mm/min oder 500 mm/min geprüft. Die in ISO 527-1:2012, 9.6, enthaltenen Angaben gelten ebenfalls.

Nach ISO 527-1:2012, 5.1.5, darf der Probekörper bei Prüfung dünner Tafeln oder Folien nicht mit der Masse der Längenänderungsmesseinrichtung belastet werden.

Nach ISO 527-1:2012, 5.2, müssen zur Messung der Dicke Messeinrichtungen verwendet werden, die den Anforderungen nach ISO 4593 entsprechen, außer bei sehr dünnen (dünner als 0,01 mm) oder geprägten Folien. In diesen Fällen muss die Dicke nach dem Verfahren bestimmt werden, das in ISO 4591 festgelegt ist. Falls ISO 4591 angewendet wird, muss die mittlere Dicke der Folienprobe als die Dicke des Probekörpers genommen werden.

6 Probekörper

6.1 Form und Maße

6.1.1 Die empfohlene Form der Probekörper für die Bestimmung der Zugeigenschaften nach diesem Verfahren ist ein Streifen, 10 mm bis 25 mm breit und nicht kürzer als 150 mm (Probekörper Typ 2 — siehe Bild 1), mit zwei parallelen Messmarken in einem Abstand von 50 mm auf der Mitte des Probekörpers.

Einige Folienwerkstoffe besitzen eine sehr hohe Bruchdehnung, so dass der Dehnungsbereich der Prüfmaschine überschritten werden könnte. In solchen Fällen darf der Anfangsabstand zwischen den Einspannklemmen auf 50 mm verringert werden.

6.1.2 Wenn es durch die Festlegungen für den zu prüfenden Werkstoff gefordert wird, oder bei Regelprüfungen im Rahmen der Qualitätskontrolle, dürfen Probekörper der Typen 5, 1B und 4 mit Form und Maßen nach Bild 2, Bild 3, und Bild 4 verwendet werden. Diese Probekörper sind einfach herzustellen und ermöglichen eine schnelle Prüfung im Rahmen der Qualitätskontrolle.

Der Probekörper Typ 5 (siehe Bild 2) wird für Folien und Tafeln mit sehr hoher Bruchdehnung empfohlen. Der Probekörper Typ 4 wird für andere Arten flexibler thermoplastischer Tafeln empfohlen.

Der Probekörper Typ 1B (siehe Bild 3) wird für steife Tafeln empfohlen.

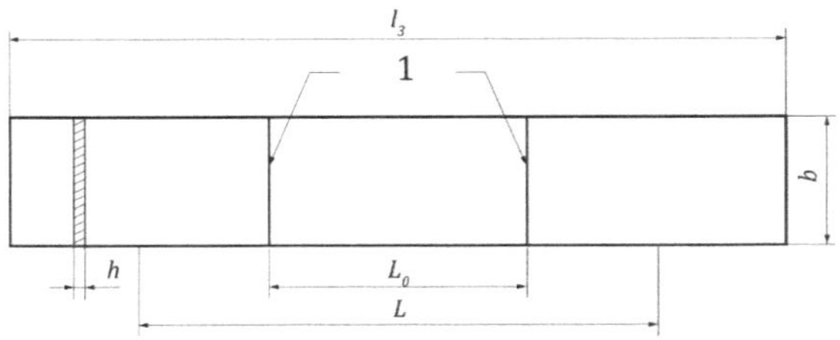

Legende

1 Messmarken
b Breite: 10 mm bis 25 mm
h Dicke: ≤ 1 mm
L_0 Messlänge: 50 mm ± 0,5 mm
L Anfangsabstand der Einspannklemmen: 100 mm ± 5 mm
l_3 Gesamtlänge: ≥ 150 mm

Bild 1 — Probekörper Typ 2

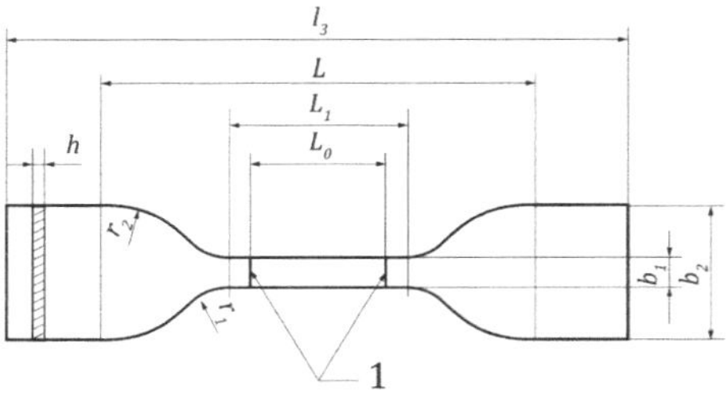

Legende

1 Messmarken
b_1 Breite des schmalen parallelen Teils: 6 mm ± 0,4 mm
b_2 Breite an den Enden: 25 mm ± 1 mm
h Dicke: ≤ 1 mm
L_0 Messlänge: 25 mm ± 0,25 mm
L_1 Länge des schmalen parallelen Teils: 33 mm ± 2 mm
L Anfangsabstand der Einspannklemmen: 80 mm ± 5 mm
l_3 Gesamtlänge: ≥ 115 mm
r_1 kleiner Radius: 14 mm ± 1 mm
r_2 großer Radius: 25 mm ± 2 mm

Bild 2 — Probekörper Typ 5

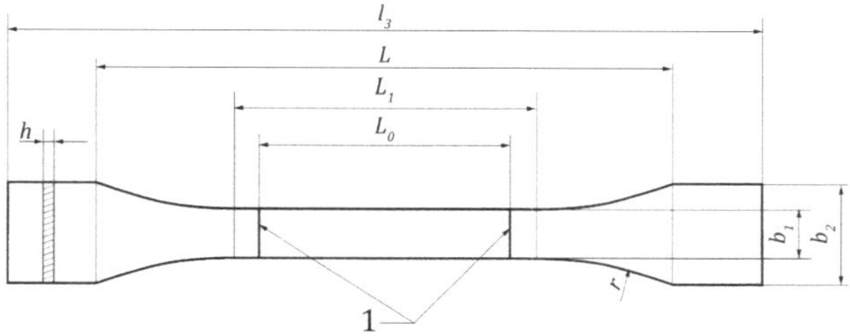

Legende

1 Messmarken
b_1 Breite des schmalen parallelen Teils: 10 mm ± 0,2 mm
b_2 Breite an den Enden: 20 mm ± 0,5 mm
h Dicke: ≤ 1 mm
L_0 Messlänge: 50 mm ± 0,5 mm
L_1 Länge des schmalen parallelen Teils: 60 mm ± 0,5 mm
L Anfangsabstand der Einspannklemmen: 115 mm ± 5 mm
l_3 Gesamtlänge: ≥ 150 mm
r Radius: ≥ 60 mm (empfohlener Radius: 60,0 mm ± 0,5 mm)

Bild 3 — Probekörper Typ 1B

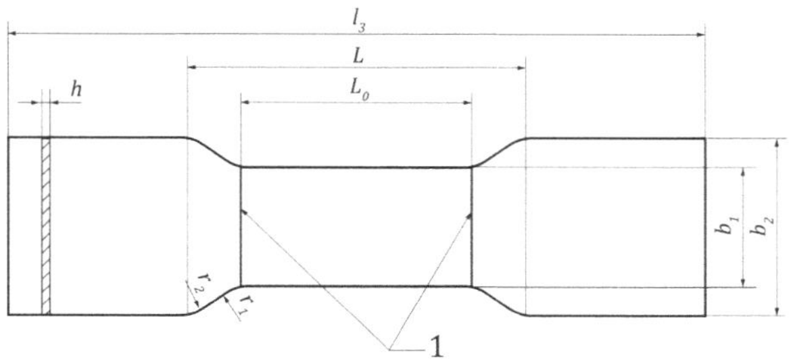

Legende

1 Messmarken
b_1 Breite des schmalen parallelen Teils: 25,4 mm ± 0,1 mm
b_2 Breite an den Enden: 38 mm
h Dicke: ≤ 1 mm
L_0 Messlänge: 50 mm ± 0,5 mm
L Anfangsabstand der Einspannklemmen: 98 mm
l_3 Gesamtlänge: ≥ 152 mm
r_1 kleiner Radius: 22 mm
r_2 großer Radius: 25,4 mm

Bild 4 — Probekörper Typ 4

6.2 Vorbereitung der Probekörper

6.2.1 Die in 6.1.1 beschriebenen Probekörper müssen so geschnitten oder ausgestanzt werden, dass die Kanten glatt und frei von Kerben sind; es wird empfohlen, die Kerbfreiheit mit kleiner Vergrößerung zu überprüfen. Zur Erzeugung der richtigen Breite sind Rasierklingen, geeignete Papierschneidmaschinen, Zeichnungsschneidmaschinen oder andere zum Schneiden der Probekörper geeignete Einrichtungen zu verwenden, um die richtige Breite und gerade, saubere, parallele Kanten ohne sichtbare Fehler zu erzeugen. Stanzmatrizen müssen durch regelmäßiges Ziehschleifen scharf gehalten und es muss zur Erzielung einer sauberen Schnittkante bei Verwendung einer Stanzmatrize eine geeignete Unterlage verwendet werden.

6.2.2 Die in 6.1.2 beschriebenen Probekörper müssen zur Erzielung einer sauberen Schnittkante unter Verwendung einer Stanzmatrize und einer geeigneten Unterlage hergestellt werden. Die Matrizen müssen durch regelmäßiges Ziehschleifen scharf gehalten und die Kanten des Probekörpers mit einer kleinen Vergrößerung überprüft werden, um die Kerbfreiheit sicherzustellen. Probekörper mit sichtbaren Fehlern an den Schnittkanten sind zu verwerfen.

6.3 Messmarken

Siehe ISO 527-1:2012, 6.3.

Die zum Aufbringen der Messmarken verwendete Markierhilfe muss zwei parallele Schneiden besitzen, die glatt und maßgerecht an der Kante geschliffen, 0,05 mm bis 0,1 mm breit und mit einem Winkel von nicht mehr als 15° abgeschrägt sind. Es darf auch ein Stempel zum Auftragen von Tinte im Bereich der Messmarken verwendet werden, bevor oder nachdem diese mit der Markierhilfe aufgebracht werden. Dabei darf die Tinte keine schädigende Wirkung auf die zu prüfende Folie ausüben und muss eine ausreichend kontrastreiche Farbe besitzen.

6.4 Prüfung der Probekörper

Jeder Probekörper mit sichtbaren Fehlern an den Schnittkanten ist zu verwerfen.

6.5 Anisotropie

Die Eigenschaften bestimmter Typen von Folienwerkstoffen können sich mit der Richtung in der Ebene der Folie (Anisotropie) ändern. In diesen Fällen ist es notwendig, zwei Gruppen von Probekörpern herzustellen, deren Hauptachsen entsprechend parallel beziehungsweise senkrecht zur Orientierungsrichtung der Folie verlaufen.

7 Anzahl der Probekörper

Siehe ISO 527-1:2012, Abschnitt 7.

8 Vorbehandlung

Siehe ISO 527-1:2012, Abschnitt 8.

9 Durchführung

Siehe ISO 527-1:2012, Abschnitt 9.

10 Berechnung und Angabe der Ergebnisse

Siehe ISO 527-1:2012, Abschnitt 10, mit Ausnahme von ISO 527-1:2012, 10.3 und ISO 527-1:2012,10.4.

11 Präzision

Die Präzision des Prüfverfahrens ist nicht bekannt, weil Werte aus Laborrundversuchen nicht verfügbar sind. Wenn solche Werte vorliegen, wird eine entsprechende Angabe bei der nächsten Überarbeitung ergänzt.

12 Prüfbericht

Der Prüfbericht muss folgende Angaben enthalten:

a) einen Hinweis auf dieses Dokument, d. h. ISO 527-3:2018, einschließlich des Typs des Probekörpers und der Prüfgeschwindigkeit, in folgender Form:

    Zugversuch ISO 527-3/1B/50

    Typ des Probekörpers (1B)

    Prüfgeschwindigkeit in mm/min (50)

b) siehe ISO 527-1:2012, Abschnitt 12 b) bis q).

Literaturhinweise

[1] ISO 527-2, *Plastics — Determination of tensile properties — Part 2: Test conditions for moulding and extrusion plastics*

DIN EN ISO 527-4

ICS 83.120

Ersatz für
DIN EN ISO 527-4:2022-03

Kunststoffe – Bestimmung der Zugeigenschaften – Teil 4: Prüfbedingungen für isotrop und anisotrop faserverstärkte Kunststoffverbundwerkstoffe (ISO 527-4:2023); Deutsche Fassung EN ISO 527-4:2023

Plastics –
Determination of tensile properties –
Part 4: Test conditions for isotropic and orthotropic fibre-reinforced plastic composites (ISO 527-4:2023);
German version EN ISO 527-4:2023

Plastiques –
Détermination des propriétés en traction –
Partie 4: Conditions d'essai pour les composites plastiques renforcés de fibres isotropes et orthotropes (ISO 527-4:2023);
Version allemande EN ISO 527-4:2023

Gesamtumfang 38 Seiten

DIN-Normenausschuss Kunststoffe (FNK)

www.din.de
www.beuth.de

3434328

Nationales Vorwort

Dieses Dokument (EN ISO 527-4:2023) wurde vom Technischen Komitee ISO/TC 61 „Plastics" in Zusammenarbeit mit dem Technischen Komitee CEN/TC 249 „Kunststoffe" erarbeitet, dessen Sekretariat von SIS (Schweden) gehalten wird.

Das zuständige deutsche Normungsgremium ist der Arbeitsausschuss NA 054-02-02 AA „Verstärkte Kunststoffe und härtbare Harze" im DIN-Normenausschuss Kunststoffe (FNK).

Für die in diesem Dokument zitierten Dokumente wird im Folgenden auf die entsprechenden deutschen Dokumente hingewiesen:

ISO 527-1:2019	siehe	DIN EN ISO 527-1:2019-12
ISO 527-2	siehe	DIN EN ISO 527-2
ISO 527-5	siehe	DIN EN ISO 527-5
ISO 2818	siehe	DIN EN ISO 2818
ISO 3534-1	siehe	DIN ISO 3534-1
ISO 5725-2	siehe	DIN ISO 5725-2
ISO 16012	siehe	DIN EN ISO 16012

Aktuelle Informationen zu diesem Dokument können über die Internetseiten von DIN (www.din.de) durch eine Suche nach der Dokumentennummer aufgerufen werden.

Änderungen

Gegenüber DIN EN ISO 527-4:2022-03 wurden folgende Änderungen vorgenommen:

a) in Anhang D wurde die Verweisung auf Bild A.1 in Bild D.1 korrigiert;

b) die Symbole in Bild 1 und Bild 5 wurden aktualisiert, um mit dem Text übereinzustimmen;

c) die Symbole in Tabelle B.2 wurden für eine bessere Konsistenz aktualisiert (Großbuchstaben zu Kleinbuchstaben);

d) die Symbole in Anhang E wurden für eine bessere Konsistenz aktualisiert (Großbuchstaben zu Kleinbuchstaben);

e) in den Literaturhinweisen wurde eine Verweisung hinzugefügt;

f) redaktionelle Überarbeitung.

Frühere Ausgaben

DIN EN 61: 1977-11
DIN EN ISO 527-4: 1997-07, 2022-03

Nationaler Anhang NA
(informativ)

Literaturhinweise

DIN EN ISO 527-1:2019-12, *Kunststoffe — Bestimmung der Zugeigenschaften — Teil 1: Allgemeine Grundsätze (ISO 527-1:2019) Deutsche Fassung EN ISO 527-1:2019*

DIN EN ISO 527-2, *Kunststoffe — Bestimmung der Zugeigenschaften — Teil 2: Prüfbedingungen für Form- und Extrusionsmassen*

DIN EN ISO 527-5, *Kunststoffe — Bestimmung der Zugeigenschaften — Teil 5: Prüfbedingungen für unidirektional faserverstärkte Kunststoffverbundwerkstoffe*

DIN EN ISO 2818, *Kunststoffe — Herstellung von Probekörpern durch mechanische Bearbeitung*

DIN EN ISO 16012, *Kunststoffe — Bestimmung der linearen Maße von Probekörpern*

DIN ISO 3534-1, *Statistik — Begriffe und Formelzeichen — Teil 1: Wahrscheinlichkeit und allgemeine statistische Begriffe*

DIN ISO 5725-2, *Genauigkeit (Richtigkeit und Präzision) von Messverfahren und Messergebnissen — Teil 2: Grundlegende Methode für die Ermittlung der Wiederhol- und Vergleichpräzision eines vereinheitlichten Messverfahrens*

– Leerseite –

EUROPÄISCHE NORM

EUROPEAN STANDARD

NORME EUROPÉENNE

EN ISO 527-4

April 2023

ICS 83.120

Ersetzt EN ISO 527-4:2021

Deutsche Fassung

Kunststoffe — Bestimmung der Zugeigenschaften — Teil 4: Prüfbedingungen für isotrop und anisotrop faserverstärkte Kunststoffverbundwerkstoffe (ISO 527-4:2023)

Plastics — Determination of tensile properties — Part 4: Test conditions for isotropic and orthotropic fibre-reinforced plastic composites (ISO 527-4:2023)

Plastiques — Détermination des propriétés en traction — Partie 4: Conditions d'essai pour les composites plastiques renforcés de fibres isotropes et orthotropes (ISO 527-4:2023)

Diese Europäische Norm wurde vom CEN am 25. März 2023 angenommen.

Die CEN-Mitglieder sind gehalten, die CEN/CENELEC-Geschäftsordnung zu erfüllen, in der die Bedingungen festgelegt sind, unter denen dieser Europäischen Norm ohne jede Änderung der Status einer nationalen Norm zu geben ist. Auf dem letzten Stand befindliche Listen dieser nationalen Normen mit ihren bibliographischen Angaben sind beim CEN-CENELEC-Management-Zentrum oder bei jedem CEN-Mitglied auf Anfrage erhältlich.

Diese Europäische Norm besteht in drei offiziellen Fassungen (Deutsch, Englisch, Französisch). Eine Fassung in einer anderen Sprache, die von einem CEN-Mitglied in eigener Verantwortung durch Übersetzung in seine Landessprache gemacht und dem Management-Zentrum mitgeteilt worden ist, hat den gleichen Status wie die offiziellen Fassungen.

CEN-Mitglieder sind die nationalen Normungsinstitute von Belgien, Bulgarien, Dänemark, Deutschland, Estland, Finnland, Frankreich, Griechenland, Irland, Island, Italien, Kroatien, Lettland, Litauen, Luxemburg, Malta, den Niederlanden, Norwegen, Österreich, Polen, Portugal, der Republik Nordmazedonien, Rumänien, Schweden, der Schweiz, Serbien, der Slowakei, Slowenien, Spanien, der Tschechischen Republik, der Türkei, Ungarn, dem Vereinigten Königreich und Zypern.

EUROPÄISCHES KOMITEE FÜR NORMUNG
EUROPEAN COMMITTEE FOR STANDARDIZATION
COMITÉ EUROPÉEN DE NORMALISATION

CEN-CENELEC Management-Zentrum: Rue de la Science 23, B-1040 Brüssel

Ref. Nr. EN ISO 527-4:2023 D

Inhalt

Bilder

Tabellen

Europäisches Vorwort

Dieses Dokument (EN ISO 527-4:2023) wurde vom Technischen Komitee ISO/TC 61 „Plastics" in Zusammenarbeit mit dem Technischen Komitee CEN/TC 249 „Kunststoffe" erarbeitet, dessen Sekretariat von SIS gehalten wird.

Diese Europäische Norm muss den Status einer nationalen Norm erhalten, entweder durch Veröffentlichung eines identischen Textes oder durch Anerkennung bis Oktober 2023, und etwaige entgegenstehende nationale Normen müssen bis Oktober 2023 zurückgezogen werden.

Es wird auf die Möglichkeit hingewiesen, dass einige Elemente dieses Dokuments Patentrechte berühren können. CEN ist nicht dafür verantwortlich, einige oder alle diesbezüglichen Patentrechte zu identifizieren.

Dieses Dokument wird EN ISO 527-4:2021 ersetzen.

Rückmeldungen oder Fragen zu diesem Dokument sollten an das jeweilige nationale Normungsinstitut des Anwenders gerichtet werden. Eine vollständige Liste dieser Institute ist auf den Internetseiten von CEN abrufbar.

Entsprechend der CEN-CENELEC-Geschäftsordnung sind die nationalen Normungsinstitute der folgenden Länder gehalten, diese Europäische Norm zu übernehmen: Belgien, Bulgarien, Dänemark, Deutschland, die Republik Nordmazedonien, Estland, Finnland, Frankreich, Griechenland, Irland, Island, Italien, Kroatien, Lettland, Litauen, Luxemburg, Malta, Niederlande, Norwegen, Österreich, Polen, Portugal, Rumänien, Schweden, Schweiz, Serbien, Slowakei, Slowenien, Spanien, Tschechische Republik, Türkei, Ungarn, Vereinigtes Königreich und Zypern.

Anerkennungsnotiz

Der Text von ISO 527-4:2023 wurde von CEN als EN ISO 527-4:2023 ohne irgendeine Abänderung genehmigt.

Vorwort

ISO (die Internationale Organisation für Normung) ist eine weltweite Vereinigung nationaler Normungsinstitute (ISO-Mitgliedsorganisationen). Die Erstellung von Internationalen Normen wird üblicherweise von Technischen Komitees von ISO durchgeführt. Jede Mitgliedsorganisation, die Interesse an einem Thema hat, für welches ein Technisches Komitee gegründet wurde, hat das Recht, in diesem Komitee vertreten zu sein. Internationale staatliche und nichtstaatliche Organisationen, die in engem Kontakt mit ISO stehen, nehmen ebenfalls an der Arbeit teil. ISO arbeitet bei allen elektrotechnischen Normungsthemen eng mit der Internationalen Elektrotechnischen Kommission (IEC) zusammen.

Die Verfahren, die bei der Entwicklung dieses Dokuments angewendet wurden und die für die weitere Pflege vorgesehen sind, werden in den ISO/IEC-Direktiven, Teil 1 beschrieben. Es sollten insbesondere die unterschiedlichen Annahmekriterien für die verschiedenen ISO-Dokumentenarten beachtet werden. Dieses Dokument wurde in Übereinstimmung mit den Gestaltungsregeln der ISO/IEC-Direktiven, Teil 2 erarbeitet (siehe www.iso.org/directives).

Es wird auf die Möglichkeit hingewiesen, dass einige Elemente dieses Dokuments Patentrechte berühren können. ISO ist nicht dafür verantwortlich, einige oder alle diesbezüglichen Patentrechte zu identifizieren. Details zu allen während der Entwicklung des Dokuments identifizierten Patentrechten finden sich in der Einleitung und/oder in der ISO-Liste der erhaltenen Patenterklärungen (siehe www.iso.org/patents).

Jeder in diesem Dokument verwendete Handelsname dient nur zur Unterrichtung der Anwender und bedeutet keine Anerkennung.

Für eine Erläuterung des freiwilligen Charakters von Normen, der Bedeutung ISO-spezifischer Begriffe und Ausdrücke in Bezug auf Konformitätsbewertungen sowie Informationen darüber, wie ISO die Grundsätze der Welthandelsorganisation (WTO, en: World Trade Organization) hinsichtlich technischer Handelshemmnisse (TBT, en: Technical Barriers to Trade) berücksichtigt, siehe www.iso.org/iso/foreword.html.

Dieses Dokument wurde vom Technischen Komitee ISO/TC 61, *Plastics*, Unterkomitee SC 13, *Composites and reinforcement fibres* in Zusammenarbeit mit dem Europäischen Komitee für Normung (CEN), Technisches Komitee CEN/TC 249, *Kunststoffe*, in Übereinstimmung mit der Vereinbarung zur technischen Zusammenarbeit zwischen ISO und CEN (Wiener Vereinbarung) erarbeitet.

Diese dritte Ausgabe ersetzt die zweite Ausgabe (ISO 527-4:2021), die geringfügig geändert wurde.

Die wesentlichen Änderungen sind folgende:

— die Symbole in Bild 1 und Bild 5 wurden aktualisiert, um mit dem Text übereinzustimmen;

— die Symbole in Tabelle B.2 wurden für eine bessere Konsistenz aktualisiert (Großbuchstaben zu Kleinbuchstaben);

— die Symbole in Anhang E wurden für eine bessere Konsistenz aktualisiert (Großbuchstaben zu Kleinbuchstaben);

— in den Literaturhinweisen wurde eine Verweisung hinzugefügt.

Eine Auflistung aller Teile der Normenreihe ISO 527 kann auf der ISO Internetseite abgerufen werden.

Rückmeldungen oder Fragen zu diesem Dokument sollten an das jeweilige nationale Normungsinstitut des Anwenders gerichtet werden. Eine vollständige Auflistung dieser Institute ist unter www.iso.org/members.html zu finden.

Einleitung

Dieses Dokument führt einen neuen Probekörper vom Typ 4 mit einer taillierten Geometrie zur Verwendung ohne Krafteinleitungselemente ein. Die Geometrie wurde entwickelt, um Schwierigkeiten beim Kleben von Probekörpern mit Krafteinleitungselementen zu überwinden, insbesondere beim Prüfen von Werkstoffen auf Basis einer thermoplastischen Matrix.

Zusätzlich wurde ein Leitfaden zum Klemmen einschließlich der Klemmflächengestaltung ergänzt.

1 Anwendungsbereich

Dieses Dokument legt die Prüfbedingungen für die Bestimmung der Zugeigenschaften von isotropen und anisotropen faserverstärkten Kunststoffverbundwerkstoffen auf der Basis der allgemeinen Grundsätze aus ISO 527-1 fest.

ANMERKUNG 1 Unidirektional verstärkte Werkstoffe werden in ISO 527-5 behandelt.

Die Verfahren werden verwendet, um das Zugverformungsverhalten von Probekörpern zu untersuchen und die Zugfestigkeit, den Zugmodul, die Poissonzahlen und andere Gesichtspunkte der Zugspannungs-Dehnungs-Beziehung unter den festgelegten Bedingungen zu ermitteln.

Das Prüfverfahren ist für Anwendung bei den folgenden Werkstoffen geeignet:

— thermoplastische und duroplastische (wärmehärtbare) Verbundwerkstoffe mit nicht-unidirektionalen Verstärkungen, wie Matten, Gewebe, Rovinggewebe, geschnittene Fasern, Kombinationen derartiger Verstärkungen, Mischverstärkungen, Rovings, Kurzfasern oder gemahlene Fasern oder vorimprägnierte Werkstoffe (Prepregs);

  ANMERKUNG 2 Spritzgegossene Probekörper werden in ISO 527-2 behandelt.

— Kombinationen der vorstehend genannten Werkstoffe mit unidirektionalen Verstärkungen und multidirektionale verstärkte Werkstoffe, die aus unidirektionalen Schichten aufgebaut sind, vorausgesetzt, derartige Schichtwerkstoffe (Laminate) sind symmetrisch;

  ANMERKUNG 3 Werkstoffe mit ausschließlich oder überwiegend unidirektionalen Verstärkungen werden in ISO 527-5 behandelt.

— Fertigerzeugnisse aus den vorstehend genannten Werkstoffen.

Die berücksichtigten Verstärkungen schließen Glasfasern, Kohlenstofffasern, Aramidfasern und andere ähnliche Fasern ein.

2 Normative Verweisungen

Die folgenden Dokumente werden im Text in solcher Weise in Bezug genommen, dass einige Teile davon oder ihr gesamter Inhalt Anforderungen des vorliegenden Dokuments darstellen. Bei datierten Verweisungen gilt nur die in Bezug genommene Ausgabe. Bei undatierten Verweisungen gilt die letzte Ausgabe des in Bezug genommenen Dokuments (einschließlich aller Änderungen).

ISO 527-1:2019, *Plastics — Determination of tensile properties — Part 1: General principles*

ISO 1268 (alle Teile), *Fibre-reinforced plastics — Methods of producing test plates*

ISO 2818, *Plastics — Preparation of test specimens by machining*

ISO 16012, *Plastics — Determination of linear dimensions of test specimens*

3 Begriffe

Für die Anwendung dieses Dokuments gelten die folgenden Begriffe.

ISO und IEC stellen terminologische Datenbanken für die Verwendung in der Normung unter den folgenden Adressen bereit:

— ISO Online Browsing Platform: verfügbar unter https://www.iso.org/obp

— IEC Electropedia: verfügbar unter https://www.electropedia.org/

3.1
Messlänge

L_0

anfänglicher Abstand zwischen den Messmarken auf dem mittleren Teil des Probekörpers

Anmerkung 1 zum Begriff: Sie wird in Millimeter (mm) angegeben.

Anmerkung 2 zum Begriff: Die Werte für die Messlänge, die für die einzelnen Probekörpertypen in den anderen Teilen von ISO 527 angegeben werden, stellen die jeweils anzuwendende maximale Messlänge dar.

[QUELLE: ISO 527-1:2019, 3.1]

3.2
Dicke

h

kleineres Maß der rechteckigen Querschnittsfläche im mittleren Teil eines Probekörpers vor Beginn der Prüfung

Anmerkung 1 zum Begriff: Sie wird in Millimeter (mm) angegeben.

[QUELLE: ISO 527-1:2019, 3.2]

3.3
Breite

b

größeres Maß der rechteckigen Querschnittsfläche im mittleren Teil eines Probekörpers vor Beginn der Prüfung

Anmerkung 1 zum Begriff: Sie wird in Millimeter (mm) angegeben.

[QUELLE: ISO 527-1:2019, 3.3]

3.4
Prüfgeschwindigkeit

v

Geschwindigkeit, mit der sich die Einspannklemmen voneinander entfernen

Anmerkung 1 zum Begriff: Sie wird in Millimeter je Minute (mm/min) angegeben.

[QUELLE: ISO 527-1:2019, 3.5]

3.5
Zugspannung

σ

<technische Spannung> Normalkraft je Einheit der Anfangsquerschnittsfläche innerhalb der *Messlänge* (3.1)

Anmerkung 1 zum Begriff: Sie wird in Megapascal (MPa) angegeben.

Anmerkung 2 zum Begriff: Um diese Spannung von der wahren, auf den tatsächlichen momentanen Querschnitt des Probekörpers bezogenen Spannung zu unterscheiden, wird sie häufig als „technische Spannung“ bezeichnet.

Anmerkung 3 zum Begriff: σ ist für Probekörper der Richtung „1“ als σ_1 und für Probekörper der Richtung „2“ als σ_2 definiert (siehe 3.9 und Bild 2 für die Definition dieser Richtungen).

[QUELLE: ISO 527-1:2019, 3.6, modifiziert — Bereich „<technische Spannung>" und Anmerkung 3 zum Begriff wurden hinzugefügt.]

3.5.1
Zugfestigkeit
σ_m
Spannungsmaximum im Verlauf des Zugversuchs

Anmerkung 1 zum Begriff: Sie wird in Megapascal (MPa) angegeben.

[QUELLE: ISO 527-1:2019, 3.6.2 modifiziert — „Spannung beim ersten Spannungsmaximum" geändert in „Spannungsmaximum" und Anmerkung 2 zum Begriff nicht übernommen]

3.6
Zugdehnung
ε
Verlängerung je Einheit der ursprünglichen Messlänge

Anmerkung 1 zum Begriff: Sie wird als dimensionsloses Verhältnis oder in Prozent (%) angegeben.

[QUELLE: ISO 527-1:2019, 3.7]

3.6.1
Zugdehnung bei Zugfestigkeit
ε_m
Dehnung, die auftritt, wenn die *Zugfestigkeit* (3.5.1) erreicht ist

Anmerkung 1 zum Begriff: Sie wird als dimensionsloses Verhältnis oder in Prozent (%) angegeben.

[QUELLE: ISO 527-1:2019, 3.7.3]

3.7
Zugmodul
Elastizitätsmodul unter Zugbeanspruchung
E_t
Steigung der Spannungs-/Dehnungskurve $\sigma(\varepsilon)$ im Dehnungsintervall ε_1 = 0,05 % und ε_2 = 0,25 %

Anmerkung 1 zum Begriff: Es wird in Megapascal (MPa) angegeben.

Anmerkung 2 zum Begriff: Entweder errechnet als Sekantensteigung oder nach der Methode der kleinsten Fehlerquadrate als Steigung der Regressionsgeraden.

Anmerkung 3 zum Begriff: Diese Definition gilt nicht für Folien.

Anmerkung 4 zum Begriff: Siehe Bild 1.

[QUELLE: ISO 527-1:2019, 3.9 modifiziert — „in Anmerkung 2 zum Begriff „(siehe Bild 1, Kurve 4)" gelöscht und dafür Anmerkung 4 zum Begriff hinzugefügt]

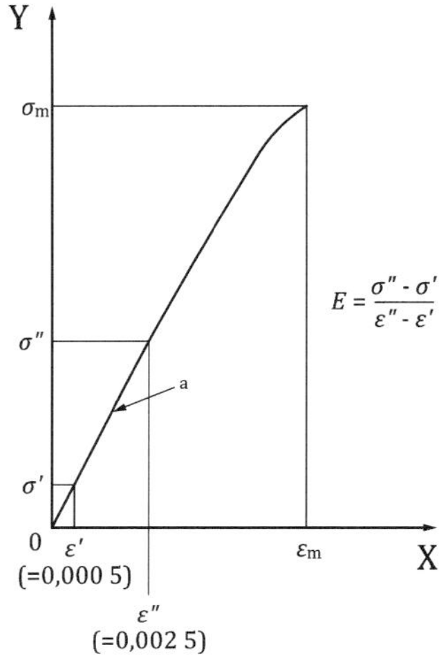

Legende

X Zugdehnung ε
Y Zugspannung σ
a Steigung E

Bild 1 — Spannungs-Dehnungs-Kurve

3.8
Poissonzahl
μ
negativer Quotient aus der Dehnungsänderung $\Delta\varepsilon_n$ in einer der beiden senkrecht zur Zugrichtung liegenden Achsen und der entsprechenden Dehnungsänderung $\Delta\varepsilon_l$ in Zugrichtung, gemessen innerhalb des linearen Anfangsteils der Querdehnungs-/Längsdehnungskurve

Anmerkung 1 zum Begriff: Sie wird als dimensionsloses Verhältnis angegeben.

Anmerkung 2 zum Begriff: Da die Dehnungsänderung $\Delta\varepsilon_n$ in der Querrichtung ein negativer Wert und die Dehnungsänderung $\Delta\varepsilon_l$ in Längsrichtung ein positiver Wert ist, ist die Poissonzahl, wie in ISO 527-1:2019, 3.10, angegeben, ein positiver Wert.

[QUELLE: ISO 527-1:2019, 3.10]

3.9
Koordinatenachsen des Probekörpers
1, 2, 3
Achsen, wobei die Richtung „1“ gewöhnlich in Form eines Merkmals definiert ist, das mit der Materialstruktur oder dem Herstellungsprozess zusammenhängt, wie die Längsrichtung bei der Herstellung von Bahnen (siehe Bild 2), und die Richtung „2“ senkrecht zur Richtung „1“ verläuft

Anmerkung 1 zum Begriff: Richtung „1“ wird auch als 0°- oder Längsrichtung und Richtung „2“ als 90°- oder Querrichtung bezeichnet. Die Richtung „3“ verläuft senkrecht zur Ebene der Richtung „1“ und Richtung „2“. Die Richtung „3“ wird auch als „Dickenrichtung“ bei planaren Systemen bezeichnet.

Anmerkung 2 zum Begriff: Bei unidirektional verstärkten Werkstoffen, die in Teil 5 dieser Internationalen Norm behandelt sind, ist die parallel zu den Fasern verlaufende Richtung als Richtung „1" und die senkrecht zu den Fasern (in der Prepreg-/Plattenebene) verlaufende Richtung als Richtung „2" definiert.

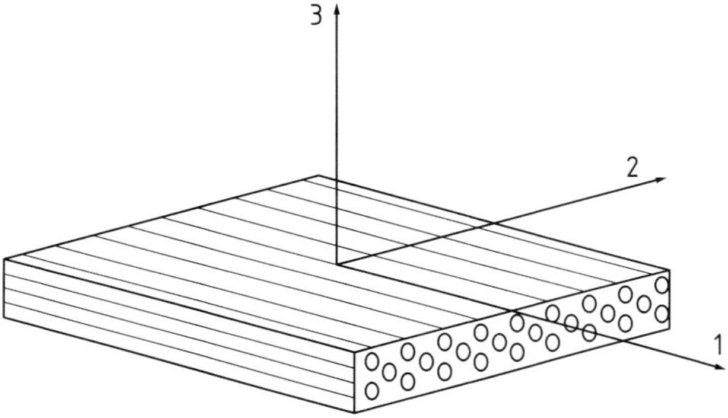

Bild 2 — Symmetrieachsen eines faserverstärkten Kunststoffverbundwerkstoffs

3.10
Bruchposition
u_F
Bruchstelle des Probekörpers vom Typ 4 innerhalb des lokalen Koordinatensystems (u, v) des taillierten Abschnitts

Anmerkung 1 zum Begriff: Sie wird in Millimeter (mm) angegeben.

Anmerkung 2 zum Begriff: Siehe Bild 5.

4 Kurzbeschreibung

Nach ISO 527-1.

5 Prüfeinrichtung

Das Gerät muss den Anforderungen von ISO 527-1:2019, Abschnitt 5 entsprechen, mit folgender Ausnahme:

Die Messschraube oder ihr Äquivalent (siehe ISO 16012:2015, 5.5) muss eine Fehlergrenze von 0,01 mm oder besser aufweisen. Sie muss, wenn sie auf unregelmäßigen Oberflächen verwendet wird, eine Kugelauflage geeigneter Größe haben, und, wenn sie auf ebenen, glatten (z. B. mechanisch bearbeiteten) Oberflächen verwendet wird, eine flache Auflage haben.

Bei der Verwendung von Extensometern an Probekörpern des Typs 4 ist eine Messlänge von 25 mm (siehe ISO 527-1:2019, 5.1.5) zu verwenden.

Es wird empfohlen, die Ausrichtung von Probekörper und Zugvorrichtung nach Anhang A zu überprüfen.

6 Probekörper

6.1 Form und Maße

Für die Anwendung dieses Dokuments sind vier Probekörpertypen festgelegt, wie in Bild 3 (Typ 1B), Bild 4 (Typen 2 und 3) und Bild 5 (Typ 4) dargestellt.

Typ 1B ist für die Prüfung von faserverstärkten Thermoplasten. Probekörper des Typs 1B dürfen auch für die Prüfung von faserverstärkten Duroplasten verwendet werden, wenn sie innerhalb der Messlänge brechen. Typ 1B darf nicht für multidirektionale, kontinuierlich faserverstärkte Werkstoffe verwendet werden.

Typ 2 ist rechteckig ohne Krafteinleitungselemente und Typ 3 ist rechteckig mit verklebten Krafteinleitungselementen. Sie sind für die Prüfung von faserverstärkten Duroplasten und Thermoplasten. Probekörper mit nicht verklebten Krafteinleitungselementen werden als Typ 2 betrachtet.

Die bevorzugte Breite von Probekörpern des Typs 2 und Typs 3 ist 25 mm, jedoch dürfen Breiten von 50 mm oder größer verwendet werden, wenn die Zugfestigkeit auf Grund der jeweilig verwendeten Verstärkung gering ist.

Typ 4 ist tailliert ohne Krafteinleitungselemente und ist für die Prüfung von faserverstärkten Verbundwerkstoffen, insbesondere zum Prüfen von multidirektionalen, kontinuierlich faserverstärkten Thermoplasten. Siehe Anhang B.

Die Dicke von Probekörpern des Typs 2, Typs 3 und Typs 4 muss zwischen 2 mm und 10 mm betragen.

Um zu entscheiden, ob ein Probekörper mit oder ohne Krafteinleitungselemente verwendet wird, werden zuerst Prüfungen ohne Krafteinleitungselemente (Probekörper des Typs 2 [rechteckig] oder Typs 4 [tailliert]) durchgeführt, und wenn diese Prüfungen erfolglos sind, d. h. wenn nahezu alle Probekörper in den Einspannbereichen brechen (siehe Abschnitt 7), wird die Prüfung mit an die Probekörper geklebten Krafteinleitungselementen (Probekörper des Typs 3) durchgeführt. Siehe Anhang C bezüglich einer Anleitung zu unverklebten Krafteinleitungselementen oder Klemmzustand ohne Krafteinleitungselemente mittels feinbearbeiteter Klemmflächen und sorgfältiger Kontrolle der Klemmkraft.

ANMERKUNG Üblicherweise haben kontinuierlich faserverstärkte Verbundwerkstoffe aufgrund der hohen Zugfestigkeit ihrer Fasern hohe Bruchkräfte. Die Verwendung von Probekörpern mit Dicken über 4 mm kann eine erhöhte Klemmlänge erfordern, um hohen Klemmdrücken entgegenzuwirken.

Die empfohlene Probekörperdicke für kontinuierlich faserverstärkte Verbundwerkstoffe ist 2 mm. Bei formgepressten Werkstoffen darf die Dicke zwischen den Endstücken jedes Probekörpertyps an keinem Punkt um mehr als 2 % vom Mittelwert abweichen.

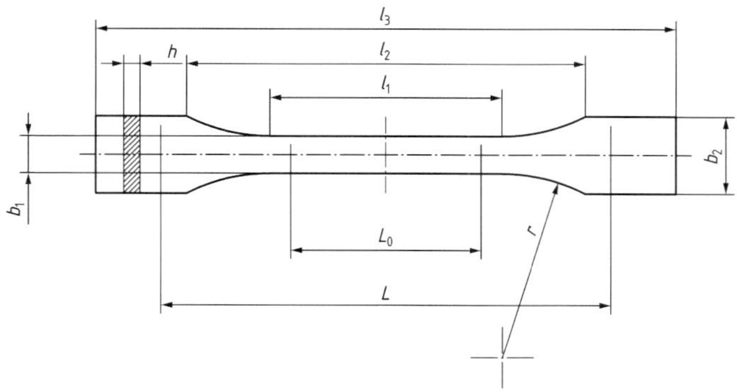

Symbol	Bezeichnung	Maße in Millimeter
l_3	Gesamtlänge[a]	≥ 150
l_1	Länge des schmalen parallelseitigen Teils	60,0 ± 0,5
r	Radius[b]	≥ 60
b_2	Breite an den Enden	20,0 ± 0,2
b_1	Breite des schmalen Teils	10,0 ± 0,2
h	Dicke	2 bis 10
L_0	Messlänge (für Extensometer empfohlen)	50,0 ± 0,5
L	Anfangsabstand zwischen den Klemmen	115 ± 1

[a] Bei einigen Werkstoffen kann die Länge der Krafteinleitungselemente erhöht werden (z. B. so, dass l_3 = 200 mm), um das Brechen oder Gleiten des Probekörpers in den Klemmbacken zu verhindern.

[b] Es sollte beachtet werden, dass eine Dicke von 4 mm einen Probekörper ergibt, der mit dem Probekörper des Typs 1B nach ISO 527-2 identisch ist.

Bild 3 — Probekörper vom Typ 1B

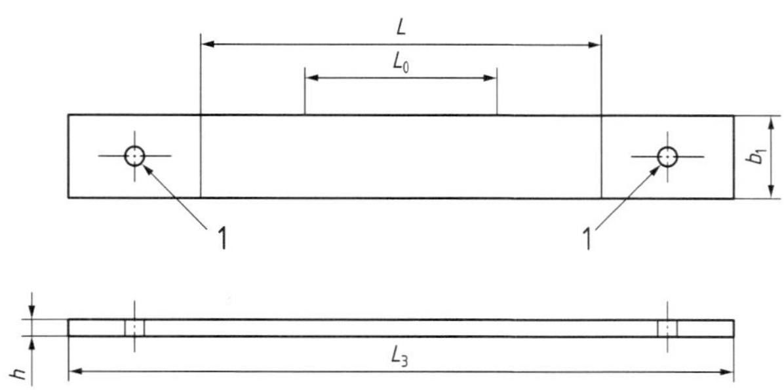

a) Probekörper vom Typ 2

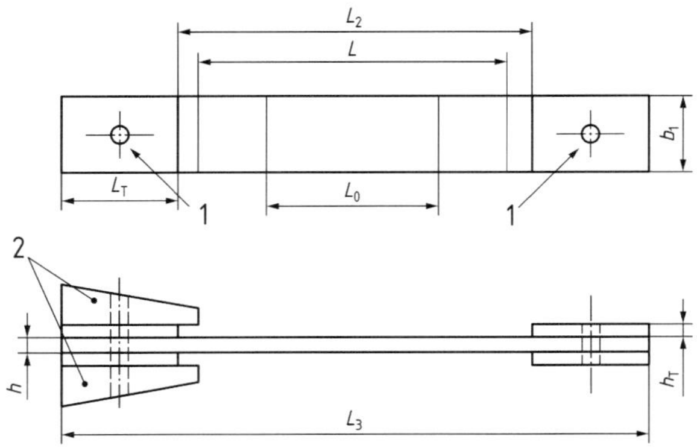

b) Probekörper vom Typ 3

Legende

1 Zentrierlöcher (optional), ϕ D

2 Klemmbacken

Symbol	Bezeichnung	Maße in Millimeter	
		Typ 2	Typ 3
L_3	Gesamtlänge	≥ 250	≥ 250
L_2	Abstand zwischen den Krafteinleitungselementen	—	150 ± 1
b_1	Breite	25 ± 0,5 oder 50 ± 0,5	25 ± 0,5 oder 50 ± 0,5
h	Dicke	2 bis 10	2 bis 10
L_0	Messlänge (für Extensometer empfohlen)	50 ± 1	50 ± 1
L	Anfangsabstand zwischen den Klemmen (Nennwert)	150 ± 1	150 ± 1
L_T	Länge der Krafteinleitungselemente	—	≥ 50
h_T	Dicke der Krafteinleitungselemente	—	1 bis 3
D	Durchmesser der Zentrierlöcher	3 ± 0,25	3 ± 0,25

ANMERKUNG Anforderungen an die Qualität und Parallelität von Probekörpern sind in ISO 527-1:2019, 6.4 angegeben.

Bild 4 — Probekörper vom Typ 2 und Typ 3

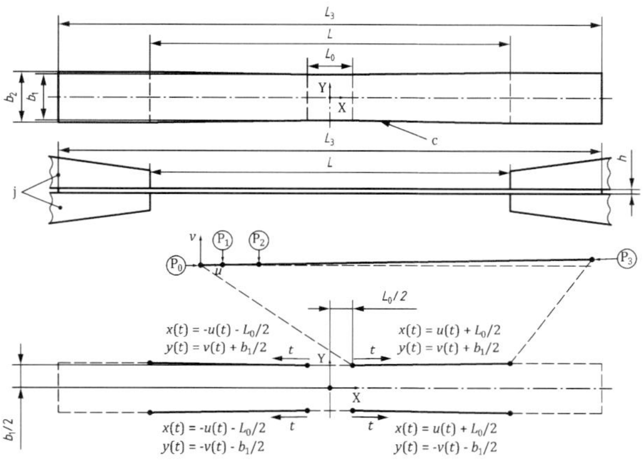

Symbol	Bezeichnung	Maße in Millimeter
		Typ 4
L_3	Gesamtlänge	≥ 300
b_1	Breite des parallelen Mittelabschnitts	25 ± 0,5
b_2	Breite an den Enden	28 ± 0,5
h	Dicke	2 bis 10
L_0	Messlänge (für Extensometer empfohlen)	25 ± 1
L	Anfangsabstand zwischen den Klemmen (Nennwert)	200
P_0	Bézierkurven-Kontrollpunkt in den Koordinaten (u, v)	(0; 0)
P_1	Bézierkurven-Kontrollpunkt in den Koordinaten (u, v)	(4,86; 0)
P_2	Bézierkurven-Kontrollpunkt in den Koordinaten (u, v)	(13,0; 0)
P_3	Bézierkurven-Kontrollpunkt in den Koordinaten (u, v)	(87,5; 1,5)
c	Kante ist eine Bézierkurve	
j	Spannbacken	

ANMERKUNG Anforderungen an die Qualität und Parallelität von Probekörpern sind in ISO 527-1:2019, 6.4, angegeben.

Bild 5 — Probekörper vom Typ 4

Gleichung (1) und Gleichung (2) entsprechen der Bézierkurve, spezifisch gelöst für Probekörper des Typs 4, um einen Linienzug zu berechnen, der bei den meisten CNC-Maschinen anwendbar ist. Sie definieren die lokalen Koordinaten (u, v) der in Bild 5 dargestellten Kante des taillierten Abschnitts. Die Transformation in das Probekörper-Koordinatensystem (x, y) ist ebenfalls in Bild 5 dargestellt. Die Variable t sollte keine größeren Inkremente als 0,05 überschreiten, um einen zu stark partitionierten Linienzug zu vermeiden. Eine genauere Beschreibung zur Konstruktion des Probekörpers vom Typ 4 ist in B.2 angegeben.

$$u\,(t) = 63{,}08t^3 + 9{,}84t^2 + 14{,}58t \qquad (1)$$

$$v\,(t) = 1{,}5t^3 \qquad (2)$$

$$mit\ t \in [0{,}1]\ mit\ \Delta t \leq 0{,}05$$

6.2 Vorbereitung der Probekörper

6.2.1 Allgemeines

Im Fall von Formmassen und Schichtwerkstoffen (Laminaten) wird eine Prüfplatte nach ISO 1268 (alle Teile) oder einem anderen festgelegten/vereinbarten Verfahren hergestellt. Einzelne Probekörper oder für Probekörper des Typs 3 Gruppen von Probekörpern (siehe Anhang D) werden aus Prüfplatten entnommen.

Probekörper aus Fertigerzeugnissen (z. B. für die Qualitätskontrolle während der Herstellung oder bei Lieferung) werden aus ebenen Bereichen entnommen.

Parameter für die mechanische Bearbeitung müssen den in ISO 2818 festgelegten Parametern entsprechen. Weitere Anleitungen zum Schneiden von Probekörpern sind in Anhang D angegeben.

Nur für die mechanische Bearbeitung von Probekörpern des Typs 4 kann ein Linienzug des erforderlichen Profils mit Gleichung (1) und Gleichung (2) berechnet werden.

6.2.2 Krafteinleitungselemente für Probekörper des Typs 3

Die Enden des Probekörpers müssen verstärkt werden, vorzugsweise mit Krafteinleitungselementen, die aus einem kreuzweise geschichteten Gewebe oder Gewebelaminat in Glasfaser-Harz-Ausführung aufgebaut sind, dessen Fasern ±45° zur Probekörperachse verlaufen. Die Dicke des Krafteinleitungselementes muss zwischen 1 mm und 3 mm betragen und einen Fasenwinkel von 90° (d. h. ohne Fase) aufweisen.

Alternative Krafteinleitungselement-Anordnungen sind zulässig, es muss aber vor Gebrauch nachgewiesen werden, dass sie mindestens die gleichen Festigkeitswerte und keinen größeren Variationskoeffizienten (siehe ISO 527-1:2019, 10.5, und ISO 3534-1) als die empfohlenen Krafteinleitungselemente haben. Mögliche Alternativen sind Krafteinleitungselemente aus dem zu prüfenden Werkstoff, mechanisch befestigte Krafteinleitungselemente, unverklebte Elemente aus rauen Werkstoffen (wie Schmirgel- oder Sandpapier) und feinbearbeitete Klemmflächen ohne Krafteinleitungselemente wie in Anhang C beschrieben.

6.2.3 Aufbringen der Krafteinleitungselemente für Probekörper des Typs 3

Die Krafteinleitungselemente werden nach Anhang D mit einem hochelastischen Klebstoff mit dem Probekörper verklebt.

ANMERKUNG Das gleiche Verfahren kann für einzelne Probekörper und für eine Gruppe von Probekörpern verwendet werden.

6.3 Messmarken

Die Messmarken müssen ISO 527-1:2019, 6.3 entsprechen.

Der parallele Mittelabschnitt des Probekörpers ist bei Verwendung von Probekörpern des Typs 4 zu markieren. Die erste Marke zeigt den Mittelpunkt des parallelen Mittelabschnitts an. Zwei weitere Marken müssen im Abstand von 12,5 mm auf beiden Seiten des Mittelpunkts angebracht werden (siehe Bild 6). Die Marken zeigen die Breiten- und Dickenmesspunkte des Probekörpers. Zusätzlich zeigen die äußeren Marken die Positionierungsstellen für mechanische Extensometer.

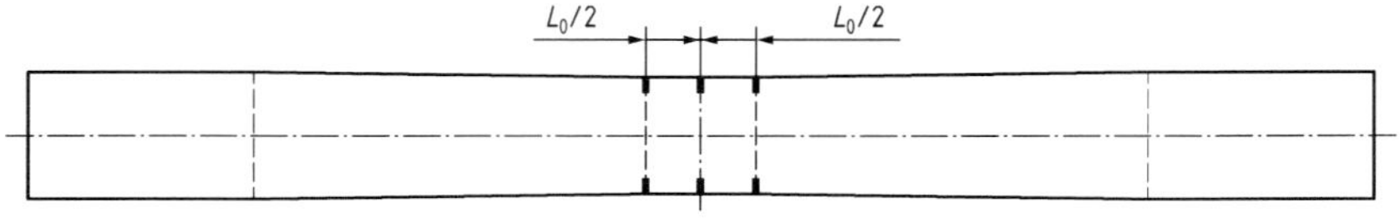

Bild 6 — Positionen der Hilfsmarken

6.4 Kontrolle der Probekörper

Die Probekörperprüfung muss ISO 527-1:2019, 6.4 entsprechen.

6.5 Anisotropie

Die Eigenschaften von faserverstärkten Kunststoffverbundwerkstoffen ändern sich häufig mit der Richtung in der Plattenebene (Anisotropie). Deshalb wird empfohlen, zwei Gruppen von Probekörpern herzustellen, deren Hauptachsen parallel bzw. senkrecht zur Richtung eines Merkmals verlaufen, die sich aus einer Kenntnis über den Aufbau des Werkstoffs oder das Herstellungsverfahren ergibt (siehe 3.10).

7 Anzahl der Probekörper

Die Anzahl der Probekörper muss ISO 527-1:2019, Abschnitt 7, entsprechen, mit folgenden Ausnahmen.

Probekörper, die in der Einspannung rutschen oder innerhalb des Einspannbereichs oder an dessen Rand brechen, sind ungültig. Derartige Probekörper sind zu verwerfen, und weitere Probekörper müssen geprüft werden.

8 Konditionierung

Die Konditionierung muss nach ISO 527-1:2019, Abschnitt 8, erfolgen.

9 Durchführung

9.1 Prüfklima

Das Prüfklima muss nach ISO 527-1:2019, 9.1, gewählt werden.

9.2 Messung der Maße der Probekörper

Die Messung muss ISO 527-1:2019, 9.2 entsprechen, mit folgenden Ausnahmen.

Bei Probekörpern des Typs 4 werden die Breite, Dicke und Gesamtlänge nach ISO 16012 aufgezeichnet. Die Breite und Dicke müssen am Mittelpunkt des Probekörpers und auf beiden Seiten des Mittelpunkts im gleichen Abstand von 12,5 mm gemessen werden (siehe festgelegte Positionen der Messmarken in 6.3). Die Gesamtlänge muss für die Bestimmung der bruchstellenbezogenen Zugfestigkeit (siehe ISO 527-1:2019, 10.1) auf 0,5 mm gemessen werden. Für die Berechnung des Querschnitts der Probekörper-Bezugsfläche werden die Mittelwerte der Breiten- und Dickenmesswerte verwendet.

9.3 Einspannen

Die Einspannung muss ISO 527-1:2019, 9.3 entsprechen.

ANMERKUNG 1 Ein ungültiger Bruch (siehe Abschnitt 7) des Probekörpers innerhalb des Einspannbereiches oder an dessen Rand kann oft vermieden werden, indem die Klemmkraft oder der Klemmdruck (z. B. mittels Drehmoment oder Manometer, je nach verwendetem Klemmsystem) so eingestellt wird, dass er keinen Bruch oder eine Quetschung des Probekörpers hervorruft. Eine falsche Ausrichtung der Probe kann ebenfalls ein Grund für das beschriebene unzulässige Versagen sein.

ANMERKUNG 2 Beim Prüfen von Probekörpern ohne Krafteinleitungselemente (Typ 2 und Typ 4) kann ein ungültiger Bruch durch Quetschung oder signifikante Beschädigung der Fasern in den äußeren Schichten des Probekörpers hervorgerufen werden. Dies kann durch eine geringe Rauheit der Klemmflächen im Bereich von Schmirgelpapier (z. B. P400 nach ISO 6344-1) vermieden werden.

9.4 Vorspannungen

Die Vorspannung muss ISO 527-1:2019, 9.4 entsprechen.

9.5 Anbringen der Extensometer, Dehnungsmessstreifen und Messmarken

Die Einstellung der Dehnungsmessung muss ISO 527-1:2019, 9.5 entsprechen. Die Messlänge wird mit einer Messunsicherheit von höchstens 1 % ermittelt.

9.6 Prüfgeschwindigkeit

9.6.1 Für Probekörper des Typs 1B

a) 10 mm/min für die übliche Qualitätskontrolle;

b) 2 mm/min für Charakterisierungsversuche:

— bei Messung der maximalen Dehnung,

— bei Bestimmung des Elastizitätsmoduls unter Zugbeanspruchung.

9.6.2 Für Probekörper des Typs 2, Typs 3 und Typs 4

a) 5 mm/min für die übliche Qualitätskontrolle;

b) 2 mm/min für Charakterisierungsversuche:

— bei Messung der maximalen Dehnung,

— bei Bestimmung des Elastizitätsmoduls unter Zugbeanspruchung.

9.7 Aufzeichnung der Daten

Die Aufzeichnung der Daten muss ISO 527-1:2019, 9.7 entsprechen.

10 Berechnung und Auswertung der Ergebnisse

10.1 Berechnung aller Eigenschaften für Probekörper mit parallelen Kanten

Die Berechnung der Eigenschaften muss ISO 527-1:2019, Abschnitt 10, entsprechen, mit der Ausnahme, dass die in Abschnitt 3 angegebenen Definitionen gelten und die Dehnungswerte auf drei signifikante Stellen angegeben werden müssen.

Wenn die Poissonzahl erforderlich ist, wird sie bei den in 3.8 angegebenen Dehnungswerten berechnet.

10.2 Bruchstellenbezogene Berechnung der Zugfestigkeit für Probekörper des Typs 4

Für den Probekörper des Typs 4 muss die Zugfestigkeit auf Basis der Bruchstelle nach Anhang E berechnet werden. Alle anderen Eigenschaften der Probekörper des Typs 4 müssen nach 10.1 berechnet werden.

11 Präzision

Siehe Anhang B.

12 Prüfbericht

Der Prüfbericht muss folgende Angaben enthalten:

a) eine Verweisung auf dieses Dokument, einschließlich der Angabe des Probekörpertyps und der Prüfgeschwindigkeit entsprechend folgender Darstellung:

Zugprüfung ISO 527-4 / 2 / 5
Probekörpertyp ——— 2
Prüfgeschwindigkeit in Millimeter je Minute ——— 5

b) bis q) siehe ISO 527-1:2019, Abschnitt 12 b) bis q), einschließlich Faserart, Fasergehalt und Fasergeometrie (z. B. Matte) in 12 b);

r) Bruchtyp und Bruchstelle für jeden Probekörper.

Anhang A
(informativ)

Ausrichtung der Probekörper

Es wird empfohlen, die Ausrichtung der Zugprüfmaschine nach ISO 23788 oder ASTM E 1012 mit einem dünnen rechteckigen Ausrichtungsmessgerät zu überprüfen, das mit Dehnungsmessstreifen in drei Ebenen (A, B und C) und vier Dehnungsmessstreifen je Ebene ausgestattet ist.

Das Ergebnis der Ausrichtungsprüfung hängt von den Abmessungen des verwendeten Ausricht-Messnormals, dessen Steifigkeit und den Positionen der Dehnungsmessstreifen ab. Aus diesem Grund stellt das Messnormal die erwartete Situation beim Prüfen nur dann da, wenn es in Form, Maßen und Werkstoff dem Prüfkörper ähnlich ist. Faserverstärkte Polymerverbundwerkstoffe weisen in der Regel lokalisierte Verformungen auf und eignen sich daher nicht als Werkstoff für Ausricht-Messnormale. Stahl mit einer Streckgrenze von > 800 MPa und einem Zugmodul von etwa 200 GPa, frei von signifikanten Eigenspannungen, wird als geeignet angesehen.

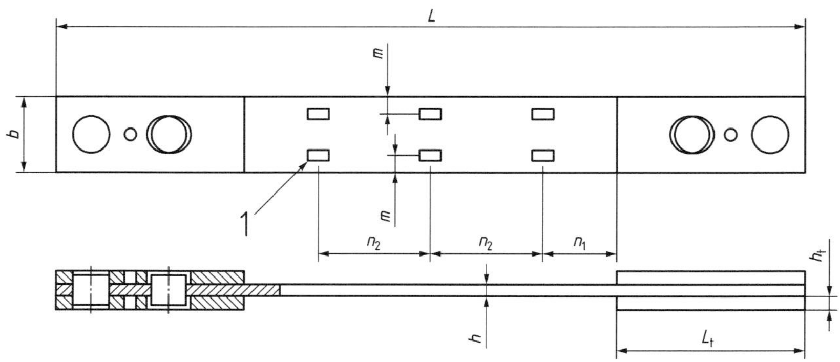

Legende

1 Dehnungsmessstreifen

Symbol	Bezeichnung	Maße in Millimeter
L	Gesamtlänge	254
h	Höhe	3,2
b	Breite	25,4
L_t	Länge des Krafteinleitungselements	64
h_t	Höhe des Krafteinleitungselements	4,5
m	Abstand des Dehnungsmessstreifens vom Rand des Probekörpers in Querrichtung	5
n_1	Abstand des Dehnungsmessstreifens vom Krafteinleitungselement in Längsrichtung des Probekörpers	25
n_2	Abstand zwischen den Dehnungsmessstreifen in Längsrichtung des Probekörpers	38

Bild A.1 — Beispiel eines standardmäßigen Ausricht-Messnormals mit 12 Dehnungsmessstreifen und auswechselbaren Krafteinleitungselementen

Zur Vermeidung mehrfacher Überprüfungen der Ausrichtung im Zusammenhang mit den zum Prüfen verwendeten Probekörperformen und -maßen ist es vertretbar, die Prüfmaschine und ihre Zugvorrichtung mit Hilfe des in Bild A.1 dargestellten Ausricht-Messnormals zu überprüfen. Dieses Messnormal entspricht den Nadcap-Auditkriterien (Nadcap Audit Criteria) AC7122-I und -R, Anhang A, die breite Anwendung in der Luft- und Raumfahrtindustrie finden. Die mit diesem Messnormal erzielten Ergebnisse für die Biegung und die prozentuale Biegung sind höher als die Ergebnisse, die mit Ausrichtungsmessgeräten erhalten werden, welche nach den in diesem Dokument angegebenen Probekörpermaßen hergestellt sind.

Der Ausrichtungszustand wird unter mindestens zwei Positionen des Messnormals, üblicherweise um 180° um die Mittelachse der Ausrichtungslehre gedreht, überprüft. Wahlweise können Messungen mit einem von oben nach unten gedrehten Ausricht-Messnormal durchgeführt werden. Nach ASTM E 1012 und ISO 23788 ist folgender Ablauf wichtig:

— Nullsetzung aller Dehnungsmessstreifen bei frei hängendem Messnormal und Aufzeichnung der angezeigten Biegung;

— Messung der Biegung (µm/m) in eingespannter lastfreier Position oder mit einer geringen Vorlast;

— Messung der Biegung (µm/m) und prozentualen Biegung (%) bei einer Längsdehnung von 1 000 µm/m. Bei Verwendung des standardmäßigen Ausricht-Messnormals wird bei dieser Dehnung eine Last von etwa 16,5 kN erreicht;

— Öffnen der unteren Klemme und erneutes Messen der Biegung (µm/m) bei frei hängendem Messnormal, um sicherzustellen, dass sich das Messnormal während der Messung nicht verändert hat.

Für statische Zugprüfungen darf die prozentuale Biegung 8 % unter einer Längsdehnung des Messnormals von 1 000 µm/m nicht überschreiten.

Die Überprüfung der Ausrichtung wird jährlich, bei bestehenden Zweifeln oder nach größeren Änderungen an der Prüfmaschine, die möglicherweise den Ausrichtungszustand beeinträchtigen, wie Standortwechsel, Instandhaltung, Kalibrierung oder Neuinstallation der Klemmen oder Kraftmessdosen, wiederholt. Normalerweise ist eine Wiederholung der Überprüfung der Ausrichtung nach einer einfachen Änderung der Klemmeneinsätze nicht erforderlich.

Es wird ausdrücklich empfohlen, Probekörper-Endanschläge zu verwenden, um sicherzustellen, dass der Probekörper so in die Klemmen eingesetzt wird, dass die Mittelachse des Probekörpers genau mit der Mittelachse der Prüfmaschine übereinstimmt.

Anhang B
(informativ)

Prüfung mit taillierter Zugprobekörper-Geometrie ohne Krafteinleitungselemente (Probekörper vom Typ 4)

B.1 Überblick

Dieser Anhang beschreibt die Zugprüfung mit taillierter Probekörpergeometrie (Typ 4). Das Anbringen von Krafteinleitungselementen stellt einen herausfordernden und zeitaufwendigen Prozess dar, insbesondere bei thermoplastischen Verbundwerkstoffen. Außerdem haben Temperatur oder Medien in vielen Fällen einen großen Einfluss auf das Verhalten von Klebstoffen und die Funktionsfähigkeit der Krafteinleitungselemente. Aufgrund der geringfügig taillierten Geometrie ist es nicht notwendig, Krafteinleitungselemente und somit Klebstoff auf den Probekörper aufzutragen. Dieses Prüfverfahren ist wirksamer, verhindert ein Lösen von Krafteinleitungselementen beim Prüfen und ist sehr robust gegenüber Einspannungsbrüchen.

B.2 Geometrie des Probekörpers vom Typ 4

Der taillierte Abschnitt des Probekörpers vom Typ 4 hat eine Form, die auf einer kubischen Bézierkurve beruht.

In Abhängigkeit der technischen Ausstattung gibt es mehrere Möglichkeiten, die Form eines Probekörpers vom Typ 4 zu erhalten.

Verfahren 1: Herunterladen der Probekörpergeometrie

Die Probekörpergeometrie (festgelegt durch Linienzüge) kann unter https://standards.iso.org/iso/527/-4/ed-3/en/ heruntergeladen werden. Falls diese URL zur jeweiligen Zeit nicht zugänglich ist, wird das Verfahren 2 oder Verfahren 3 gewählt.

Verfahren 2: Konstruktion des Probekörpers vom Typ 4 mit CAD-Software

Mittels der in 6.1 festgelegten Kontrollpunkte P_0, P_1, P_2 und P_3 kann mit einer CAD-Software eine Bézierkurve konstruiert werden. Für die bessere Kompatibilität mit anderen rechnergestützten Systemen wie CNC-Maschinen wird empfohlen, die erhaltene Bézierkurve in einen Linienzug zu zerlegen. Einige CAD-Softwaresysteme benennen Bézierkurven möglicherweise anders, z. B. kubische Splinefunktionen. Das Handbuch der CAD-Software gibt üblicherweise Aufschluss darüber, wie Bézierkurven mit dieser bestimmten Software konstruiert werden können.

Verfahren 3: Berechnung des Linienzugs auf Grundlage der Bézierkurve

Wenn es mit der verfügbaren technischen Ausstattung nicht möglich ist, eine Bézierkurve mit Hilfe der Kontrollpunkte P_0, P_1, P_2 und P_3 nach 6.1 direkt zu konstruieren, können die lokalen Bézierkurvenpunkte (u, v) mit einem üblichen Tabellenkalkulationsprogramm (z. B. MS Excel, Libre Office Calc usw.) berechnet werden. Moderne Maschinen und Programme können lineare Linienzüge handhaben.

Die u-Koordinate wird mit Gleichung (1) und die v-Koordinate mit Gleichung (2) berechnet. Die empfohlene lineare Schrittweite der Variable t ist kleiner oder gleich 0,025, um einen zu stark partitionierten Linienzug zu vermeiden.

In den meisten Fällen sollte die CAD-Software in der Lage sein, die Translation und Spiegelung von Linienzügen auf Ebenen zu unterstützen. Für den seltenen Fall, dass derartige Funktionen nicht verfügbar sind, zeigt Bild 5 die Transformationen jeder der vier Kanten des taillierten Abschnitts eines Probekörpers vom Typ 4. Diese können mit einem üblichen Tabellenkalkulationsprogramm leicht angewendet werden, bevor die transformierten Linienzüge in das CAD-Programm importiert werden.

B.3 Vergleich zwischen der Geometrie des Typs 3 und Typs 4

Es wurde ein Ringversuch durchgeführt, um die Ergebnisse der Geometrie des Typs 3 und Typs 4 zu vergleichen. Dabei wurde für zwei verschiedene Werkstoffe eine gleichwertige Genauigkeit der Prüfergebnisse zusammen mit einer deutlich höheren Effizienz und Robustheit für die Geometrie des Typs 4 im Vergleich zur rechteckigen Probekörpergeometrie mit Krafteinleitungselementen (Typ 3) erhalten. Bei den Werkstoffen handelte es sich um glasfaserverstärkte Thermoplaste, bei denen die Glasfasern in zwei Hauptwerkstoffrichtungen mit den Indizes 1 und 2 ausgerichtet waren, wobei die Hauptrichtung 1 geprüft wurde.

In Tabelle B.2 werden die folgenden statistischen Eigenschaften verwendet:

s_r = Standardabweichung innerhalb des Laboratoriums,

s_R = Standardabweichung zwischen den Laboratorien,

r = 95 % Wiederholbarkeitsgrenze = 2,8 s_r,

R = 95 % Reproduzierbarkeitsgrenze = 2,8 s_R.

ANMERKUNG 1 Die beiden in Tabelle B.1 beschriebenen Gewebematerialien wurden in fünf verschiedenen Laboratorien geprüft. Jedes Laboratorium prüfte 10-mal Probekörper vom Typ 4, die zentral mittels Mikrowasserstrahlschneiden geschnitten wurden, sowie 10-mal Probekörper vom Typ 3 und 10-mal Probekörper vom Typ 4, die von jedem Laboratorium mit der hauseigenen Technik (Fräsen oder Wasserstrahlschneiden) geschnitten wurden. Das Ziel bestand in dem Vergleich der Prüfergebnisse für den Probekörper vom Typ 3 mit denen für den Typ 4 (Genauigkeit) und in der Bestimmung der Einflüsse der verschiedenen Messtechniken (Dehnungsmessstreifen, optische Dehnungsmessung usw.), Schneidverfahren sowie der personellen und ausrüstungsbedingten Einflüsse (Robustheit). Die Ergebnisse des Ringversuchs sind in Tabelle B.2 dargestellt.

ANMERKUNG 2 Die Ergebnisse zeigten die gleiche Genauigkeit der Typ-4-Geometrie hinsichtlich der Prüfergebnisse in Form des Zugmoduls und der Zugfestigkeit im Vergleich zu den Probekörpern vom Typ 3. Außerdem zeigte sich, dass die Typ-4-Geometrie robuster gegenüber anwenderverursachten Schwankungen (d. h. Dicke der Klebung, Art der Klebung, Klebevorgang, Einspannen des Probekörpers, Art der Klemmen, Klemmflächen) ist. Bei den Probekörpern vom Typ 4 zeigten ~ 96 % der geprüften Probekörper ein gültiges Materialversagen, während beim Typ 3 ~ 56 % der geprüften Probekörper ein gültiges Materialversagen zeigten. Des Weiteren zeigt die Typ-4-Geometrie eine höhere Effizienz (geringerer Prüfaufwand und schnellere Probekörperherstellung) als die Geometrie des Probekörpers vom Typ 3.

ANMERKUNG 3 Tabelle B.2 zeigt die Zugfestigkeit σ_{11} und den Elastizitätsmodul E_{11} für die Materialrichtung 1. Die runden Klammern geben die prozentuale Verteilung der Glasfasern in der Werkstoffrichtung 1 und 2 an.

ANMERKUNG 4 Detaillierte Daten sind in Referenz [8] zu finden.

Tabelle B.1 —In der Forschung geprüfte Werkstoffe

Faser	Glasfaser (GF)	Glasfaser (GF)
Matrix	Polypropylen (PP)	Polyamid 66 (PA66)
Faser-Volumenanteil	47 %	47 %
Gewebe	Ausgeglichen (50/50)	Nicht ausgeglichen (80/20)
Plattendicke	2 mm	2 mm
Geprüfte Probekörper je Laboratorium	— 10-mal Typ 3, von jedem Prüflaboratorium geschnitten — 10-mal Typ 4, wasserstrahlgeschnitten — vom Organisator bereitgestellt — 10-mal Typ 4, von jedem Prüflaboratorium geschnitten	— 10-mal Typ 3, von jedem Prüflaboratorium geschnitten — 10-mal Typ 4, wasserstrahlgeschnitten — vom Organisator bereitgestellt — 10-mal Typ 4, von jedem Prüflaboratorium geschnitten

Tabelle B.2 — Präzisionsdaten des Ringversuchs mit 5 teilnehmenden Laboratorien

Werkstoff	Zugfestigkeits-eigenschaften	Wiederholbar-keitsbedingungen		Reproduzierbar-keitsbedingungen		Durchschnitts-ergebnisse
		s_r	r	s_R	R	
Probekörper Typ 3						
GF/PP ausgeglichen (50/50)	σ_{11}	25,01	70,04	25,14	70,39	428,33 MPa
	E_{11}	0,63	1,75	0,84	2,35	19,90 GPa
GF/PA6 nicht ausgeglichen (80/20)	σ_{11}	21,78	60,98	23,38	65,47	593,50 MPa
	E_{11}	0,62	1,74	0,91	2,55	30,21 GPa
Probekörper Typ 4						
GF/PP ausgeglichen (50/50)	σ_{11}	23,22	65,03	24,07	67,39	426,36 MPa
	E_{11}	0,98	2,73	1,42	3,98	20,10 GPa
GF/PA6 nicht ausgeglichen (80/20)	σ_{11}	27,01	75,62	29,39	82,28	603,30 MPa
	E_{11}	0,73	2,05	1,27	3,54	30,42 GPa

Anhang C
(informativ)

Unverklebte Krafteinleitungselemente oder Klemmzustand ohne Krafteinleitungselemente mittels feinbearbeiteter Klemmflächen

C.1 Überblick

Dieser Anhang beschreibt Prüfverfahren (1) mit unverklebten Krafteinleitungselementen oder (2) ohne Krafteinleitungselemente mittels feinbearbeiteter Klemmflächen. Im letztgenannten Fall sollte der Klemmzustand besonders beachtet werden. Es sollte darauf geachtet werden, dass eine Beschädigung des Werkstoffs in den Einspannbereichen beim Prüfen von Probekörpertypen mit unverklebten Krafteinleitungselementen oder ohne Krafteinleitungselemente verhindert wird. Brüche im Bereich der Einspannungen oder deren Rändern, das Lösen der verklebten Krafteinleitungselemente und Beschädigung während des Anbringens der Krafteinleitungselemente sind typische Beispiele für unerwünschte Beschädigungen, die vor und während der Prüfungen auftreten können. Um diese Beschädigungen an den Probekörpern zu vermeiden, sollte auf die richtige Auswahl und Verwendung von (1) unverklebten Krafteinleitungselementen aus rauen Materialien (wie Schmirgel- oder Sandpapier) oder von (2) Klemmflächen mit feinen Zähnen und einer geeigneten Klemmkraft geachtet werden.

C.2 Probekörper

Siehe Abschnitt 6, mit Ausnahme der Beschreibung der Krafteinleitungselemente (siehe 6.2.2 und 6.2.3). Dieser Anhang erlaubt Klemmbedingungen ohne Krafteinleitungselemente sowie alternative Krafteinleitungsanordnungen nach 6.2.2.

C.3 Unverklebte Krafteinleitungselemente

Prüfungen mit unverklebten Krafteinleitungselementen werden wie folgt durchgeführt.

Zwischen die Klemmfläche und den Probekörper wird Schmirgel- oder Sandpapier eingelegt, wobei die rauen Oberflächen die Oberflächen des Probekörpers berühren. Zwei Papierlagen werden empfohlen.

C.4 Klemmzustand ohne Krafteinleitungselemente mittels feinbearbeiteter Klemmflächen

— Für diese Prüfbedingung wird eine Klemmfläche mit feiner Rauheit empfohlen.

— Die Klemmkraft sollte sorgfältig geregelt werden, damit die Oberfläche des Probekörpers nicht beschädigt wird. Zur besseren Regelung der Klemmkraft sollte das Klemmen hydraulisch erfolgen.

ANMERKUNG Bei Verbundwerkstoffen mit thermoplastischer Matrix ergeben unverklebte Krafteinleitungselemente oder Klemmbedingungen ohne Krafteinleitungselemente mittels feinbearbeiteter Klemmflächen bessere Prüfergebnisse für folgende Fälle:

— Prüfungen von Verbundwerkstoffen mit thermoplastischer Matrix, die schwer zu kleben sind;

— bei Verbundwerkstoffen mit thermoplastischer Matrix wird häufig Verzug in Laminaten beobachtet. In diesem Fall verursacht das Verkleben der Krafteinleitungselemente unnötige Beschädigungen und Risse im Probekörper.

C.5 Vergleich der Klemmbedingungen

Es wurden drei Prüfverfahren ausgewählt, die die gleiche Festigkeit ergeben können, wie das Verfahren mit Krafteinleitungselementen. Die Entscheidung für diese Verfahren beruht auf der Subtraktion der Standardabweichung vom Festigkeitsmittelwert für Prüfungen mit Krafteinleitungselementen.

1) Zwei Lagen Schmirgelpapier (P400 bis P600) werden zwischen die Klemmfläche und den Probekörper eingelegt.

   Bedingung 1 in Tabelle C.2 und Bild C.1.

2) Lediglich eine Lage Schmirgelpapier (P400 bis P600) wird zwischen die Klemmfläche und den Probekörper eingelegt, und die Klemmflächen haben eine ähnliche Morphologie wie das Schmirgelpapier.

   Bedingung 2 in Tabelle C.2 und Bild C.1.

3) Es werden keine unverklebten Krafteinleitungselemente verwendet. Die Klemmflächen haben eine ähnliche Morphologie wie Schmirgelpapier. Der Klemmflächen-Zahnabstand ist geringer als 0,25 mm, und die Klemmkraft wird sorgfältig so geregelt, dass der Probekörper nicht beschädigt wird.

   Bedingung 3 und Bedingung 4 in Tabelle C.2 und Bild C.1.

ANMERKUNG Detaillierte Daten sind in Referenzen [9] bis [11] angegeben.

Siehe Tabelle C.1.

Tabelle C.1 — Für die Bewertung verwendeter Werkstoff

Faser	Kohlenstofffaser auf PAN-Basis
Matrix	Polyamid 6
Faser-Volumenanteil	etwa 43 %
Banddicke	0,18 mm
Formpressverfahren	Heißpressen
Anzahl der Schichten	7
Anzahl der Probekörper	5

Tabelle C.2 — Vergleich der Prüfverfahren für unverklebte Krafteinleitungselemente (Schmirgelpapier) und Klemmzustand ohne Krafteinleitungselemente mittels feinbearbeiteter Klemmflächen

Klemmbedingungen	1	2	3	4	5	6	7	8	9	10	11
Kraftregelung: H = hydraulisch M = manuelle Schraube	M	H	M: genau	H: genau	H	H	M	M: genau	H	M: genau	M
Rauheit der Klemmfläche: L = groß (> 1 mm) M = mittel (< 1 mm) F = fein (< 0,25 mm)	M	F	F	F	M	F	M	M	M	L	M
Schleifpapier? J = Ja N = Nein	J: zwei Lagen	J	N	N	J	N	J	N	N	N	N

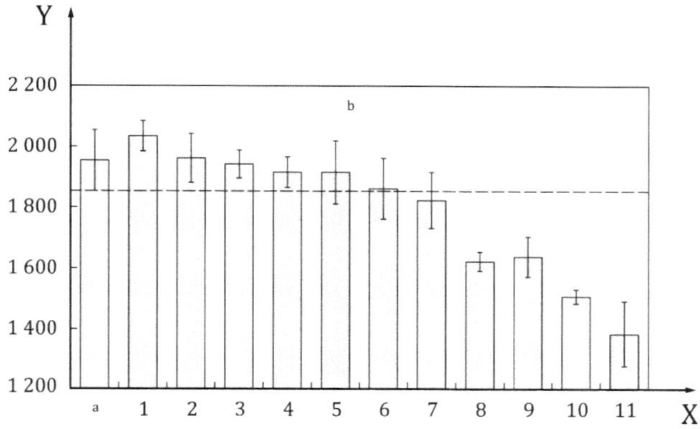

Legende

X Klemmbedingung

Y Zugbruchfestigkeit (MPa)

[a] Krafteinleitungselement

[b] Fehlerbalken = Standardabweichung

Bild C.1 — Vergleich der maximalen Spannung (Festigkeit) beim Bruch des Probekörpers

Anhang D
(normativ)

Probenvorbereitung für Typ 2 und Typ 3

D.1 Mechanische Bearbeitung der Probekörper

In allen Fällen werden folgende Vorsichtsmaßnahmen getroffen.

— Vermeidung von Arbeitsbedingungen, die eine starke Wärmeentwicklung im Probekörper hervorrufen (die Verwendung eines Kühlmittels wird empfohlen). Wird ein flüssiges Kühlmittel verwendet, wird der Probekörper unmittelbar nach der Bearbeitung getrocknet.

— Überprüfung, dass alle Schnittflächen des Probekörpers frei von bearbeitungsbedingten Mängeln sind.

— Die Proben werden nach ISO 2818 bearbeitet.

D.2 Herstellung der Probekörper mit verklebten Krafteinleitungselementen

Es wird folgendes Verfahren empfohlen.

Ausschneiden einer Platte aus dem zu prüfenden Werkstoff, deren Länge gleich der Länge des vorgesehenen Probekörpers ist, und deren Breite für die geforderte Anzahl der Probekörper ausreicht.

Bestimmung der Richtung „1" des Werkstoffs in der Platte.

Für die Krafteinleitungselemente werden rechteckige Streifen mit der erforderlichen Breite und Länge geschnitten.

Die Streifen werden wie folgt an der Platte angebracht.

a) Falls gefordert, werden alle Oberflächen, auf die Klebstoff aufgebracht wird, mit feinem Schmirgelpapier angeraut oder einer geeigneten Sandstrahlbehandlung unterzogen.

b) Jeglicher Staub wird entfernt, und die Oberflächen werden mit einem geeigneten Lösemittel gereinigt.

c) Die Streifen werden in einer Ebene zueinander parallel und senkrecht zur Längsrichtung der Probekörper entlang der Plattenenden angeklebt, wie in Bild D.1 gezeigt, wofür ein hochelastischer Klebstoff verwendet wird und die Anweisungen des Herstellers unbedingt zu beachten sind.

Es wird empfohlen, eine Klebfolie mit einem dünnen Träger zu verwenden. Der Klebstoff sollte vorzugsweise eine Scherfestigkeit haben, die größer als 30 MPa ist. Es ist wünschenswert, dass der zum Kleben verwendete Klebstoff flexibel ist und eine Bruchdehnung aufweist, die größer als die des zu prüfenden Werkstoffs ist.

d) die miteinander verklebten Teile werden unter den vom Hersteller des Klebstoffs angegebenen Druck- und Temperaturbedingungen für die vom Hersteller empfohlene Dauer gehalten;

e) die auf diese Weise mit Krafteinleitungselementen versehene Platte wird in Probekörper geschnitten (siehe Bild D.1).

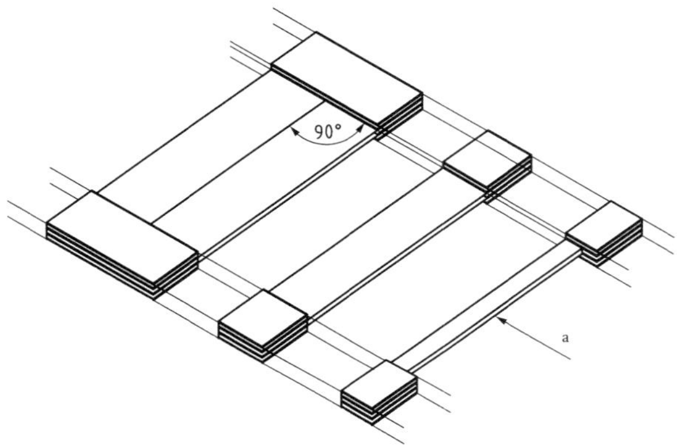

[a] Abgeschnittener Rest.

Bild D.1 — Platten mit Krafteinleitungselementen für die Probekörpervorbereitung

Anhang E
(normativ)

Bruchstellenbezogene Berechnung der Zugfestigkeit für Probekörper des Typs 4

E.1 Bestimmung der Bruchstelle u_F innerhalb des Probekörpers

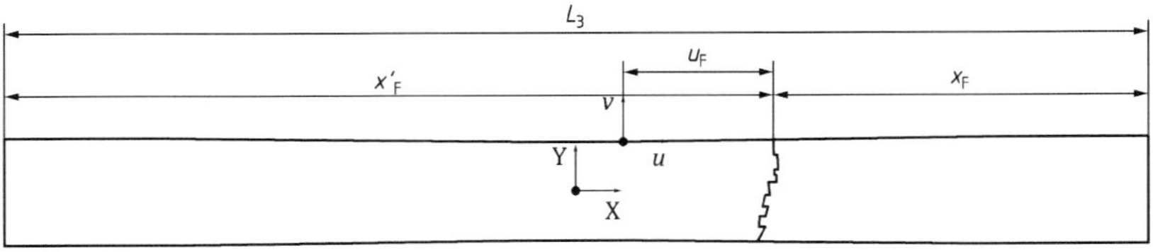

Legende

L_3 Probenlänge
u_F Ort der Erststörung
x_F kürzester Abstand des gebrochenen Probestücks
x'_F längster Abstand des gebrochenen Probestücks

Bild E.1 — Bestimmung der Bruchstelle u_F innerhalb des Probekörpertyps 4

Wird die anfängliche Bruchposition u_F nicht durch Videoaufnahmen bestimmt, dann wird die Bruchposition u_F durch Messen des kürzesten Abstands x_F oder längsten Abstands x'_F des gebrochenen Probekörperstücks (siehe Bild E.1) und unter Anwendung der Gleichung (E.1) und Gleichung (E.2) berechnet.

Bruchstelle u_F, bestimmt nach dem kürzesten Abstand nach Gleichung (E.1):

$$u_F = \frac{L_3}{2} - x_F - 12{,}5 \tag{E.1}$$

Bruchstelle u_F, bestimmt nach dem längsten Abstand nach Gleichung (E.2):

$$u_F = x'_F - \frac{L_3}{2} - 12{,}5 \tag{E.2}$$

Dabei ist

L_3 die Gesamtlänge des Probekörpers (in mm);

x_F der kürzeste Abstand des Bruchausgangspunktes vom Ende des Probekörpers in x-Richtung, in Millimeter (mm);

x'_F der längste Abstand des Bruchausgangspunktes vom Ende des Probekörpers in x-Richtung, in Millimeter (mm);

u_F ist die Bruchstelle im Koordinatensystem der Bézierkurve, in Millimeter (mm).

E.2 Berechnung des Bruch-Querschnittsverhältnisses c_{Fr}

Das Bruch-Querschnittsverhältnis c_{Fr} wird nach der Gleichung (E.3) oder unter Anwendung von Bild E.2 berechnet:

$$c_{\mathrm{Fr}} = \frac{b_1}{b_1 + \Delta b\,(u_F)} \tag{E.3}$$

Dabei ist

b_1 die gemessene Breite des Probekörpers im parallelen Mittelabschnitt, in Millimeter (mm);

Δb die Abweichung der Probekörperbreite vom parallelen Mittelabschnitt an der Position u_F innerhalb des Probekörpertyps 4, in Millimeter (mm);

c_{Fr} das Bruch-Querschnittsverhältnis; das Verhältnis zwischen dem Querschnitt des parallelen Mittelabschnitts und dem Bruchquerschnitt.

Die Abweichung der Probekörperbreite vom parallelen Mittelabschnitt an der Position u_F kann innerhalb des Grenzbereichs von $0 \leq u_F \leq 87{,}5$ bestimmt werden:

$$\Delta b\,(\mathrm{u}) = \tan^{-1}(0{,}060\,47u)\,0{,}024\,6u \tag{E.4}$$

Für $u_F < 0$:

$$\Delta b\,(u) = 0$$

Wenn die Bruchposition u_F größer als 87,5 mm ist, dann ist das Prüfergebnis ungültig.

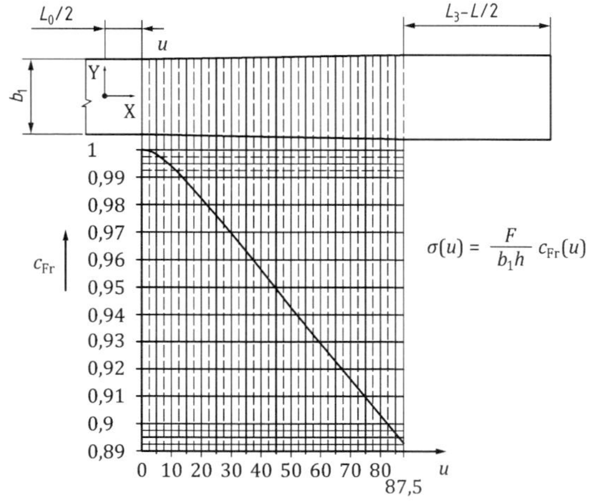

Bild E.2 — Bruch-Querschnittsverhältnis c_{Fr} des Probekörpertyps 4

E.3 Berechnung der Zugfestigkeit σ_m

Die Zugfestigkeit an der Bruchstelle wird nach Gleichung (E.5) berechnet:

$$\sigma_m = \frac{F}{b_1 h} c_{Fr} \tag{E.5}$$

Dabei ist

F die Zugkraft bei Bruchbeginn, in Newton (N);

h die Probekörperdicke, in Millimeter (mm);

σ_m die Zugfestigkeit an der Bruchstelle, in Megapascal (MPa).

E.4 Bestimmung der Zugdehnung an der Bruchposition $u_F > 0$

Auf Grund der vorherrschenden elastischen Natur von kontinuierlich faserverstärkten Verbundwerkstoffen kann die Spannungs-Dehnungs-Kurve aus dem Messbereich bestimmt werden, selbst wenn der Probekörper innerhalb des taillierten Abschnitts versagt. Es bestehen zwei Möglichkeiten für die Bestimmung der Zugdehnung an der Bruchposition.

Die empfohlene Berechnungsmethode ist die nach Gleichung (E.6).

Die Zugdehnung an der Bruchstelle, ε_m, wird durch Bewerten des äquivalenten Zugdehnungswertes für σ_m in den gemessenen σ-ε-Kurvendaten durch Interpolation zwischen zwei Datenpunkten σ_i, ε_i und σ_{i+1}, ε_{i+1} bestimmt.

$$\varepsilon_m(\sigma_m) = \begin{cases} \varepsilon_m, wenn\ u \leq 0 \\ \varepsilon_i + \frac{\varepsilon_{i+1}-\varepsilon_i}{\sigma_{i+1}-\sigma_i}(\sigma_m - \sigma_i), oder\ wenn\ u > 0\ für\ den\ i-ten\ Datenpunkt\ \sigma_i < \sigma_m < \sigma_{i+1} \end{cases} \tag{E.6}$$

Dabei ist

σ_m die Zugfestigkeit an der Bruchstelle, in Megapascal (MPa);

σ_i die Zugspannung an der *i*-ten Linie der σ-ε-Kurve, in Megapascal (MPa);

ε_i der Dehnungsdatenpunkt an der *i*-ten Linie der σ-ε-Kurve.

Wenn die Datenpunkte σ_i und σ_{i+1} einen geringeren Abstand als 0,001 σ_m haben, kann der nächste niedrigere Datenpunkt σ_i, ε_i als Zugfestigkeit und Bruchdehnung ausgewählt werden.

Eine alternative Möglichkeit ist die Übernahme des Datenpunkts innerhalb der Messdaten, der am nächsten zu σ_m liegt. Wie in Bild E.3 dargestellt, wird die Spannung an der Bruchposition durch Messen des Abstandsx_F (oderx_F') und Bestimmung von σ_m ermittelt. Der nächste niedrigere Datenpunkt (ε_i, σ_i) zu σ_m definiert die Zugdehnung ε_m und -spannung σ_m an der Bruchposition. Für diese alternative Wahlmöglichkeit wird eine Datenpunktauflösung von 0,001 σ_{max} empfohlen.

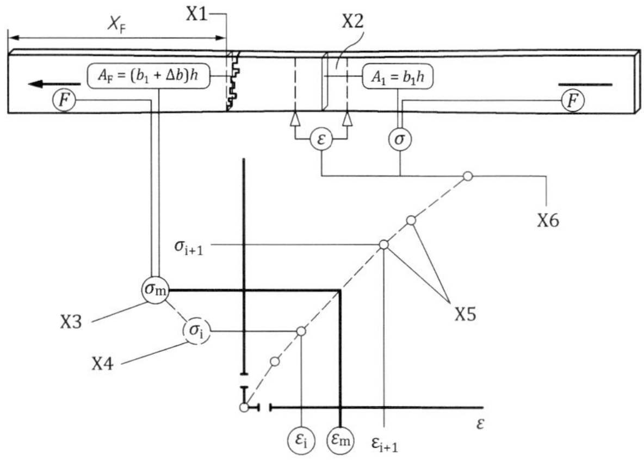

Legende

X1 Bruchstelle mit einem Bruch-Querschnitt A_F
X2 Messbereich für Dehnungsbestimmung
X3 Möglichkeit 1; Interpolation von ε_F
X4 Möglichkeit 2; Auswahl von $(\varepsilon_i, \sigma_i)$ als neue $(\varepsilon_m, \sigma_m)$
X5 Datenpunkte der Spannungs-Dehnungs-Kurve
X6 Spannungs-Dehnungs-Datenpunkt des Messbereichs beim Versagen des Probekörpers
F aufgebrachte Zugkraft auf die Probe
A_F Bereich des endgültigen Probekörperversagens
A_1 Fläche des Mittelteils des Probekörpers

Bild E.3 — Bestimmung der Zugdehnung an der Bruchposition mittels der σ-ε-Kurvendaten der Bezugsfläche für den Probekörpertyp 4

Literaturhinweise

[1] ISO 527-2, *Plastics — Determination of tensile properties — Part 2: Test conditions for moulding and extrusion plastics*

[2] ISO 527-5, *Plastics — Determination of tensile properties — Part 5: Test conditions for unidirectional fibre-reinforced plastic composites*

[3] ISO 3534-1, *Statistics — Vocabulary and symbols — Part 1: General statistical terms and terms used in probability*

[4] ISO 5725-2, *Accuracy (trueness and precision) of measurement methods and results — Part 2: Basic method for the determination of repeatability and reproducibility of a standard measurement method*

[5] ISO 6344-1[1], *Coated abrasives — Grain size analysis — Part 1: Grain size distribution test*

[6] ISO 23788, *Metallic materials — Verification of the alignment of fatigue testing machines*

[7] ASTM E1012, *Standard Practice for Verification of Testing Frame and Specimen Alignment Under Tensile and Compressive Axial Force Application*

[8] SCHMEER S., SCHELIGA D., MISCHO F., Tensile testing of continuous fibre reinforced thermoplastics — round robin activity for international standardization in Europe

[9] HOJO M., SAWADA Y., MIYAIRI H., Influence of clamping method on tensile properties of unidirectional CFRP in 0° and 90° directions — round robin activity for international standardization in Japan, Composites, Bd. 25, S. 786 - 796, 1994

[10] MATSUO T., HOJO M., KAGEYAMA K., Influence of gripping condition and matrix type on tensile properties of unidirectional carbon fibre reinforced thermoplastic composites, 21st International Conference on Composite Materials Xi'an, 20 - 25th August 2017

[11] MATSUO T., HOJO M., KAGEYAMA K., Influence of gripping method on tensile properties of unidirectional thermoplastic CFRP - Round-robin activity for international standardization in Japan. J. *Compos. Mater.*, Bd. 53 (28 - 30), S. 4161 - 4171, 2019

[12] AC7122-I and –R, Appendix A, *Nadcap Audit Criteria for Non-Metallic Materials Testing Laboratories*

[13] SCHMEER S., SCHELIGA D., MISCHO F., Tapered geometry for testing continuous fiber reinforced thermoplastics under tension, 20th European Conference on Composite Materials in Lausanne, 26th-30th June 2022

1 Zurückgezogen und ersetzt durch ISO 6344-2:2021 und ISO 6344-3:2021.

DIN EN ISO 527-5

DIN

ICS 83.120

Ersatz für
DIN EN ISO 527-5:2010-01

Kunststoffe –
Bestimmung der Zugeigenschaften –
Teil 5: Prüfbedingungen für unidirektional faserverstärkte Kunststoffverbundwerkstoffe (ISO 527-5:2021);
Deutsche Fassung EN ISO 527-5:2021

Plastics –
Determination of tensile properties –
Part 5: Test conditions for unidirectional fibre-reinforced plastic composites (ISO 527-5:2021);
German version EN ISO 527-5:2021

Plastiques –
Détermination des propriétés en traction –
Partie 5: Conditions d'essai pour les composites plastiques renforcés de fibres unidirectionnelles (ISO 527-5:2021);
Version allemande EN ISO 527-5:2021

Gesamtumfang 26 Seiten

DIN-Normenausschuss Kunststoffe (FNK)

Nationales Vorwort

Dieses Dokument (EN ISO 527-5:2021) wurde vom Technischen Komitee ISO/TC 61 „Plastics" in Zusammenarbeit mit dem Technischen Komitee CEN/TC 249 „Kunststoffe" erarbeitet, dessen Sekretariat von NBN (Belgien) gehalten wird.

Das zuständige deutsche Normungsgremium ist der Arbeitsausschuss NA 054-02-02 AA „Verstärkte Kunststoffe und härtbare Harze" im DIN-Normenausschuss Kunststoffe (FNK).

Für die in diesem Dokument zitierten Dokumente wird im Folgenden auf die entsprechenden deutschen Dokumente hingewiesen:

ISO 527-1:2019	siehe	DIN EN ISO 527-1:2019-12
ISO 2818	siehe	DIN EN ISO 2818
ISO 3534-1	siehe	DIN ISO 3534-1
ISO 16012	siehe	DIN EN ISO 16012

Aktuelle Informationen zu diesem Dokument können über die Internetseiten von DIN (www.din.de) durch eine Suche nach der Dokumentennummer aufgerufen werden.

Änderungen

Gegenüber DIN EN ISO 527-5:2010-01 wurden folgende Änderungen vorgenommen:

a) Anpassung der Einspannkraft und des Einspanndrucks (z. B. durch einen Drehmomentschlüssel oder ein Druckmessgerät je nach verwendetem Einspannsystem);

b) Aufnahme von Anhang C;

c) redaktionelle Überarbeitung.

Frühere Ausgaben

DIN EN ISO 527-5: 1997-07, 2009-10, 2010-01

Nationaler Anhang NA
(informativ)

Literaturhinweise

DIN EN ISO 527-1:2019-12, *Kunststoffe — Bestimmung der Zugeigenschaften — Teil 1: Allgemeine Grundsätze (ISO 527-1:2019); Deutsche Fassung EN ISO 527-1:2019*

DIN EN ISO 2818, *Kunststoffe — Herstellung von Probekörpern durch mechanische Bearbeitung*

DIN EN ISO 16012, *Kunststoffe — Bestimmung der linearen Maße von Probekörpern*

DIN ISO 3534-1, *Statistik — Begriffe und Formelzeichen — Teil 1: Wahrscheinlichkeit und allgemeine statistische Begriffe*

— Leerseite —

EUROPÄISCHE NORM

EUROPEAN STANDARD

NORME EUROPÉENNE

EN ISO 527-5

Dezember 2021

ICS 83.120

Ersetzt EN ISO 527-5:2009

Deutsche Fassung

Kunststoffe — Bestimmung der Zugeigenschaften — Teil 5: Prüfbedingungen für unidirektional faserverstärkte Kunststoffverbundwerkstoffe (ISO 527-5:2021)

Plastics — Determination of tensile properties — Part 5: Test conditions for unidirectional fibre-reinforced plastic composites (ISO 527-5:2021)

Plastiques — Détermination des propriétés en traction — Partie 5: Conditions d'essai pour les composites plastiques renforcés de fibres unidirectionnelles (ISO 527-5:2021)

Diese Europäische Norm wurde vom CEN am 4. Oktober 2021 angenommen.

Die CEN-Mitglieder sind gehalten, die CEN/CENELEC-Geschäftsordnung zu erfüllen, in der die Bedingungen festgelegt sind, unter denen dieser Europäischen Norm ohne jede Änderung der Status einer nationalen Norm zu geben ist. Auf dem letzten Stand befindliche Listen dieser nationalen Normen mit ihren bibliographischen Angaben sind beim CEN-CENELEC-Management-Zentrum oder bei jedem CEN-Mitglied auf Anfrage erhältlich.

Diese Europäische Norm besteht in drei offiziellen Fassungen (Deutsch, Englisch, Französisch). Eine Fassung in einer anderen Sprache, die von einem CEN-Mitglied in eigener Verantwortung durch Übersetzung in seine Landessprache gemacht und dem CEN-CENELEC-Management-Zentrum mitgeteilt worden ist, hat den gleichen Status wie die offiziellen Fassungen.

CEN-Mitglieder sind die nationalen Normungsinstitute von Belgien, Bulgarien, Dänemark, Deutschland, Estland, Finnland, Frankreich, Griechenland, Irland, Island, Italien, Kroatien, Lettland, Litauen, Luxemburg, Malta, den Niederlanden, Norwegen, Österreich, Polen, Portugal, der Republik Nordmazedonien, Rumänien, Schweden, der Schweiz, Serbien, der Slowakei, Slowenien, Spanien, der Tschechischen Republik, der Türkei, Ungarn, dem Vereinigten Königreich und Zypern.

EUROPÄISCHES KOMITEE FÜR NORMUNG
EUROPEAN COMMITTEE FOR STANDARDIZATION
COMITÉ EUROPÉEN DE NORMALISATION

CEN-CENELEC Management-Zentrum: Rue de la Science 23, B-1040 Brüssel

Ref. Nr. EN ISO 527-5:2021 D

Inhalt

Europäisches Vorwort

Dieses Dokument (EN ISO 527-5:2021) wurde vom Technischen Komitee ISO/TC 61 „Plastics“ in Zusammenarbeit mit dem Technischen Komitee CEN/TC 249 „Kunststoffe“ erarbeitet, dessen Sekretariat von NBN gehalten wird.

Diese Europäische Norm muss den Status einer nationalen Norm erhalten, entweder durch Veröffentlichung eines identischen Textes oder durch Anerkennung bis Juni 2022, und etwaige entgegenstehende nationale Normen müssen bis Juni 2022 zurückgezogen werden.

Es wird auf die Möglichkeit hingewiesen, dass einige Elemente dieses Dokuments Patentrechte berühren können. CEN ist nicht dafür verantwortlich, einige oder alle diesbezüglichen Patentrechte zu identifizieren.

Dieses Dokument ersetzt EN ISO 527-5:2009.

Rückmeldungen oder Fragen zu diesem Dokument sollten an das jeweilige nationale Normungsinstitut des Anwenders gerichtet werden. Eine vollständige Liste dieser Institute ist auf den Internetseiten von CEN abrufbar.

Entsprechend der CEN CENELEC Geschäftsordnung sind die nationalen Normungsinstitute der folgenden Länder gehalten, diese Europäische Norm zu übernehmen: Belgien, Bulgarien, Dänemark, Deutschland, die Republik Nordmazedonien, Estland, Finnland, Frankreich, Griechenland, Irland, Island, Italien, Kroatien, Lettland, Litauen, Luxemburg, Malta, Niederlande, Norwegen, Österreich, Polen, Portugal, Rumänien, Schweden, Schweiz, Serbien, Slowakei, Slowenien, Spanien, Tschechische Republik, Türkei, Ungarn, Vereinigtes Königreich und Zypern.

Anerkennungsnotiz

Der Text von ISO 527-5:2021 wurde von CEN als EN ISO 527-5:2021 ohne irgendeine Abänderung genehmigt.

Vorwort

ISO (die Internationale Organisation für Normung) ist eine weltweite Vereinigung nationaler Normungsinstitute (ISO-Mitgliedsorganisationen). Die Erstellung von Internationalen Normen wird üblicherweise von Technischen Komitees von ISO durchgeführt. Jede Mitgliedsorganisation, die Interesse an einem Thema hat, für welches ein Technisches Komitee gegründet wurde, hat das Recht, in diesem Komitee vertreten zu sein. Internationale staatliche und nichtstaatliche Organisationen, die in engem Kontakt mit ISO stehen, nehmen ebenfalls an der Arbeit teil. ISO arbeitet bei allen elektrotechnischen Normungsthemen eng mit der Internationalen Elektrotechnischen Kommission (IEC) zusammen.

Die Verfahren, die bei der Entwicklung dieses Dokuments angewendet wurden und die für die weitere Pflege vorgesehen sind, werden in den ISO/IEC-Direktiven, Teil 1 beschrieben. Es sollten insbesondere die unterschiedlichen Annahmekriterien für die verschiedenen ISO-Dokumentenarten beachtet werden. Dieses Dokument wurde in Übereinstimmung mit den Gestaltungsregeln der ISO/IEC-Direktiven, Teil 2 erarbeitet (siehe www.iso.org/directives).

Es wird auf die Möglichkeit hingewiesen, dass einige Elemente dieses Dokuments Patentrechte berühren können. ISO ist nicht dafür verantwortlich, einige oder alle diesbezüglichen Patentrechte zu identifizieren. Details zu allen während der Entwicklung des Dokuments identifizierten Patentrechten finden sich in der Einleitung und/oder in der ISO-Liste der erhaltenen Patenterklärungen (siehe www.iso.org/patents).

Jeder in diesem Dokument verwendete Handelsname dient nur zur Unterrichtung der Anwender und bedeutet keine Anerkennung.

Für eine Erläuterung des freiwilligen Charakters von Normen, der Bedeutung ISO-spezifischer Begriffe und Ausdrücke in Bezug auf Konformitätsbewertungen sowie Informationen darüber, wie ISO die Grundsätze der Welthandelsorganisation (WTO, en: World Trade Organization) hinsichtlich technischer Handelshemmnisse (TBT, en: Technical Barriers to Trade) berücksichtigt, siehe www.iso.org/iso/foreword.html.

Dieses Dokument wurde vom Technischen Komitee ISO/TC 61, *Plastics*, Unterkomitee SC 13, *Composites and reinforcement fibres*, in Zusammenarbeit mit dem Europäischen Komitee für Normung (CEN), Technisches Komitee CEN/TC 249, *Kunststoffe*, in Übereinstimmung mit der Vereinbarung zur technischen Zusammenarbeit zwischen ISO und CEN (Wiener Vereinbarung) erarbeitet.

Diese dritte Ausgabe ersetzt die zweite Ausgabe (ISO 527-5:2009), die technisch überarbeitet wurde. Die wesentlichen Änderungen im Vergleich zur Vorgängerausgabe sind folgende:

— die Klemmkraft oder der Klemmdruck (z. B. mittels Drehmoment oder Manometer, was vom verwendeten Klemmsystem abhängt) wurden angepasst;

— ein neuer Anhang B (Verwendung von unverklebten Krafteinleitungselementen und Bedingungen für das Klemmen von Probekörpern ohne Krafteinleitungselemente mittels feinbearbeiteter Klemmflächen) wurde hinzugefügt.

Eine Auflistung aller Teile der Normenreihe ISO 527 ist auf der ISO-Internetseite abrufbar.

Rückmeldungen oder Fragen zu diesem Dokument sollten an das jeweilige nationale Normungsinstitut des Anwenders gerichtet werden. Eine vollständige Auflistung dieser Institute ist unter www.iso.org/members.html zu finden.

1 Anwendungsbereich

Dieses Dokument legt auf der Basis der allgemeinen Grundsätze aus ISO 527-1 die Prüfbedingungen für die Bestimmung der Zugeigenschaften unidirektional faserverstärkter Kunststoffverbundwerkstoffe fest.

ANMERKUNG Isotrop und anisotrop verstärkte Werkstoffe werden von ISO 527-4 erfasst.

Die Verfahren werden verwendet, um das Zugverformungsverhalten von Probekörpern zu untersuchen und die Zugfestigkeit, den Zugmodul, die Poissonzahlen und andere Gesichtspunkte der Zugspannungs-Dehnungs-Beziehung unter den festgelegten Bedingungen zu ermitteln.

Das Prüfverfahren ist für alle unidirektional faserverstärkten Polymermatrixsysteme geeignet, die den in diesem Dokument angegebenen Anforderungen, einschließlich Ausfallart, entsprechen.

Das Verfahren ist geeignet für sowohl thermoplastische als auch duroplastische (wärmehärtbare) Verbundwerkstoffe, einschließlich vorimprägnierter Materialien (Prepregs). Die berücksichtigten Verstärkungen schließen Kohlenstofffasern, Glasfasern, Aramidfasern und andere ähnliche Fasern ein. Die berücksichtigten Verstärkungsgeometrien umfassen unidirektionale (d. h. vollständig ausgerichtete) Fasern und Rovings sowie unidirektionale Gewebe und Bänder.

Das Verfahren ist gewöhnlich nicht für multidirektionale Materialien geeignet, die aus mehreren unidirektionalen Schichten mit unterschiedlichen Winkeln bestehen (siehe ISO 527-4).

2 Normative Verweisungen

Die folgenden Dokumente werden im Text in solcher Weise in Bezug genommen, dass einige Teile davon oder ihr gesamter Inhalt Anforderungen des vorliegenden Dokuments darstellen. Bei datierten Verweisungen gilt nur die in Bezug genommene Ausgabe. Bei undatierten Verweisungen gilt die letzte Ausgabe des in Bezug genommenen Dokuments (einschließlich aller Änderungen).

ISO 527-1:2019, *Plastics — Determination of tensile properties — Part 1: General principles*

ISO 1268 (alle Teile), *Fibre-reinforced plastics — Methods of producing test plates*

ISO 2818, *Plastics — Preparation of test specimens by machining*

ISO 16012, *Plastics — Determination of linear dimensions of test specimens*

3 Begriffe

Für die Anwendung dieses Dokuments gelten die folgenden Begriffe.

ISO und IEC stellen terminologische Datenbanken für die Verwendung in der Normung unter den folgenden Adressen bereit:

— ISO Online Browsing Platform: verfügbar unter https://www.iso.org/obp

— IEC Electropedia: verfügbar unter http://www.electropedia.org/

3.1
Messlänge
L_0
anfänglicher Abstand zwischen den Messmarken auf dem mittleren Teil des Probekörpers

Anmerkung 1 zum Begriff: Sie wird in Millimeter (mm) angegeben.

Anmerkung 2 zum Begriff: Die Werte für die Messlänge, die für die einzelnen Probekörpertypen in den anderen Teilen von ISO 527 angegeben werden, stellen die jeweils anzuwendende maximale Messlänge dar.

[QUELLE: ISO 527-1:2019, 3.1]

3.2
Dicke
h
kleineres Maß der rechteckigen Querschnittsfläche im mittleren Teil eines Probekörpers vor Beginn der Prüfung

Anmerkung 1 zum Begriff: Sie wird in Millimeter (mm) angegeben.

[QUELLE: ISO 527-1:2019, 3.2]

3.3
Breite
b_1
größeres Maß der rechteckigen Querschnittsfläche im mittleren Teil eines Probekörpers vor Beginn der Prüfung

Anmerkung 1 zum Begriff: Sie wird in Millimeter (mm) angegeben.

[QUELLE: ISO 527-1:2019, 3.3]

3.4
Prüfgeschwindigkeit
v
Geschwindigkeit, mit der sich die Einspannklemmen voneinander entfernen

Anmerkung 1 zum Begriff: Sie wird in Millimeter je Minute (mm/min) angegeben.

[QUELLE: ISO 527-1:2019, 3.5]

3.5
Zugspannung
σ
Normalkraft je Einheit der Anfangsquerschnittsfläche innerhalb der *Messlänge* (3.1)

Anmerkung 1 zum Begriff: Sie wird in Megapascal (MPa) angegeben.

Anmerkung 2 zum Begriff: Um diese Spannung von der wahren, auf den tatsächlichen momentanen Querschnitt des Probekörpers bezogenen Spannung zu unterscheiden, wird sie häufig als „technische Spannung" bezeichnet.

Anmerkung 3 zum Begriff: σ für Probekörper des Typs A ist als σ_1 und für Probekörper des Typs B als σ_2 definiert (siehe 3.9, Bild 2 und Abschnitt 6 für Definitionen dieser Richtungen).

[QUELLE: ISO 527-1:2019, 2019, 3.6, modifiziert — Fachgebiet „<technisch>" und Anmerkung 3 zum Begriff wurden ergänzt.]

3.5.1
Zugfestigkeit
σ_m
maximale Zugspannung im Verlauf des Zugversuchs

Anmerkung 1 zum Begriff: Sie wird in Megapascal (MPa) angegeben.

Anmerkung 2 zum Begriff: σ_m für Probekörper des Typs A ist als σ_{m1} und für Probekörper des Typs B als σ_{m2} definiert.

[QUELLE: ISO 527-1:2019, 3.6.2]

3.6
Dehnung
ε
Verlängerung je Einheit der ursprünglichen Messlänge

Anmerkung 1 zum Begriff: ε für Probekörper des Typs A ist als ε_1 und für Probekörper des Typs B als ε_2 definiert.

Anmerkung 2 zum Begriff: Sie wird als dimensionsloses Verhältnis oder als Prozentsatz (%) angegeben.

[QUELLE: ISO 527-1:2019, 3.7]

3.6.1
Dehnung bei Zugfestigkeit
Bruchdehnung
ε_m
Dehnung, die auftritt, wenn die *Zugfestigkeit* (3.5.1) erreicht ist

Anmerkung 1 zum Begriff: ε_m für Probekörper des Typs A ist als ε_{m1} und für Probekörper des Typs B als ε_{m2} definiert.

Anmerkung 2 zum Begriff: Sie wird als dimensionsloses Verhältnis oder als Prozentsatz (%) angegeben.

[QUELLE: ISO 527-1:2019, 3.7.3]

3.7
Zugmodul
Elastizitätsmodul unter Zugbeanspruchung
E
Steigung der Spannungs-/Dehnungskurve $\sigma(\varepsilon)$ im Dehnungsintervall $\varepsilon' = 0{,}05\ \%$ und $\varepsilon'' = 0{,}25\ \%$ (siehe Bild 1)

Anmerkung 1 zum Begriff: Er wird in Megapascal (MPa) angegeben.

Anmerkung 2 zum Begriff: Entweder errechnet als Sekantensteigung oder nach der Methode der kleinsten Fehlerquadrate als Steigung der Regressionsgeraden.

Anmerkung 3 zum Begriff: Dieser Begriff gilt nicht für Folien.

Anmerkung 4 zum Begriff: E für Probekörper des Typs A ist als E_1 und für Probekörper des Typs B als E_2 definiert.

[QUELLE: ISO 527-1:2019, 3.9]

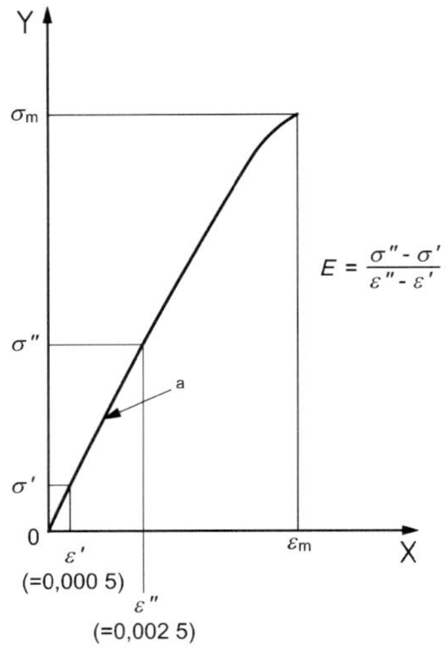

Legende

X Dehnung, ε
Y Spannung, σ
a Steigung, E

Bild 1 — Spannungs-Dehnungs-Kurve

3.8
Poissonzahl
μ
negativer Quotient aus der Dehnungsänderung $\Delta\varepsilon_n$ in einer der beiden senkrecht zur Zugrichtung liegenden Achsen und der entsprechenden Dehnungsänderung $\Delta\varepsilon_l$ in Zugrichtung, gemessen innerhalb des linearen Anfangsteils der Querdehnungs-/Längsdehnungskurve

Anmerkung 1 zum Begriff: Sie wird als dimensionslose Größe angegeben.

Anmerkung 2 zum Begriff: Da die Dehnungsänderung $\Delta\varepsilon_n$ in der Querrichtung ein negativer Wert und die Dehnungsänderung $\Delta\varepsilon_l$ in Längsrichtung ein positiver Wert ist, ist die Poissonzahl, wie in ISO 527-1:2019, 3.10, angegeben, ein positiver Wert.

Anmerkung 3 zum Begriff: μ_{12} ist die größere Poissonzahl (Querkontraktionszahl) eines unidirektionalen Verbundwerkstoffs, die die Maßänderung in Richtung 2 infolge einer in Richtung 1 aufgebrachten Last für Probekörper des Typs A beschreibt (siehe 3.9 und Bild 2).

Anmerkung 4 zum Begriff: μ_{21} ist die kleinere Poissonzahl eines unidirektionalen Verbundwerkstoffs, die die Maßänderung in Richtung 1 infolge einer in Richtung 2 aufgebrachten Last für Probekörper des Typs B beschreibt (siehe 3.9 und Bild 2).

[QUELLE: ISO 527-1:2019, 3.10]

3.9
Koordinatenachsen des Probekörpers
die Koordinatenachsen für das zu prüfende Material, wie in Bild 2 dargestellt, wobei die Richtung parallel zu den Fasern als Richtung „1" und die Richtung senkrecht zu diesen (in der Faserebene) als Richtung „2" definiert ist

Anmerkung 1 zum Begriff: Richtung „1" wird auch als 0°- oder Längsrichtung und Richtung „2" als 90°- oder Querrichtung bezeichnet. Siehe Bild 2.

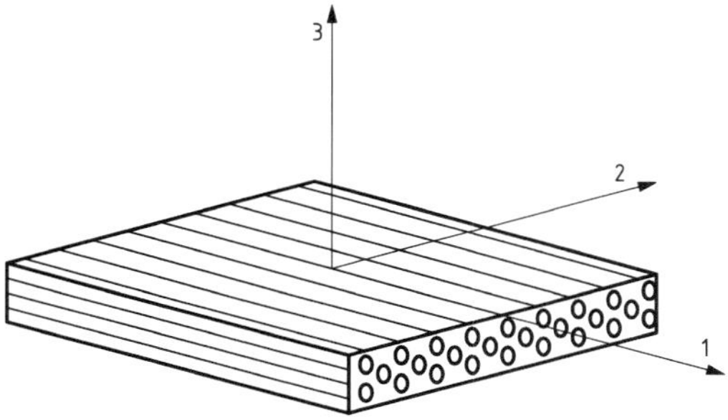

Bild 2 — Symmetrieachsen eines unidirektional verstärkten Kunststoffverbundwerkstoffs

4 Kurzbeschreibung

Nach ISO 527-1:2019, Abschnitt 4.

5 Prüfeinrichtung

Die Prüfeinrichtung muss mit folgenden Ausnahmen ISO 527-1:2019, Abschnitt 5, entsprechen:

Das Mikrometer oder sein Äquivalent (nach ISO 16012:2015, 5.5) muss eine Ablesegenauigkeit von 0,01 mm oder besser aufweisen. Es muss, wenn es bei unregelmäßigen Oberflächen verwendet wird, eine Kugelauflage geeigneter Größe haben, und wenn es bei ebenen, glatten (z. B. mechanisch bearbeiteten) Oberflächen verwendet wird, eine flache Auflage haben.

Es muss darauf geachtet werden, sicherzustellen, dass der von den Klemmen ausgeübte Druck (siehe ISO 527-1:2019, 5.1.3) nur ausreicht, um das Rutschen des Probekörpers in der Klemme zu verhindern, wenn er bis zum Bruch belastet wird. Ein hoher Klemmendruck kann zum Brechen des Probekörpers wegen der geringen Festigkeit dieser Materialien in Querrichtung führen. Es werden hydraulische Klemmen bevorzugt, bei denen ein gleichbleibender Klemmendruck eingestellt werden kann.

Wenn Probekörper mit den aufgeklebten Dehnungsmessstreifen verwendet werden, werden die Fehler, die durch die Querempfindlichkeitswirkung auf den Querdehnungsmessstreifen erzeugt werden, bei anisotropen Verbundwerkstoffen im Allgemeinen viel größer sein als bei isotropen Metallen. Eine genaue Messung der Poissonzahl macht eine Korrektur dieses Effektes erforderlich.

Es wird empfohlen, die Ausrichtung von Probekörper und Zugvorrichtung nach Anhang A zu überprüfen.

6 Probekörper

6.1 Form und Maße

6.1.1 Allgemeines

Das Verfahren wird unter Verwendung eines von zwei verschiedenen Probekörpertypen durchgeführt, in Abhängigkeit von der Richtung der angewandten Spannung bezogen auf die Faserrichtung. Für die Anwendung dieses Dokumentes sind zwei Probekörpertypen festgelegt, die von der Prüfrichtung in Bezug auf die Faserrichtung abhängen und in Bild 3 im Einzelnen beschrieben und dargestellt sind. Typ A wird für die Prüfung in Parallelrichtung zu den Fasern mit Krafteinleitungselementen verwendet. Typ B wird für die Prüfung in Querrichtung zu den Fasern mit Krafteinleitungselementen verwendet. Typ A und Typ B können auch mit nicht verklebten Krafteinleitungselementen oder ohne Krafteinleitungselemente mit feinbearbeiteter Klemmfläche und sorgsamer Regelung der Klemmkraft verwendet werden (siehe Anhang B).

Um zu entscheiden, ob Probekörper mit oder ohne verklebte Krafteinleitungselemente verwendet werden, werden zunächst Prüfungen ohne verklebte Krafteinleitungselemente durchgeführt. Wenn diese Prüfungen nicht erfolgreich sind, d. h. wenn nahezu alle Probekörper in den Klemmen brechen (siehe Abschnitt 7), werden die Prüfungen mit Probekörpern mit verklebten Krafteinleitungselementen durchgeführt.

In den folgenden Absätzen sind die Probekörperdicken festgelegt. Falls Werkstoffe aus unvermeidbaren Gründen, wie höherem Flächengewicht oder Herstellung durch Pultrusion in abweichender Dicke, nicht in der entsprechenden Dicke hergestellt werden können, muss die nächstmögliche Dicke verwendet werden.

Maße in Millimeter

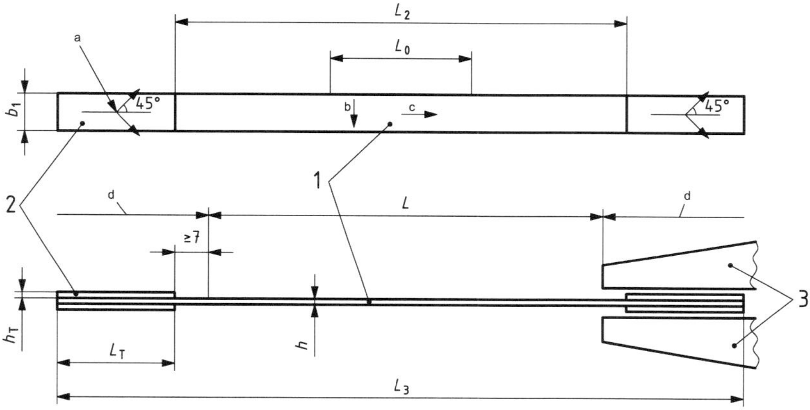

Legende

1 Probekörper
2 Krafteinleitungselement
3 Klemmbacken
a Ausrichtung des Krafteinleitungselements zur Faser
b Faserrichtung im Probekörper vom Typ B
c Faserrichtung im Probekörper vom Typ A
d Klemmbereich

Maße in Millimeter

		Typ A	Typ B
L_3	Gesamtlänge	≥ 250	≥ 250 (siehe ANMERKUNG 2)
L_2	Abstand zwischen den Krafteinleitungselementen	150 ± 1	150 ± 1
b_1	Breite	15 ± 0,5	25 ± 0,5
h	Dicke	1 ± 0,2	2 ± 0,2
L_0	Messlänge (für Extensometer empfohlen)	50 ± 1	50 ± 1
L	Anfangsabstand zwischen den Klemmen (Nennwert)	136	136
L_T	Länge der Krafteinleitungselemente	> 50	> 50 (siehe ANMERKUNG 2)
h_T	Dicke der Krafteinleitungselemente	0,5 bis 2	0,5 bis 2

ANMERKUNG 1 Anforderungen an die Qualität und Parallelität von Probekörpern sind in ISO 527-1:2019, 6.4, angegeben.

ANMERKUNG 2 Für Probekörper, die aus den nach ISO 1268-5 mittels Wickelverfahren hergestellten Prüfplatten entnommen sind, ist eine Gesamtlänge des Probekörpers von 200 mm mit einer Krafteinleitungselementlänge von 25 mm annehmbar.

Bild 3 — Probekörper vom Typ A und Typ B

6.1.2 Probekörper vom Typ A (für Längsrichtung)

Der Probekörper vom Typ A muss eine Breite von 15 mm ± 0,5 mm, eine Gesamtlänge von 250 mm und eine Dicke von 1 mm ± 0,2 mm haben. Probekörper von fadengewickelten Prüfplatten müssen eine Dicke von 2 mm ± 0,2 mm haben. Die Seiten jedes einzelnen Probekörpers müssen auf 0,2 mm parallel sein.

6.1.3 Probekörper vom Typ B (für Querrichtung)

Der Probekörper vom Typ B muss eine Breite von 25 mm ± 0,5 mm, eine Gesamtlänge von 250 mm und eine Dicke von 2 mm ± 0,2 mm haben. Die Seiten jedes einzelnen Probekörpers müssen auf 0,2 mm parallel sein.

Für Probekörper vom Typ B, die aus nach ISO 1268-5 fadengewickelten Prüfplatten entnommen werden, ist eine Probekörperlänge von 200 mm annehmbar.

6.2 Vorbereitung der Probekörper

6.2.1 Allgemeines

Im Fall von Formmassen und Schichtwerkstoffen (Laminaten) wird eine Prüfplatte nach dem entsprechenden Teil von ISO 1268 oder einem anderen festgelegten/vereinbarten Verfahren hergestellt. Von der Prüfplatte werden einzelne Probekörper oder Probekörpergruppen (siehe Anhang C) geschnitten.

Probekörper aus Fertigerzeugnissen (z. B. für die Qualitätskontrolle während der Herstellung oder bei Lieferung) werden aus ebenen Bereichen entnommen.

Alle Probekörper werden so entnommen, dass ihre Achsen um nicht mehr als 0,5° von den Mittelachsen der Fasern abweichen.

Die Parameter für die mechanische Bearbeitung von Probekörpern müssen den Festlegungen von ISO 2818 entsprechen. Weitere Anleitungen über das Schneiden von Probekörpern sind in Anhang C angegeben.

6.2.2 Krafteinleitungselemente

Die Enden der Probekörper vom Typ A und Typ B müssen mit Krafteinleitungselementen verstärkt werden, die vorzugsweise aus einem kreuzweise geschichteten Gewebe oder Gewebelaminat in Glasfaser-Harz-Ausführung aufgebaut sind, dessen Fasern ±45° zur Probekörperachse verlaufen. Die Dicke des Krafteinleitungselementes muss bei einem Streifenwinkel von 90° (d. h. nicht konisch zulaufend) zwischen 0,5 mm und 2 mm betragen.

Alternative Krafteinleitungselement-Anordnungen sind zulässig, es muss aber vor Gebrauch nachgewiesen werden, dass sie mindestens die gleichen Festigkeitswerte und keinen größeren Variationskoeffizienten (siehe ISO 527-1:2019, 10.5, und ISO 3534-1 [1]) als die empfohlenen Krafteinleitungselemente haben. Mögliche Alternativen sind Krafteinleitungselemente aus dem zu prüfenden Werkstoff, mechanisch befestigte Krafteinleitungselemente, unverklebte Elemente aus rauen Materialien (z. B. Schmirgel- bzw. Sandpapier und aufgeraute Klemmflächen) und feinbearbeitete Klemmflächen ohne Krafteinleitungselemente wie in Anhang B beschrieben.

Wenn die Prüfung an Probekörpern ohne Krafteinleitungselemente durchgeführt wird, muss der Abstand zwischen den Klemmen gleich dem Abstand zwischen den Krafteinleitungselementen des Probekörpers mit Krafteinleitungselementen sein. Es sollte auf den Kontaktbereich an den Kanten der Klemmflächen geachtet werden.

6.2.3 Aufbringen der Krafteinleitungselemente

Die Krafteinleitungselemente werden mit einem hochelastischen Klebstoff nach Anhang C mit dem Probekörper verklebt.

ANMERKUNG Das gleiche Verfahren kann für einzelne Probekörper oder für eine Gruppe von Probekörpern angewendet werden.

6.3 Messmarken

Die Messmarken müssen ISO 527-1:2019, 6.3, entsprechen.

6.4 Kontrolle der Probekörper

Die Kontrolle der Probekörper muss nach ISO 527-1:2019, 6.4, erfolgen.

7 Anzahl der Probekörper

Nach ISO 527-1:2019, Abschnitt 7, mit folgender Ausnahme:

Probekörper des Typs B, die innerhalb der Klemmen oder an den Kantenbereichen der Klemmen brechen, sind ungültig. Derartige Probekörper müssen verworfen werden, und weitere Probekörper müssen geprüft werden.

8 Konditionierung

Die Konditionierung muss nach ISO 527-1:2019, Abschnitt 8, erfolgen.

9 Durchführung

9.1 Prüfklima

Das Prüfklima muss ISO 527-1:2019, 9.1, entsprechen.

9.2 Messung der Maße der Probekörper

Die Messung muss ISO 527-1:2019, 9.2, entsprechen, mit folgender Ausnahme: Die Dicke muss auf 0,01 mm gemessen werden.

9.3 Einspannen

Das Einspannen muss ISO 527-1:2019, 9.3, entsprechen, mit folgender Ausnahme:

Die Krafteinleitungselemente werden so eingesetzt, dass sich 7 mm ihrer Länge innerhalb der Klemme befinden, wie in Bild 3 dargestellt.

ANMERKUNG Ein ungültiger Bruch (siehe Abschnitt 7) des Probekörpers innerhalb der Klemme oder an den Kantenbereichen der Klemmen kann oft vermieden werden, indem die Klemmkraft oder der Klemmdruck (z. B. mittels Drehmoment oder Manometer, in Abhängigkeit vom verwendeten Klemmsystem) so eingestellt wird, dass sie/er keinen Bruch und keine Stauchung/Quetschung des Probekörpers hervorruft. Eine Fehlausrichtung des Probekörpers kann auch ein Grund für die beschriebenen ungültigen Brüche sein.

9.4 Vorspannungen

Die Vorspannungen müssen ISO 527-1:2019, 9.4, entsprechen.

9.5 Anbringen der Extensometer, Dehnungsmessstreifen und Messmarken

Die Einstellungen für die Messung der Dehnung müssen nach ISO 527-1:2019, 9.5, erfolgen. Die Messlänge wird mit einer Messunsicherheit von höchstens 1 % ermittelt.

9.6 Prüfgeschwindigkeit

Die Prüfgeschwindigkeit für Probekörper vom Typ A muss 2 mm/min und für Probekörper vom Typ B 1 mm/min betragen.

9.7 Aufzeichnung der Daten

Die Aufzeichnung der Daten muss ISO 527-1:2019, 9.7, entsprechen.

10 Berechnung und Angabe der Ergebnisse

10.1 Berechnung aller Eigenschaften für parallelseitige Probekörper (Typ A und Typ B)

Die Berechnung der Eigenschaften muss nach ISO 527-1:2019, Abschnitt 10, erfolgen, mit der Ausnahme, dass die in Abschnitt 3 angegebenen Begriffe gelten und die Dehnungswerte auf drei signifikante Stellen angegeben werden müssen.

11 Präzision

Siehe Anhang B.

12 Prüfbericht

Der Prüfbericht muss folgende Angaben enthalten:

a) eine Verweisung auf dieses Dokument, einschließlich der Angabe des Probekörpertyps und der Prüfgeschwindigkeit entsprechend folgender Darstellung:

Zugprüfung	ISO 527-5 / A / 2
Probekörpertyp	A
Prüfgeschwindigkeit in Millimeter je Minute	2

b) bis q) siehe ISO 527-1:2019, Abschnitt 12, Aufzählung b) bis q), einschließlich Faserart, Fasergehalt und Fasergeometrie (z. B. unidirektionales Band) in 12 b);

r) Ausfallart und Bruchstelle für jeden Probekörper.

Anhang A
(informativ)

Ausrichtung der Probekörper

Es wird empfohlen, die Ausrichtung der Zugprüfmaschine nach ASTM E 1012 [2] oder ISO 23788 [3] zu überprüfen, indem eine dünne rechteckige Ausrichtungslehre verwendet wird, die mit Dehnungsmessstreifen in 3 Ebenen (A, B und C) und 4 Dehnungsmessstreifen je Ebene versehen ist.

Das Ergebnis der Überprüfung der Ausrichtung hängt von den Maßen der verwendeten Ausrichtungslehre, den Positionen der Dehnungsmessstreifen und ihrer Steifheit ab. Aus diesem Grund gibt die Ausrichtungslehre die erwartete Situation beim Prüfen des Probekörpers nur wieder, wenn sie in Form, Maßen und Werkstoff ähnlich ist. Faserverstärkte Polymerverbundstoffe zeigen üblicherweise örtliche Verformungen und sind daher nicht für den Einsatz als Werkstoff für Ausrichtungslehren vorgesehen. Stahl mit einer Streckspannung von > 800 MPa und einem Zugmodul von etwa 200 GPa, der frei von inneren Spannungen ist, wird als annehmbar betrachtet.

Zur Vermeidung mehrfacher Überprüfungen der Ausrichtung im Zusammenhang mit den zum Prüfen verwendeten Probekörperformen und -maßen, ist es annehmbar, die Prüfmaschine und ihre Zugvorrichtung mithilfe der in Bild A.1 dargestellten Ausrichtungslehre zu überprüfen. Diese Ausrichtungslehre entspricht den Nadcap-Auditkriterien (Nadcap Audit Criteria) AC7122-I und -R [4], Anhang A, die breite Anwendung in der Luft- und Raumfahrtindustrie finden. Die mit dieser Lehre erhaltenen Ergebnisse für die Krümmung und prozentuale Krümmung sind höher als die Ergebnisse, die mit Ausrichtungslehren erhalten werden, die nach den in diesem Dokument angegebenen Probekörpermaßen hergestellt sind.

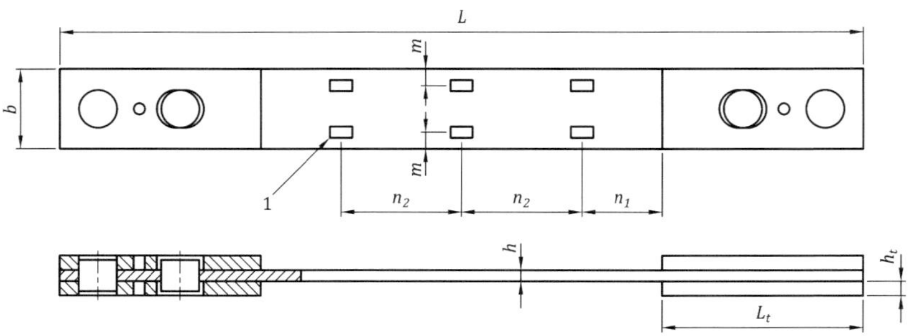

Legende

1 Dehnungsmessstreifen

Kurz-zeichen	Bezeichnung	Maße in Millimeter
L	Gesamtlänge	254
h	Höhe	3,2
b	Breite	25,4
L_t	Länge des Krafteinleitungselements	64
h_t	Höhe des Krafteinleitungselements	4,5
m	Abstand des Dehnungsmessstreifens zur Kante des Probekörpers in Querrichtung	5
n_1	Abstand des Dehnungsmessstreifens zum Krafteinleitungselement in Längsrichtung zum Probekörper	25
n_2	Abstand zwischen den Dehnungsmessstreifen in Längsrichtung zum Probekörper	38

Bild A.1 — Beispiel für eine Norm-Ausrichtungslehre mit 12 Dehnungsmessstreifen und austauschbaren Schutzstreifen

Der Ausrichtungszustand wird an mindestens zwei Positionen der Lehre, üblicherweise um 180° um die Mittelachse der Ausrichtungslehre gedreht, überprüft. Wahlweise können Messungen der Abwärtsposition der Ausrichtungslehre erforderlich sein.

Entsprechend ASTM E 1012 und ISO 23788 ist Folgendes wichtig:

— Nullsetzung aller Dehnungsmessstreifen in einer frei hängenden Position der Ausrichtungslehre und Aufzeichnung der verbleibenden restlichen Krümmung;

— Messung der Krümmung (µm/m) in geklemmter Position bei Nulllast oder einer geringen Vorlast.

Anhang B
(informativ)

Verwendung von unverklebten Krafteinleitungselementen und Bedingungen für das Klemmen von Probekörpern ohne Krafteinleitungselemente mittels feinbearbeiteter Klemmflächen

B.1 Überblick

Dieser Anhang beschreibt eine Anleitung für die Verwendung von Probekörpern (1) mit unverklebten Krafteinleitungselementen oder (2) ohne Krafteinleitungselemente mittels feinbearbeiteter Klemmflächen. Im letztgenannten Fall sollte der Klemmzustand beachtet werden. Es sollte sorgfältig sichergestellt werden, dass eine Beschädigung des Werkstoffs in den Klemmbereichen beim Prüfen von Probekörpertypen mit unverklebten Krafteinleitungselementen oder ohne Krafteinleitungselemente verhindert wird. Finale Brüche an den Kanten oder innerhalb der Klemmbereiche, das Lösen der verklebten Krafteinleitungselemente und Beschädigung während des Anbringens der Krafteinleitungselemente sind typische Beispiele für unbefriedigende Beschädigungen, die vor und während der Prüfungen auftreten können. Beachtung sollte der richtigen Auswahl und Verwendung von (1) unverklebten Krafteinleitungselementen aus rauen Materialien (z. B. Schmirgel- oder Sandpapier) oder (2) Klemmflächen mit feinen Zähnen und geeigneter Klemmkraft gewidmet werden, um eine Beschädigung des Probekörpers zu vermeiden.

B.2 Probekörper

Siehe Abschnitt 6, mit Ausnahme der Beschreibung der Krafteinleitungselemente (6.2.2 und 6.2.3). Dieser Anhang erlaubt Klemmbedingungen ohne Krafteinleitungselemente sowie alternative Krafteinleitungsanordnungen nach 6.2.2.

B.3 Unverklebte Krafteinleitungselemente

Prüfungen mit unverklebten Krafteinleitungselementen werden wie folgt durchgeführt:

Zwischen die Klemmfläche und den Probekörper werden Schmirgelleinen-, Schmirgelpapier- oder Sandpapierstücke geeigneter Größe eingelegt, wobei die rauen Oberflächen die Oberflächen des Probekörpers berühren. Zwei Leinen-/Papierlagen werden empfohlen.

B.4 Klemmzustand ohne Krafteinleitungselemente mittels feinbearbeiteter Klemmflächen

— Für diese Prüfbedingung werden Klemmflächen mit feiner Rauheit empfohlen.

— Die Klemmkraft sollte sorgfältig geregelt werden, damit die Oberfläche des Probekörpers nicht beschädigt wird. Zur besseren Regelung der Klemmkraft sollte das Klemmen hydraulisch erfolgen.

ANMERKUNG Detaillierte Ergebnisse sind in den Literaturhinweisen [5] bis [7] angegeben.

Bei Verbundwerkstoffen mit thermoplastischer Matrix ergeben unverklebte Krafteinleitungselemente oder Klemmbedingungen ohne Krafteinleitungselemente mittels feinbearbeiteter Klemmflächen bessere Prüfergebnisse für folgende Fälle:

— Prüfungen von Verbundwerkstoffen aus Harz mit thermoplastischer Matrix, die schwer anzukleben sein können;

— bei Verbundwerkstoffen mit thermoplastischer Matrix wird häufig eine Verwerfung in Laminaten beobachtet. In diesem Fall kann das Verkleben der Krafteinleitungselemente unnötige Beschädigungen des Probekörpers verursachen.

B.5 Vergleich der Klemmbedingungen

Es werden drei Prüfverfahren angegeben, die zu den gleichen Festigkeitsergebnissen führen können wie Prüfungen mit Probekörpern mit Krafteinleitungselementen. Die Auswahl dieser Verfahren beruht auf der Subtraktion der Standardabweichung vom Festigkeitsmittelwert für Prüfungen mit Krafteinleitungselementen.

1) Zwei Lagen Schmirgelpapier (#400 bis #600) werden zwischen die Klemmfläche und den Probekörper eingelegt.

   Bedingung 1 in Tabelle B.2 und Bild B.1.

2) Lediglich eine Lage Schmirgelpapier (#400 bis #600) wird zwischen die Klemmfläche und den Probekörper eingelegt, und die Klemmflächen haben eine ähnliche Morphologie wie das Schmirgelpapier.

   Bedingung 2 in Tabelle B.2 und Bild B.1.

3) Es werden keine unverklebten Krafteinleitungselemente verwendet. Die Klemmflächen haben eine ähnliche Morphologie wie das Schmirgelpapier. Der Abstand der Klemmflächenverzahnung ist geringer als 0,25 mm, und die Klemmkraft wird sorgfältig so geregelt, dass der Probekörper nicht beschädigt wird.

   Bedingungen 3 und 4 in Tabelle B.2 und Bild B.1.

ANMERKUNG Detaillierte Daten sind in den Literaturhinweisen [5] bis [7] verfügbar.

Tabelle B.1 — Für die Bewertung (Ringversuch) benutzter Werkstoff

Faser	Kohlenstofffaser auf PAN-Basis
Matrix	Polyamid 6
Faser-Volumenanteil	Etwa 43 %
Banddicke	0,18 mm
Formpressverfahren	Heißpressen
Anzahl der Schichten	7
Anzahl der Probekörper	5

Tabelle B.2 — Vergleich der Prüfverfahren für unverklebte Krafteinleitungselemente (Schmirgelpapier) und Klemmzustand ohne Krafteinleitungselemente mittels feinbearbeiteter Klemmflächen

Klemmbedingungen	1	2	3	4	5	6	7	8	9	10	11
Kraftregelung: H = hydraulisch M = manuelle Schraube	M	H	M : genau	H : genau	H	H	M	M : genau	H	M : genau	M
Rauheit der Klemmfläche: L = groß (> 1 mm) M = mittel (< 1 mm) F = fein (< 0,25 mm oder Carbid)	M	F	F	F	M	F	M	M	M	L	M
Schleifpapier? J = Ja N = Nein	J : zwei Lagen	J	N	N	J	N	J	N	N	N	N

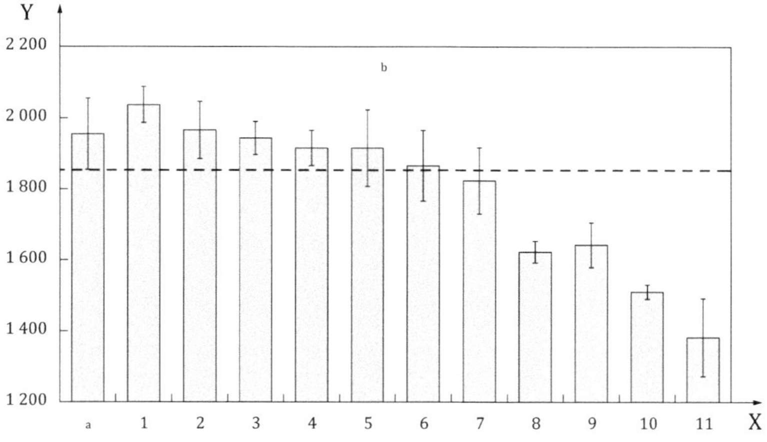

Legende
Y Zugfestigkeit (MPa)
X Klemmbedingung
a Krafteinleitungselement
b Fehlerbalken = Standardabweichung

Bild B.1 — Vergleich der maximalen Spannung (Festigkeit) beim finalen Bruch des Probekörpers

Anhang C
(normativ)

Herstellung der Probekörper vom Typ A und Typ B

C.1 Mechanische Bearbeitung der Probekörper

In allen Fällen werden folgende Vorsichtsmaßnahmen getroffen:

— Vermeidung von Arbeitsbedingungen, die eine starke Wärmeentwicklung im Probekörper hervorrufen (die Verwendung eines Kühlmittels wird empfohlen). Wird ein flüssiges Kühlmittel verwendet, wird der Probekörper unmittelbar nach der Bearbeitung getrocknet;

— Überprüfung, dass alle Schnittflächen des Probekörpers frei von bearbeitungsbedingten Mängeln sind;

— mechanische Bearbeitung der Probekörper nach ISO 2818.

C.2 Herstellung der Probekörper mit aufgeklebten Krafteinleitungselementen

Ausschneiden einer Platte aus dem zu prüfenden Werkstoff, deren Länge gleich der Länge des vorgesehenen Probekörpers ist, und deren Breite für die geforderte Anzahl der Probekörper ausreicht.

Die mittlere Faserachse kann bestimmt werden, indem die Kante der Prüfplatte aufgespalten wird und die Fasern untersucht werden, und zur Bestätigung der Richtung wird der Vorgang jeweils nach ein paar Probekörpern wiederholt. Wenn das Aufspalten wegen einer Fehlausrichtung zwischen Lagen oder Schichten nicht zu einer scharfen Kante führt, darf die Platte nicht verwendet werden, sofern sie nicht ein besonderes Produkt oder das Ergebnis eines speziellen Prozesses repräsentiert.

Für die Krafteinleitungselemente werden rechteckige Streifen mit der erforderlichen Breite und Länge geschnitten. Die Streifen werden wie folgt an der Platte angebracht:

a) falls gefordert, werden alle Oberflächen, auf die Klebstoff aufgebracht wird, mit feinem Schmirgelpapier angeraut oder einer geeigneten Sandstrahlbehandlung unterzogen;

b) jeglicher Staub wird entfernt, und die Oberflächen werden mit einem geeigneten Lösemittel gereinigt;

c) die Streifen werden in einer Ebene zueinander parallel und senkrecht zur Längsrichtung der Probekörper entlang der Plattenenden angeklebt, wie in Bild C.1 gezeigt, wofür ein hochelastischer Klebstoff verwendet wird und die Anweisungen des Herstellers unbedingt zu beachten sind.

   Es wird empfohlen, eine Klebfolie mit einem dünnen Träger zu verwenden. Der Klebstoff sollte vorzugsweise eine Scherfestigkeit haben, die größer als 30 MPa ist. Es ist wünschenswert, dass der zum Kleben verwendete Klebstoff flexibel ist und eine Bruchdehnung aufweist, die größer als die des zu prüfenden Materials ist.

d) die miteinander verklebten Teile werden über die vom Hersteller des Klebstoffs empfohlene Dauer den vom Hersteller empfohlenen Druck- und Temperaturbedingungen ausgesetzt;

e) die auf diese Weise mit Krafteinleitungselementen versehene Platte wird in Probekörper geschnitten (siehe Bild C.1).

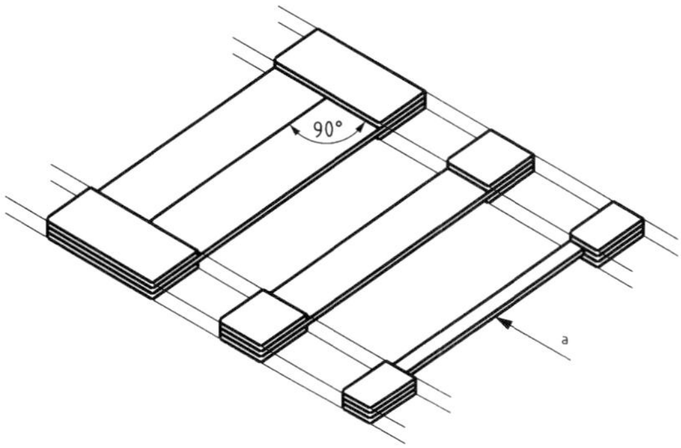

[a] Als Abfall anfallendes Plattenstück.

Bild C.1 — Platte mit Krafteinleitungselementen für die Probekörperherstellung

Literaturhinweise

[1] ISO 3534-1, *Statistics — Vocabulary and symbols — Part 1: General statistical terms and terms used in probability*

[2] ASTM E1012, *Standard Practice for Verification of Testing Frame and Specimen Alignment Under Tensile and Compressive Axial Force Application*

[3] ISO 23788, *Metallic materials — Verification of the alignment of fatigue testing machines*

[4] AC7122-I and –R, Appendix A, Nadcap Audit Criteria for Non-Metallic Materials Testing Laboratories

[5] HOJO M., SAWADA Y. & MIYAIRI H. Influence of clamping method on tensile properties of unidirectional CFRP in 0 ° and 90 ° directions- round robin activity for international standardization in Japan. Composites Bd. **25**, S. 786–796, 1994

[6] MATSUO T., HOJO M., KAGEYAMA K. Influence of gripping condition and matrix type on tensile properties of unidirectional carbon fibre reinforced thermoplastic composites, 21st International Conference on Composite Materials, Xi'an, 20–25th August 2017

[7] MATSUO T., HOJO M., KAGEYAMA K. Influence of gripping method on tensile properties of unidirectional thermoplastic CFRP – Round-robin activity for international standardization in Japan. *J. Compos. Mater.* Bd. 53 (28–30) S. 4161–4171, 2019

Sachgebiet 4

Kunststoffe – Biegeversuch

DEUTSCHE NORM
August 2019

DIN EN ISO 178

ICS 83.080.01

Ersatz für
DIN EN ISO 178:2013-09

Kunststoffe – Bestimmung der Biegeeigenschaften (ISO 178:2019); Deutsche Fassung EN ISO 178:2019

Plastics –
Determination of flexural properties (ISO 178:2019);
German version EN ISO 178:2019

Plastiques –
Détermination des propriétés en flexion (ISO 178:2019);
Version allemande EN ISO 178:2019

Gesamtumfang 36 Seiten

DIN-Normenausschuss Kunststoffe (FNK)

www.din.de
www.beuth.de

3030985

Nationales Vorwort

Dieses Dokument (EN ISO 178:2019) wurde vom Technischen Komitee ISO/TC 61 „Plastics" in Zusammenarbeit mit dem Technischen Komitee CEN/TC 249 „Kunststoffe" erarbeitet, dessen Sekretariat von NBN (Belgien) gehalten wird.

Das zuständige deutsche Normungsgremium ist der Arbeitsausschuss NA 054-01-02 AA „Mechanische Eigenschaften und Probekörperherstellung" im DIN-Normenausschuss Kunststoffe (FNK).

Für die in diesem Dokument zitierten internationalen Dokumente wird im Folgenden auf die entsprechenden deutschen Dokumente hingewiesen:

ISO 291	siehe DIN EN ISO 291
ISO 293	siehe DIN EN ISO 293
ISO 294-1:2017	siehe DIN EN ISO 294-1:2017-09
ISO 295	siehe DIN EN ISO 295
ISO 472	siehe DIN EN ISO 472
ISO 527-2	siehe DIN EN ISO 527-2
ISO 2818	siehe DIN EN ISO 2818
ISO 5725-1	siehe DIN ISO 5725-1
ISO 7500-1	siehe DIN EN ISO 7500-1
ISO 9513	siehe DIN EN ISO 9513
ISO 10350-1	siehe DIN EN ISO 10350-1
ISO 10350-2	siehe DIN EN ISO 10350-2
ISO 10724-1	siehe DIN EN ISO 10724-1
ISO 14125	siehe DIN EN ISO 14125
ISO 16012	siehe DIN EN ISO 16012
ISO 20753	siehe DIN EN ISO 20753

Änderungen

Gegenüber DIN EN ISO 178:2013-09 wurden folgende Änderungen vorgenommen:

a) Unterteilung der Kalibrieranforderungen nach der Zielsetzung der Prüfung;

b) Einführung von Durchbiegungsmesseinrichtungen;

c) Wiedereinführung von Verfahren zur Nachgiebigkeitskorrektur;

d) Ergänzung eines neuen Anhangs D, der das Verhältnis zwischen Zug- und Biegemodul aufzeigt;

e) redaktionelle Überarbeitung.

Frühere Ausgaben

DIN 53452: 1941-05, 1944-11, 1955x-02, 1977-04
DIN 53453: 1943-11, 1952-02, 1954-07, 1958-05, 1965-10, 1975-05
DIN 53457: 1968-05, 1987-06, 1987-10
DIN EN ISO 178: 1997-02, 2003-06, 2006-04, 2011-04, 2013-09

Nationaler Anhang NA
(informativ)

Literaturhinweise

DIN EN ISO 291, *Kunststoffe — Normalklimate für Konditionierung und Prüfung*

DIN EN ISO 293, *Kunststoffe — Formgepresste Probekörper aus Thermoplasten*

DIN EN ISO 294-1:2017-09, *Kunststoffe — Spritzgießen von Probekörpern aus Thermoplasten — Teil 1: Allgemeine Grundlagen und Herstellung von Vielzweckprobekörpern und Stäben (ISO 294-1:2017); Deutsche Fassung EN ISO 294-1:2017*

DIN EN ISO 295, *Kunststoffe — Pressen von Probekörpern aus duroplastischen Werkstoffen*

DIN EN ISO 472, *Kunststoffe — Fachwörterverzeichnis*

DIN EN ISO 527-2, *Kunststoffe — Bestimmung der Zugeigenschaften — Teil 2: Prüfbedingungen für Form- und Extrusionsmassen*

DIN EN ISO 2818, *Kunststoffe — Herstellung von Probekörpern durch mechanische Bearbeitung*

DIN EN ISO 7500-1, *Metallische Werkstoffe — Kalibrierung und Überprüfung von statischen einachsigen Prüfmaschinen — Teil 1: Zug- und Druckprüfmaschinen — Kalibrierung und Überprüfung der Kraftmesseinrichtung*

DIN EN ISO 9513, *Metallische Werkstoffe — Kalibrierung von Längenänderungs-Messeinrichtungen für die Prüfung mit einachsiger Beanspruchung*

DIN EN ISO 10350-1, *Kunststoffe — Ermittlung und Darstellung vergleichbarer Einpunktkennwerte — Teil 1: Formmassen*

DIN EN ISO 10350-2, *Kunststoffe — Ermittlung und Darstellung vergleichbarer Einpunktkennwerte — Teil 2: Langfaserverstärkte Kunststoffe*

DIN EN ISO 10724-1, *Kunststoffe — Spritzgießen von Probekörpern aus duroplastischen rieselfähigen Formmassen (PMC) — Teil 1: Allgemeine Grundlagen und Herstellung von Vielzweckprobekörpern*

DIN EN ISO 14125, *Faserverstärkte Kunststoffe — Bestimmung der Biegeeigenschaften*

DIN EN ISO 16012, *Kunststoffe — Bestimmung der linearen Maße von Probekörpern*

DIN EN ISO 20753, *Kunststoffe — Probekörper*

DIN ISO 5725-1, *Genauigkeit (Richtigkeit und Präzision) von Meßverfahren und Meßergebnissen — Teil 1: Allgemeine Grundlagen und Begriffe*

— Leerseite —

EUROPÄISCHE NORM

EUROPEAN STANDARD

NORME EUROPÉENNE

EN ISO 178

Mai 2019

ICS 83.080.01

Ersatz für EN ISO 178:2010

Deutsche Fassung

Kunststoffe —
Bestimmung der Biegeeigenschaften
(ISO 178:2019)

Plastics —
Determination of flexural properties
(ISO 178:2019)

Plastiques —
Détermination des propriétés en flexion
(ISO 178:2019)

Diese Europäische Norm wurde vom CEN am 23. März 2019 angenommen.

Die CEN-Mitglieder sind gehalten, die CEN/CENELEC-Geschäftsordnung zu erfüllen, in der die Bedingungen festgelegt sind, unter denen dieser Europäischen Norm ohne jede Änderung der Status einer nationalen Norm zu geben ist. Auf dem letzten Stand befindliche Listen dieser nationalen Normen mit ihren bibliographischen Angaben sind beim CEN-CENELEC-Management-Zentrum oder bei jedem CEN-Mitglied auf Anfrage erhältlich.

Diese Europäische Norm besteht in drei offiziellen Fassungen (Deutsch, Englisch, Französisch). Eine Fassung in einer anderen Sprache, die von einem CEN-Mitglied in eigener Verantwortung durch Übersetzung in seine Landessprache gemacht und dem CEN/CENELEC-Management-Zentrum mitgeteilt worden ist, hat den gleichen Status wie die offiziellen Fassungen.

CEN-Mitglieder sind die nationalen Normungsinstitute von Belgien, Bulgarien, Dänemark, Deutschland, der ehemaligen jugoslawischen Republik Mazedonien, Estland, Finnland, Frankreich, Griechenland, Irland, Island, Italien, Kroatien, Lettland, Litauen, Luxemburg, Malta, den Niederlanden, Norwegen, Österreich, Polen, Portugal, Rumänien, Schweden, der Schweiz, Serbien, der Slowakei, Slowenien, Spanien, der Tschechischen Republik, der Türkei, Ungarn, dem Vereinigten Königreich und Zypern.

EUROPÄISCHES KOMITEE FÜR NORMUNG
EUROPEAN COMMITTEE FOR STANDARDIZATION
COMITÉ EUROPÉEN DE NORMALISATION

CEN-CENELEC Management-Zentrum: Rue de la Science 23, B-1040 Brüssel

Ref. Nr. EN ISO 178:2019 D

Inhalt

Europäisches Vorwort

Dieses Dokument (EN ISO 178:2019) wurde vom Technischen Komitee ISO/TC 61 „Plastics" in Zusammenarbeit mit dem Technischen Komitee CEN/TC 249 „Kunststoffe" erarbeitet, dessen Sekretariat von NBN gehalten wird.

Diese Europäische Norm muss den Status einer nationalen Norm erhalten, entweder durch Veröffentlichung eines identischen Textes oder durch Anerkennung bis November 2019, und etwaige entgegenstehende nationale Normen müssen bis November 2019 zurückgezogen werden.

Es wird auf die Möglichkeit hingewiesen, dass einige Elemente dieses Dokuments Patentrechte berühren können. CEN ist nicht dafür verantwortlich, einige oder alle diesbezüglichen Patentrechte zu identifizieren.

Dieses Dokument ersetzt EN ISO 178:2010.

Entsprechend der CEN-CENELEC-Geschäftsordnung sind die nationalen Normungsinstitute der folgenden Länder gehalten, diese Europäische Norm zu übernehmen: Belgien, Bulgarien, Dänemark, Deutschland, die ehemalige jugoslawische Republik Mazedonien, Estland, Finnland, Frankreich, Griechenland, Irland, Island, Italien, Kroatien, Lettland, Litauen, Luxemburg, Malta, Niederlande, Norwegen, Österreich, Polen, Portugal, Rumänien, Schweden, Schweiz, Serbien, Slowakei, Slowenien, Spanien, Tschechische Republik, Türkei, Ungarn, Vereinigtes Königreich und Zypern.

Anerkennungsnotiz

Der Text von ISO 178:2019 wurde von CEN als EN ISO 178:2019 ohne irgendeine Abänderung genehmigt.

Vorwort

ISO (die Internationale Organisation für Normung) ist eine weltweite Vereinigung nationaler Normungsorganisationen (ISO-Mitgliedsorganisationen). Die Erstellung von Internationalen Normen wird üblicherweise von Technischen Komitees von ISO durchgeführt. Jede Mitgliedsorganisation, die Interesse an einem Thema hat, für welches ein Technisches Komitee gegründet wurde, hat das Recht, in diesem Komitee vertreten zu sein. Internationale staatliche und nichtstaatliche Organisationen, die in engem Kontakt mit ISO stehen, nehmen ebenfalls an der Arbeit teil. ISO arbeitet bei allen elektrotechnischen Themen eng mit der Internationalen Elektrotechnischen Kommission (IEC) zusammen.

Die Verfahren, die bei der Entwicklung dieses Dokuments angewendet wurden und die für die weitere Pflege vorgesehen sind, werden in den ISO/IEC-Direktiven, Teil 1 beschrieben. Es sollten insbesondere die unterschiedlichen Annahmekriterien für die verschiedenen ISO-Dokumentenarten beachtet werden. Dieses Dokument wurde in Übereinstimmung mit den Gestaltungsregeln der ISO/IEC-Direktiven, Teil 2 erarbeitet (siehe www.iso.org/directives).

Es wird auf die Möglichkeit hingewiesen, dass einige Elemente dieses Dokuments Patentrechte berühren können. ISO ist nicht dafür verantwortlich, einige oder alle diesbezüglichen Patentrechte zu identifizieren. Details zu allen während der Entwicklung des Dokuments identifizierten Patentrechten finden sich in der Einleitung und/oder in der ISO-Liste der erhaltenen Patenterklärungen (siehe www.iso.org/patents).

Jeder in diesem Dokument verwendete Handelsname dient nur zur Unterrichtung der Anwender und bedeutet keine Anerkennung.

Für eine Erläuterung des freiwilligen Charakters von Normen, der Bedeutung ISO-spezifischer Begriffe und Ausdrücke in Bezug auf Konformitätsbewertungen sowie Informationen darüber, wie ISO die Grundsätze der Welthandelsorganisation (WTO, en: World Trade Organization) hinsichtlich technischer Handelshemmnisse (TBT, en: Technical Barriers to Trade) berücksichtigt, siehe www.iso.org/iso/foreword.html.

Dieses Dokument wurde vom Technischen Komitee ISO/TC 61 „*Plastics*", Unterkomitee SC 2 „*Mechanical properties*" erarbeitet.

Diese sechste Ausgabe ersetzt die fünfte Ausgabe (ISO 178:2010), die technisch überarbeitet wurde. Sie enthält auch die Änderung ISO 178:2010/Amd.1:2013. Die wesentlichen Änderungen im Vergleich zur Vorgängerausgabe sind folgende:

— Unterteilung der Kalibrieranforderungen nach der Zielsetzung der Prüfung;

— Einführung von Durchbiegungsmesseinrichtungen;

— Wiedereinführung von Verfahren zur Nachgiebigkeitskorrektur;

— Ergänzung eines neuen Anhangs D, der das Verhältnis zwischen Zug- und Biegemodul aufzeigt.

Rückmeldungen oder Fragen zu diesem Dokument sollten an das jeweilige nationale Normungsinstitut des Anwenders gerichtet werden. Eine vollständige Auflistung dieser Institute ist unter www.iso.org/members.html zu finden.

1 Anwendungsbereich

Dieses Dokument legt ein Verfahren zur Ermittlung der Biegeeigenschaften von steifen und halbsteifen Kunststoffen unter definierten Bedingungen fest. Ein bevorzugter Probekörper wird festgelegt, jedoch sind die Parameter für andere gegebenenfalls anzuwendende Probekörpergrößen enthalten. Ein Bereich von Prüfgeschwindigkeiten ist enthalten.

Das Verfahren wird für die Untersuchung des Biegeverhaltens der Probekörper und für die Bestimmung der Biegefestigkeit, des Biegemoduls und anderer Gesichtspunkte der Beziehung Biegespannung/Biegedehnung unter den definierten Bedingungen eingesetzt. Es bezieht sich auf einen frei unterstützten Biegebalken, der mittig belastet wird (Dreipunkt-Biegeversuch).

Das Prüfverfahren ist zur Anwendung auf folgende Werkstoffgruppen geeignet:

— thermoplastische Formmassen, Extrusions- und Vergussmassen, einschließlich gefüllter und verstärkter Compounds in Ergänzung zu ungefüllten Sorten; steife thermoplastische Platten;

— duroplastische Formmassen, einschließlich gefüllter und verstärkter Compounds; duroplastische Platten.

In Übereinstimmung mit ISO 10350-1 [5] und ISO 10350-2 [6] gilt dieses Dokument für faserverstärkte Compounds mit Faserlängen $\leq$ 7,5 mm vor der Verarbeitung. In Bezug auf langfaserverstärkte Werkstoffe (Laminate) mit Faserlängen $>$ 7,5 mm siehe ISO 14125 [7].

Das Verfahren ist üblicherweise nicht für Hartschäume oder Schicht-Verbundwerkstoffe geeignet, die geschäumte Strukturen enthalten. In solchen Fällen können ISO 1209-1 [3] und/oder ISO 1209-2 [4] angewendet werden.

ANMERKUNG 1 Für bestimmte Sorten textilfaserverstärkter Kunststoffe wird ein Vierpunktbiegeversuch angewendet. Dies ist in ISO 14125 beschrieben.

Das Verfahren wird mit Probekörpern durchgeführt, die direkt in den festgelegten Maßen gegossen, aus dem Mittelteil eines Standard-Vielzweckprobekörpers (siehe ISO 20753) herausgearbeitet oder aus fertigen oder halbfertigen Produkten wie Formteilen, Laminate oder extrudierten oder gegossenen Platten ausgearbeitet werden können.

Das Verfahren legt die bevorzugten Maße für den Probekörper fest. Prüfungen an Probekörpern mit abweichenden Maßen oder Probekörpern, die unter anderen Bedingungen hergestellt wurden, können zu Ergebnissen führen, die nicht vergleichbar sind. Andere Einflüsse, wie z. B. die Prüfgeschwindigkeit und das Konditionieren der Probekörper können ebenfalls die Prüfergebnisse beeinflussen.

ANMERKUNG 2 Besonders bei spritzgegossenen teilkristallinen Polymeren wirkt sich die Dicke der orientierten Außenhaut, die von den Spritzgießbedingungen abhängt, auch auf die Biegeeigenschaften aus.

Das Verfahren ist nicht für die Bestimmung von Konstruktionseigenschaften geeignet, kann jedoch für Materialprüfungen und in der Qualitätskontrolle eingesetzt werden.

2 Normative Verweisungen

Die folgenden Dokumente werden im Text in solcher Weise in Bezug genommen, dass einige Teile davon oder ihr gesamter Inhalt Anforderungen des vorliegenden Dokuments darstellen. Bei datierten Verweisungen gilt nur die in Bezug genommene Ausgabe. Bei undatierten Verweisungen gilt die letzte Ausgabe des in Bezug genommenen Dokuments (einschließlich aller Änderungen).

ISO 291, *Plastics — Standard atmospheres for conditioning and testing*

ISO 293, *Plastics — Compression moulding of test specimens of thermoplastic materials*

ISO 294-1:2017, *Plastics — Injection moulding of test specimens of thermoplastic materials — Part 1: General principles, and moulding of multipurpose and bar test specimens*

ISO 295, *Plastics — Compression moulding of test specimens of thermosetting materials*

ISO 2602, *Statistical interpretation of test results — Estimation of the mean — Confidence interval*

ISO 2818, *Plastics — Preparation of test specimens by machining*

ISO 7500-1, *Metallic materials — Calibration and verification of static uniaxial testing machines — Part 1: Tension/compression testing machines — Calibration and verification of the force-measuring system*

ISO 9513, *Metallic materials — Calibration of extensometer systems used in uniaxial testing*

ISO 10724-1, *Plastics — Injection moulding of test specimens of thermosetting powder moulding compounds (PMCs) — Part 1: General principles and moulding of multipurpose test specimens*

ISO 16012, *Plastics — Determination of linear dimensions of test specimens*

ISO 20753, *Plastics — Test specimens*

3 Begriffe

Für die Anwendung dieses Dokuments gelten die folgenden Begriffe.

ISO und IEC stellen terminologische Datenbanken für die Verwendung in der Normung unter den folgenden Adressen bereit:

— ISO Online Browsing Platform: verfügbar unter http://www.iso.org/obp

— IEC Electropedia: verfügbar unter http://www.electropedia.org/

3.1
Prüfgeschwindigkeit
v
relative Geschwindigkeit zwischen den Auflagepunkten des Probekörpers und der Druckfinne

Anmerkung 1 zum Begriff: Sie wird in Millimeter je Minute (mm/min) angegeben.

3.2
Biegespannung
σ_f
Nennspannung an der Außenfläche des Probekörpers mittig zwischen den Auflagepunkten

Anmerkung 1 zum Begriff: Sie wird nach Gleichung (5) berechnet.

Anmerkung 2 zum Begriff: Sie wird in Megapascal (MPa) angegeben.

3.3
Biegespannung beim Bruch
σ_{fB}
Biegespannung beim Bruch des Probekörpers

Anmerkung 1 zum Begriff: Sie wird in Megapascal (MPa) angegeben.

Anmerkung 2 zum Begriff: Siehe Bild 1, Kurven a und b.

3.4
Biegefestigkeit
σ_{fM}
maximale *Biegespannung* (3.2), die während der Biegeprüfung von dem Probekörper ertragen wird

Anmerkung 1 zum Begriff: Sie wird in Megapascal (MPa) angegeben.

Anmerkung 2 zum Begriff: Siehe Bild 1, Kurven a und b.

3.5
Biegespannung bei konventioneller Durchbiegung
σ_{fc}
Biegespannung bei *konventioneller Durchbiegung* s_C (3.7)

Anmerkung 1 zum Begriff: Sie wird in Megapascal (MPa) angegeben.

Anmerkung 2 zum Begriff: Siehe auch Bild 1, Kurve c.

3.6
Durchbiegung
s
Verschiebung der Ober- oder Unterseite des Probekörpers in der Mitte zwischen den Auflagepunkten während der Biegung gegenüber der ursprünglichen Lage

Anmerkung 1 zum Begriff: Sie wird in Millimeter (mm) angegeben.

3.7
konventionelle Durchbiegung
s_C
Durchbiegung (3.6), die dem 1,5-Fachen der Dicke h des Probekörpers entspricht

Anmerkung 1 zum Begriff: Sie wird in Millimeter (mm) angegeben.

Anmerkung 2 zum Begriff: Bei einem Auflagerabstand L von $16h$ entspricht die konventionelle Durchbiegung einer *Biegedehnung* (3.8) von 3,5 %.

3.8
Biegedehnung
ε_f
rechnerische bezogene Längenänderung eines Elementes der Außenfläche des Probekörpers in der Mitte zwischen den Auflagepunkten

Anmerkung 1 zum Begriff: Sie wird als dimensionsloses Verhältnis oder in Prozent (%) angegeben.

Anmerkung 2 zum Begriff: Sie wird nach den Gleichungen (6) und (7) berechnet.

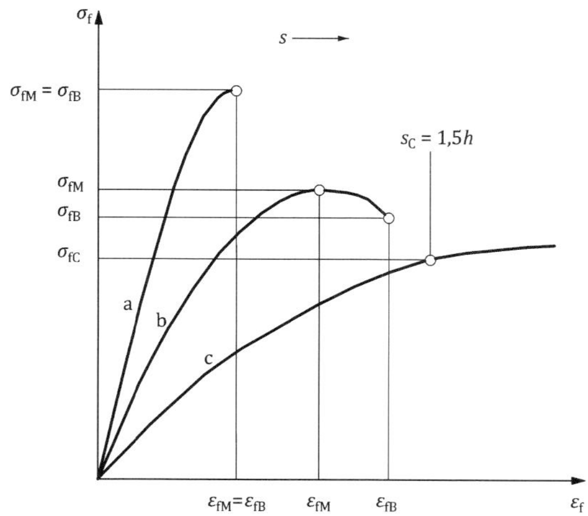

Legende

Kurve a Probekörper, der vor dem Fließen bricht

Kurve b Probekörper, der ein Maximum erreicht und dann vor Erreichen der konventionellen Durchbiegung s_C bricht

Kurve c Probekörper, der weder ein Maximum erreicht noch vor Erreichen der konventionellen Durchbiegung s_C bricht

Bild 1 — Typische Kurvenverläufe der Biegespannung σ_f über der Biegedehnung ε_f und der Durchbiegung s

3.9
Biegedehnung beim Bruch

ε_{fB}

Biegedehnung, bei der der Probekörper bricht

Anmerkung 1 zum Begriff: Sie wird als dimensionsloses Verhältnis oder in Prozent (%) angegeben.

Anmerkung 2 zum Begriff: Siehe Bild 1, Kurven a und b.

3.10
Biegedehnung bei Biegefestigkeit

ε_{fM}

Biegedehnung bei maximaler Biegespannung

Anmerkung 1 zum Begriff: Sie wird als dimensionsloses Verhältnis oder in Prozent (%) angegeben.

Anmerkung 2 zum Begriff: Siehe Bild 1, Kurven a und b.

3.11
Biege-Elastizitätsmodul
Biegemodul
E_f
Verhältnis der Spannungsdifferenz, $\sigma_{f2} - \sigma_{f1}$, zur dazugehörigen Dehnungsdifferenz, ε_{f2} (= 0,002 5) − ε_{f1} (= 0,000 5)

Anmerkung 1 zum Begriff: Es wird in Megapascal (MPa) angegeben.

Anmerkung 2 zum Begriff: Das Biegemodul ist nur ein Näherungswert des Elastizitätsmoduls.

Anmerkung 3 zum Begriff: Siehe Gleichung (9).

3.12
steifer Kunststoff
Kunststoff, dessen *Biege-Elastizitätsmodul* (3.11) oder, wenn dies nicht anwendbar ist, Zug-Elastizitätsmodul unter festgelegten Bedingungen über 700 MPa liegt

[QUELLE: ISO 472:2013, 2.884, modifiziert – die Anmerkung zum Begriff wurde gelöscht.]

3.13
halbsteifer Kunststoff
Kunststoff, dessen *Biege-Elastizitätsmodul* (3.11) oder, wenn dies nicht anwendbar ist, Zug-Elastizitätsmodul unter festgelegten Bedingungen zwischen 70 MPa und 700 MPa liegt

[QUELLE: ISO 472:2013, 2.909, modifiziert — die Anmerkung zum Begriff wurde gelöscht.]

3.14
Auflagerabstand
L
Abstand zwischen den Berührungspunkten des Probekörpers und den Probekörper-Auflagern

Anmerkung 1 zum Begriff: Er wird in Millimeter (mm) angegeben.

Anmerkung 2 zum Begriff: Siehe Bild 2.

3.15
Biegedehngeschwindigkeit
r
Geschwindigkeit, um die die *Biegedehnung* (3.8) während der Prüfung zunimmt

Anmerkung 1 zum Begriff: Sie wird in Prozent je Minute ($\% \cdot \text{min}^{-1}$) angegeben.

4 Kurzbeschreibung

Ein auf zwei Auflagern ruhender Probekörper mit rechteckigem Querschnitt wird in der Mitte zwischen den Auflagern mit einer Druckfinne durchgebogen. Der Probekörper wird in dieser Weise mit einer konstanten Prüfgeschwindigkeit in der Mitte des Auflagerabstandes durchgebogen, bis entweder ein Bruch an der Außenfläche des Probekörpers eintritt oder bis die maximale Dehnung von 5 % erreicht ist (siehe 3.8), je nachdem, was zuerst eintritt. Während dieses Vorgangs werden die auf den Probekörper aufgebrachte Kraft und die entsprechende Durchbiegung in der Mitte zwischen den Auflagern des Probekörpers gemessen.

Dieses Dokument legt zwei Verfahren fest: Verfahren A und B. Bei Verfahren A wird während der Prüfung eine Dehngeschwindigkeit von 1 %/min verwendet. Verfahren B setzt zwei unterschiedliche Dehngeschwindigkeiten ein: 1 %/min für die Bestimmung des Biegemoduls und – abhängig von der Verformbarkeit des Werkstoffs – 5 %/min oder 50 %/min für die Bestimmung der verbleibenden Biegespannungs-Biegedehnungs-Kurve.

ANMERKUNG 1 Die oben genannten Dehngeschwindigkeiten sind als rechnerische Werte zu interpretieren. Die Prüfgeschwindigkeiten werden nach Gleichung (4) berechnet. Die am besten geeigneten Maschineneinstellungen werden Tabelle 1 entnommen.

ANMERKUNG 2 Bei Werkstoffen, die ein nichtlineares Spannung-/Dehnungsverhalten aufzeigen, sind die Biegeeigenschaften lediglich rechnerischer Natur. Die angegebenen Gleichungen wurden unter Annahme eines linear-elastischen Verhaltens hergeleitet und gelten für die Durchbiegungen des Probekörpers, die im Vergleich zu dessen Dicke gering sind. Mit dem bevorzugten Probekörper (Abmessungen 80 mm × 10 mm × 4 mm) bei der konventionellen Biegedehnung von 3,5 % und einem Verhältnis Auflagerabstand/Dicke L/h von 16 beträgt die Durchbiegung 1,5h. Biegeprüfungen sind mehr für steife und spröde Materialien geeignet, die kleine Durchbiegungen beim Bruch zeigen, als für weiche und verformbare Materialien.

5 Prüfmaschine

5.1 Allgemeines

Die Prüfmaschine muss ISO 7500-1 und ISO 9513 sowie den in 5.2 bis 5.4 angeführten Anforderungen entsprechen.

5.2 Prüfgeschwindigkeit

Die Prüfmaschine muss die in Tabelle 1 festgelegte Prüfgeschwindigkeit einhalten können.

Tabelle 1 — Empfohlene Werte für die Prüfgeschwindigkeit v

Prüfgeschwindigkeit v mm/min	Grenzabweichung %
1[a]	±20
2	±20
5	±20
10	±20
20	±10
50	±10
100	±10
200	±10
500	±10

[a] Die niedrigste Geschwindigkeit wird bei Probekörpern mit Dicken zwischen 1 mm und 3,5 mm angewendet (siehe auch 8.5).

5.3 Auflager und Druckfinne

Zwei Auflager und eine mittige Druckfinne müssen entsprechend Bild 2 angeordnet werden. Die Auflager und die Druckfinne müssen über die Breite des Probekörpers innerhalb von ±0,2 mm parallel liegen.

Der Radius R_1 der Druckfinne und der Radius R_2 der Auflager müssen wie folgt ausgeführt sein:

$R_1 = 5{,}0$ mm ± 0,2 mm;

$R_2 = 2{,}0$ mm $\pm$ 0,2 mm bei einer Dicke des Probekörpers von ≤ 3 mm;

$R_2 = 5{,}0$ mm $\pm$ 0,2 mm bei einer Dicke des Probekörpers von > 3 mm.

Der Auflagerabstand L muss einstellbar sein.

5.4 Kraft- und Durchbiegungsmesseinrichtungen

5.4.1 Einleitende Hinweise

Entsprechend der an die zu ermittelnden Kennwerte gestellten Anforderungen können Biegeversuche in mehrere Klassen eingeteilt werden, die sich hinsichtlich Komplexität und Genauigkeitsanforderungen unterscheiden. Dies beginnt bei einfachen Prüfungen zur Ermittlung der Biegefestigkeit einerseits, erfordert andererseits den Einsatz einer direkt messenden Durchbiegungsmesseinrichtung, mit der die Durchbiegung genau und frei von Auswirkungen der Maschinennachgiebigkeit bestimmt wird. Die Nachgiebigkeit von Biegeprüfmaschinen hat verschiedene mögliche Ursachen (Spiel und Verformungen der Probenaufnahmen, Verformungen des Laststrangs und des Kraftsensors). Die präzise und richtige Bestimmung der Durchbiegung ist besonders bei der Bestimmung des Biegemoduls von großer Bedeutung, für den die Verwendung des unkorrigierten Traversenwegs nicht geeignet ist. Für eine Messung des Biegemoduls mit guter Wiederholbarkeit muss eine Nachgiebigkeitskorrektur durchgeführt werden oder vorzugsweise eine direkt messende Durchbiegungsmesseinrichtung verwendet werden.

5.4.2 Festlegung der Anforderungen an Präzision und Genauigkeit

Tabelle 2 legt Zielsetzungen für die Prüfung in ansteigender Reihenfolge nach Prüfkomplexität und den jeweiligen Genauigkeitserfordernissen fest. Eine wie bei Prüfungen der Prüfart III gezeigte gute Präzision ohne absolute Genauigkeit kann in vielen Qualitätssicherungsumgebungen ausreichend sein, in denen die Eigenschaften nur über bestimmte Zeiträume überwacht werden müssen. Wenn die Ergebnisse verschiedener Labore untereinander verglichen werden sollen, werden genaue, also richtige und präzise Ergebnisse wie die bei Prüfungen der Art IV dargestellten Ergebnisse benötigt. Daher wurden verschiedene Arten von Durchbiegungsmessungen und verschiedene Genauigkeitsanforderungen für Durchbiegungsmessungen festgelegt – je nach den Erfordernissen im Hinblick auf Präzision und Richtigkeit der Prüfergebnisse.

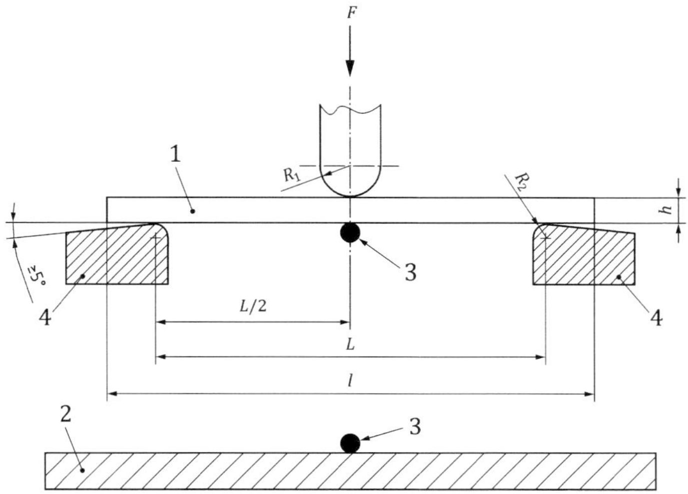

Legende

1	Probekörper	h	Dicke des Probekörpers
2	Auflageplatte	F	aufgebrachte Kraft
3	Position der Durchbiegungsmesseinrichtung	l	Länge des Probekörpers
4	Auflager	L	Auflagerabstand
R_1	Radius der Druckfinne	R_2	Radius der Auflager

Bild 2 — Lage des Probekörpers und der Durchbiegungsmesseinrichtung zu Beginn des Versuches

Tabelle 2 — Zielsetzungen der Prüfung und Kalibrieranforderungen

	Arten (I–IV) von Prüfungen, aufsteigend angeordnet nach Komplexität und Genauigkeitsanforderungen			
Geforderte Zielsetzung der Prüfung	**Nur Spannung/Festigkeit**	**Spannung/Festigkeit/Dehnungen > 1 %**	**Spannung/Festigkeit/Dehnungen/ wiederholbarer und präziser Modulwert**	**Spannung/Festigkeit/Dehnungen/ richtiger und präziser = genauer Modulwert**
Eigenschaft	**I**	**II**	**III**	**IV**
σ_{fB}	×	×	×	×
σ_{fM}	×	×	×	×
σ_{fC}		×	×	×
s_c		×	×	×
ε_{fB}		×	×	×
ε_{fM}		×	×	×
E_f			×	×
Kalibrieranforderung				
Kraft	ISO 7500-1, Klasse 1			
Durchbiegungsmessung	—	ISO 9513, Klasse 2	ISO 9513, Klasse 2 sowie die in 5.4.3 vorgegebene Bedingung	ISO 9513, Klasse 1 sowie die in 5.4.3 vorgegebene Bedingung
Art der Durchbiegungsmessung	—	Traversenweg	Traversenweg mit Nachgiebigkeitskorrektur	Direkte Messung mittels Durchbiegungsmesseinrichtung

5.4.3 Durchbiegungsmessung

Die Maschine muss geeignet sein, den Traversenweg durchgehend mit einer Genauigkeit, die der jeweiligen Klasse nach ISO 9513, wie in Tabelle 2 angegeben, entspricht, aufzeichnen zu können. Dies muss für den gesamten zu messenden Durchbiegungsbereich gelten. Kontaktfreie Systeme dürfen unter der Voraussetzung verwendet werden, dass die oben angeführten Genauigkeitsanforderungen erfüllt sind. Das Messsystem darf nicht durch die Maschinennachgiebigkeit beeinflusst werden.

Bei der Bestimmung des Biegemoduls, wie in Art IV aufgezeigt, muss die Durchbiegungsmesseinrichtung nach ISO 9513, Klasse 1, in der Lage sein, die Änderung der Durchbiegung mit einer Genauigkeit von 1 % des entsprechenden Messwertes oder besser zu messen. Dies entspricht bei einem Auflagerabstand L von 64 mm und einer Probekörperdicke h von 4,0 mm einem Wert von $\pm 3{,}4$ µm (siehe Bild 3).

Bei Prüfungen der Art III muss die Durchbiegungsmesseinrichtung nach ISO 9513, Klasse 2, in der Lage sein, die Änderung der Durchbiegung mit einer Genauigkeit von 2 % des entsprechenden Messwertes oder besser zu messen. Dies entspricht bei einem Auflagerabstand L von 64 mm und einer Probekörperdicke h von 4,0 mm einem Wert von $\pm 6{,}8$ µm.

Andere Auflagerabstände und Probekörperdicken führen zu anderen Anforderungen an die Genauigkeit der Durchbiegungsmesseinrichtung.

Wird zur Bestimmung des Biegemoduls der Traversenweg wie bei Art III verwendet, muss letzterer in Bezug auf die Maschinennachgiebigkeit korrigiert werden. Verfügt die Maschine über integrierte Routinen zur Nachgiebigkeitskorrektur, so müssen diese bevorzugt angewendet werden. Falls keine derartigen Routinen integriert sind, muss das in Anhang C genannte Verfahren angewendet werden.

ANMERKUNG Anhang C enthält zudem einige Erläuterungen zu den möglichen Ursachen der Maschinennachgiebigkeit.

Durch die Verwendung einer direkt messenden Durchbiegungsmesseinrichtung werden Fehler, die sich durch den Prüfaufbau ergeben, weiter reduziert, weswegen dies bevorzugt ist.

Geeignet ist jede Durchbiegungsmesseinrichtung, die zur Messung der Durchbiegung mit der oben festgelegten Genauigkeit in der Lage ist.

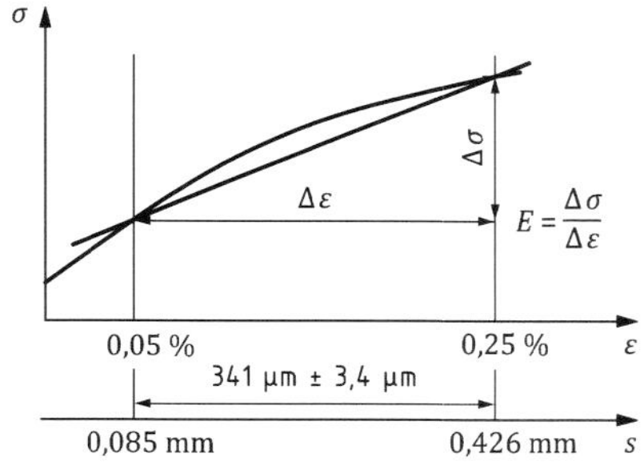

Legende

σ Biegespannung
ε Biegedehnung
s Durchbiegung für eine Probekörperdicke von 4 mm und einem Auflagerabstand von 64 mm

Bild 3 — Genauigkeitsanforderungen bei der Bestimmung des Biegemoduls

5.5 Geräte zur Messung der Breite und Dicke der Probekörper

Es werden Messschrauben mit einer Genauigkeit von ±0,01 mm verwendet.

Es werden Messflächen verwendet, die eine Bestimmung der Dicke mittig innerhalb des Messbereichs zwischen den Auflagepunkten sowie der Breite in der halben Dicke (wie in Bild 5 angegeben) erlauben.

Unterschiedliche Geometrien der Kontaktflächen der Messflächen, d. h. kreisförmige, rechtwinklige oder scharfe Kanten, sind zulässig. Kugelspitzen müssen einen Radius von ≥ 50 mm aufweisen. Es werden flache Kontaktflächen empfohlen. Der Durchmesser von zylindrischen Kontaktflächen muss zwischen 1,5 mm und 6,4 mm liegen. Rechteckige Kontaktflächen müssen eine lange Seite von 4 mm bis 6,4 mm Länge aufweisen.

Es wird empfohlen, eine Messeinrichtung zu nutzen, bei der Breite und Dicke mit dem gleichen Gerät bestimmt werden können.

6 Probekörper

6.1 Form und Maße

6.1.1 Allgemeines

Die Maße der Probekörper müssen mit der entsprechenden Werkstoffnorm und, sofern zutreffend, mit 6.1.2 oder 6.1.3 übereinstimmen. Anderenfalls muss der Probekörpertyp zwischen den interessierten Seiten vereinbart werden.

6.1.2 Bevorzugter Probekörpertyp

Die Maße des bevorzugten Probekörpers, in Millimeter, sind:

Länge l: 80 ± 2

Breite b: $10{,}0 \pm 0{,}2$

Dicke h: $4{,}0 \pm 0{,}2$

Bei keinem Probekörper darf die Dicke im mittleren Drittel der Länge um mehr als 2 % von ihrem Mittelwert abweichen. Die Breite darf vom Mittelwert dieses Teils des Probekörpers um nicht mehr als 3 % abweichen. Der Probenquerschnitt muss bevorzugt rechteckig sein und darf keine abgerundeten Kanten aufweisen, außer wie in der Anmerkung in 6.4 angegeben.

Der bevorzugte Probekörper kann aus dem Mittelteil eines Vielzweckprobekörpers nach ISO 20753 ausgearbeitet werden.

6.1.3 Andere Probekörper

Wenn es nicht möglich oder erwünscht ist, den bevorzugten Probekörper zu verwenden, wird ein Probekörper mit den in Tabelle 3 angegebenen Maßen verwendet.

ANMERKUNG Bestimmte Prüfvorschriften erfordern, dass Probekörper aus Platten, deren Dicke größer ist als die festgelegte obere Grenze, auf eine genormte Dicke reduziert werden, indem nur eine Seite abgearbeitet wird. In solchen Fällen wird der Probekörper üblicherweise so positioniert, dass die Originaloberfläche Kontakt mit den beiden Auflagern hat und die Belastung mittig über die Druckfinne auf die bearbeitete Probenkörperoberfläche erfolgt.

Tabelle 3 — Werte der Probekörperbreite b in Abhängigkeit von der Dicke h

Maße in Millimeter

Nominale Dicke h	**Breite** b[a] ($\pm 0{,}5$)
$1 \leq h \leq 3$	25,0
$3 < h \leq 5$	10,0
$5 < h \leq 10$	15,0
$10 < h \leq 20$	20,0
$20 < h \leq 35$	35,0
$35 < h \leq 50$	50,0

[a] Bei Materialien mit sehr grobem Füllstoff muss die Mindestbreite 30 mm betragen.

6.2 Anisotrope Werkstoffe

6.2.1 Im Fall von Werkstoffen, deren Biegeeigenschaften richtungsabhängig sind, muss der Probekörper so gewählt werden, dass die Biegespannung auf die gleiche Art und Weise und in der gleichen Richtung aufgebracht wird wie in der Endanwendung, falls diese bekannt ist. Der Zusammenhang zwischen dem Probekörper und dem vorgesehenen Endprodukt entscheidet über die Möglichkeit der Verwendung von genormten Probekörpern.

ANMERKUNG Die Lage oder Ausrichtung sowie die Maße der Probekörper haben manchmal einen wesentlichen Einfluss auf die Prüfergebnisse.

6.2.2 Wenn der Werkstoff einen wesentlichen Unterschied (> 20 %) der Biegeeigenschaften in zwei Hauptrichtungen aufweist, muss er in diesen beiden Richtungen geprüft werden. Die Orientierung der Probekörper bezüglich der Hauptrichtungen muss aufgezeichnet werden (siehe Bild 4).

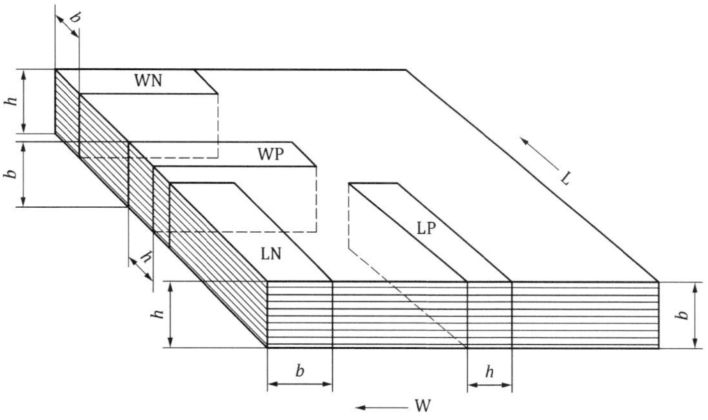

Legende

L Längsrichtung des Produktes
W Querrichtung des Produktes
b Breite des Probekörpers
h Dicke des Probekörpers

Lage des Probekörpers	Richtung des Produktes	Richtung der Kraft
LN	längs	senkrecht
WN	quer	
LP	längs	parallel
WP	quer	

Bild 4 — Lage des Probekörpers in Bezug auf die Richtung des Produktes und die Richtung der Kraft

6.3 Herstellung von Probekörpern

6.3.1 Formmassen, Extrudiermassen und Vergussmassen

Die Probekörper müssen nach den entsprechenden Werkstoff-Spezifikationen hergestellt werden. Falls keine existiert und nichts anderes festgelegt ist, müssen die Probekörper entweder nach ISO 293 oder ISO 295 direkt aus dem Material gepresst oder nach ISO 294-1 oder ISO 10724-1 spritzgegossen werden, wie zutreffend.

6.3.2 Platten

Die Probekörper müssen nach ISO 2818 aus Platten oder aus fertigen oder halbfertigen Produkten ausgearbeitet werden.

6.4 Überprüfung der Probekörper

Die Probekörper dürfen keine Verdrehungen aufweisen und müssen vorzugsweise zueinander senkrechte Oberflächen haben (hierzu siehe jedoch die Anmerkung). Alle Oberflächen und Kanten müssen frei von Einfallstellen, Kratzern, Vertiefungen und Graten sein.

Die Probekörper müssen visuell mittels Lineal, Winkelmesser oder ebener Platte und durch Messungen mit Bügelmessschraube auf Einhaltung dieser Anforderungen geprüft werden.

Probekörper, die messbare oder sichtbare Abweichungen von einer oder mehreren dieser Anforderungen aufweisen, müssen verworfen oder vor der Prüfung auf einwandfreie Größe und Form nachgearbeitet werden.

ANMERKUNG Spritzgegossene Probekörper weisen in der Regel Entformungsschrägen zwischen 1° und 2° auf, die das Entformen erleichtern. Demzufolge sind die Seitenflächen spritzgegossener Probekörper im Allgemeinen nicht parallel. Außerdem sind spritzgegossene Probekörper nie vollständig frei von Einfallstellen. Darüber hinaus ist aufgrund der Unterschiede beim Abkühlen der Probekörper in der Mitte generell weniger dick als am Rand. ISO 294-1:2017, Anhang D, enthält eine Anleitung dazu, wie der Nachdruck einzustellen ist, um Einfallstellen in spritzgegossenen Probekörpern zu minimieren.

6.5 Anzahl der Probekörper

6.5.1 Mindestens fünf Probekörper müssen in jeder Prüfrichtung geprüft werden (siehe Bild 4). Wenn eine größere Präzision des Mittelwertes gefordert ist, darf die Anzahl der Probekörper mehr als fünf betragen. Dies kann mithilfe des Konfidenzintervalls (95%ige Wahrscheinlichkeit, siehe ISO 2602) bewertet werden.

ANMERKUNG Werden sechs Probekörper verwendet, so ist die Standardabweichung identisch mit dem 95 %-Konfidenzintervall des Mittelwerts.

6.5.2 Bei direkt spritzgegossenen Probekörpern müssen mindestens fünf geprüft werden.

Es wird empfohlen, die Probekörper immer auf der gleichen Seite zu belasten, d. h. mit der Seite, die in Kontakt war mit dem Formnest oder mit der feststehenden Platte (siehe ISO 294-1 oder ISO 10724-1 wie zutreffend) stets im Kontakt mit den Auflagern, um eine Asymmetrie auszuschließen, die durch den Formgebungsprozess hervorgerufen wurde.

6.5.3 Die Ergebnisse von Probekörpern, die außerhalb des mittleren Drittels des Auflagerabstandes brechen, müssen verworfen und an ihrer Stelle neue Probekörper geprüft werden.

7 Konditionier- und Prüfklima

Die Probekörper müssen, wie in der Norm für den zu prüfenden Werkstoff festgelegt, konditioniert werden. Fehlt diese Information, wird die am besten zutreffende Bedingung aus ISO 291 ausgewählt, falls von den interessierten Seiten keine anderen Vereinbarungen getroffen wurden, beispielsweise für die Prüfung bei hohen oder niedrigen Temperaturen. Die bevorzugte Bedingung nach ISO 291 ist das Normalklima 23/50 Klasse 2, es sei denn, die Biegeeigenschaften des Werkstoffs sind feuchtigkeitsunempfindlich; in diesem Fall ist keine Überwachung der Luftfeuchte erforderlich.

8 Verfahren

8.1 Die Breite und Dicke wird mittig zur Länge des Probekörpers gemessen (siehe Anmerkung 2). Die Messung erfolgt entsprechend den allgemeinen Anweisungen von ISO 16012 innerhalb der in Bild 5 genannten Messbereiche für die Breite gerundet auf 0,1 mm und für die Dicke auf 0,01 mm.

Eine Dickenmessung an der Kante und direkt in der Mitte des Probekörpers (siehe Anmerkung 1) muss vermieden werden. Bei rechtwinkligen oder scharfkantigen Oberflächen von Messspitzen muss die lange Seite der Spitze bei der Messung der Dicke parallel zur Richtung der Breite und bei der Messung der Breite parallel zur Richtung der Dicke verlaufen.

ANMERKUNG 1 Hiervon ausgeschlossen sind die maximale und Mindestdicke, die bei Spritzguss-Probekörpern in der Regel jeweils an der Kante bzw. in der Mitte auftritt. Nach ISO 294-1 erstellte Spritzguss-Probekörper weisen in der Regel Dickenunterschiede aufgrund von Einfallstellen von $\Delta h = h_{max} - h_{min} \leq 0,1$ mm auf (siehe Bild 5).

ANMERKUNG 2 Bei einer Dreipunkt-Biegeprüfung wirkt auf den an der Position des Biegestempels befindlichen Querschnitt die Höchstkraft ein und bestimmt die Prüfergebnisse. Breite und Dicke werden daher nur für diese Position benötigt.

Die Mittelwerte der Dicke h und Breite b für den Probekörpersatz werden berechnet. Probekörper, deren Dicke die Grenzabweichungen von ± 2 % des Mittelwertes überschreitet, werden verworfen und durch andere, nach dem Zufallsprinzip ausgewählte Probekörper ersetzt.

ANMERKUNG 3 Im Sinne dieses Dokumentes werden die für die Berechnung der Biegeeigenschaften verwendeten Probekörperabmessungen nur bei Raumtemperatur erhoben. Für die Messung der Eigenschaften bei anderen Temperaturen werden daher die Auswirkungen der Wärmeausdehnung nicht berücksichtigt.

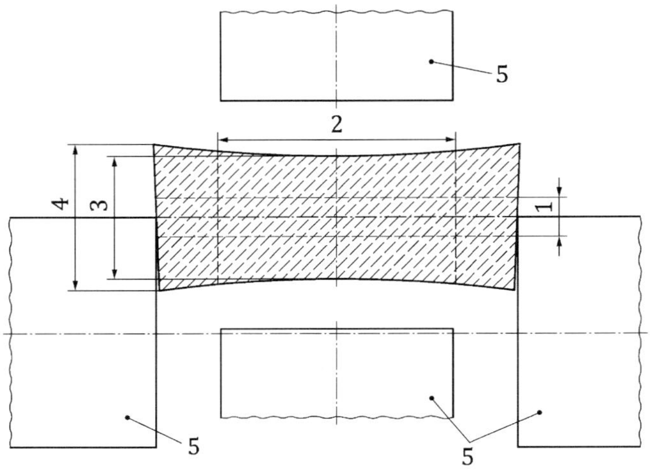

Legende

1 Messbereich für die Bestimmung der Breite ±0,5 mm
2 Messbereich für die Bestimmung der Dicke ±3,25 mm
3 Mindestdicke h_{min}
4 Maximale Dicke h_{max}
5 Kontaktelement der Mikrometerschraube

Bild 5 — Querschnitt eines Spritzguss-Probekörpers mit Einfallstellen und Entformungsschrägen (übertrieben dargestellt) und Kontaktelemente einer Mikrometerschraube

8.2 Der Auflagerabstand L wird entsprechend folgender Gleichung eingestellt:

$$L = (16 \pm 1)h \qquad (1)$$

Der sich ergebende Auflagerabstand wird auf 0,5 % gemessen. Bei dem Vorzugsprobekörper (siehe 6.1.2) beträgt der Auflagerabstand 64 mm.

Gleichung (1) ist außer für folgende Fälle zu verwenden:

a) Bei sehr dicken und unidirektional faserverstärkten Probekörpern wird ein Auflagerabstand verwendet, der ggf. auf einem höheren Wert des Verhältnisses L/h beruht, um eine Delaminierung aufgrund von Scherspannung zu vermeiden.

ANMERKUNG 1 In solchen Fällen sind ggf. Werte für L/h von bis zu 60 erforderlich.

b) Bei sehr dünnen Probekörpern mit einem erwarteten Modul unter 700 MPa (Grenzwert zwischen steifen und halbsteifen Kunststoffen) wird ein Auflagerabstand verwendet, der ggf. auf einem niedrigeren Wert des Verhältnisses L/h beruht, damit Messungen innerhalb des Arbeitsbereichs der Prüfmaschine möglich sind.

ANMERKUNG 2 Ein Wert L/h von 8 ist in solchen Fällen geeignet.

c) Bei flexiblen Werkstoffen mit einem erwarteten Modul unter 700 MPa (Grenzwert zwischen steifen und halbsteifen Kunststoffen) wird ein Auflagerabstand verwendet, der ggf. auf einem höheren Wert des Verhältnisses L/h beruht, um durch die Auflager verursachte Eindrückungen am Probekörper zu vermeiden.

ANMERKUNG 3 Ein Wert L/h von 32 ist in solchen Fällen geeignet.

8.3 Der Probekörper darf vor der Prüfung keiner erheblichen Belastung ausgesetzt werden. Damit sich am Anfang des Spannungs-Dehnungs-Diagramms keine Krümmung ergibt, muss jedoch eine geringe Last aufgebracht werden. Für die Messung des Moduls muss die Biegespannung im Probekörper zu Prüfungsbeginn σ_{f0} (siehe Bild 6) positiv sein und innerhalb des in Gleichung (2) aufgezeigten Bereichs liegen:

$$0 < \sigma_{f0} \leq 5 \times 10^{-4}\ E_f \qquad (2)$$

Dies entspricht einer Vordehnung von $\varepsilon_{f0} \leq 0{,}05\ \%$. Werden Kennwerte wie σ_{fM}, σ_{fC} oder σ_{fB} gemessen, so muss sie innerhalb des in Gleichung (3) aufgezeigten Bereichs liegen:

$$0 < \sigma_{f0} \leq 10^{-2}\ \sigma_{fX} \qquad (3)$$

Dabei steht X für M, B oder C.

ANMERKUNG Der gemessene Biegemodul von stark viskoelastischen und zähen Werkstoffen wie Polyethylen, Polypropylen und Polyamiden mit einem bestimmten Feuchtegehalt hängt im Wesentlichen von der Vorlast ab.

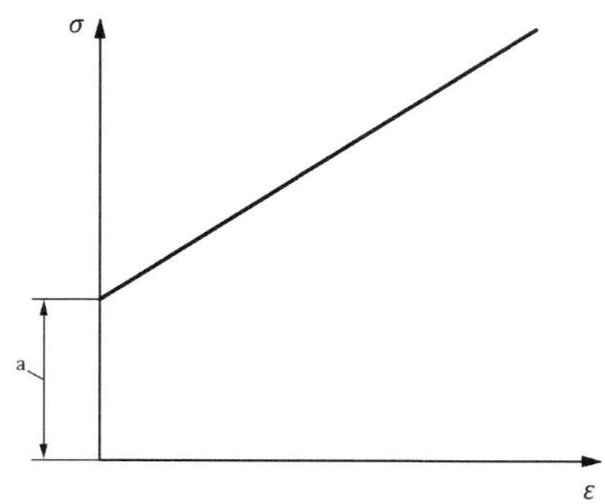

a $\leq 5 \times 10^{-4}\ E_f$ oder $\leq 10^{-2}\ \sigma_f$

Bild 6 — Beispiel einer Spannungs-Dehnungs-Kurve nach Aufbringen einer Vorlast

8.4 Die Probekörper werden symmetrisch auf beide Auflager im jeweils rechten Winkel zur Druckfinne und zu den Auflagern gelegt. Die Vorlast (siehe 8.3) wird mittig zu den Auflagern (siehe Bild 2) aufgebracht. Für die Vorlast wird eine Traversengeschwindigkeit von 1 mm/min empfohlen. Ist die Vorlast erreicht, wird die Durchbiegungsmesseinrichtung genullt.

8.5 Für die Modulbestimmung wird die Prüfgeschwindigkeit so eingestellt, dass sie der für den geprüften Werkstoff geltenden Norm entspricht. Fehlt diese Information, wird aus Tabelle 1 ein Wert ausgewählt, der einer Biegedehngeschwindigkeit von 1 %/min am nächsten kommt. Dies ergibt für den unter 6.1.2 festgelegten Vorzugsprobekörper eine Prüfgeschwindigkeit von 2 mm/min. Die zum Erhalt einer vorgegebenen Biegedehngeschwindigkeit erforderliche Prüfgeschwindigkeit kann nach Gleichung (4) berechnet werden.

$$v = \frac{rL^2}{600h} \tag{4}$$

Dabei ist

v die Prüfgeschwindigkeit in Millimeter je Minute;

r die Biegedehngeschwindigkeit in Prozent je Minute;

L der Auflagerabstand in Millimeter;

h die Dicke des Probekörpers in Millimeter.

8.6 Die Prüfung beginnt innerhalb einer Minute nach Erreichen der Vorlast. Es wird die für die Bestimmung des Moduls (siehe 8.5) vorgegebene/gewählte Prüfgeschwindigkeit verwendet. Nachdem das Ende des Modulbestimmungsbereichs erreicht ist (0,05 % $\leq \varepsilon \leq$ 0,25 %), wird die Prüfung so fortgesetzt, wie es in Verfahren A (siehe 8.7) oder Verfahren B (siehe 8.8) festgelegt ist.

8.7 Verfahren A (Bestimmung der Biegespannungs-Biegedehnungs-Kurve mit nur einer Prüfgeschwindigkeit): Die Aufzeichnung der Kraft und der Durchbiegung des Probekörpers wird ohne Unterbrechung mit der gleichen Prüfgeschwindigkeit wie beim Modulbestimmungsbereich (siehe 8.5) fortgesetzt.

8.8 Verfahren B (Bestimmung der Biegespannungs-Biegedehnungs-Kurve mit zwei Prüfgeschwindigkeiten): Nach der Aufzeichnung der Daten im Bestimmungsbereich des Moduls (siehe 8.6) wird entweder der Probekörper entlastet und es wird erneut mit einer für den Werkstoff geeigneten höheren Geschwindigkeit begonnen oder direkt zur höheren Geschwindigkeit gewechselt (ohne Entlastung des Probekörpers). Als die höhere Prüfgeschwindigkeit wird die nach der zutreffenden Werkstoffnorm festgelegte Geschwindigkeit verwendet. Fehlt diese Information, wird aus Tabelle 1 ein Wert ausgewählt, der einer Biegedehngeschwindigkeit von 5 %/min oder 50 %/min am nächsten kommt. Dies ergibt für den unter 6.1.2 festgelegten Vorzugsprobekörper eine Prüfgeschwindigkeit von 10 mm/min oder 100 mm/min. Für Werkstoffe, die ohne Erreichen eines ausgeprägten Spannungsmaximums brechen, werden 10 mm/min verwendet. Für alle anderen Werkstoffe gelten 100 mm/min.

Falls die Bestimmung des Biegemoduls beispielsweise für die Qualitätssicherung nicht erforderlich ist, wird die Prüfung direkt mit der höheren Geschwindigkeit eingeleitet.

ANMERKUNG 1 Das entspricht dem beim Zugversuch angewendeten Verfahren, bei dem für die Modulbestimmung Prüfgeschwindigkeiten von 1 mm/min und für die Bestimmung anderer Zugeigenschaften bei Dehnungen über 0,25 % Prüfgeschwindigkeiten von 5 mm/min oder 50 mm/min angewendet werden (siehe ISO 10350-1 [5]).

ANMERKUNG 2 Bei Zugversuchen führt eine zehnfache Traversengeschwindigkeitssteigerung (von 5 mm/min auf 50 mm/min) nachweislich zu einer Zunahme der gemessenen Streckspannung um 8 %. Die Auswirkungen von veränderten Prüfgeschwindigkeiten auf die Ergebnisse bei Biegeversuchen sind in Anhang B aufgeführt.

8.9 Die Kraft und die zugehörige Durchbiegung des Probekörpers werden während der Prüfung aufgezeichnet, wenn möglich mit einem automatischen Aufzeichnungssystem, das eine vollständige Biegespannungs-Durchbiegungs-Kurve für diesen Vorgang liefert (siehe Gleichung (5)). Alle zutreffenden, in Abschnitt 3 definierten Spannungen, Durchbiegungen und Dehnungen werden aus einer Kraft-Durchbiegungs-Kurve oder Spannungs-Durchbiegungs-Kurve oder aus gleichwertigen Daten bestimmt.

9 Berechnung und Angabe der Ergebnisse

9.1 Biegespannung

Die in Abschnitt 3 definierten Biegespannungsparameter werden nach folgender Gleichung berechnet:

$$\sigma_{\mathrm{f}} = \frac{3FL}{2bh^2} \quad (5)$$

Dabei ist

σ_{f} der gesuchte Biegespannungsparameter in Megapascal;

F die aufgebrachte Kraft in Newton;

L der Auflagerabstand in Millimeter;

b die Breite des Probekörpers in Millimeter;

h die Dicke des Probekörpers in Millimeter.

9.2 Biegedehnung

Die in Abschnitt 3 definierten Biegedehnungsparameter werden nach Gleichung (6) oder Gleichung (7) berechnet:

$$\varepsilon_{\mathrm{f}} = \frac{6sh}{L^2} \quad (6)$$

$$\varepsilon_{\mathrm{f}} = \frac{600sh}{L^2}\ \% \quad (7)$$

Dabei ist

ε_{f} der gesuchte Biegedehnungsparameter, angegeben als dimensionsloses Verhältnis oder in Prozent;

s die Durchbiegung in Millimeter;

h die Dicke des Probekörpers in Millimeter;

L der Auflagerabstand in Millimeter.

9.3 Biegemodul

Zur Bestimmung des Biegemoduls werden die Durchbiegungen s_1 und s_2, die den Vorgabewerten der Biegedehnung $\varepsilon_{\mathrm{f1}} = 0{,}000\ 5$ und $\varepsilon_{\mathrm{f2}} = 0{,}002\ 5$ entsprechen, mittels Gleichung (8) berechnet:

$$s_i = \frac{\varepsilon_{\mathrm{f}i} L^2}{6h} (i = 1 \text{ oder } 2) \quad (8)$$

Dabei ist

s_i eine der Durchbiegungen in Millimeter;

$\varepsilon_{\mathrm{f}i}$ die zugehörige Biegedehnung, deren Werte $\varepsilon_{\mathrm{f1}}$ und $\varepsilon_{\mathrm{f2}}$ oben dargestellt sind;

L der Auflagerabstand in Millimeter;

h die Dicke des Probekörpers in Millimeter.

Der Biegemodul E_f, angegeben in Megapascal, wird nach Gleichung (9) berechnet:

$$E_f = \frac{\sigma_{f2} - \sigma_{f1}}{\varepsilon_{f2} - \varepsilon_{f1}} \tag{9}$$

Dabei ist

σ_{f1} die Biegespannung in Megapascal, gemessen bei der Durchbiegung s_1;

σ_{f2} die Biegespannung in Megapascal, gemessen bei der Durchbiegung s_2.

Alle Gleichungen, die Biegeeigenschaften betreffen, gelten nur im Fall linearen Spannungs-Dehnungs-Verhaltens (siehe Anmerkung 2 in Abschnitt 4); demzufolge sind sie bei den meisten Kunststoffen nur bei kleineren Durchbiegungen genau. Die gegebenen Gleichungen können jedoch für Vergleichszwecke benutzt werden.

Bei computergestützten Prüfeinrichtungen darf die Bestimmung des Moduls E_f unter Verwendung von zwei verschiedenen Spannungs-Dehnungs-Punkten durch ein lineares Regressionsverfahren ersetzt werden, das auf den zwischen diesen beiden Punkten liegenden Teil der Kurve angewendet wird.

9.4 Statistische Größen

Nach der in ISO 2602 angegebenen Vorgehensweise werden der arithmetische Mittelwert der Prüfergebnisse und, falls gefordert, die Standardabweichung und das 95 %-Konfidenzintervall für den Mittelwert berechnet.

9.5 Geltende Stellen

Die Spannungen und das Modul werden bis auf drei geltende Stellen berechnet. Die Durchbiegungen werden bis auf zwei geltende Stellen berechnet.

10 Präzision

Siehe Anhang A.

11 Prüfbericht

Der Prüfbericht muss folgende Informationen enthalten:

a) eine Verweisung auf dieses Dokument, d. h. ISO 178:2019;

b) sämtliche Informationen zur Identifizierung des geprüften Werkstoffs, einschließlich Art, Ursprung, Kennziffer des Herstellers, Form und Vorgeschichte, soweit diese bekannt sind;

c) bei Platten die Dicke der Platte und, falls zutreffend, die Richtungen der Hauptachsen der Probekörper gegenüber einigen Merkmalen der Platte (bei anisotropen Material muss die Prüfrichtung angegeben werden);

d) die Form und Maße der Probekörper und ggf. die Maße der verwendeten Kontaktelemente;

e) das Verfahren der Herstellung von Probekörpern;

f) die Prüfbedingungen und Konditionierverfahren, falls zutreffend;

g) die Anzahl der geprüften Probekörper;

h) der verwendete Auflagerabstand;

i) das Verfahren (A oder B) und die verwendete(n) Prüfgeschwindigkeit(en);

j) die Genauigkeitsklasse der Messsysteme für Kraft und Durchbiegung (siehe 5.4);

k) die Oberfläche, auf die die Kraft aufgebracht wurde;

l) die einzelnen Prüfergebnisse, falls gefordert;

m) die Mittelwerte der einzelnen Ergebnisse;

n) die Standardabweichungen und die 95 %-Konfidenzintervalle dieser Mittelwerte, falls gefordert;

o) das Datum der Prüfung.

Anhang A
(informativ)

Angaben zur Präzision

A.1 Die Tabelle A.1 und Tabelle A.2 beruhen auf einem nach ASTM E691 [8] durchgeführten Ringversuch. Die Probenahme und die Verteilung aller Werkstoffe erfolgten durch eine Quelle. Jedes „Prüfergebnis" entsprach dem Mittelwert von fünf Einzelbestimmungen. Jedes Laboratorium ermittelte und berichtete zwei Prüfergebnisse für jeden Werkstoff.

A.2 Tabelle A.1 beruht auf einem Ringversuch an vier Werkstoffen mit neun teilnehmenden Laboratorien und Tabelle A.2 auf einem Ringversuch an vier Werkstoffen mit 11 teilnehmenden Laboratorien.

Die folgenden Erklärungen von r und R (siehe A.3) dienen lediglich dazu, eine sinnvolle Möglichkeit vorzustellen, Überlegungen zur annähernden Präzision dieses Prüfverfahrens anzustellen. Die Daten in der Tabelle A.1 und Tabelle A.2 sollten bei der Abnahme oder Ablehnung von Werkstoffen nicht zu streng angewendet werden, da diese Daten für den Ringversuch spezifisch sind und daher für andere Chargen, Bedingungen, Werkstoffe oder Laboratorien gegebenenfalls nicht repräsentativ sind. Anwender dieses Prüfverfahrens sollten die Prinzipien von ASTM E691 anwenden, um für ihr Laboratorium und die Werkstoffe bzw. zwischen bestimmten Laboratorien spezifische Daten zu erhalten. Die Prinzipien von A.3 würden dann für derartige Daten gültig sein.

A.3 Das Konzept von r und R in Tabelle A.1 und Tabelle A.2: Wenn s_r und s_R auf der Grundlage eines ausreichend großen Datensatz berechnet wurden und jedes Prüfergebnis dem Mittelwert von Prüfungen an fünf Probekörpern entspricht, gilt:

a) **Wiederholpräzision:** Zwei innerhalb eines Laboratoriums erhaltene Prüfergebnisse sollten nicht als gleichwertig beurteilt werden, wenn sie sich um mehr als den für den Werkstoff geltenden r-Wert unterscheiden. r ist das Intervall, das die kritische Differenz zwischen zwei Prüfergebnissen für den gleichen Werkstoff darstellt, die durch denselben Durchführenden im selben Laboratorium mit denselben Geräten erzielt wurden.

b) **Vergleichpräzision:** Zwei innerhalb verschiedener Laboratorien erhaltene Prüfergebnisse sollten nicht als gleichwertig beurteilt werden, wenn sie sich um mehr als den für den Werkstoff geltenden R-Wert unterscheiden. R ist das Intervall, das die kritische Differenz zwischen zwei Prüfergebnissen für den gleichen Werkstoff darstellt, die durch verschiedene Durchführende in verschiedenen Laboratorien mit verschiedenen Geräten erzielt wurden.

c) Die Beurteilungen in a) und b) werden mit etwa 95%iger (0,95) Wahrscheinlichkeit richtig sein.

Tabelle A.1 — Präzisionsdaten für die Biegespannung bei der konventionellen Durchbiegung, s_C

Werte in Megapascal

Werkstoff	Mittelwert	s_r	s_R	r	R
Polycarbonat	70,5	0,752	1,99	2,11	5,58
ABS	72,1	0,382	2,67	1,07	7,49
PE-HD	20,4	0,129	0,505	0,36	1,42
PSU-GF	156[a]	1,65	3,13	4,62	8,75

ANMERKUNG Bedeutung der algebraischen Symbole siehe Tabelle A.2.

[a] Für PSU-GF wurde die Biegefestigkeit gemessen.

Tabelle A.2 — Präzisionsdaten für das Biegemodul

Werte in Megapascal

Werkstoff	**Mittelwert**	s_r	s_R	r	R
Polycarbonat	2 310	45,6	146	128	410
ABS	2 470	33,6	157	94,0	439
PE-HD	1 110	15,0	94,4	41,9	264
PSU-GF	8 510	83,5	578	234	1 618

s_r = Standardabweichung innerhalb des Laboratoriums

s_R = Standardabweichung zwischen Laboratorien

r = 95 % Wiederholgrenze (= 2,8s_r)

R = 95 % Vergleichgrenze (= 2,8s_R)

Anhang B
(informativ)

Einfluss der Änderung der Prüfgeschwindigkeit auf die Prüfergebnisse der Biegeeigenschaften

Aufgrund der Viskoelastizität von Kunststoffen sind ihre mechanischen Eigenschaften empfindlich gegenüber der angewendeten Prüfgeschwindigkeit. Tabelle B.1 enthält zwei Beispiele für einen amorphen und einen glasgefüllten teilkristallinen Kunststoff, die das Ausmaß des Einflusses der in diesem Dokument festgelegten Prüfgeschwindigkeiten aufzeigen.

Tabelle B.1 — Einfluss der Änderung der Prüfgeschwindigkeit auf die Prüfergebnisse der Biegeeigenschaften

Acrylnitril-Styrol-Acrylat-Kunststoff, ASA				
Traversen-geschwindigkeit mm/min	***E*** MPa	**σ(3,5 %)** MPa	**σ(max.)** MPa	**ε(max.)** %
2	2 700	83	87	5,1
10	2 730	85	92	5,2
100	2 710	91	102	5,6
	Erhöhung (bezogen auf eine Traversengeschwindigkeit von 2 mm/min)			
2		100 %	100 %	100 %
10		103 %	105 %	102 %
100		110 %	117 %	110 %
Polybutylenterephthalat mit 30 % Glasfaser, PBT-GF30				
Traversen-geschwindigkeit mm/min	***E*** MPa		**σ(max.)** MPa	**ε(max.)** %
2	10 061		212	2,57
10	10 104		226	2,69
100	10 086		238	2,75
	Erhöhung (bezogen auf eine Traversengeschwindigkeit von 2 mm/min)			
2			100 %	100 %
10			107 %	105 %
100			112 %	107 %

Anhang C
(normativ)

Kompensation der Nachgiebigkeit für Prüfart III

C.1 Ursachen für Nachgiebigkeit

Bei dem einfachen Beispiel einer vollkommen elastischen Feder ist die Nachgiebigkeit der Kehrwert der Steifigkeit der Feder. Bei einem vollkommen elastischen Körper ist das Verhältnis zwischen aufgebrachter Kraft und der sich daraus ergebenden Verformung (oder umgekehrt) linear und die Steifigkeit S und Nachgiebigkeit C sind durch die Verhältnisse in Differentialform, wie in Gleichung (C.1) angegeben, festgelegt:

$$\mathrm{S} = \frac{\mathrm{d}F}{\mathrm{d}x} \text{ und } \mathrm{C} = \frac{\mathrm{d}x}{\mathrm{d}F} \tag{C.1}$$

Dabei ist

F die aufgebrachte und durch einen Kraftsensor gemessene Kraft in Newton;

x die sich ergebende Durchbiegung des Probekörpers in Millimeter.

Im einfachsten Modell eines vollkommen elastischen Körpers ist die Nachgiebigkeit die Steigung der Geraden $x(F)$ und als solches eine Konstante.

Im Fall einer Biegeprüfmaschine ist die Situation etwas komplizierter und das einfache Modell einer linearen Beziehung könnte nicht mehr anwendbar sein. Die Nachgiebigkeit, interpretiert als momentane Steigung der Durchbiegungs-/Kraft-Kurve, wird selbst abhängig von der Verformung.

Bei einer echten Prüfanlage gibt es eine Vielzahl von Ursachen für Nachgiebigkeit. Die Nachgiebigkeit resultiert aus der Verformung des Laststrangs und aus dem Spiel der Antriebselemente. Kraftsensoren können Verformungen bis zu 0,25 mm bei Nennlast aufweisen. Die Antriebsspindeln zeigen unter Belastung eine Längsverformung und zudem ein geringes Maß an Verwindung. Zur Gesamt-Nachgiebigkeit tragen noch die in die Maschine eingebauten Prüfwerkzeuge bei, wie der Biegestempel am Kraftsensor und die Auflager am Maschinenrahmen.

Ein weiterer Beitrag zur Messung von Verformungen, die nicht aus dem Probekörper stammen, sind die bei Belastung entstehenden Eindrückungen auf der Probekörperoberfläche unter dem Biegestempel und den Auflagern. Bei weicheren Werkstoffen fallen diese noch ausgeprägter aus. Durch Vorversuche mit geringeren Auflagerabständen kann dieser Einfluss grob abgeschätzt werden.

Alle diese Effekte bewirken eine Anzeige des Traversenweges, die an der Spitze des Biegestempels tatsächlich nicht vorliegt.

Die Kompensation der Nachgiebigkeit ist nur so genau wie das Verformungsverhalten von Maschine, Kraftsensor und Prüfwerkzeug wiederholbar ist. Mit einer gut verspannten Biegevorrichtung lässt sich ein Traversensignal erzielen, das über den gesamten Bereich von Nulllast bis zur Nennlast des verwendeten Kraftsensors auf besser als ± 3 µm genau ist.

C.2 Verfahren für Prüfungen der Prüfart III

Bei Prüfungen nach Art III muss die von der Wegmessanzeige der Prüfmaschine aufgezeichnete Verschiebung s_C um die Nachgiebigkeit C_M der Maschine korrigiert werden. C_M wird an einem Referenzbalken aus außerordentlich steifem Werkstoff mit bekanntem Zugmodul bestimmt, etwa an einem Stahlbalken anstelle eines Probekörpers. Die korrigierte Durchbiegung s wird nach den Gleichungen (C.2) und (C.3) berechnet:

$$s = s_C - C_M F \tag{C.2}$$

und

$$C_M = \frac{s_{Ref}}{F} - \frac{L_R^3}{4E_{Ref} b_{Ref} h_{Ref}^3} \tag{C.3}$$

Dabei ist

- s die korrigierte Durchbiegung in Millimeter;
- s_C der von der Wegmessanzeige der Maschine angezeigte Verfahrweg in Millimeter;
- C_M die Nachgiebigkeit der Prüfmaschine in Millimeter je Newton;
- s_{Ref} der von der Wegmessanzeige der Maschine angezeigte Verfahrweg in Millimeter, wenn die Kraft F auf den Referenz-Probenkörper einwirkt;
- F die auf den Referenzbalken aufgebrachte Kraft in Newton;
- E_{Ref} das Zugmodul des Referenzmaterials in Megapascal;
- L_{Ref} der Auflagerabstand während der Bestimmung der Nachgiebigkeit in Millimeter;
- b_{Ref} die Breite des Referenzbalkens in Millimeter;
- h_{Ref} die Dicke des Referenzbalkens in Millimeter.

Alternativ dazu kann die Nachgiebigkeit der Maschine nach Gleichung (C.4) bestimmt werden, wenn es möglich ist, die Durchbiegung Δs_{Ref} des Referenz-Probekörpers bezogen auf die Auflager genau zu messen:

$$C_M = \frac{1}{F}(s^* - \Delta s_{Ref}) \tag{C.4}$$

Dabei ist

- s^* der von der Anlage während der Prüfung angezeigte Verfahrweg, z. B. der Traversenweg;
- Δs_{Ref} die mithilfe eines kalibrierten Referenzmessgeräts festgestellte Durchbiegung des Referenz-Probekörpers.

In diesem Fall ist es nicht erforderlich, dass das Modul des Referenzmaterials bekannt ist.

Wenn der Referenzbalken anstelle eines Probekörpers eingelegt ist, wird der Verfahrweg $s_{Ref}(F)$ als Funktion der aufgebrachten Kraft F innerhalb der normalerweise bei einer Prüfung auftretenden Kraftbereiche aufgezeichnet.

Idealerweise handelt es sich hierbei um eine Gerade. Wenn dies so ist, kann der Term s_{Ref}/F in Gleichung (C.3) durch die Steigung einer an die Funktion $s_{Ref}(F)$ angepassten Regressionsgeraden ersetzt werden. Anderenfalls ist die mittels Gleichung (C.3) bestimmte Nachgiebigkeit selbst wieder abhängig von der aufgebrachten Last $C_M(F)$.

Anhang D
(informativ)

Verhältnis zwischen Zug- und Biegemodul: Theoretische Erwartungen und experimentelle Beobachtungen

Abgesehen von sich durch das Messverfahren ergebenden Einflüssen sollten die bei Zug und Biegung ermittelten Module vom physikalischen Standpunkt aus identisch sein. In der Praxis können Unterschiede durch Eindrücke und – insbesondere bei den faserverstärkten Werkstoffen – durch Ausrichtungseffekte auftreten. Kurzfaserverstärkte Kunststoffe weisen nach dem Spritzgießen eine Lagenstruktur mit grundsätzlich zwei oberen Schichten und einer Schicht in der Mitte des Probekörpers mit einer senkrechten Hauptausrichtung der Glasfasern auf. Bei den Standard-Prüfkörpern sind die Glasfasern dicht an der Probekörperoberfläche in Längsrichtung ausgerichtet und im Probekörperinneren in senkrechter Richtung. Da bei der Biegeprüfung hauptsächlich die äußeren Schichten des Probekörpers belastet werden, würde man ein höheres Biegemodul im Vergleich zum Zugmodul bei den kurzfaserverstärkten Kunststoffen erwarten. Die Auswirkungen der Einfallstellen kompensieren diesen Ausrichtungseffekt und so gilt, dass korrekt gemessene Biegemodule in der Regel fast den an den gleichen Probekörpern erhobenen Zugmodulen entsprechen.

Tabelle D.1 zeigt einen Vergleich von Zug- und Biegemodulen, die in regelmäßigen Abständen in einem Zeitraum von 18 Monaten gemessen wurden. Die Anzahl der Datenpunkte lag zwischen 55 und 78. Die Biegemodule wurden durch Messung des Abstandes zwischen der unteren Probekörperseite und dem Biegewerkzeug mit einer direkt messenden Durchbiegungsmesseinrichtung gemessen.

Tabelle D.1 — Vergleich von mittels Durchbiegungsmesseinrichtung ermittelten Zug- und Biegemodulen

Werkstoff	Zug-Modul MPa		Biegemodul MPa
	Maschine 1	**Maschine 2**	**Maschine 3**
PBT GF30 Los 1	9 749 ± 85	9 726 ± 134	9 750 ± 66
PBT GF30 Los 2	9 888 ± 129	9 745 ± 122	9 892 ± 68
ASA	2 523 ± 24	2 521 ± 31	2 705 ± 33
PBT	2 582 ± 35	2 522 ± 31	2 542 ± 27

Literaturhinweise

[1] ISO 472, *Plastics — Vocabulary*

[2] ISO 527-2, *Plastics — Determination of tensile properties — Part 2: Test conditions for moulding and extrusion plastics*

[3] ISO 1209-1, *Rigid cellular plastics — Determination of flexural properties — Part 1: Basic bending test*

[4] ISO 1209-2, *Rigid cellular plastics — Determination of flexural properties — Part 2: Determination of flexural strength and apparent flexural modulus of elasticity*

[5] ISO 10350-1, *Plastics — Acquisition and presentation of comparable single-point data — Part 1: Moulding materials*

[6] ISO 10350-2, *Plastics — Acquisition and presentation of comparable single-point data — Part 2: Long-fibre-reinforced plastics*

[7] ISO 14125, *Fibre-reinforced plastic composites — Determination of flexural properties*

[8] ASTM E691, *Standard Practice for Conducting an Interlaboratory Study to Determine the Precision of a Test Method*

[9] ISO 5725-1, *Accuracy (trueness and precision) of measurement methods and results — Part 1: General principles and definitions*

DEUTSCHE NORM

April 2008

DIN EN ISO 1798

DIN

ICS 83.100

Ersatz für
DIN EN ISO 1798:2000-01

Weich-elastische polymere Schaumstoffe – Bestimmung der Zugfestigkeit und der Bruchdehnung (ISO 1798:2008); Deutsche Fassung EN ISO 1798:2008

Flexible cellular polymeric materials –
Determination of tensile strength and elongation at break (ISO 1798:2008);
German version EN ISO 1798:2008

Matériaux polymères alvéolaires souples –
Détermination de la résistance à la traction et de l'allongement à la rupture
(ISO 1798:2008);
Version allemande EN ISO 1798:2008

Gesamtumfang 15 Seiten

Normenausschuss Materialprüfung (NMP) im DIN

Nationales Vorwort

Dieses Dokument (EN ISO 1798:2008) wurde vom Technischen Komitee ISO/TC 45 „Rubber and rubber products" in Zusammenarbeit mit dem Technischen Komitee CEN/TC 249 „Kunststoffe" erarbeitet, dessen Sekretariat vom NBN (Belgien) gehalten wird.

Für die deutsche Mitarbeit an der Übersetzung dieser Norm ist der Arbeitsausschuss NA 062-04-37 AA „Prüfung weich-elastischer Schaumstoffe" im Normenausschuss Materialprüfung (NMP) verantwortlich.

Für die im Abschnitt 2 zitierten Internationalen Normen wird im Folgenden auf die entsprechenden Deutschen Normen hingewiesen:

ISO 23529 siehe DIN ISO 23529

Änderungen

Gegenüber DIN EN ISO1798:2000-01 wurden folgende Änderungen vorgenommen:

a) Norm redaktionell überarbeitet;

b) Anhang A „Vergleichsprüfungen zwischen Probekörpern des Typs 1 und des Typs 1A" aufgenommen.

Frühere Ausgaben:

DIN 53571: 1958-08, 1971-06, 1978-02, 1986-01
DIN EN ISO 1798: 2000-01

Nationaler Anhang NA
(informativ)

Literaturhinweise

DIN ISO 23529, *Elastomere — Allgemeine Bedingungen für die Vorbereitung und Konditionierung von Prüfkörpern für physikalische Prüfverfahren*

EUROPÄISCHE NORM

EUROPEAN STANDARD

NORME EUROPÉENNE

EN ISO 1798

Februar 2008

ICS 83.100

Ersatz für EN ISO 1798:1999

Deutsche Fassung

Weich-elastische polymere Schaumstoffe – Bestimmung der Zugfestigkeit und der Bruchdehnung (ISO 1798:2008)

Flexible cellular polymeric materials – Determination of tensile strength and elongation at break (ISO 1798:2008)

Matériaux polymères alvéolaires souples – Détermination de la résistance à la traction et de l'allongement à la rupture (ISO 1798:2008)

Diese Europäische Norm wurde vom CEN am 12. Januar 2008 angenommen.

Die CEN-Mitglieder sind gehalten, die CEN/CENELEC-Geschäftsordnung zu erfüllen, in der die Bedingungen festgelegt sind, unter denen dieser Europäischen Norm ohne jede Änderung der Status einer nationalen Norm zu geben ist. Auf dem letzten Stand befindliche Listen dieser nationalen Normen mit ihren bibliographischen Angaben sind beim Management-Zentrum des CEN oder bei jedem CEN-Mitglied auf Anfrage erhältlich.

Diese Europäische Norm besteht in drei offiziellen Fassungen (Deutsch, Englisch, Französisch). Eine Fassung in einer anderen Sprache, die von einem CEN-Mitglied in eigener Verantwortung durch Übersetzung in seine Landessprache gemacht und dem Management-Zentrum mitgeteilt worden ist, hat den gleichen Status wie die offiziellen Fassungen.

CEN-Mitglieder sind die nationalen Normungsinstitute von Belgien, Bulgarien, Dänemark, Deutschland, Estland, Finnland, Frankreich, Griechenland, Irland, Island, Italien, Lettland, Litauen, Luxemburg, Malta, den Niederlanden, Norwegen, Österreich, Polen, Portugal, Rumänien, Schweden, der Schweiz, der Slowakei, Slowenien, Spanien, der Tschechischen Republik, Ungarn, dem Vereinigten Königreich und Zypern.

EUROPÄISCHES KOMITEE FÜR NORMUNG
EUROPEAN COMMITTEE FOR STANDARDIZATION
COMITÉ EUROPÉEN DE NORMALISATION

Management-Zentrum: rue de Stassart, 36 B-1050 Brüssel

Ref. Nr. EN ISO 1798:2008 D

Inhalt

Vorwort

Dieses Dokument (EN ISO 1798:2008) wurde vom Technischen Komitee ISO/TC 45 „Rubber and rubber products" in Zusammenarbeit mit dem Technischen Komitee CEN/TC 249 „Kunststoffe" erarbeitet, dessen Sekretariat vom NBN gehalten wird.

Diese Europäische Norm muss den Status einer nationalen Norm erhalten, entweder durch Veröffentlichung eines identischen Textes oder durch Anerkennung bis August 2008, und etwaige entgegenstehende nationale Normen müssen bis August 2008 zurückgezogen werden.

Es wird auf die Möglichkeit hingewiesen, dass einige Texte dieses Dokuments Patentrechte berühren können. CEN [und/oder CENELEC] sind nicht dafür verantwortlich, einige oder alle diesbezüglichen Patentrechte zu identifizieren.

Dieses Dokument ersetzt EN ISO 1798:1999.

Entsprechend der CEN/CENELEC-Geschäftsordnung sind die nationalen Normungsinstitute der folgenden Länder gehalten, diese Europäische Norm zu übernehmen: Belgien, Bulgarien, Dänemark, Deutschland, Estland, Finnland, Frankreich, Griechenland, Irland, Island, Italien, Lettland, Litauen, Luxemburg, Malta, Niederlande, Norwegen, Österreich, Polen, Portugal, Rumänien, Schweden, Schweiz, Slowakei, Slowenien, Spanien, Tschechische Republik, Ungarn, Vereinigtes Königreich und Zypern.

Anerkennungsnotiz

Der Text von ISO 1798:2008 wurde vom CEN als EN ISO 1798:2008 ohne irgendeine Abänderung genehmigt.

ACHTUNG — Personen, die mit der vorliegenden Norm arbeiten, sollten mit den üblichen Laborarbeiten vertraut sein. Die Norm erhebt nicht den Anspruch, alle Sicherheitsprobleme anzusprechen, außer denen, die eventuell bei Anwendung der Norm auftreten können. Der Anwender ist für das Treffen entsprechender Sicherheitsvorkehrungen und Einhaltung der Arbeits- und Gesundheitsschutzbestimmungen unter Beachtung nationaler gesetzlicher Vorschriften verantwortlich.

1 Anwendungsbereich

Diese Internationale Norm legt ein Verfahren zur Bestimmung der Festigkeits- und Verformungseigenschaften von weich-elastischen Schaumstoffen fest, bei denen ein Probekörper mit einer konstanten Geschwindigkeit bis zum Bruch gedehnt wird.

2 Normative Verweisungen

Die folgenden zitierten Dokumente sind für die Anwendung dieses Dokuments erforderlich. Bei datierten Verweisungen gilt nur die in Bezug genommene Ausgabe. Bei undatierten Verweisungen gilt die letzte Ausgabe des in Bezug genommenen Dokuments (einschließlich aller Änderungen).

ISO 1923, *Cellular plastics and rubbers — Determination of linear dimensions*

ISO 7500-1:2004, *Metallic materials — Verification of static uniaxial testing machines — Part 1: Tension/compression testing machines — Verification and calibration of the force-measuring system*

ISO 9513, *Metallic materials — Calibration of extensometers used in uniaxial testing*

ISO 23529, *Rubber — General procedures for preparing and conditioning test pieces for physical test methods*

3 Begriffe

Für die Anwendung dieses Dokuments gelten die folgenden Begriffe.

3.1
Zugfestigkeit
TS
maximale Zugspannung beim Dehnen eines Probekörpers bis zum Bruch

3.2
Bruchdehnung
E_b
prozentuale Dehnung eines Probekörpers beim Bruch

4 Prüfgerät

4.1 Zugprüfmaschine, die folgende Anforderungen erfüllen muss:

— die Vorschubgeschwindigkeit der angetriebenen Spannklemme muss (500 ± 50) mm/min betragen und muss die ganze Zeit gleichmäßig sein;

— die Genauigkeit der Prüfmaschine muss über den Bereich der aufgebrachten Belastung der Klasse 0,5 oder 1 nach ISO 7500-1:2004 für Kraftmessung entsprechen.

Bei der Bestimmung der Bruchdehnung darf die Zugprüfmaschine entweder mit einem mechanischen oder einem optischen Dehnungsmessgerät ausgestattet werden, das den nachfolgenden Anforderungen entspricht, die nach ISO 9513 festzulegen sind.

— Fehlergrenze der Anfangsmesslänge: ± 1 %.

— Fehlergrenze der Messlänge beim Bruch: ± 1,25 mm.

Im Falle eines mechanischen Berührungs-Dehnungsmessgerätes muss mit Sorgfalt vorgegangen werden, damit dessen Berührungselemente keine Beschädigung des Probekörpers herbeiführen. Außerdem dürfen deren Masse und Trägheit die Höchstzugfestigkeit um nicht mehr als 1 % beeinflussen.

5 Probekörper

5.1 Probenahmerichtung

Weist das Produkt in seiner Zellstruktur eine Vorzugsrichtung auf (Ausrichtung der Zellen), müssen die Probekörper für die Zugfestigkeitsprüfung so entnommen werden, dass deren Längsachsen im rechten Winkel zu dieser Vorzugsrichtung liegen. Falls das nicht möglich ist, muss die Lage der Längsachse im Verhältnis zur Vorzugsrichtung im Prüfbericht angegeben werden.

5.2 Form und Maße

Der Probekörper muss im Querschnitt mit oder ohne Haut rechtwinklig sein, und er darf keine sichtbaren Fehler aufweisen. Die Probekörper sind mit einem der beiden Typen der Probekörper-Schneidevorrichtung nach Bild 1 zu schneiden und müssen eine Dicke von 10 mm bis 15 mm haben.

Maße in Millimeter

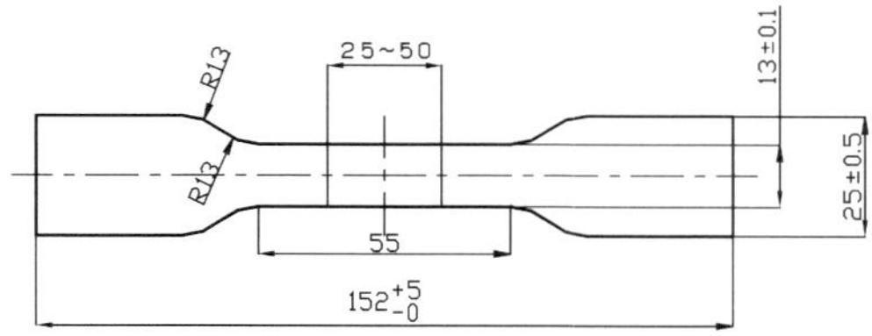

a) Typ 1

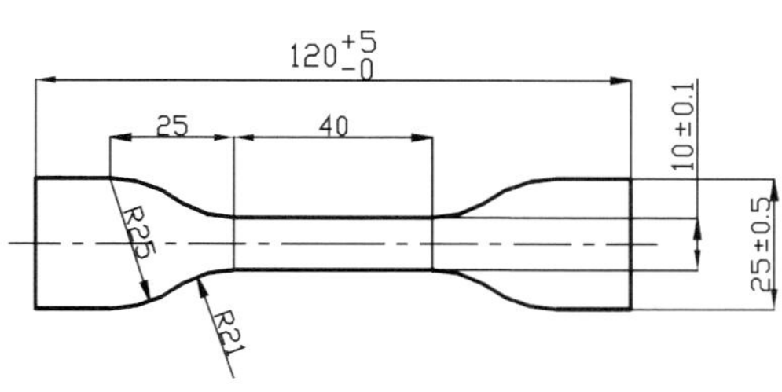

b) Typ 1A

Bild 1 — Probekörper-Schneidevorrichtung

5.3 Anzahl der Probekörper

Sofern zwischen den beteiligten Partnern nicht anders vereinbart, muss eine ausreichende Anzahl an Probekörpern geprüft werden, damit fünf Brüche innerhalb der Messlänge erhalten werden.

5.4 Konditionierung

5.4.1 Sofern nichts anderes vereinbart wurde, müssen die Probekörper oder der Schaumstoff, aus dem die Probekörper zu schneiden sind, entsprechend den Festlegungen in ISO 23529 vorbereitet und konditioniert werden.

5.4.2 Die Schaumstoffe dürfen nicht vor 72 h nach deren Herstellung geprüft werden, falls nicht nachgewiesen werden kann, dass die mittleren Ergebnisse entweder bei 16 h oder 48 h nach der Herstellung um nicht mehr als ± 10 % von den nach 72 h erhaltenen Werten abweichen. Wenn das oben stehende Kriterium bei der festgelegten Dauer erfüllt wurde, ist die Prüfung entweder bei 16 h oder 48 h zulässig. Vor der Prüfung müssen die Probekörper oder das Schaumstoffmaterial, aus dem die Probekörper zu schneiden sind, mindestens 16 h unter einer der folgenden Klimabedingungen gelagert werden:

— (23 ± 2) °C, (50 ± 5) % relative Luftfeuchte;

— (27 ± 2) °C, (65 ± 5) % relative Luftfeuchte.

Diese Dauer kann den letzten Teil der nach der Herstellung geforderten Zeitspanne bilden.

5.4.3 Im Falle von Prüfungen für die Qualitätskontrolle dürfen die Probekörper kürzere Zeit nach der Herstellung (bis hinunter zu einem Minimum von 12 h) entnommen werden, und eine Prüfung ist nach einem kürzeren Konditionieren (bis hinunter zu einem Minimum von 6 h) in einem der festgelegten Klimate zulässig.

6 Durchführung

6.1 Nach dem Konditionieren nach 5.4 ist die Dicke des Schaumstoffes an fünf gleichmäßig verteilten Punkten in dem Bereich zu messen, aus dem die Probekörper geschnitten werden sollen. Diese Messungen sind nach ISO 1923 durchzuführen und dürfen nicht mehr als ± 2 % voneinander abweichen. Falls verlangt, kann die Dickenmessung an ausgeschnittenen Probekörpern vorgenommen werden, jedoch sind solche, die außerhalb dieser Grenzen fallen, zu verwerfen.

6.2 Die Messlänge ist an jedem Probekörper mit zwei Bezugslinien zu markieren. Die Marken für diese Linien müssen zwei parallele Markierungskanten haben. Der Abstand zwischen der Innenkante der Linien ist mit einer Messunsicherheit von ± 1 % zu messen (die Entfernung dieser Linien muss mindestens 25 mm und höchstens 50 mm für Typ 1-Probekörper betragen und nicht mehr als 40 mm für den Typ 1A-Probekörper).

6.3 Das Krafttanzeigegerät ist auf null zu stellen und ein Probekörper ist in die Spannklemmen der Zugprüfmaschine (4.1) einzuspannen, wobei die symmetrische Positionierung des Probekörpers zu beachten ist, damit die Spannung gleichmäßig über den Querschnitt verteilt wird. Eine Vorspannung von 0,1 kPa oder eine Dehnung bis zu 0,5 % ist zulässig. Wenn ein Dehnungsmessgerät verwendet wird, ist nach dem Aufbringen der Vorspannung die Dehnung auf null zu stellen. Die Zugprüfmaschine ist mit einer Vorschubgeschwindigkeit der beweglichen Spannklemme von (500 ± 50) mm/min in Bewegung zu setzen und die Höchstkraft (gemessen auf ± 1 %) und der Abstand zwischen den Innenkanten der beiden Bezugslinien (auf ± 1,25 mm gemessen) ist unmittelbar vor dem Bruch des Probekörpers zu notieren. Die Probekörper, die außerhalb des Messlängenbereiches reißen, sind zu verwerfen, und die Prüfung ist so lange fortzuführen, bis fünf zufrieden stellende Ergebnisse erhalten werden. Es muss ausreichend Schaumstoffmaterial zur Verfügung stehen, um sicherzustellen, dass diese Wiederholungsprüfung durchgeführt werden kann.

6.4 Die Prüfung ist bei der gleichen Temperatur und Luftfeuchte durchzuführen, die beim Konditionieren des Prüfmaterials geherrscht haben.

ANMERKUNG Im Falle der Schneidevorrichtung des Typs 1 lässt sich die Wahrscheinlichkeit für das Verwerfen von Probekörpern dadurch minimieren, dass eine Messlänge nahe der zulässigen höchsten Messlänge von 50 mm gewählt wird.

7 Berechnung

7.1 Zugfestigkeit

Es ist die mittlere Dicke jedes Probekörpers zu bestimmen.

Die durchschnittliche Anfangsquerschnittsfläche jedes Probekörpers ist auf der Basis der durchschnittlichen Dicke und der Breite des Mittelstückes der Probekörper-Schneidevorrichtung (13 mm beim Typ 1 und 10 mm beim Typ 1A) zu berechnen.

Die Zugfestigkeit [TS] jedes Probekörpers, angegeben in Kilopascal, ist nach folgender Gleichung zu berechnen:

$$TS = \frac{F}{A} \times 10^3$$

Dabei ist

F die Höchstkraft, in Newton,

A die mittlere Anfangsquerschnittsfläche, in Quadratmillimeter.

7.2 Bruchdehnung

Die Bruchdehnung [E_b], angegeben als prozentualer Anteil der ursprünglichen Messlänge, ergibt sich aus der Berechnung nach folgender Gleichung:

$$Eb = \frac{L - L_0}{L_0} \times 100$$

Dabei ist

L die Messlänge beim Bruch, in Millimeter,

L_0 die Anfangsmesslänge, in Millimeter.

8 Prüfbericht

Der Prüfbericht muss folgende Angaben enthalten:

a) Verweisung auf diese Internationale Norm;

b) Art und Lieferform des Schaumstoffes;

c) Typ des verwendeten Probekörpers;

d) angewendetes Konditionierverfahren;

e) Entnahmestelle der Probekörper im Produkt und die Angabe der Vorzugsrichtung der Zellstruktur, falls vorhanden;

f) Stelle und Anzahl der Oberflächen mit Haut, falls vorhanden;

g) Dicke des Probekörpers;

h) Medianwert der Zugfestigkeit, in Kilopascal;

i) Medianwert der Bruchdehnung, in Prozent;

j) jede Abweichung von dieser Internationalen Norm.

Anhang A
(informativ)

Vergleichsprüfungen zwischen Probekörpern des Typs 1 und des Typs 1A

A.1 Allgemeines

Dieser Anhang enthält einen Vergleich der Prüfergebnisse für den Probekörper Typ 1A und den alten ISO-Probekörper Typ 1.

A.2 Vergleichsprüfung

Es wurden zwei Probekörpertypen (Typ 1 und Typ 1A) verwendet.

Es wurden zwei Typen von weich-elastischem Polyurethan-Schaumstoff verwendet:

— Probe A: 22 kg/m^3, Allzwecktyp;

— Probe B: 32 kg/m^3, Typ mit hoher Eindrückhärte.

Beide Proben waren vom Polyethertyp.

Um die Genauigkeit der Prüfung sicherzustellen, wurden die Probekörper mit der gleichen Schneidevorrichtung aus dem gleichen Schaumstoff geschnitten. Für jede Prüfung wurden fünfzehn einzelne Probekörper vorbereitet.

Die Prüfung wurde in Japan in sieben Laboratorien an zwei Tagen in verschiedenen Wochen durchgeführt.

Die Durchführung des Prüfverfahrens und das Konditionieren erfolgten nach ISO 1798:1997.

A.3 Das Prüfverfahren und der Bruchanteil außerhalb der Messlänge

Die Probekörper Typ 1 wurden bei Messlängen von 25 mm, 40 mm, 50 mm und 55 mm mit einer Marke versehen. Obwohl ISO 1798 die Messlänge von 25 mm bis 50 mm festlegt, wurde außerdem eine Messlänge von 55 mm aufgenommen, da sich diese immer noch innerhalb des schmalen Teils des Probekörpers befindet.

Der Probekörper Typ 1A wurde nur bei 40 mm markiert, weil hier die Messlänge des Probekörpers mit 40 mm festgelegt ist.

Die Häufigkeit des Auftretens von Brüchen außerhalb der Messlänge wurde mit der nachstehenden Gleichung in Prozent nach der folgenden Gleichung berechnet.

$$k = \frac{O}{T} \times 100$$

Dabei ist

k die Häufigkeit von Brüchen außerhalb der Messlänge, in Prozent;

O die Anzahl der Probekörper, die außerhalb der Messlänge an den beiden Tagen brachen;

T die Gesamtanzahl an Probekörpern, die an den beiden Tagen geprüft wurden.

Die Prüfergebnisse sind in Tabelle A.1 und in Bild A.1 dargestellt.

Tabelle A.1 — Anzahl der außerhalb der Messlänge gebrochenen Probekörper und die Gesamtanzahl von Probekörpern

	Probe A					Probe B				
	Typ 1				Typ 1A	Typ 1				Typ 1A
Messlänge	25 mm	40 mm	50 mm	55 mm	40 mm	25 mm	40 mm	50 mm	55 mm	40 mm
Anzahl der außerhalb der Messlänge gebrochenen Probekörpern										
Tag 1/Tag 2	71/76	49/39	31/14	13/15	1/6	78/82	63/61	43/47	12/23	4/2
Gesamt	147	88	45	28	7	160	124	90	35	6
Gesamtzahl von Probekörpern										
Tag 1/Tag 2	94/91	87/74	66/49	48/50	36/41	102/103	93/88	76/82	57/47	39/37
Gesamt	185	161	115	98	77	205	181	158	104	76

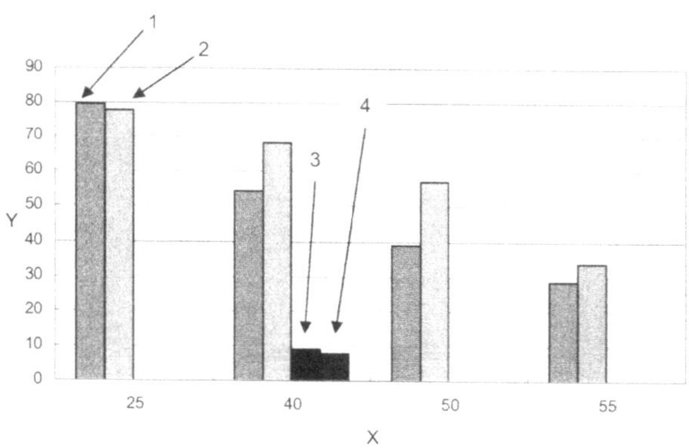

Legende
X Messlänge, mm
Y Häufigkeit der außerhalb der Messlänge auftretenden Brüche, %

1 Probe A (Probekörper Typ 1)
2 Probe B (Probekörper Typ 1)
3 Probe A (Probekörper Typ 1A)
4 Probe B (Probekörper Typ 1A)

Bild A.1 — Häufigkeit des Auftretens von Brüchen außerhalb der Messlänge

A.4 Analyse der Bruchstelle an den Probekörpern

Die Bruchstellen der Probekörper wurden in drei Laboratorien, die nach dem Zufallsprinzip von den sieben Laboratorien ausgewählt wurden, an den Probekörpern wie in Bild A.2 gezeigt gemessen, und der Abstand der Bruchstelle von der Mitte des Probekörpers wurde mit der folgenden Gleichung berechnet.

$$D = |D_1 - D_2|$$

Dabei ist

D der Abstand der Bruchstelle von der Mitte des Probekörpers, in Millimeter,

D_1 die Länge von der Bruchstelle zu dem einen Ende des Probekörpers, in Millimeter,

D_2 die Länge von der Bruchstelle zum anderen Ende des Probekörpers, in Millimeter.

Da die Bruchstellen in keinerlei Zusammenhang mit der Messlänge stehen, wurden Probekörper gezählt, die sowohl außerhalb als auch innerhalb der Messlänge brachen.

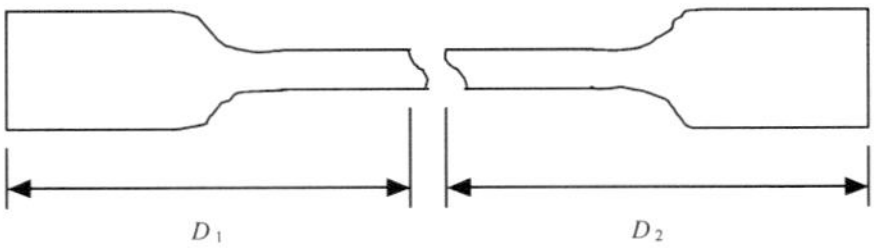

Bild A.2 — Messung der Position der Bruchstelle

Die Prüfergebnisse sind in Bild A.3 als Histogramm dargestellt.

Die horizontale Achse (Abszisse) zeigt das D, berechnet aus der vorangegangenen Gleichung. Große numerische Werte bedeuten, dass sich die Bruchstelle weit entfernt von der Mitte des Probekörpers befindet.

Die vertikale Achse (Ordinate) zeigt die Anzahl der Probekörper an.

Die Linie des gewichteten Durchschnittswertes ist als vertikale Linie in jedem Histogramm eingezeichnet.

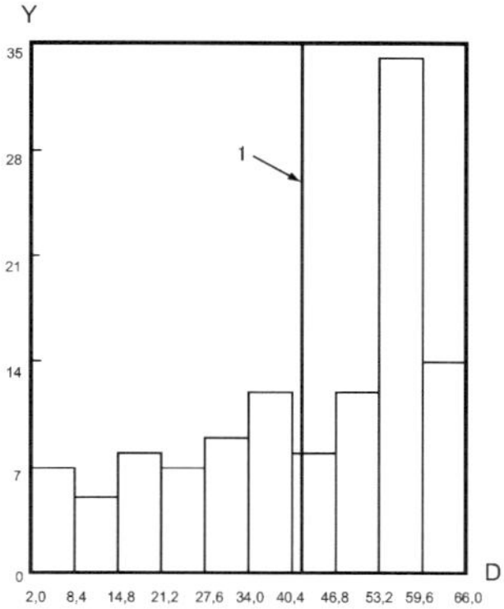

a) Probe A, Probekörper Typ 1

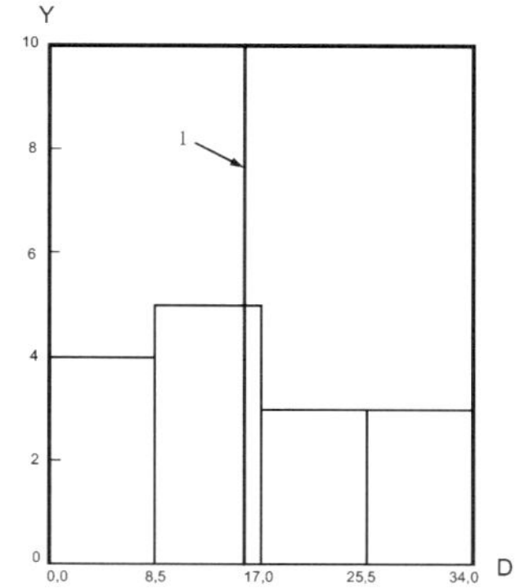

b) Probe A, Probekörper Typ 1A

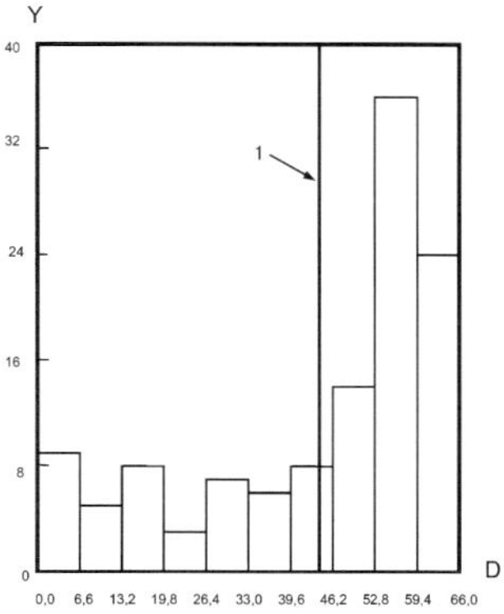

c) Probe B, Probekörper Typ 1

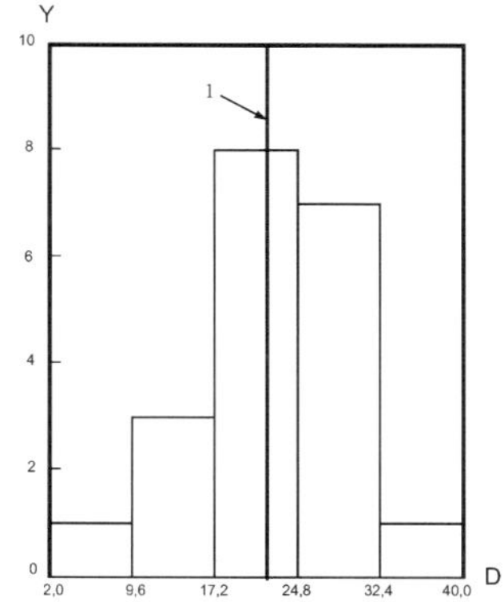

d) Probe B, Probekörper Typ 1A

Legende

X Abstand der Bruchstelle von der Mitte des Probekörpers (mm)
Y Anzahl der Probekörper

1 gewichteter Durchschnittswert

Bild A.3 — Vergleich der Position der Bruchstellen an Probekörpern Typ 1 und Typ 1A

A.5 Verifizierung der Präzision der Prüfergebnisse

Die Präzisionsdaten von Zugfestigkeit und Bruchdehnung von jedem Probekörpertyp wurden nach ISO/TR 9272 berechnet. Beim Probekörper Typ 1 basieren die Präzisionsdaten auf den Ergebnissen, die mit der Messlänge von 50 mm erhalten wurden.

Das in diesem Anhang angegebene Präzisionsergebnis sollte nicht als Annahme- oder Rückweisekriterium für irgendeine Gruppe von Schaumstoffen verwendet werden, ohne dabei zu dokumentieren, dass die Ergebnisse dieser Präzisionsbewertung eigentlich für die jeweilig geprüften Schaumstoffe gelten.

Wiederholpräzision — Als Wiederholpräzision oder Lokalbereichspräzision für dieses Verfahren wurden die in Tabelle A.2 und Tabelle A.3 angegebenen Werte für jeden in der Tabelle angeführten Messparameter ermittelt. Die in verschiedenen Laboratorien (durch ordnungsgemäße Anwendung dieser Internationalen Norm) erhaltenen Prüfergebnisse, die sich um mehr als die von r tabellierten Werte, in Maßeinheiten, oder (r) in Prozent, unterscheiden, sollten als zweifelhaft betrachtet werden, d. h. dass sie aus verschiedenen Mengen stammen müssen. Eine derartige Entscheidung erfordert die Einleitung geeigneter Untersuchungsmaßnahmen.

Vergleichpräzision — Als Vergleichpräzision oder Globalbereichspräzision für dieses Verfahren wurden die in Tabelle A.2 und Tabelle A.3 angegebenen Werte für jeden in der Tabelle angeführten Messparameter ermittelt. Die in verschiedenen Laboratorien (durch ordnungsgemäße Anwendung dieser Internationalen Norm) erhaltenen Prüfergebnisse, die sich um mehr als die von R tabellierten Werte, in Maßeinheiten, oder (R) in Prozent, unterscheiden, sollten als zweifelhaft betrachtet werden, d. h. dass sie aus verschiedenen Mengen stammen müssen. Eine derartige Entscheidung erfordert die Einleitung geeigneter Untersuchungsmaßnahmen.

Tabelle A.2 — Präzisionsdaten für die Zugfestigkeit von jedem Probekörpertyp

Probe (Dichte)	Probekörper	Zugfestigkeit						
		Mittelwert kPa	Innerhalb des Laboratoriums			Zwischen Laboratorien		
			s_r	r	(r)	s_R	R	(R)
A (22 kg/m^3)	Typ 1	132,2	1,944	5,50	4,16	6,307	17,85	13,50
	Typ 1A	135,7	1,587	4,49	3,31	6,526	18,47	13,61
B (32 kg/m^3)	Typ 1	154,3	2,244	6,35	4,12	2,679	7,58	4,91
	Typ 1A	157,5	1,462	4,14	2,63	4,835	13,68	8,69

Tabelle A.3 — Präzisionsdaten für die Bruchdehnung von jedem Probekörpertyp

Probe (Dichte)	Probekörper	Dehnung						
		Mittelwert %	Innerhalb des Laboratoriums			Zwischen Laboratorien		
			s_r	r	(r)	s_R	R	(R)
A (22 kg/m^3)	Typ 1	150,6	1,949	5,52	3,67	7,571	21,43	14,23
	Typ 1A	151,4	1,183	3,35	2,21	2,151	6,09	4,02
B (32 kg/m^3)	Typ 1	110,1	1,517	4,29	3,90	4,310	12,20	11,08
	Typ 1A	118,1	1,449	4,10	3,47	6,917	19,58	16,58

A.6 Zusammenfassung

Da der neue Probekörper (Typ 1A) im Wesentlichen Brüche außerhalb der Messlänge eliminiert, verringert sich der für die Prüfung erforderliche Zeitaufwand. Außerdem ist die Präzision der Prüfergebnisse hoch. Deshalb wird der Probekörper für die Zugprüfung von weich-elastischen Schaumstoffmaterialien als geeignet betrachtet.

Literaturhinweise

[1] ISO 1798:1997, *Flexible cellular polymeric materials — Determinaton of tensile strength and elongation at break* (Norm ist jetzt zurückgezogen)

[2] ISO/TR 9272, *Rubber and rubber products — Determination of precision for test method standards*

DIN EN ISO 14125

DIN

ICS 83.120

Ersatz für
DIN EN ISO 14125:1998-06
und
DIN EN ISO 14125
Berichtigung 1:2003-06

Faserverstärkte Kunststoffe – Bestimmung der Biegeeigenschaften (ISO 14125:1998 + Cor.1:2001 + Amd.1:2011); Deutsche Fassung EN ISO 14125:1998 + AC:2002 + A1:2011

Fibre-reinforced plastic composites –
Determination of flexural properties
(ISO 14125:1998 + Cor.1:2001 + Amd.1:2011);
German version EN ISO 14125:1998 + AC:2002 + A1:2011

Composites plastiques renforcés de fibres –
Détermination des propriétés de flexion
(ISO 14125:1998 + Cor.1:2001 + Amd.1:2011);
Version allemande EN ISO 14125:1998 + AC:2002 + A1:2011

Gesamtumfang 29 Seiten

Normenausschuss Kunststoffe (FNK) im DIN
Normenausschuss Luft- und Raumfahrt (NL) im DIN

Nationales Vorwort

Dieses Dokument (EN ISO 14125:1998 + AC:2002 + A1:2011) wurde vom Technischen Komitee ISO/TC 61 „Plastics“ (EN ISO 14125:1998 und AC:2002, Sekretariat: ANSI, U.S.A und A1:2001, Sekretariat: SAC, China) in Zusammenarbeit mit dem Technischen Komitee CEN/TC 249 „Kunststoffe“ (Sekretariat: NBN, Belgien) erarbeitet. Das zuständige deutsche Gremium ist der Arbeitsausschuss NA 054-02-02 AA „Rieselfähige Duroplaste und langfaserverstärkte Kunststoffe“ im Normenausschuss Kunststoffe (FNK).

Die im Abschnitt 2 angegebenen Internationalen Normen wurden unter gleicher Zählnummer als DIN EN ISO ins Deutsche Normenwerk übernommenen. Für ISO 5893, ISO 2602 und ISO 1268 Teile 1 bis 11 gibt es z. Z. keine entsprechende Deutsche Norm.

Anfang und Ende der durch die Änderung und die Berichtigung eingefügten oder geänderten Texte sind jeweils durch die Textmarken [A1⟩ ⟨A1] bzw. [AC⟩ ⟨AC] angegeben.

Änderungen

Gegenüber DIN EN ISO 14125:1998-06 und DIN EN ISO 14125 Berichtigung 1:2003-06 wurden folgende Änderungen vorgenommen:

a) den Abschnitt 2 „Normative Verweisungen“ überarbeitet, wobei z. B. die Datierungen entfallen sind;

b) in 4.9 das Symbol „E_f“ durch „E_r“, im ersten Absatz der erweiterten Definition „(σ'' und σ')“ durch „($\sigma_f'' - \sigma_f'$)“ sowie „(ε'' = 0,002 5 und ε' = 0,000 5)“ durch „(ε_f'' = 0,002 5 − ε_f' = 0,000 5)“ ersetzt;

c) in 5.2.2 „Stützweite“ um das Symbol „L“ ergänzt;

d) in 9.3 „Dehngeschwindigkeit“ durch „Dehnrate“ ersetzt (zwei Mal);

e) unter „Verfahren A (Dreipunkt-Verfahren)“ den Text vor Gleichung 4 (10.1.2) und unter „Verfahren B (Vierpunkt-Verfahren)“ den Text vor Gleichung 9 (10.2.2) ersetzt und die z. B. bei hochsteifen kohlenstofffaserverstärkten Kunststoffen anzuwendenden Randfaserdehnungen festgelegt;

f) im Abschnitt 12 „Prüfbericht“ Aufzählung n) erweitert;

g) nach Ersetzen von „ε_f' und ε_f''“ durch „ε' und ε''“ die Zeile „(NB: Die Dehnungen ε' und ε'' entsprechen den Durchbiegungen s' und s''.)“ als Bestandteil des Titels zu Bild 1 diesem am Ende angefügt;

h) Norm redaktionell überarbeitet.

Frühere Ausgaben

DIN EN 63: 1977-11
DIN EN ISO 14125: 1998-06
DIN EN ISO 14125 Berichtigung 1: 2003-06

EUROPÄISCHE NORM

EUROPEAN STANDARD

NORME EUROPÉENNE

EN ISO 14125

März 1998

+AC Juli 2002 **+A1** Februar 2011

ICS 83.120

Deutsche Fassung

Faserverstärkte Kunststoffe Bestimmung der Biegeeigenschaften (ISO 14125:1998 + Cor.1:2001 + Amd.1:2011)

Fibre-reinforced plastic composites – Determination of flexural properties (ISO 14125:1998 + Cor.1:2001 + Amd.1:2011)

Composites plastiques renforcés de fibres – Détermination des propriétés de flexion (ISO 14125:1998 + Cor.1:2001 + Amd.1:2011)

Diese Europäische Norm wurde von CEN am 15.02.1998 angenommen und enthält die Berichtigung, die von CEN am 24.07.2002 sowie die Änderung A1, die vom CEN am 31.01.2011 angenommen wurde.

Die CEN-Mitglieder sind gehalten, die CEN/CENELEC-Geschäftsordnung zu erfüllen, in der die Bedingungen festgelegt sind, unter denen dieser Europäischen Norm ohne jede Änderung der Status einer nationalen Norm zu geben ist. Auf dem letzten Stand befindliche Listen dieser nationalen Normen mit ihren bibliographischen Angaben sind beim Management-Zentrum des CEN oder bei jedem CEN-Mitglied auf Anfrage erhältlich.

Diese Europäische Norm besteht in drei offiziellen Fassungen (Deutsch, Englisch, Französisch). Eine Fassung in einer anderen Sprache, die von einem CEN-Mitglied in eigener Verantwortung durch Übersetzung in seine Landessprache gemacht und dem Management-Zentrum mitgeteilt worden ist, hat den gleichen Status wie die offiziellen Fassungen.

CEN-Mitglieder sind die nationalen Normungsinstitute von Belgien, Bulgarien, Dänemark, Deutschland, Estland, Finnland, Frankreich, Griechenland, Irland, Island, Italien, Kroatien, Lettland, Litauen, Luxemburg, Malta, den Niederlanden, Norwegen, Österreich, Polen, Portugal, Rumänien, Schweden, der Schweiz, der Slowakei, Slowenien, Spanien, der Tschechischen Republik, Ungarn, dem Vereinigten Königreich und Zypern.

EUROPÄISCHES KOMITEE FÜR NORMUNG
EUROPEAN COMMITTEE FOR STANDARDIZATION
COMITÉ EUROPÉEN DE NORMALISATION

Management-Zentrum: rue de Stassart, 36 B- 1050 Brüssel

Ref. Nr. EN ISO 14125:1998 + AC:2002 + A1:2011 D

Inhalt

Seite

Vorwort

Der Text der Internationalen Norm ISO 14125:1998 wurde vom Technischen Komitee ISO/TC 61 „Plastics“ in Zusammenarbeit mit dem Technischen Komitee CEN/TC 249 „Kunststoffe“ erarbeitet, dessen Sekretariat vom NBN gehalten wird.

Diese Europäische Norm ersetzt EN 63:1977.

Diese Europäischen Norm muss den Status einer nationalen Norm erhalten, entweder durch Veröffentlichung eines identischen Textes oder durch Anerkennung bis September 1998, und etwaige entgegenstehende nationale Normen müssen bis September 1998 zurückgezogen werden.

Entsprechend der CEN/CENELEC-Geschäftsordnung sind die nationalen Normungsinstitute der folgenden Länder gehalten, diese Europäische Norm zu übernehmen: Belgien, Dänemark, Deutschland, Finnland, Frankreich, Griechenland, Irland, Island, Italien, Luxemburg, Niederlande, Norwegen, Österreich, Portugal, Schweden, Schweiz, Spanien, die Tschechische Republik und das Vereinigte Königreich.

Anerkennungsnotiz

Der Text der Internationalen Norm ISO 14125:1998 wurde vom CEN als Europäische Norm ohne irgendeine Abänderung genehmigt.

ANMERKUNG Die normativen Verweisungen auf Internationale Normen sind im Anhang ZA (normativ) aufgeführt.

A1) Vorwort zu Änderung 1

Dieses Dokument (EN ISO 14125:1998/A1:2011) wurde vom Technischen Komitee ISO/TC 61 „Plastics" in Zusammenarbeit mit dem Technischen Komitee CEN/TC 249 „Kunststoffe" erarbeitet, dessen Sekretariat vom NBN gehalten wird.

Diese Änderung zur Europäischen Norm EN ISO 14125:1998 muss den Status einer nationalen Norm erhalten, entweder durch Veröffentlichung eines identischen Textes oder durch Anerkennung bis August 2011, und etwaige entgegenstehende nationale Normen müssen bis August 2011 zurückgezogen werden.

Es wird auf die Möglichkeit hingewiesen, dass einige Texte dieses Dokuments Patentrechte berühren können. CEN [und/oder CENELEC] sind nicht dafür verantwortlich, einige oder alle diesbezüglichen Patentrechte zu identifizieren.

Entsprechend der CEN/CENELEC-Geschäftsordnung sind die nationalen Normungsinstitute der folgenden Länder gehalten, diese Europäische Norm zu übernehmen: Belgien, Bulgarien, Dänemark, Deutschland, Estland, Finnland, Frankreich, Griechenland, Irland, Island, Italien, Kroatien, Lettland, Litauen, Luxemburg, Malta, Niederlande, Norwegen, Österreich, Polen, Portugal, Rumänien, Schweden, Schweiz, Slowakei, Slowenien, Spanien, Tschechische Republik, Ungarn, Vereinigtes Königreich und Zypern.

Anerkennungsnotiz

Der Text von ISO 14125:1998/Amd 1:2011 wurde vom CEN als EN ISO 14125:1998/A1:2011 ohne irgendeine Abänderung genehmigt. (A1

Einleitung

Diese Norm basiert auf der ISO 178, handelt aber von faserverstärkten Kunststoffen. Beibehalten werden Prüfbedingungen, die für glasfaserverstärkte Kunststoffe wesentlich sind.

Die Prüfbedingungen werden gegenüber ISO 178 erweitert, indem sowohl das Dreipunkt-Verfahren (Verfahren A) als auch das Vierpunkt-Verfahren (Verfahren B) behandelt werden; es werden Prüfbedingungen für Verbundstoffe aufgenommen, die aus neuentwickelten Fasern bestehen, z. B. aus Kohlenstoff- und Aramidfasern.

Ferner wurden folgende Dokumente einbezogen: ASTM D 790 (Vierpunktbelastung), prEN 2562 (Prüfbedingungen), CRAG 200 und JIS K 7974 (Vierpunktbelastung, Verwendung von Zwischenlagen, siehe Bild 6).

Die Probekörper haben beim Vierpunkt-Verfahren die gleiche Gesamtlänge wie beim Dreipunkt-Verfahren.

Der Anwendungsbereich von ISO 178 wird überprüft und auf nichtverstärkte und gefüllte Kunststoffe begrenzt.

EN 63:1977, *Glasfaserverstärkte Kunststoffe — Biegeversuch, Dreipunkt-Verfahren*, wird zurückgezogen.

1 Anwendungsbereich

1.1 Diese Internationale Norm legt ein Verfahren zur Ermittlung der Biegeeigenschaften von faserverstärkten Kunststoffen nach dem Drei- und Vierpunkt-Verfahren (Verfahren A bzw. B) fest. Es werden Norm-Probekörper festgelegt, jedoch sind die Parameter für andere Probekörpergrößen, falls angemessen, enthalten. Für die Prüfgeschwindigkeiten wird ein Bereich angegeben.

1.2 Das Verfahren ist nicht zur Bestimmung von Design-Parametern geeignet, darf aber für die Werkstoffprüfung oder als Prüfung bei der Qualitätskontrolle verwendet werden.

ANMERKUNG Der Biegemodul ist beispielsweise nur ein Näherungswert für den exakten, im einachsigen Zugversuch ermittelten Elastizitätsmodul, da beim Biegeversuch keine Korrektur für die zusätzliche Durchbiegung durch Scherbeanspruchung erfolgt, wodurch sich ein geringerer Wert für den Biegemodul ergibt, aber es sind Prüfumfang/Probekörper-Dickenverhältnisse zu verwenden, die diese Auswirkung minimieren. Unterschiede zwischen Zug- und Biegeeigenschaften werden auch durch die Materialstruktur und Materiallagerung verursacht.

[AC> **1.3** Das Verfahren ist für faserverstärkte thermoplastische und duroplastische Kunststoffe geeignet. ISO 178, *Plastics — Determination of flexural properties*, gilt für Pressmassen mit Fasern, die kürzer sind als 7,5 mm. Dies ist im Allgemeinen der Fall bei Materialien, die für das Spritzgießverfahren vorgesehen sind. <AC]

1.4 Das Verfahren ist für Probekörper geeignet, die entweder direkt in den angegebenen Maßen geformt werden, aus dem Mittelteil eines Norm-Vielzweckprobekörpers (siehe ISO 3167) oder aus halbfertigen oder fertigen Produkten, z. B. aus Formteilen oder Schichtstoffen, ausgearbeitet werden.

1.5 Das Verfahren legt bevorzugte Maße für die Probekörper fest. Prüfungen an Probekörpern mit davon abweichenden Maßen oder anderen Herstellungsverfahren können zu Ergebnissen führen, die nicht vergleichbar sind. Andere Faktoren, wie Prüfgeschwindigkeit oder die Vorbehandlung der Probekörper, können ebenfalls die Ergebnisse beeinflussen. Bei Werkstoffen mit inhomogenem Querschnitt oder die oberhalb des linear-elastischen Reaktionsbereiches liegen, gilt das Ergebnis nur für die untersuchte Dicke und den untersuchten Aufbau. Deshalb müssen diese Parameter sorgfältig festgelegt und aufgezeichnet werden, wenn vergleichbare Ergebnisse erforderlich sind.

2 Normative Verweisungen

[A1⟩ Die folgenden zitierten Dokumente sind für die Anwendung dieses Dokuments erforderlich. Bei datierten Verweisungen gilt nur die in Bezug genommene Ausgabe. Bei undatierten Verweisungen gilt die letzte Ausgabe des in Bezug genommenen Dokuments (einschließlich aller Änderungen). ⟨A1]

ISO 178[A1⟩ gestrichener Text ⟨A1], *Plastics — Determination of flexural properties*

ISO 291[A1⟩ gestrichener Text ⟨A1], *Plastics — Standard atmospheres for conditioning and testing*

ISO 293[A1⟩ gestrichener Text ⟨A1], *Plastics — Compression moulding of test specimens of thermoplastic materials*

ISO 294-1[A1⟩ gestrichener Text ⟨A1], *Plastics — Injection moulding of test specimens of thermoplastic materials — Part 1: General principles, and moulding of multipurpose and bar test specimens*

ISO 295[A1⟩ gestrichener Text ⟨A1], *Plastics — Compression moulding of test specimens of thermosetting materials*

[A1⟩ ISO 1268 (all parts), *Fibre-reinforced plastics — Methods of producing test plates* ⟨A1]

ISO 2602[A1⟩ gestrichener Text ⟨A1], *Statistical interpretation of test results — Estimation of the mean — Confidence interval*

ISO 2818[A1⟩ gestrichener Text ⟨A1], *Plastics — Preparation of test specimens by machining*

ISO 3167[A1⟩ gestrichener Text ⟨A1], *Plastics — Multipurpose test specimens*

[A1⟩ ISO 5893, *Rubber and plastics test equipment — Tensile, flexural and compression types (constant rate of traverse) — Specification* ⟨A1]

3 Prinzip

Der Probekörper, als Balken unterstützt, wird mit einer konstanten Prüfgeschwindigkeit verformt, bis er bricht, oder bis die Verformung einen vorgegebenen Wert erreicht hat. Während des Versuchs werden die auf den Probekörper aufgebrachte Kraft und die Durchbiegung gemessen.

Das Verfahren wird für die Untersuchung des Biegeverhaltens der Probekörper und für die Bestimmung der Biegefestigkeit, des Biegemoduls und anderer Gesichtspunkte der Spannungs-Dehnungs-Beziehung unter den definierten Bedingungen verwendet. Es wendet einen frei unterstützten Balken an, der nach dem Drei- oder Vierpunkt-Verfahren belastet wird. Dieses Prüfverfahren wird gewählt, um die Schubverformung zu begrenzen und ein interlaminares Schubversagen zu vermeiden.

ANMERKUNG Das Vierpunkt-Verfahren verspricht ein konstantes Biegemoment zwischen den Druckfinnen. Im Vergleich zum Dreipunkt-Verfahren sind die Druckspannungen, die an den beiden mittig angreifenden Druckfinnen entstehen, geringer. Damit der gleiche Probekörper wie beim Dreipunkt-Verfahren verwendet werden kann, wird beim Vierpunkt-Verfahren die mittlere Stützweite so festgelegt, dass sie 1/3 der Stützweite beträgt. Der Abstand zwischen den Auflagern ist jeweils der gleiche.

4 Definitionen

Für die Anwendung dieser Internationalen Norm gelten folgende Definitionen:

4.1
Prüfgeschwindigkeit
v
Die relative Geschwindigkeit zwischen den Auflagern und der/den Druckfinne(n). Sie wird in Millimeter je Minute (mm/min) angegeben.

4.2
Biegespannung
σ_{fB}
Die nominale Spannung in der Randfaser des Probekörpers in der Mitte der Stützweite. Sie wird nach den Gleichungen (3) oder (8) im Abschnitt 10 errechnet und in Megapascal (MPa) angegeben.

4.3
Biegespannung beim Bruch
σ_{fB}
Die Biegespannung beim Bruch des Probekörpers (siehe Bild 1, Kurven A und B). Sie wird in Megapascal (MPa) angegeben.

4.4
Biegefestigkeit
σ_{fM}
Die maximale Biegespannung, die während eines Biegeversuchs vom Probekörper ertragen wird (siehe Bild 1) bei akzeptierbaren Versagensarten (siehe Abschnitt 9.9 und Bild 6). Sie wird in Megapascal (MPa) angegeben.

4.5
Durchbiegung
s
Die Verschiebung der Ober- oder Unterseite des Probekörpers in der Mitte der Stützweite während der Prüfung gegenüber der ursprünglichen Lage. Sie wird in Millimeter (mm) angegeben.

4.6
Durchbiegung beim Bruch
s_B
Die Durchbiegung beim Bruch des Probekörpers (siehe Bild 1, Kurven A und B). Sie wird in Millimeter (mm) angegeben.

4.7
Durchbiegung bei Biegefestigkeit
s_M
Die Durchbiegung bei der Kraft, bei der die Biegefestigkeit (4.4) erreicht wird (siehe Bild 1, Kurven A und B). Sie wird in Millimeter (mm) angegeben.

4.8
Biegedehnung
ε_f
Die nominale Verlängerung eines Elementes der Randfaser in der Probekörpermitte, die für die Berechnung des Biegemoduls (4.9) benötigt wird. Sie wird als dimensionsloses Verhältnis angegeben.

4.9
Elastizitätsmodul bei Biegung; Biegemodul; Sekantenmodul
A1⟩ E_r ⟨A1

A1⟩ Der Quotient aus der Differenz der Spannungen ($\sigma_f'' - \sigma_f'$) und der Differenz der zugehörigen Dehnungen ($\varepsilon_f'' = 0{,}002\,5 - \varepsilon_f' = 0{,}000\,5$) (siehe 10.1.2 und 10.2.2). Er wird in Megapascal (MPa) angegeben. ⟨A1

A1⟩ Bei Materialien mit einer Versagens-Dehnung kleiner als 0,002 5 (z. B. hochsteife kohlenstoff-faserverstärkte Kunststoffe) wird die für die Berechnung des Biegemoduls verwendete Dehnungsdifferenz auf 0,001 0 bis 0,000 5 verringert. ⟨A1

ANMERKUNG Mit rechnerunterstützten Prüfeinrichtungen kann die Ermittlung des Biegemoduls zwischen zwei Spannungs-Dehnungs-Punkten durch eine Regressionsgerade ersetzt werden, die auf die Kurve zwischen den genannten Punkten angewendet wird.

4.10
Interlaminarer Schubmodul
G_{13}:
Der Schubmodul für Laminate in Dickenrichtung. Er wird in Megapascal (MPa) angegeben.

ANMERKUNG Für Werkstoffe, die vorwiegend in der Lagenebene verstärkt sind, liegt der interlaminare Schubmodul G_{13} in der Größenordnung von 3 000 MPa bis 6 000 MPa.

4.11
Koordinatenachsen für den Probekörper (Werkstoffe mit Orientierung):
Die Koordinatenachsen für einen Werkstoff mit Orientierung sind in Bild 2 festgelegt. Die Richtung parallel zu den Faserachsen wird als Richtung „1“ bezeichnet, dazu rechtwinklig verläuft die Richtung „2“.

Für andere Werkstoffe werden die Richtungen 1, 2 und 3 allgemein als x-, y- und z-Koordinatensystem bezeichnet.

ANMERKUNG 1 Die Richtung „1“ wird auch 0-Grad- (0°-) oder Längsrichtung und die Richtung „2“ als 90-Grad- (90°-) oder Querrichtung genannt.

ANMERKUNG 2 Eine entsprechende Definition kann auf Werkstoff mit bevorzugter Faserlage oder für alle Fälle angewendet werden, in denen eine Richtung unter Bezug auf das Herstellungsverfahren festgelegt werden kann (z. B. die Länge).

Für Werkstoffe mit Anisotropie, wie oben definiert, erhalten die Formelzeichen einen zusätzlichen Index „1“ oder „2“, um die untersuchte Richtung zu kennzeichnen.

5 Prüfgeräte

5.1 Prüfmaschine

5.1.1 Allgemeines

Die Prüfmaschine muss ISO 5893 entsprechen und den Anforderungen, die in 5.1.2 bis 5.1.4 gegeben sind, wie folgt genügen:

5.1.2 Prüfgeschwindigkeit

Die Prüfmaschine muss die in Tabelle 1 angegebene Prüfgeschwindigkeit (siehe 4.1) einhalten können.

Tabelle 1 — Empfohlene Werte für die Prüfgeschwindigkeit

Prüfgeschwindigkeit mm/min	**Grenzabweichung** %
0,5	± 20
1	± 20
2	± 20
5	± 20
10	± 20
20	± 10
50	± 10
100	± 10
200	± 10
500	± 10

Die Prüfgeschwindigkeit 0,5 mm/min ist in ISO 5893 nicht enthalten. Die Grenzabweichungen für die Prüfgeschwindigkeiten 1 mm/min und 2 mm/min sind kleiner als in ISO 5893 angegeben.

5.1.3 Druckfinne(n) und Auflager

Auflager und Druckfinne(n) sind entsprechend Bild 3 (Dreipunkt-Verfahren) bzw. entsprechend Bild 4 (Vierpunkt-Verfahren) anzuordnen. Die Radien R_1 und R_2 müssen wie in Tabelle 2 angegeben, gewählt werden. Die Achsen der Auflager und Druckfinne(n) müssen zueinander parallel sein.

Die Stützweite L (Abstand zwischen den Auflagern) muss einstellbar sein.

Tabelle 2 — Maße für Druckfinne und Auflager

Maße	**Wert** mm
R_1	5 ± 0,2
R_2 für $h \leq 3$ mm	2 ± 0,2
R_2 für $h > 3$ mm	5 ± 0,2

5.1.4 Anzeigen für Kraft und Durchbiegung

Die Fehlergrenze in der Anzeige der Kraft darf ± 1 % nicht überschreiten, und für die Anzeige der Durchbiegung darf der Fehler höchstens ± 1 % des Messbereichsendwertes betragen (siehe ISO 5893).

Die Durchbiegung, hervorgerufen durch die Kreuzkopfbewegung der Prüfmaschine, muss für die Kraftzug-Durchbiegung und die Vertiefung bei den Auflagepunkten korrigiert werden.

5.2 Messschrauben und Lehren

5.2.1 Messschraube oder gleichwertiges Messgerät mit einem Skalenteilungswert von ≤ 0,01 mm, die/das geeignet ist zur Messung der Breite b und der Dicke h des Probekörpers.

Die Messflächen der Messschraube müssen für die zu messende Oberfläche geeignet sein (d. h. flache Messflächen für flache, polierte Oberflächen und halbkugelförmige Messflächen für andere Oberflächen)

A1) **5.2.2 Messschieber mit Nonius oder gleichwertiges Messgerät** zur Messung der Stützweite L mit einer Fehlergrenze von 0,1 % (siehe 9.2). (A1

6 Probekörper

6.1 Form und Maße

6.1.1 Allgemeines

Sofern nicht anders vereinbart, müssen die Maße der Probekörper den Maßen entsprechen, die in der Norm für Werkstoffe unter Prüfbedingungen angegeben sind oder den in 6.1.3 angegebenen Maßen entsprechen.

6.1.2 Prüfrichtung

Die Achsen des Probekörpers müssen in einer der Hauptrichtungen angeordnet werden (siehe 4.11 und Bild 5).

ANMERKUNG Wenn der Werkstoff unter Prüfbedingung zwischen den zwei Hauptrichtungen (d. h. 1 und 2) einen wesentlichen Eigenschaftsunterschied aufweist, wird empfohlen, in beiden Richtungen zu prüfen.

Wenn der Werkstoff im Anwendungsfall unter bestimmten Winkeln zu den Hauptrichtungen Spannungen unterworfen ist, muss dieser Werkstoff in der entsprechenden Richtung geprüft werden. Die Richtung der Probekörper relativ zu den Hauptrichtungen muss aufgezeichnet werden.

6.1.3 Bevorzugter Probekörpertyp

Bei keinem Probekörper darf die Dicke im mittleren Drittel der Länge um mehr als 2 % von ihrem Mittelwert abweichen. Die entsprechende maximale Grenzabweichung der Breite beträgt 3 %. Der Querschnitt muss rechteckig und ohne abgerundete Kanten sein.

ANMERKUNG Der bevorzugte Probekörper der Klasse I darf aus dem Mittelteil des Vielzweckprobekörpers nach ISO 3167 ausgearbeitet werden.

Bei keinem Probekörper darf die Dicke über die gesamte Länge um mehr als 2 % von ihrem Mittelwert abweichen. Die entsprechende maximale Grenzabweichung der Breite beträgt 3 %. Der Querschnitt muss rechteckig und ohne abgerundete Kanten sein.

Tabelle 3 — Bevorzugter Probekörper für Verfahren A (Dreipunkt-Biegeversuch)

Maße in Millimeter

Werkstoff	Länge des Probekörpers l	Stützweite L	Breite b	Dicke h
Klasse I Diskontinuierlich faserverstärkte Kunststoffe	80	64	10	4
Klasse II Mit Matten, kontinuierlichen Matten, mit Gewebe oder Mischformaten verstärkte Kunststoffe, z. B. DMC, BMC, SMC und GMT.	80	64	15	4
Klasse III Transverse (90°) unidirektionale Verbundstoffe Unidirektionale (0°) und multidirektionale Verbundstoffe mit $5 < E_{f1} / G_{13} \leq 15$ (z. B. Glasfasersysteme)	60	40	15	2
Klasse IV Unidirektionale (0°) und multidirektionale Verbundstoffe mit $5 < E_{f1} / G_{13} \leq 50$ (z. B. Kohlenstofffasersysteme)	100	80	15	2
Grenzabmaße	0 +10	± 1	± 0,5	± 0,2

ANMERKUNG Um das Schwanken der Werte bei Probekörpern aus Werkstoffen mit grobem Füllstoff zu verringern, darf eine Probekörperbreite von 25 mm angewendet werden.

Tabelle 4 — Bevorzugte Probekörper für Verfahren B (Vierpunkt-Biegeversuch)

Maße in Millimeter

Werkstoff	Länge des Probekörpers *l*	Stützweite *L*	Mittlere Stützweite *L'*	Breite *b*	Dicke *h*
Klasse I Diskontinuierlich faserverstärkte Kunststoffe	80	66	22	10	4
Klasse II Mit Matten, kontinuierlichen Matten, mit Gewebe oder Mischformaten verstärkte Kunststoffe, z. B. DMC, BMC, SMC und GMT.	80	66	22	15	4
Klasse III Transverse (90°) unidirektionale Verbundstoffe Unidirektionale (0°) und multidirektionale Verbundstoffe mit $5 < E_{f1} / G_{13} \leq 15$ (z. B. Glasfasersysteme)	60	45	15	15	2
Klasse VI Unidirektionale (0°) und multidirektionale Verbundstoffe mit $5 < E_{f1} / G_{13} \leq 50$ (z. B. Kohlenstofffasersysteme)	100	81	27	15	2
Grenzabmaße	+10 0	± 1	± 1	± 0,5	± 0,2

ANMERKUNG Um das Schwanken bei Probekörpern aus Werkstoffen mit grobem Füllstoff zu verringern, darf eine Probekörperbreite von 25 mm angewendet werden.

6.1.4 Andere Probekörper

Wenn die Anwendung des bevorzugten Probekörpers nicht möglich oder erwünscht ist, müssen die in den Tabellen A.1 und A.2 angegebenen Maße für *L*, *l*, *h* und *b* im Anhang A eingehalten werden.

6.2 Herstellung von Probekörpern

6.2.1 Spritzguss- oder Extrusionsformmassen

Die Probekörper müssen nach der entsprechenden Materialprüfvorschrift vorbereitet werden. Wenn keine entsprechende Vorschrift existiert oder wenn keine anderweitigen Angaben vorhanden sind, müssen die Probekörper direkt aus dem Werkstoff der jeweils zutreffenden Norm ISO 293, ISO 294-1 oder ISO 295 entweder gepresst oder spritzgegossen werden.

6.2.2 Tafeln

Die Probekörper müssen nach ISO 2818 aus Tafeln ausgearbeitet werden.

6.2.3 Langfaserverstärkte Kunststoffe

Probekörper müssen aus einem Zuschnitt, vorbereitet nach ISO 1268 oder einer anderen Norm oder einem anderen festgelegten/vereinbarten Verfahren, ausgearbeitet werden. Eine Anleitung zur mechanischen Bearbeitung von Kunststoffen ist in ISO 2818 gegeben.

6.3 Überprüfung der Probekörper

Die Probekörper dürfen keine Verdrehungen aufweisen und müssen gegenüberliegende parallele Paare von Oberflächen haben, die senkrecht aufeinander stehen. Die Oberflächen und Kanten müssen frei von Kratzern, Löchern, Einfallstellen und Graten sein.

Die Probekörper müssen visuell mit Haarlinealen, Anschlagwinkeln, ebenen Platten und durch Messung mit Feinmesslehren auf Übereinstimmung mit diesen Anforderungen überprüft werden. Probekörper, die messbare oder sichtbare Abweichungen von einer dieser Anforderungen zeigen, müssen verworfen oder vor der Prüfung auf die vorgeschriebene Größe und Form nachbearbeitet werden.

7 Anzahl der Probekörper

7.1 Um gültige Versagensfälle zu erreichen, müssen mindestens fünf Probekörper geprüft werden. Wenn eine größere Präzision des Mittelwertes gefordert ist, dürfen mehr als fünf Messungen durchgeführt werden.

Dies kann über die Berechnung des Vertrauensbereiches (95 %ige Wahrscheinlichkeit, siehe ISO 2602) ermittelt werden.

7.2 Die Ergebnisse von Probekörpern, die außerhalb des mittleren Drittels (Dreipunkt-Verfahren) bzw. außerhalb der Mitte (Vierpunkt-Verfahren) der Stützweite brechen, sind zu verwerfen; an ihrer Stelle sind neue Probekörper zu prüfen.

8 Konditionierung

8.1 Wo es zutrifft, sind die Probekörper nach den Anforderungen in der Norm für den untersuchten Werkstoff zu konditionieren. Fehlt diese Information, so ist die am meisten zutreffende Bedingung aus ISO 291 auszuwählen, falls von den Beteiligten nichts anderes vereinbart wird (z. B. für die Prüfung bei hohen oder tiefen Temperaturen).

9 Durchführung

9.1 Wo es zutrifft, ist die Prüfung in dem Klima durchzuführen, das in der Norm für den zu untersuchenden Werkstoff vorgeschrieben ist. Fehlt diese Information, so sind die am meisten zutreffenden Bedingungen aus ISO 291 auszuwählen, falls von den Beteiligten nichts anderes vereinbart wird (z. B. für die Prüfung bei hohen oder tiefen Temperaturen).

9.2 Die Breite b und die Dicke h werden auf 1 % in der Mitte jedes Probekörpers gemessen. Probekörper, deren Dicke die Grenzabweichung von ± 2 % des Mittelwertes überschreitet, werden nicht geprüft und müssen durch andere ersetzt werden, die zufällig ausgewählt werden. Der Mittelwert h der Probekörperreihe wird berechnet.

Es ist zu berichten, wenn Probekörper verwendet werden, die diese Dickentoleranzanforderung nicht erfüllen können.

Die Stützweite L wird nach dem in den Tabellen 3 und 4 angegebenen Verhältnis (L/h) Stützweite/Mittelwert der Probekörperdicke auf 1 % des errechneten Wertes eingestellt, und die sich ergebende Stützweite wird auf 0,2 % gemessen.

Die Tabellen 3 und 4 müssen angewendet werden, wenn nicht akzeptierbare Verhaltensarten (z. B. interlaminare Scherung) erhalten werden (siehe Bild 6). Für diesen Fall muss eine höheres Verhältnis L/h angewendet werden. Bevorzugte akzeptierbare Verhältnisse sind 16/1, 20/1, 40/1 und 60/1.

9.3 Wo es zutrifft, ist die Prüfgeschwindigkeit, wie in der Norm für den zu untersuchenden Werkstoff angegeben, zu wählen. Fehlt diese Information, ist der Wert aus Tabelle 1 zu entnehmen, der einer A1) Dehnrate (A1 von 0,01 am nächsten kommt. Die Geschwindigkeit kann aus folgenden Gleichungen errechnet werden:

$$\upsilon = \frac{\varepsilon' L^2}{6h} \text{ (Dreipunkt-Verfahren)} \quad (1)$$

$$\upsilon = \frac{\varepsilon' L^2}{4{,}7\, h} \text{ (Vierpunkt-Verfahren)} \quad (2)$$

Dabei ist

ε' die A1) Dehnrate (A1 0,01 (d. h. 1 % je Minute).

Dies ergibt eine Prüfgeschwindigkeit, bei der in 1 min die Durchbiegung dem 0,4-fachen der Probekörperdicke am nächsten kommt, z. B. 2 mm/min für den bevorzugten Werkstoff der Klasse I nach 6.1.3.

9.4 Der Probekörper wird symmetrisch auf die beiden Auflager gelegt, und seine zugbeanspruchte Seite (d. h. in den Bildern 3 und 4 die Unterseite) wird gekennzeichnet.

9.5 (Wahlweise) Eine dünne Zwischenlage oder Beilage darf zwischen Druckfinne und Probekörper gelegt werden, um besonders für Werkstoffe der Klassen III und IV ein Versagen der druckbeanspruchten Seite des Probekörpers zu verhindern.

ANMERKUNG Es wurde festgestellt, dass eine 0,2 mm dicke Zwischenlage aus Polypropylen geeignet ist, um Versagensfälle durch die Druckfinne auf der druckbeanspruchten Seite zu verringern

9.6 Die Kraft wird beim Dreipunkt-Verfahren mittig bzw. beim Vierpunkt-Verfahren gleichmäßig auf beide Druckfinnen verteilt aufgebracht (siehe Bilder 3 und 4).

9.7 Die Kraft und die zugehörige Durchbiegung des Probekörpers werden während des Versuches aufgezeichnet, wenn möglich mit Hilfe eines automatischen Aufzeichnungssystems, das eine vollständige Kraft-Durchbiegungs- oder Spannungs-Dehnungs-Kurve liefert (siehe Bild 1).

9.8 Alle wichtigen Spannungen, Durchbiegungen und Dehnungen, die im Abschnitt 4 (Definitionen) aufgelistet sind, werden aus einer Kraft-Durchbiegungskurve oder einer Spannungs-Dehnungs-Kurve oder aus gleichwertigen Daten bestimmt.

9.9 Die Versagensart ist auf der Grundlage von Bild 6 anzugeben (Hinweisen auf das Versagen auf der zug- oder auf der druckbeanspruchten Seite).

10 Berechnung und Angabe der Ergebnisse

ANMERKUNG Alternative Gleichungen sind im Anhang B angegeben, um große Durchbiege-Effekte zu korrigieren (d. h. bei Durchbiegung größer als 0,1 x L mm).

10.1 Verfahren A (Dreipunkt-Verfahren)

10.1.1 Die Biegespannung σ_f wird nach der folgenden Gleichung berechnet:

$$\sigma_f = \frac{3FL}{2bh^2} \quad (3)$$

Dabei ist

σ_f die Biegespannung, in Megapascal (MPa);

F die Kraft, in Newton (N);

L die Stützweite, in Millimeter (mm);

h die Dicke des Probekörpers, in Millimeter (mm);

b die Breite des Probekörpers, in Millimeter (mm).

10.1.2 A1) Für die Bestimmung des Biegemoduls sind die Durchbiegungen s' und s'', die den gegebenen Randfaserdehnungen ε_f' = 0,000 5 und ε_f'' = 0,002 5 entsprechen, im Falle von Verbundstoffen mit einer Versagens-Dehnung größer als 0,002 5 bzw. die Durchbiegungen s' und s'', die den gegebenen Randfaserdehnungen ε_f' = 0,000 5 und ε_f'' = 0,001 0 entsprechen, im Falle von Materialien wie hochsteifen kohlenstofffaserverstärkten Kunststoffen, die eine Versagens-Dehnung von weniger als 0,002 5 haben, nach folgender Gleichung zu berechnen: (A1

$$s' = \frac{\varepsilon_f' L^2}{6h} \text{ und } s'' = \frac{\varepsilon_f'' L^2}{6h} \quad (4)$$

Dabei ist

s' und s'' die Durchbiegungen der Balkenmitte, in Millimeter (mm);

ε_f' und ε_f'' die Biegespannungen, deren Werte oben angegeben sind.

Der Biegemodul wird nach den Gleichungen (5) oder (6) berechnet.

(i) Anwenden der Gleichung (5)

$$E_f = \frac{L^3}{4bh^3}\left(\frac{\Delta F}{\Delta s}\right) \quad (5)$$

Dabei ist

E_f der Biegemodul in Megapascal (MPa);

Δs die Differenz der Durchbiegungen s'' und s';

ΔF die Differenz der Kräfte F'' und F' entsprechend s'' und s'.

(ii) Anwenden der Gleichung (6)

$$E_{\mathrm{f}} = 500\left(\sigma_{\mathrm{f}}'' - \sigma_{\mathrm{f}}'\right) \tag{6}$$

Dabei ist

σ_{f}' die Spannung bei der Durchbiegung s', in Megapascal (MPa);

σ_{f}'' die Spannung bei der Durchbiegung s'', in Megapascal (MPa).

Bei Rechnerunterstützung siehe Anmerkung zu 4.9.

10.1.3 Die Dehnung der Randfaser des Probekörpers ist nach folgender Gleichung zu berechnen:

$$\varepsilon = \frac{6sh}{L^2} \tag{7}$$

10.2 Verfahren B (Vierpunkt-Verfahren)

10.2.1 Die Beigespannung σ_{f} ist nach folgender Gleichung zu berechnen:

$$\sigma_{\mathrm{f}} = \frac{FL}{bh^2} \tag{8}$$

Dabei ist

σ_{f} die Biegespannung, in Megapascal (MPa);

F die Kraft, in Newton (N);

L die Stützweite, in Millimeter (mm);

h die Dicke des Probekörpers, in Millimeter (mm);

b die Breite des Probekörpers, in Millimeter (mm).

10.2.2 A1⟩ Für die Bestimmung des Biegemoduls sind die Durchbiegungen s' und s'', die den gegebenen Randfaserdehnungen $\varepsilon_{\mathrm{f}}' = 0{,}000\,5$ und $\varepsilon_{\mathrm{f}}'' = 0{,}002\,5$ entsprechen, im Falle von Composites mit einer Versagens-Dehnung größer als 0,002 5 bzw. die Durchbiegungen s' und s'', die den gegebenen Randfaserdehnungen $\varepsilon_{\mathrm{f}}' = 0{,}000\,5$ und $\varepsilon_{\mathrm{f}}'' = 0{,}001\,0$ entsprechen, im Falle von Materialien wie hochsteifen kohlenstofffaserverstärkten Kunststoffen, die eine Versagens-Dehnung von weniger als 0,002 5 haben, nach folgender Gleichung zu berechnen: ⟨A1

$$s' = \frac{\varepsilon_{\mathrm{f}}' L^2}{4{,}7\,h} \quad \text{und} \quad s'' = \frac{\varepsilon_{\mathrm{f}}'' L^2}{4{,}7\,h} \tag{9}$$

Dabei sind

s' und s'' die Durchbiegungen der Balkenmitte, in Millimeter (mm);

ε' und ε'' die Biegespannungen, deren Werte oben angegeben sind.

Der Biegemodul wird nach den Gleichungen (10) oder (11) berechnet:

(i) Anwenden der Gleichung (10)

$$E_f = \frac{0{,}21 L^3}{bh^3}\left(\frac{\Delta F}{\Delta s}\right) \tag{10}$$

Dabei ist

E_f der Biegemodul, in Megapascal (MPa);

Δs die Differenz der Durchbiegungen s'' und s';

ΔF die Differenz der Kraft F'' und F' entsprechend s'' und s'.

(ii) Anwenden der Gleichung (11)

$$E_f = 500(\sigma_f'' - \sigma_f') \tag{11}$$

Dabei ist

E_f der Biegemodul, in Megapascal (MPa);

σ_f' die Spannung bei der Durchbiegung s', in Megapascal (MPa);

σ_f'' die Spannung bei der Durchbiegung s'', in Megapascal (MPa).

10.2.3 Die Dehnung der Randfaser des Probekörpers ist nach folgender Gleichung zu berechnen:

$$\varepsilon = \frac{4{,}7\mathrm{sh}}{\mathrm{L}^2} \tag{12}$$

Bei Rechnerunterstützung siehe Anmerkung zu 4.9.

10.3 Es werden der arithmetische Mittelwert der einzelnen Messungen und, falls gefordert, die Standardabweichung und der 95%ige-Vertrauensbereich für den Mittelwert nach dem in ISO 2602 beschriebenen Verfahren ermittelt.

10.4 Die Spannungen und der Biegemodul werden auf drei, die Durchbiegung auf zwei geltende Stellen berechnet.

11 Präzision

Die Präzision dieses Prüfverfahrens ist nicht bekannt. Sobald entsprechende Ergebnisse vorliegen, wird bei der nächsten Überarbeitung eine Angabe zur Präzision aufgenommen.

12 Prüfbericht

Der Prüfbericht muss folgende Angaben enthalten:

a) eine Verweisung auf diese Internationale Norm unter Angabe des Prüfverfahrens, der Werkstoffklasse und der Prüfgeschwindigkeit;

b) die vollständige Beschreibung des Werkstoffs, einschließlich Typ, Ursprung, Bezeichnungsnummer des Herstellers, Form und Vorgeschichte, soweit diese bekannt ist;

c) für Platten die Plattendicke und, falls zutreffend, die Richtung der Hauptachsen der Probekörper in Bezug auf die Orientierungen in der Platte;

d) das Datum der Messung;

e) die Form und Maße der Probekörper; es ist zu vermerken, wenn Probekörper die Grenzabweichung nach 9.2 nicht erfüllen;

f) die Art der Probekörperherstellung;

g) die Prüfbedingungen und die Vorbehandlung, wenn zutreffend;

h) die Anzahl der geprüften Probekörper;

i) die verwendete Stützweite;

j) die Prüfgeschwindigkeit;

k) die Genauigkeitsklasse der Prüfmaschine (siehe ISO 5893);

l) die Seite des Probekörpers, die mit den Druckfinnen in Berührung kommt;

m) Art, Material und Dicke der Zwischenlage, falls angewendet;

n) die verwendete Gleichung [A1) und den verwendeten Dehnungsbereich (d. h. Dehnungsdifferenz); (A1]

o) das Prüfergebnis;

p) die einzelnen Messungen, einschließlich Spannungs-(Kraft-)Dehnungs-(Durchbiegungs-)Diagramme, falls gefordert;

q) die Versagensart;

r) die Standardabweichung und der 95%ige Vertrauensbereich für die Mittelwerte, wenn gefordert.

Anhang A
(normativ)

Andere Probekörper

A.1 Die Länge und die Dicke des Probekörpers stehen im gleichen Verhältnis zueinander wie beim bevorzugten Probekörper, d. h. wie in Tabelle A.1 angegeben, sofern nicht die Bedingungen von 9.2 (letzter Absatz) berührt werden.

Tabelle A.1 — Werte für Stützweite L und Länge l des Probekörpers in Abhängigkeit von der Dicke h

Werkstoffklasse	Dreipunkt-Verfahren		Vierpunkt-Verfahren	
	L/h	l/h	L/h	l/h
I	16	20	16,5	20
II	16	20	16,5	20
III	20	30	22,5	30
IV	40	50	40,5	50

ANMERKUNG Bestimmte Prüfvorschriften fordern, dass Probekörper aus Platten, deren Dicke die festgelegte Grenze überschreitet, auf eine genormte Dicke reduziert werden, indem nur eine Seite abgearbeitet wird. In diesen Fällen ist es üblich, den Probekörper so anzuordnen, dass die Originaloberfläche im Kontakt mit den beiden Auflagern ist und die Belastung auf der bearbeiteten Fläche des Probekörpers zentrisch durch die Druckfinne erfolgt.

A.2 Die in Tabelle A.2 für die Breite des Probekörpers angegebenen Werte müssen angewendet werden.

Tabelle A.2 — Werte für die Breite b in Abhängigkeit von der Dicke h

Maße in Millimeter

Nenndicke h	Breite b Klasse I	Breite b Klasse II bis IV
$1 < h \leq 3$	25	15
$3 < h \leq 5$	10	15
$5 < h \leq 10$	15	15
$10 < h \leq 20$	20	30
$20 < h \leq 35$	35	50
$35 < h \leq 50$	50	80

Bei Werkstoffen mit groben Verstärkungen muss der Probekörper so breit sein, dass eine repräsentative Probe entnommen werden kann. Es gelten die in den Tabellen 3 und 4 angegebenen Grenzabmaße.

Anhang B
(normativ)

Korrekturen bei großer Durchbiegung

Berechnung und Angabe der Ergebnisse

B.1 Verfahren A — Dreipunkt-Verfahren

Im Falle vom großen Durchbiegungen, größer als 0,1 L, muss folgende Gleichung für die Biegespannung σ_f angewendet werden:

$$\sigma_f = \frac{3FL}{2bh^2}\left\{1+6\left(\frac{s}{L}\right)^2 - 3\left(\frac{sh}{L^2}\right)\right\} \tag{3a}$$

Dabei ist

s die Durchbiegung der Balkenmitte, in Millimeter (mm);

σ_f die Biegespannung, in Megapascal (MPa)

F die Kraft, in Newton (N);

L die Stützweite, in Millimeter (mm);

h die Dicke des Probekörpers, in Millimeter (mm);

b die Breite des Probekörpers, in Millimeter (mm).

Und für die Dehnung muss die korrigierte Gleichung angewendet werden:

$$\varepsilon = \frac{h}{L}\left\{6{,}00\frac{s}{L} - 24{,}37\left(\frac{s}{L}\right)^3 + 62{,}17\left(\frac{s}{L}\right)^5\right\} \tag{7a}$$

Die Spannung wird auch wesentlich durch Reibung bei den Druckfinnen und Auflagern beeinflusst. Dies kann gelöst werden, indem die Glieder auf Lager angeordnet werden, das Prüfverfahren auf geringe Durchbiegungen begrenzt wird (nicht bevorzugt) oder der Korrekturterm der Gleichung (3a) hinzugefügt wird:

$$\sigma_f = \frac{3FL}{2bh^2}\left\{1+6\left(\frac{s}{L}\right)^2 - 3\left(\frac{sh}{L^2}\right) - \mu\left(2\frac{s}{L} - \frac{h}{L}\right)\right\} \tag{3b}$$

Dabei ist μ der effektive Reibungskoeffizient, der relativ leicht zu bestimmen ist.

B.2 Verfahren B — Vierpunkt-Verfahren

Im Falle von großen Durchbiegungen, größer als 0,1 L, muss folgende Gleichung für die Biegespannung σ_f angewendet werden:

$$\sigma_f = \frac{FL}{bh^2}\left\{1 + 8{,}78\left(\frac{s}{L}\right)^2 - 7{,}04\left(\frac{sh}{L^2}\right)\right\} \tag{8a}$$

Dabei ist

σ_f die Biegespannung, in Megapascal (MPa);

F die Kraft, in Newton (N);

L die Stützweite, in Millimeter (mm);

h die Dicke des Probekörpers, in Millimeter (mm);

b die Breite des Probekörpers, in Millimeter (mm).

Und für die Dehnung muss die korrigierte Gleichung angewendet werden:

$$\varepsilon = \frac{h}{L}\left\{4{,}70\frac{s}{L} - 14{,}39\left(\frac{s}{L}\right)^3 + 27{,}70\left(\frac{s}{L}\right)^5\right\} \tag{11a}$$

Korrigieren der Reibungseffekte wie oben:

$$\sigma_f = \frac{FL}{bh^2}\left\{1 + 8{,}78\left(\frac{s}{L}\right)^2 - 7{,}04\left(\frac{sh}{L^2}\right) - 3{,}39\mu\left(\frac{s}{L}\right)\right\} \tag{11b}$$

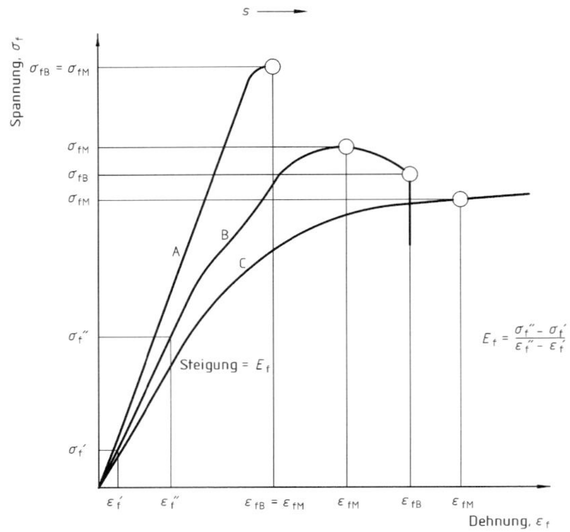

$\varepsilon_f' = 0{,}000\,5$, $\varepsilon_f'' = 0{,}002\,5$

Bild 1 — Typische Spannungs Dehnungs Kurve

[A1) (NB: Die Dehnungen ε' und ε'' entsprechen den Durchbiegungen s' und s''.) (A1]

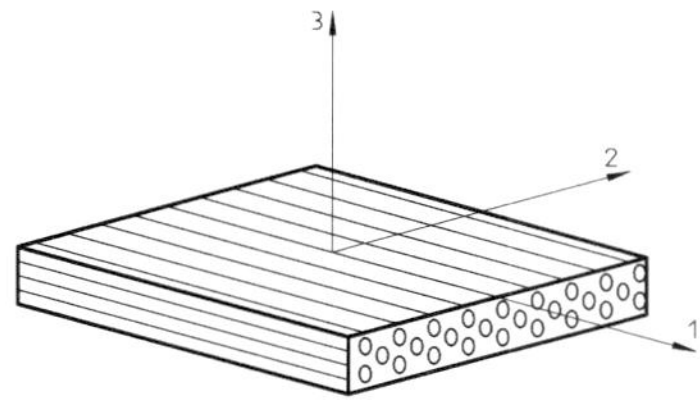

Bild 2 — Symmetrieachsen an einem unidirektional verstärkten Element einer Verbundstofftafel

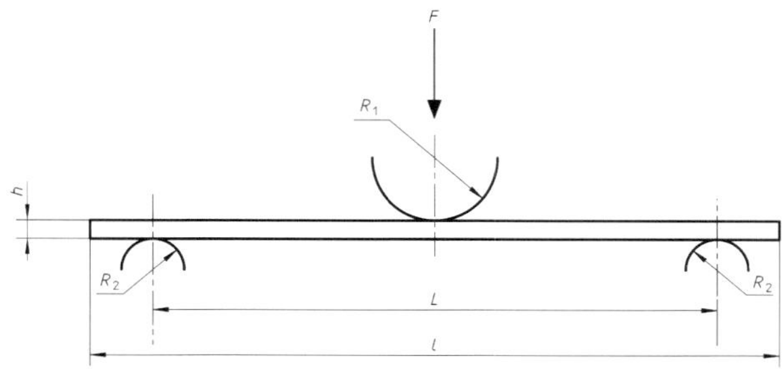

Bild 3 — Dreipunkt-Verfahren

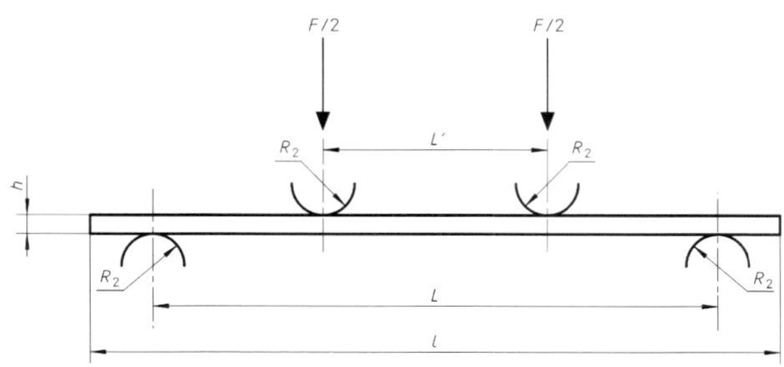

Bild 4 — Vierpunkt-Verfahren
(NB: $L = 3L'$)

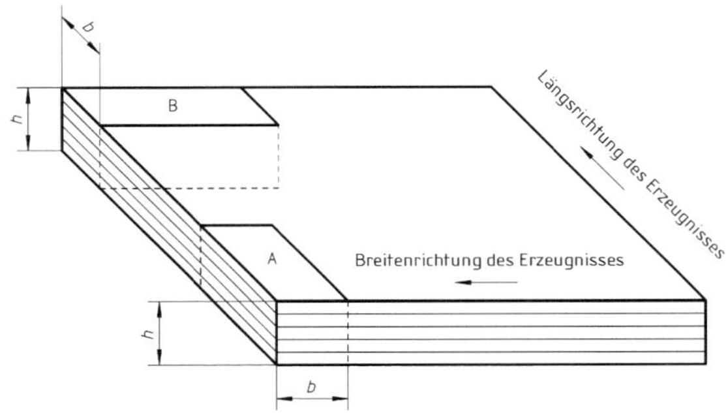

Bild 5 — Lage der Probekörper

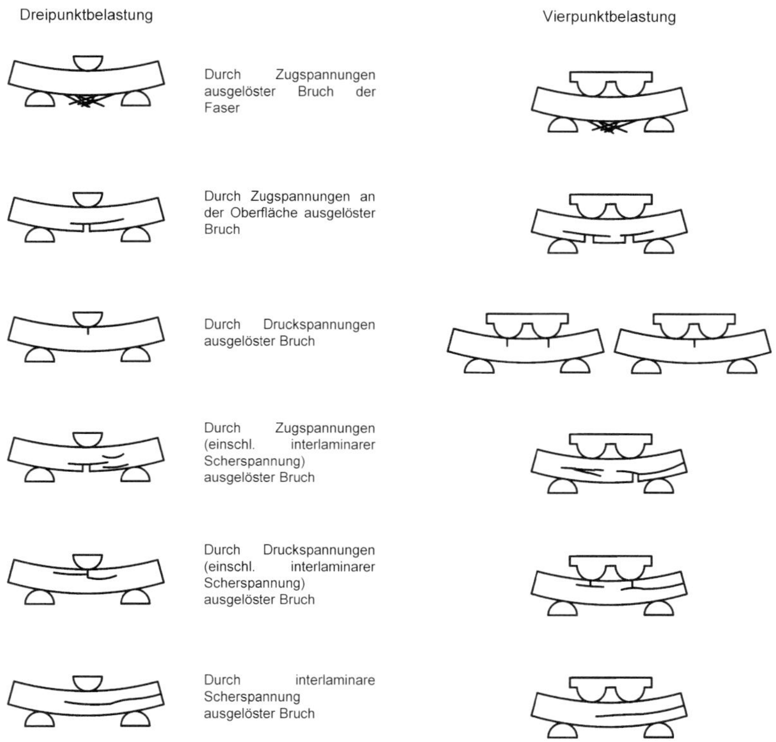

Bild 6 — Beispiele für mögliche Versagensarten
(Akzeptierbare Versagensarten sind, von den Auflagepunkten entfernt, durch Zug- und Druckspannung ausgelöste Brüche. Versagen durch interlaminare Scherung wird nicht akzeptiert.)

Anhang ZA
(normativ)

Normative Verweisungen auf internationale Publikationen mit ihren entsprechenden europäischen Publikationen

Diese Europäische Norm enthält durch datierte oder undatierte Verweisungen Festlegungen aus anderen Publikationen. Diese normativen Verweisungen sind an den jeweiligen Stellen im Text zitiert, und die Publikationen sind nachstehend aufgeführt. Bei datierten Verweisungen gehören spätere Änderungen oder Überarbeitungen dieser Publikationen nur zu dieser Europäischen Norm, falls sie durch Änderung oder Überarbeitung eingearbeitet sind. Bei undatierten Verweisungen gilt die letzte Ausgabe der in Bezug genommenen Publikation.

Publikation	Jahr	Titel	EN	Jahr
ISO 178	1993	Plastics — Determination of flexural properties	EN ISO 178	1996
ISO 291	1997	Plastics — Standard atmospheres for conditioning and testing	EN ISO 291	1997
ISO 2818	1994	Plastics — Preparation of test specimens by machining	EN ISO 2818	1996
ISO 3167	1993	Plastics — Multipurpose test specimens	EN ISO 3167	1996

Sachgebiet 5

Kunststoffe – Bestimmung des Kriechverhaltens

DIN EN ISO 899-1

DIN

ICS 83.080.01

Ersatz für
DIN EN ISO 899-1:2015-06

Kunststoffe – Bestimmung des Kriechverhaltens – Teil 1: Zeitstand-Zugversuch (ISO 899-1:2017); Deutsche Fassung EN ISO 899-1:2017

Plastics –
Determination of creep behaviour –
Part 1: Tensile creep (ISO 899-1:2017);
German version EN ISO 899-1:2017

Plastiques –
Détermination du comportement au fluage –
Partie 1: Fluage en traction (ISO 899-1:2017);
Version allemande EN ISO 899-1:2017

Gesamtumfang 24 Seiten

DIN-Normenausschuss Kunststoffe (FNK)

www.din.de
www.beuth.de

2799421

Nationales Vorwort

Dieses Dokument (EN ISO 899-1:2017) wurde vom Technischen Komitee ISO/TC 61 „Plastics" in Zusammenarbeit mit dem Technischen Komitee CEN/TC 249 „Kunststoffe" erarbeitet, dessen Sekretariat von NBN (Belgien) gehalten wird.

Das zuständige deutsche Normungsgremium ist der Arbeitsausschuss NA 054-01-02 AA „Mechanische Eigenschaften und Probekörperherstellung" im DIN-Normenausschuss Kunststoffe (FNK).

Für die in diesem Dokument zitierten internationalen Dokumente wird im Folgenden auf die entsprechenden deutschen Dokumente hingewiesen:

ISO 62	siehe	DIN EN ISO 62
ISO 291	siehe	DIN EN ISO 291
ISO 472	siehe	DIN EN ISO 472
ISO 527-1:2012	siehe	DIN EN ISO 527-1:2012-06
ISO 527-2	siehe	DIN EN ISO 527-2
ISO 10350-1	siehe	DIN EN ISO 10350-1
ISO 11403-1	siehe	DIN EN ISO 11403-1

Änderungen

Gegenüber DIN EN ISO 899-1:2015-06 wurden folgende Änderungen vorgenommen:

a) Aktualisierung der normativen Verweisungen;

b) Aktualisierung der Literaturhinweise;

c) redaktionelle Überarbeitung.

Frühere Ausgaben

DIN 53444: 1968-04, 1990-01
DIN EN ISO 899-1: 1997-03, 2003-10, 2015-06

Nationaler Anhang NA
(informativ)

Literaturhinweise

DIN EN ISO 62, *Kunststoffe — Bestimmung der Wasseraufnahme*

DIN EN ISO 291, *Kunststoffe — Normalklimate für Konditionierung und Prüfung*

DIN EN ISO 472, *Kunststoffe — Fachwörterverzeichnis*

DIN EN ISO 527-1:2012-06, *Kunststoffe — Bestimmung der Zugeigenschaften — Teil 1: Allgemeine Grundsätze (ISO 527-1:2012); Deutsche Fassung EN ISO 527-1:2012*

DIN EN ISO 527-2, *Kunststoffe — Bestimmung der Zugeigenschaften — Teil 2: Prüfbedingungen für Form- und Extrusionsmassen*

DIN EN ISO 10350-1, *Kunststoffe — Ermittlung und Darstellung vergleichbarer Einpunktkennwerte — Teil 1: Formmassen*

DIN EN ISO 11403-1, *Kunststoffe — Ermittlung und Darstellung von vergleichbaren Vielpunkt-Kennwerten — Teil 1: Mechanische Eigenschaften*

— Leerseite —

EUROPÄISCHE NORM

EUROPEAN STANDARD

NORME EUROPÉENNE

EN ISO 899-1

November2017

ICS 83.080.01

Ersatz für EN ISO 899-1:2003

Deutsche Fassung

Kunststoffe — Bestimmung des Kriechverhaltens — Teil 1: Zeitstand-Zugversuch (ISO 899-1:2017)

Plastics — Determination of creep behaviour — Part 1: Tensile creep (ISO 899-1:2017)

Plastiques — Détermination du comportement au fluage — Partie 1: Fluage en traction (ISO 899-1:2017)

Diese Europäische Norm wurde vom CEN am 31. Oktober 2017 angenommen.

Die CEN-Mitglieder sind gehalten, die CEN/CENELEC-Geschäftsordnung zu erfüllen, in der die Bedingungen festgelegt sind, unter denen dieser Europäischen Norm ohne jede Änderung der Status einer nationalen Norm zu geben ist. Auf dem letzten Stand befindliche Listen dieser nationalen Normen mit ihren bibliographischen Angaben sind beim CEN-CENELEC-Management-Zentrum oder bei jedem CEN-Mitglied auf Anfrage erhältlich.

Diese Europäische Norm besteht in drei offiziellen Fassungen (Deutsch, Englisch, Französisch). Eine Fassung in einer anderen Sprache, die von einem CEN-Mitglied in eigener Verantwortung durch Übersetzung in seine Landessprache gemacht und dem Management-Zentrum mitgeteilt worden ist, hat den gleichen Status wie die offiziellen Fassungen.

CEN-Mitglieder sind die nationalen Normungsinstitute von Belgien, Bulgarien, Dänemark, Deutschland, der ehemaligen jugoslawischen Republik Mazedonien, Estland, Finnland, Frankreich, Griechenland, Irland, Island, Italien, Kroatien, Lettland, Litauen, Luxemburg, Malta, den Niederlanden, Norwegen, Österreich, Polen, Portugal, Rumänien, Schweden, der Schweiz, Serbien, der Slowakei, Slowenien, Spanien, der Tschechischen Republik, der Türkei, Ungarn, dem Vereinigten Königreich und Zypern.

EUROPÄISCHES KOMITEE FÜR NORMUNG
EUROPEAN COMMITTEE FOR STANDARDIZATION
COMITÉ EUROPÉEN DE NORMALISATION

CEN-CENELEC Management-Zentrum: Avenue Marnix 17, B-1000 Brüssel

Ref. Nr. EN ISO 899-1:2017 D

Inhalt

Europäisches Vorwort

Dieses Dokument (EN ISO 899-1:2017) wurde vom Technischen Komitee ISO/TC 61 „Plastics" in Zusammenarbeit mit dem Technischen Komitee CEN/TC 249 „Kunststoffe" erarbeitet, dessen Sekretariat von NBN gehalten wird.

Diese Europäische Norm muss den Status einer nationalen Norm erhalten, entweder durch Veröffentlichung eines identischen Textes oder durch Anerkennung bis Mai 2018, und etwaige entgegenstehende nationale Normen müssen bis Mai 2018 zurückgezogen werden.

Es wird auf die Möglichkeit hingewiesen, dass einige Elemente dieses Dokuments Patentrechte berühren können. CEN ist nicht dafür verantwortlich, einige oder alle diesbezüglichen Patentrechte zu identifizieren.

Dieses Dokument ersetzt EN ISO 899-1:2003.

Entsprechend der CEN-CENELEC-Geschäftsordnung sind die nationalen Normungsinstitute der folgenden Länder gehalten, diese Europäische Norm zu übernehmen: Belgien, Bulgarien, Dänemark, Deutschland, die ehemalige jugoslawische Republik Mazedonien, Estland, Finnland, Frankreich, Griechenland, Irland, Island, Italien, Kroatien, Lettland, Litauen, Luxemburg, Malta, Niederlande, Norwegen, Österreich, Polen, Portugal, Rumänien, Schweden, Schweiz, Serbien, Slowakei, Slowenien, Spanien, Tschechische Republik, Türkei, Ungarn, Vereinigtes Königreich und Zypern.

Anerkennungsnotiz

Der Text von ISO 899-1:2017 wurde von CEN als EN ISO 899-1:2017 ohne irgendeine Abänderung genehmigt.

Vorwort

ISO (die Internationale Organisation für Normung) ist eine weltweite Vereinigung nationaler Normungsorganisationen (ISO-Mitgliedsorganisationen). Die Erstellung von Internationalen Normen wird üblicherweise von Technischen Komitees von ISO durchgeführt. Jede Mitgliedsorganisation, die Interesse an einem Thema hat, für welches ein Technisches Komitee gegründet wurde, hat das Recht, in diesem Komitee vertreten zu sein. Internationale staatliche und nichtstaatliche Organisationen, die in engem Kontakt mit ISO stehen, nehmen ebenfalls an der Arbeit teil. ISO arbeitet bei allen elektrotechnischen Themen eng mit der Internationalen Elektrotechnischen Kommission (IEC) zusammen.

Die Verfahren, die bei der Entwicklung dieses Dokuments angewendet wurden und die für die weitere Pflege vorgesehen sind, werden in den ISO/IEC-Direktiven, Teil 1 beschrieben. Es sollten insbesondere die unterschiedlichen Annahmekriterien für die verschiedenen ISO-Dokumentenarten beachtet werden. Dieses Dokument wurde in Übereinstimmung mit den Gestaltungsregeln der ISO/IEC-Direktiven, Teil 2 erarbeitet (siehe www.iso.org/directives).

Es wird auf die Möglichkeit hingewiesen, dass einige Elemente dieses Dokuments Patentrechte berühren können. ISO ist nicht dafür verantwortlich, einige oder alle diesbezüglichen Patentrechte zu identifizieren. Details zu allen während der Entwicklung des Dokuments identifizierten Patentrechten finden sich in der Einleitung und/oder in der ISO-Liste der erhaltenen Patenterklärungen (siehe www.iso.org/patents).

Jeder in diesem Dokument verwendete Handelsname dient nur zur Unterrichtung der Anwender und bedeutet keine Anerkennung.

Eine Erläuterung zum freiwilligen Charakter von Normen, der Bedeutung ISO-spezifischer Begriffe und Ausdrücke in Bezug auf Konformitätsbewertungen, sowie Informationen darüber, wie ISO die Grundsätze der Welthandelsorganisation (WTO) hinsichtlich technischer Handelshemmnisse (TBT) berücksichtigt, enthält der folgende Link www.iso.org/iso/foreword.html.

Dieses Dokument wurde vom Technischen Komitee ist ISO/TC 61, *Plastics*, Unterkomitee SC 2, *Mechanical behaviour*, erarbeitet.

Diese dritte Ausgabe ersetzt die zweite Ausgabe (ISO 899-1:2003), die geringfügig überarbeitet wurde, um die normativen Verweisungen in Abschnitt 2 zu aktualisieren. Sie beinhaltet zudem die Änderung ISO 899-1:2003/Amd.1:2015.

Eine Auflistung aller Teile der Normenreihe ISO 899 ist auf der ISO-Internetseite abrufbar.

1 Anwendungsbereich

Dieses Dokument legt ein Verfahren zur Bestimmung des Kriechverhaltens von Kunststoffen in Form von genormten Probekörpern unter Zugbeanspruchung unter festgelegten Bedingungen, z. B. von Vorbehandlung, Temperatur und Feuchte, fest.

Das Verfahren ist geeignet für die Anwendung auf steife und halbsteife unverstärkte, gefüllte und faserverstärkte Kunststoff-Formmassen in Form von mit Schultern versehenen Probekörpern, die entweder direkt gespritzt oder spanend aus Platten oder gespritzten Fertigteilen entnommen wurden.

Das Verfahren liefert Daten für konstruktive Zwecke sowie für Forschung und Entwicklung. Daten zur Verwendung in der Dimensionierung von Bauteilen erfordern den Gebrauch von Extensometern zur genauen Bestimmung der Messlänge des Probekörpers. Daten für Forschungs- oder Qualitätssicherungszwecke können unter Verwendung der Änderung des Klemmenweges (nominelle Dehnung) bestimmt werden.

Das Zug-Kriech-Verhalten kann in starkem Maße von der Herstellung und den Maßen des Probekörpers abhängen sowie von den Umgebungsbedingungen bei der Prüfung. Die thermische Vorbehandlung des Probekörpers kann ebenfalls einen ausgeprägten Effekt auf sein Kriechverhalten haben (siehe Anhang A). Wenn genaue Vergleichsmessungen erforderlich sind, ist dementsprechend eine sorgfältige Prüfung dieser Einflussfaktoren vorgesehen.

Wenn Eigenschaften aus dem Zeitstand-Zugversuch für konstruktive Zwecke verwendet werden, sind die Kunststoffe für eine Prüfung über einen breiten Bereich von Spannungen, Zeiten und Umgebungsbedingungen vorgesehen.

2 Normative Verweisungen

Die folgenden Dokumente werden im Text in solcher Weise in Bezug genommen, dass einige Teile davon oder ihr gesamter Inhalt Anforderungen des vorliegenden Dokuments darstellen. Bei datierten Verweisungen gilt nur die in Bezug genommene Ausgabe. Bei undatierten Verweisungen gilt die letzte Ausgabe des in Bezug genommenen Dokuments (einschließlich aller Änderungen).

ISO 291, *Plastics — Standard atmospheres for conditioning and testing*

ISO 472, *Plastics — Vocabulary*

ISO 527-1:2012, *Plastics — Determination of tensile properties — Part 1: General principles*

ISO 527-2, *Plastics — Determination of tensile properties — Part 2: Test conditions for moulding and extrusion plastics*

3 Begriffe

Für die Anwendung dieses Dokuments gelten die Begriffe nach ISO 472 und die folgenden Begriffe.

ISO und IEC stellen terminologische Datenbanken für die Verwendung in der Normung unter den folgenden Adressen bereit:

— IEC Electropedia: unter http://www.electropedia.org/

— ISO Online Browsing Platform: unter http://www.iso.org/obp

3.1
Kriechen
zeitliche Zunahme der Dehnung, wenn eine konstante Kraft angelegt wird

3.2
Anfangsspannung

σ

auf den Anfangsquerschnitt innerhalb der Messlänge bezogene Zugkraft je Flächeneinheit

Anmerkung 1 zum Begriff: Sie wird angegeben durch die Gleichung

$$\sigma = \frac{F}{A}$$

Dabei ist

F die Kraft, in Newton;

A der mittlere Anfangsquerschnitt des Probekörpers im schmalen Abschnitt, in Quadratmillimeter.

Anmerkung 2 zum Begriff: Sie wird in Megapascal angegeben.

3.3
Längenänderung

$(\Delta L)_t$

Zunahme des Abstands zwischen den Messmarken, angegeben in Millimeter, zum Zeitpunkt t

Anmerkung 1 zum Begriff: Sie wird angegeben durch die Gleichung

$$(\Delta L)_t = L_t - L_0$$

Dabei ist

L_t die Messlänge zu jedem beliebigen Zeitpunkt t während der Prüfung, in Millimeter;

L_0 die ursprüngliche Messlänge des Probekörpers in Millimeter nach Aufbringung einer Vorkraft, aber vor Aufbringung der Prüfkraft.

3.4
nominelle Längenänderung

$(\Delta L^*)_t$

Zunahme des Abstands zwischen den Klemmen (Klemmenweg)

Anmerkung 1 zum Begriff: Sie wird angegeben durch die Gleichung

$$(\Delta L^*)_t = L_t^* - L_0^*$$

Dabei ist:

L_t^* der Abstand zwischen den Klemmen zu jedem beliebigen Zeitpunkt t während der Prüfung, in Millimeter;

L_0^* der ursprüngliche Abstand zwischen den Klemmen, die den Probekörper halten, in Millimeter nach Aufbringung einer Vorkraft, aber vor Aufbringung der Prüfkraft.

3.5
Kriechdehnung bei Zugbeanspruchung
ε_t
Längenänderung, bezogen auf den ursprünglichen Abstand zwischen den Messmarken, die durch die aufgebrachte Kraft zu jedem beliebigen Zeitpunkt t des Kriechversuches erzeugt wird

Anmerkung 1 zum Begriff: Sie wird angegeben durch die Gleichung

$$\varepsilon_t = \frac{(\Delta L)_t}{L_0}$$

Anmerkung 2 zum Begriff: Sie wird als dimensionsloses Verhältnis oder in Prozent angegeben.

3.6
nominelle Kriechdehnung bei Zugbeanspruchung
ε_t^*
Längenänderung zwischen den Klemmen, relativ zum ursprünglichen Abstand, die durch die aufgebrachte Kraft zu jedem beliebigen Zeitpunkt t des Kriechversuches erzeugt wird

Anmerkung 1 zum Begriff: Sie wird angegeben durch die Gleichung

$$\varepsilon_t^* = \frac{(\Delta L^*)_t}{L_0^*}$$

Anmerkung 2 zum Begriff: Sie wird als dimensionsloses Verhältnis oder in Prozent angegeben.

3.7
Zug-Kriechmodul
E_t
Quotient aus Anfangsspannung und Zug-Kriech-Dehnung

3.8
nomineller Zug-Kriechmodul
E_t^*
Quotient aus Anfangsspannung und nomineller Zug-Kriech-Dehnung

3.9
isochrone Spannungs-Dehnungs-Kurve
Darstellung in kartesischen Koordinaten der Spannung in Abhängigkeit von der Kriechdehnung, bei einer festgelegten Zeit nach Aufbringung der Prüfkraft

3.10
Zeit bis zum Bruch
Zeitspanne unter voller Last bis zum Probenbruch

3.11
Zeitstand-Zugfestigkeit
Anfangsspannung, die zu einem festgelegten Zeitpunkt t gerade einen Bruch bewirkt ($\sigma_{\mathrm{B},t}$) oder eine festgelegte Dehnung erzeugt ($\sigma_{\varepsilon,t}$), jeweils unter vorgegebenen Bedingungen von Temperatur und relativer Feuchte

3.12
Rückstellverhalten nach Kriechen
Abnahme der Dehnung zu jedem beliebigen Zeitpunkt nach der vollständigen Entlastung des Probekörpers, angegeben in Prozent der Dehnung unmittelbar vor dem Entfernen der Kraft

4 Prüfeinrichtung

4.1 Einspannvorrichtung, die es ermöglicht, dass die Richtung der auf den Probekörper aufgebrachten Kraft so genau wie möglich mit der Längsachse des Probekörpers übereinstimmt. Damit wird sichergestellt, dass der Probekörper einer einfachen Spannungsbeanspruchung unterworfen wird und dass angenommen werden kann, dass die Spannungen mit dem belasteten Teil des Probekörpers gleichförmig über dem Querschnitt des Probekörpers verteilt sind, der senkrecht zu der Richtung der aufgebrachten Kraft liegt.

Es wird empfohlen, dass solche Einspannklemmen verwendet werden, die den Probekörper korrekt ausgerichtet fixieren, bevor die Kraft aufgebracht wird. Selbstspannende Klemmen, bei denen der Probekörper sich bei Zunahme der Kraft bewegen kann, sind für diese Prüfung nicht geeignet.

4.2 Belastungssystem, das ermöglicht, dass die Kraft stoßfrei und ohne kurzzeitiges Überschwingen aufgebracht wird, und das die Kraft auf ±1 % der Soll-Kraft konstant hält. Bei Kriechversuchen bis zum Bruch muss dafür gesorgt werden, dass Erschütterungen beim Bruch nicht auf benachbarte Messstellen übertragen werden. Das Belastungssystem muss eine zügige, stoßfreie und reproduzierbare Belastung sicherstellen.

4.3 Messeinrichtung für die Längenänderung, die aus jedem berührungslosen oder berührenden Messsystem bestehen kann, das in der Lage ist, die Verlängerung der Messlänge des Probekörpers oder den Abstand zwischen den Einspannklemmen unter Belastung zu messen, ohne dabei das Verhalten des Probekörpers durch mechanische Einwirkungen (z. B. unerwünschte Deformationen, Kerben) oder andere physikalische Einwirkungen (z. B. Erwärmung des Probekörpers) oder chemische Einwirkungen zu beeinflussen.

Wenn ein berührungsloses (optisches) Messsystem für die Dehnung verwendet wird, muss die Längsachse des Probekörpers rechtwinklig zur optischen Achse des Messsystems stehen. Zur Bestimmung der Längenzunahme des Probekörpers ist ein Extensometer anzubringen, mit dem die Zunahme des Abstands zwischen den Einspannklemmen angezeigt wird. Die Fehlergrenzen der Messeinrichtung für die Längenänderung müssen weniger als ±0,01 mm betragen.

Für Kriechversuche bis zum Bruch wird ein berührungsloses optisches Messsystem zur Bestimmung der Längenänderung empfohlen, das nach dem Prinzip eines Kathetometers arbeitet. Eine automatische Anzeige der Zeit bis zum Bruch wird unbedingt empfohlen. Die Messlänge muss auf dem Probekörper markiert werden, entweder durch Anklemmen von (Metall-)Clips mit eingravierten Messmarken oder durch Markierung mit einer inerten, thermisch stabilen Farbe.

Dehnungsmessstreifen auf der Grundlage der Messung des elektrischen Widerstandes sind nur geeignet, wenn der zu untersuchende Werkstoff für das Aufkleben von Dehnungsmessstreifen geeignet ist und wenn die Qualität der Klebeverbindung während der gesamten Dauer der Prüfung sichergestellt ist. Der Modul der aufgebrachten Dehnungsmessstreifen darf den Probekörpern nicht verstärken.

4.4 Zeitmesseinrichtung, mit einer Fehlergrenze von 0,1 %.

4.5 Messschraube, mit einem Skalenteilungswert von 0,01 mm oder besser, zur Bestimmung der Anfangsdicke und -breite des Probekörpers.

5 Probekörper

Zu verwenden sind Probekörper von derselben Form und denselben Maßen, wie sie für die Bestimmung der Zugeigenschaften in der zutreffenden Werkstoffnorm oder wie in ISO 527-2 standardmäßig festgelegt sind.

6 Durchführung

6.1 Vorbehandlung und Prüfklima

Die Probekörper sind nach den Vorschriften der Internationalen Norm für den zu untersuchenden Werkstoff vorzubehandeln. Falls keine Information über die Vorbehandlung vorliegt, sind die gebräuchlichsten Bedingungen zu verwenden, die in ISO 291 festgelegt sind, falls zwischen den Beteiligten keine anderen Bedingungen festgelegt wurden.

Das Kriechverhalten wird nicht nur durch die thermische Vorgeschichte des zu prüfenden Probekörpers beeinflusst, sondern zusätzlich durch die Temperatur und (falls zutreffend) die Feuchte, die bei der Vorbehandlung herrschten (siehe ISO 10350-1). Feuchteungleichgewicht wird Kriechen in der Weise beinflussen, dass zu trockene Probekörper während der Prüfung eine Zusatzdehnung durch Wasserabsorption und dass zu feuchte Probekörper eine Kontraktion durch Wasserdesorption aufweisen. Es wird empfohlen, eine Vorbehandlungszeit $\geq t_{90}$ (siehe ISO 62) zu verwenden.

Die Prüfung wird unter den gleichen Umgebungsbedingungen durchgeführt, die auch für die Vorbehandlung verwendet wurden, falls nicht durch die Beteiligten andere Bedingungen vereinbart wurden, z. B. für die Prüfung bei erhöhten oder erniedrigten Temperaturen. Es ist sicherzustellen, dass die Temperaturschwankung während der Dauer der Prüfung innerhalb von ± 2 °C bleibt.

6.2 Messung der Probekörpermaße

Die Maße der vorbehandelten Probekörper sind nach ISO 527-1:2012, 9.2, zu messen.

6.3 Einspannung der Probekörper

Ein vorbehandelter und ausgemessener Probekörper ist in die Einspannklemmen einzuspannen, und das Messgerät zur Bestimmung der Längenänderung ist nach den jeweiligen Erfordernissen anzubringen.

6.4 Auswahl der Prüfspannung

Die Prüfspannung ist nach dem vorgesehenen Anwendungszweck des zu prüfenden Werkstoffs auszuwählen, und die erforderliche Belastung des Probekörpers ist unter Verwendung der in 3.2 angegebenen Gleichung zu berechnen.

Falls anstatt der Spannung eine Anfangsdehnung angegeben wird, darf der Spannungswert nach dem Zugmodul für den Werkstoff berechnet werden (siehe ISO 527-1).

6.5 Aufbringung der Belastung

6.5.1 Aufbringung der Vorkraft

Wenn es notwendig ist, den Probekörper vorzubelasten, bevor die Kraft auf die Prüfkraft erhöht wird – z. B. um ein Spiel im Antriebsmechanismus zu beseitigen –, muss sichergestellt werden, dass die Vorkraft nicht die Prüfergebnisse beeinflusst. Die Vorkraft darf nicht aufgebracht werden, bevor Temperatur und Feuchte des in der Prüfapparatur eingespannten Probekörpers den Prüfbedingungen entsprechen. Die Messlänge wird nach Aufbringung der Vorkraft bestimmt. Die Vorkraft wird während der gesamten Dauer der Prüfung aufrechterhalten.

6.5.2 Aufbringung der Prüfkraft

Der Probekörper wird stoßfrei so belastet, dass die volle Kraft auf den Probekörper zwischen 1 s und 5 s nach Beginn der Belastung erreicht wird. In jeder Prüfserie an einem Werkstoff wird die gleiche Belastungsgeschwindigkeit verwendet.

Als Prüfkraft gilt die Gesamtkraft (einschließlich der Vorkraft).

6.6 Zeitplan für die Messung der Längenänderung

Der Zeitpunkt, an dem der Probekörper voll belastet ist, wird als $t = 0$ aufgezeichnet. Wenn die Längenänderung nicht automatisch und/oder kontinuierlich aufgezeichnet wird, müssen die Zeiten zur Bestimmung einzelner Messwerte in Abhängigkeit von der Kriechkurve des zu prüfenden Werkstoffs festgelegt werden. Vorzugsweise muss der folgende Zeitplan eingehalten werden:

1 min, 3 min, 6 min, 12 min und 30 min;

1 h, 2 h, 5 h, 10 h, 20 h, 50 h, 100 h, 200 h, 500 h, 1 000 h usw.

Falls Unregelmäßigkeiten im zeitlichen Verlauf der Kriechdehnung vermutet oder beobachtet werden, müssen häufigere Messungen durchgeführt werden.

6.7 Zeitmessung

Die gesamte Zeit, die bis zu einem Messpunkt verstrichen ist, ist auf $\pm 0,1$ % oder ± 2 s zu messen (wobei jeweils die weniger strenge Grenzabweichung einzuhalten ist).

6.8 Messung von Temperatur und Feuchte

Falls Temperatur und relative Luftfeuchte (falls erforderlich) nicht automatisch aufgezeichnet werden, sind sie zu Beginn des Versuchs und dann anfangs mindestens 3-mal je Tag zu bestimmen. Wenn sichergestellt ist, dass die Umgebungsbedingungen innerhalb der vorgesehenen Grenzen stabil sind, dürfen sie auch weniger häufig überprüft werden (mindestens jedoch einmal täglich).

6.9 Messung der Rückstellgeschwindigkeit (wahlweise)

Nach Beendigung einer Prüfung ohne Bruch wird die Belastung schnell und stoßfrei entfernt und die Rückstellgeschwindigkeit gemessen, indem z. B. der gleiche Zeitplan verwendet wird, der auch für den Kriechversuch verwendet wurde.

7 Auswertung

7.1 Berechnungsverfahren

7.1.1 Zug-Kriechmodul E_t

Der Zug-Kriechmodul E_t wird berechnet, indem die Anfangsspannung σ durch die Kriechdehnung bei Zugbeanspruchung ε_t zu jedem ausgewählten Zeitpunkt der Prüfung dividiert wird.

Er wird in Megapascal durch die Gleichung (1) angegeben:

$$E_t = \frac{\sigma}{\varepsilon_t} = \frac{F \cdot L_0}{A \cdot (\Delta L)_t} \quad (1)$$

Dabei ist

F die aufgebrachte Kraft, in Newton;

L_0 die Anfangsmesslänge, in Millimeter;

A der Anfangsquerschnitt des Probekörpers, in Quadratmillimeter;

$(\Delta L)_t$ die Längenänderung zum Zeitpunkt t, in Millimeter.

7.1.2 Nomineller Zug-Kriechmodul E^*_t

Der nominelle Zug-Kriechmodul E_t^* wird berechnet, indem die Anfangsspannung σ durch die nominelle Kriechdehnung bei Zugbeanspruchung ε_t^* zu jedem ausgewählten Zeitpunkt der Prüfung dividiert wird.

Er wird in Megapascal durch die Gleichung (2) angegeben:

$$E_t^* = \frac{\sigma}{\varepsilon_t^*} = \frac{F \cdot L_0^*}{A \cdot (\Delta L^*)_t} \tag{2}$$

Dabei ist

F	die aufgebrachte Kraft, in Newton;
L_0^*	der Anfangsabstand zwischen den Klemmen, in Millimeter;
A	der Anfangsquerschnitt des Probekörpers, in Quadratmillimeter;
$(\Delta L^*)_t$	die Zunahme des Abstands zwischen den Klemmen zum Zeitpunkt t, in Millimeter.

7.2 Darstellung der Ergebnisse

7.2.1 Kriechkurven

Wenn die Versuche bei verschiedenen Temperaturen durchgeführt werden, sollten die Ausgangsdaten vorzugsweise für jede Temperatur als eine Serie von Kriechkurven dargestellt werden. Dabei wird die Zugdehnung über einer logarithmischen Zeitskala aufgetragen, wobei für jede Ausgangsspannung eine Kurve dargestellt wird (siehe Bild 1).

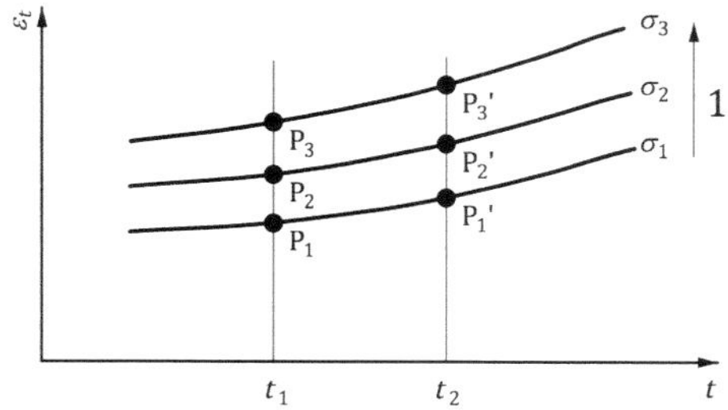

Legende

t $\log_{10}$-Zeit
ε_t Kriechdehnung
1 zunehmende Spannung

Bild 1 — Kriechkurven

Die Daten dürfen auch auf andere Weise dargestellt werden, z. B. wie in 7.2.2 und 7.2.3 beschrieben, um Informationen für besondere Anwendungen zu liefern.

7.2.2 Kriechmodul-Zeit-Kurven

Für jede Ausgangsspannung darf der Zug-Kriechmodul, der nach 7.1.1 errechnet wurde, in Abhängigkeit vom Logarithmus der Belastungszeit aufgetragen werden (siehe Bild 2).

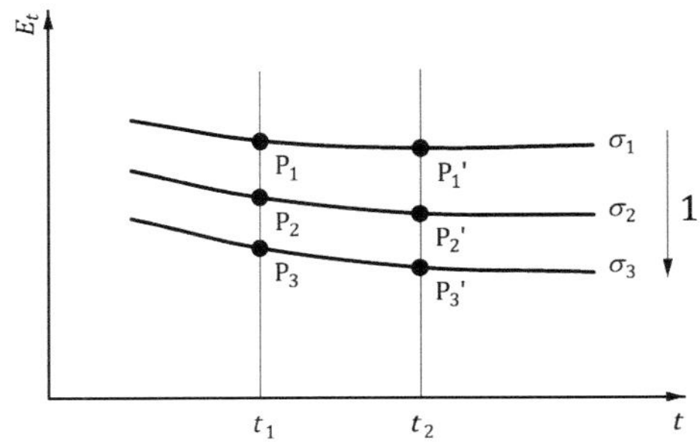

Legende

t $\log_{10}$-Zeit
E_t Kriechmodul
1 zunehmende Spannung

Bild 2 — Kriechmodul-Zeit-Kurven

Wenn bei verschiedenen Temperaturen geprüft wird, ist für jede einzelne Temperatur eine Kurvenschar zu zeichnen.

7.2.3 Isochrone Spannungs-Dehnungs-Kurven

Eine isochrone Spannungs-Dehnungs-Kurve ist eine Darstellung im kartesischen Koordinatensystem, die anzeigt, wie die Dehnung zu einem bestimmten Zeitpunkt nach Aufbringung der Kraft von dieser abhängt. Üblicherweise werden mehrere Kurven für Belastungszeiten von 1 h, 10 h, 100 h, 1 000 h und 10 000 h gezeichnet. Da jeder Kriechversuch nur einen Punkt für jede Kurve liefert, muss der Versuch bei mindestens drei verschiedenen Spannungen, und vorzugsweise sogar bei mehr, durchgeführt werden, um eine isochrone Kurve zu erhalten (siehe ISO 11403-1).

Um eine isochrone Spannungs-Dehnungs-Kurve für eine bestimmte Belastungszeit (z. B. 10 h) aus einer Serie von Kriechkurven nach Bild 1 zu erhalten, wird von jeder Kriechkurve die Dehnung bei 10 h abgelesen und diese Dehnungswerte (x-Achse) und die dazugehörigen Spannungswerte (y-Achse) werden gegeneinander aufgetragen. Dieser Vorgang wird für andere Zeiten wiederholt, um eine Serie von isochronen Kurven zu erhalten (siehe Bild 3).

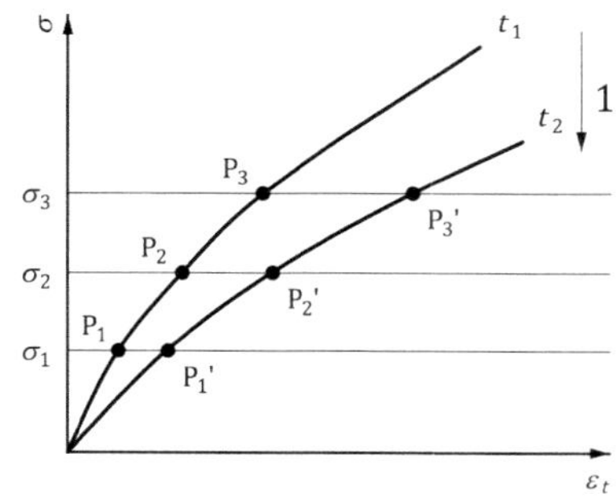

Legende

ε_t Kriechdehnung
σ Spannung
1 zunehmende Zeit

Bild 3 — Isochrone Spannungs-Dehnungs-Kurven

Wenn bei verschiedenen Temperaturen geprüft wird, ist für jede einzelne Temperatur eine Kurvenschar zu zeichnen.

7.2.4 Dreidimensionale Darstellung

Eine Beziehung in der Form $\varepsilon = f(t,\sigma)$ existiert zwischen den verschiedenen Kurventypen (siehe Bilder 1 bis 3), die aus den Ausgangsdaten des Kriechversuchs abgeleitet werden kann. Diese Beziehung kann als eine Fläche im dreidimensionalen Raum dargestellt werden (siehe Literaturhinweis [4]).

Alle Kurven, die aus den Ursprungsdaten des Kriechversuchs abgeleitet werden können, sind ein Teil dieser Fläche. Wegen der unvermeidbaren experimentellen Fehler bei jeder Messung liegen die Punkte, die den tatsächlichen Messwerten entsprechen, üblicherweise nicht genau auf den Kurven, sondern etwas daneben.

Die Fläche $\varepsilon = f(t,\sigma)$ kann daher aus einer Reihe von Kurven bestimmt werden, die auf ihr liegen, aber in der Regel ist eine Reihe von komplizierten Glättungsoperationen notwendig. Mit Hilfe von Computerprogrammen gelingt dies schnell und zuverlässig.

7.2.5 Bruchkennlinien

Bruchkennlinien erlauben die Vorhersage der Bruchzeiten bei beliebigen Spannungen. Sie können dargestellt werden als Spannung über dem Logarithmus der Zeit bis zum Bruch (siehe Bild 4) oder als Logarithmus der Spannung über dem Logarithmus der Zeit bis zum Bruch.

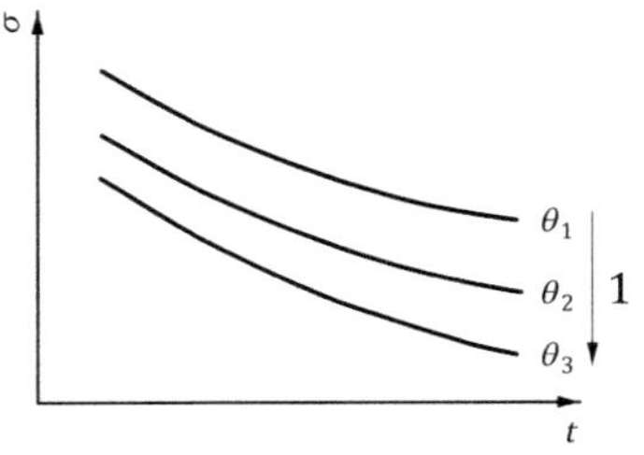

Legende

t $\log_{10}$-Zeit bis zum Bruch
σ Spannung
1 zunehmende Temperatur

ANMERKUNG Die Spannung σ kann auch in logarithmischem Maßstab dargestellt werden.

Bild 4 — Bruchkennlinien

7.3 Präzision

Die Präzision dieses Verfahrens ist nicht bekannt, weil Ergebnisse von Ringversuchen nicht verfügbar sind. Sobald solche Ringversuchsdaten vorliegen, wird eine Angabe über die Präzision bei der nächsten Revision in den Text eingefügt.

8 Prüfbericht

Der Prüfbericht muss folgende Angaben enthalten:

a) eine Verweisung auf dieses Dokument;

b) eine vollständige Beschreibung des untersuchten Werkstoffs, einschließlich vollständiger Informationen über Zusammensetzung, Herstellung, Hersteller, Handelsname, Code-Nummer, Herstelldatum, Art der Formgebung und eventuell Temperung;

c) die Maße jedes Probekörpers;

d) die Art der Probekörperherstellung;

e) die Richtungen der Hauptachsen des Probekörpers in Bezug auf die Maße des Fertigteils oder in Bezug auf bekannte oder abgeleitete Orientierungsrichtungen im Werkstoff;

f) Einzelheiten der Umgebungsbedingungen bei Vorbehandlung und Prüfung;

g) Berechnungsverfahren des Zug-Kriechmoduls E_t oder E_t^*;

h) Ergebnisse aus dem Kriechversuch für jede Prüftemperatur, dargestellt in einer oder mehreren der in 7.2 beschriebenen Arten der grafischen Darstellung oder in Tabellenform;

i) wenn Messungen der Rückstellgeschwindigkeit durchgeführt wurden, die Abhängigkeit der Dehnung von der Zeit nach Entlastung des Probekörpers (siehe 6.9).

Anhang A
(informativ)

Physikalische Alterungseffekte beim Kriechversuch an Polymeren

A.1 Allgemeines

Physikalische Alterung tritt auf, wenn ein Kunststoff abgekühlt wird von einer erhöhten Temperatur, bei der die molekulare Beweglichkeit hoch ist, auf eine niedrigere Temperatur, bei der die Relaxationszeiten für molekulare Bewegungen lang sind im Vergleich zu der Lagerzeit bei dieser Temperatur. Unter diesen Bedingungen werden über eine lange Zeitspanne Strukturänderungen auftreten, die Umlagerungen in der Gestalt und Packungsdichte der Moleküle einschließen, während sich das Polymer bei der niedrigeren Temperatur dem neuen Gleichgewichtszustand annähert. Mit diesem Alterungsprozess ist eine fortschreitende Abnahme der molekularen Beweglichkeit des Polymers verbunden, selbst wenn die Temperatur konstant bleibt. Als direkte Folge davon wird die durch eine angelegte Spannung erzeugte Kriechdeformation vom Alter des Polymers abhängen, wobei die Kriechgeschwindigkeiten in den bereits stärker gealterten Proben niedriger sein werden.

Dies wird in Bild A.1 erläutert, auf dem Kriechnachgiebigkeitskurven für PVC-Proben von unterschiedlichem Alter dargestellt sind. Jeder dieser Probekörper wurde, ausgehend von einer Temperatur von 85 °C (nahe bei T_g), schnell abgekühlt und dann bei der Prüftemperatur von 23 °C bei verschieden langen Zeiten t_e gelagert, bevor die Belastung aufgebracht wurde. Das physikalische Alter des Probekörpers ist dann durch die Zeit t_e definiert, und es ist zu erkennen, dass, je älter der Probekörper ist, seine Kriechkurve umso weiter auf der Zeitachse verschoben ist.

A.2 Kriechen bei erhöhten Temperaturen

Der Einfluss der physikalischen Alterung auf das Kriechverhalten ist komplizierter, wenn Messungen bei erhöhten Temperaturen durchgeführt werden, die auf eine Lagerung bei niedrigerer Temperatur folgen. Es ist allgemein bekannt, dass eine Erhöhung der Temperatur zu einer Erhöhung der molekularen Beweglichkeit und damit einer höheren Geschwindigkeit der Kriechdeformation führt. Darüber hinaus treten beim Erwärmen des Probekörpers Änderungen der molekularen Struktur ein, die mit einer Verringerung des physikalischen Alters des Polymers zusammenhängen und zu einer weiteren Erhöhung der Beweglichkeit führen. Daher verläuft die Kriechdeformation bei einer höheren Temperatur schneller als aus der Erhöhung der Temperatur allein erwartet wird. Mit zunehmender Dauer wird die physikalische Alterung wieder aktiviert, und die damit zusammenhängende fortschreitende Abnahme der Beweglichkeit führt damit zu einer Verschiebung der Kriechkurven zu längeren Zeiten, wie in A.1 beschrieben, und damit zu einer Abhängigkeit des Kriechverhaltens von der Aufenthaltszeit bei hoher Temperatur, bevor die Kraft aufgebracht wird. Die mit den Änderungen des physikalischen Alters zusammenhängenden Zeitmaßstäbe hängen vom Alter des Polymers vor der Temperaturerhöhung und der Größenordnung der Temperaturerhöhung und der Glasübergangstemperatur ab.

Die vorübergehenden Änderungen des Kriechverhaltens, die während der Aufenthaltszeit bei der erhöhten Temperatur eintreten können, sind in Bildern A.2 und A.3 veranschaulicht. Die in Bild A.2 dargestellten PVC-Probekörper wurden 200 h bei 23 °C gelagert, bevor diese auf die Prüftemperatur von 44 °C erwärmt wurden. Die Kriechkurven wurden anschließend nach verschieden langen Aufenthaltszeiten t_{e2} bei 44 °C vor Aufbringung der Kraft ermittelt. Die Verschiebung der Kriechkurven zu längeren Zeiten wird als eine erneute Aktivierung der physikalischen Alterung bei 44 °C vor Aufbringung der Kraft gedeutet, die auf die Verringerung des Alterszustands gegenüber dem bei 23 °C folgt, die aus der Erhöhung der Temperatur resultiert. In Bild A.3 wurden Kriechversuche unter denselben Bedingungen durchgeführt, aber nach einer Lagerzeit von mehr als einem Jahr bei 23 °C vor dem Erwärmen auf die Prüftemperatur. Die fortschreitende Abnahme des strukturellen Alters der Probekörper wird hier als eine Verschiebung der Kurven zu kürzeren Kriechzeiten beobachtet und rührt von den umfangreicheren strukturellen Änderungen her, die in den Probekörpern durch physikalische Alterung bei 23 °C vor dem Erwärmen stattgefunden haben und die durch die relativ kurzen Zeiten t_e bei der Temperatur vor Aufbringung der Kraft nicht vollständig beseitigt wurden.

Bei der Analyse von Kriechdaten bei erhöhten Temperaturen muss ein weiterer Aspekt berücksichtigt werden. Die Form einer Kriechkurve bei der erhöhten Temperatur wird sich ändern, wenn während der erneuten Aktivierung der physikalischen Alterung im Verlaufe des Kriechversuchs beträchtliche Änderungen des Alters eintreten. Bei jedem Versuch, Masterkriechkurven unter Anwendung von Verfahren auf Basis der Äquivalenz von Zeit und Temperatur zu erstellen, müssen diese vorübergehenden Änderungen der molekularen Beweglichkeit, die mit der physikalischen Alterung zusammenhängen, bei Vorhersagen des Langzeitverhaltens berücksichtigt werden, damit diese Vorhersagen gültig sind.

Die in diesen Bildern dargestellten Änderungen des Kriechverhaltens mit der Zeit, die auf ein Abkühlen oder Erwärmen folgen, hängen mit Änderungen der Nichtgleichgewichtsstruktur der amorphen Phase zusammen, die sich bildet, wenn das Polymer unter dessen Glasübergangstemperatur abgekühlt wird. Ähnliche Effekte werden beim Kriechverhalten von teilkristallinen Polymeren beobachtet, selbst wenn die Glasübergangstemperatur unter der Umgebungstemperatur liegt. Es wird angenommen, dass diese Effekte durch die physikalische Alterung in der amorphen Phase bedingt sind, die mit einem Relaxationsprozess (dem α-Prozess) zusammenhängt, der gekoppelte Bewegungen der Moleküle sowohl in der Kristallphase als auch der amorphen Phase umfasst.

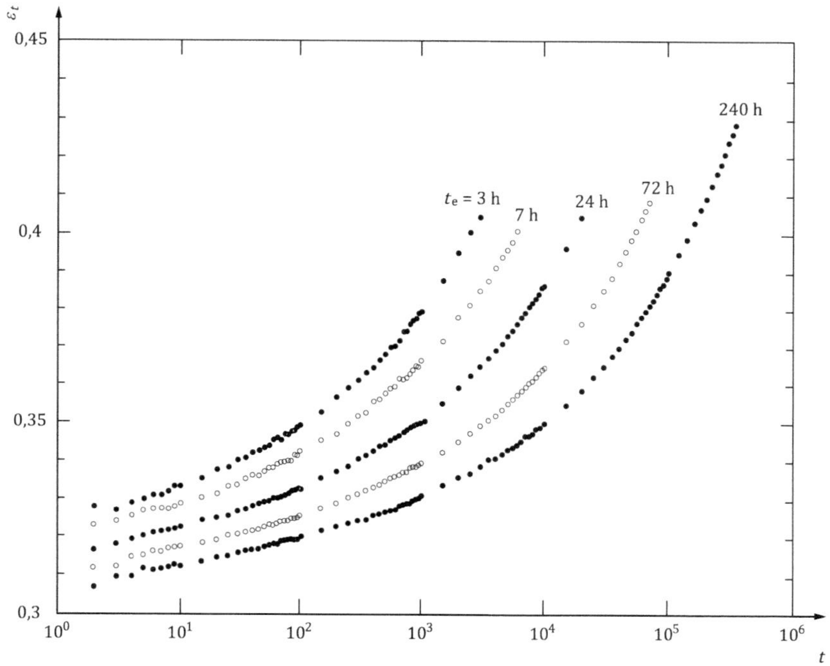

Legende

t Zeit, in s

ε_t Kriechdehnung, in GPa^{-1}

Bild A.1 — Kriechkurven von PVC bei 23 °C, erhalten zu verschiedenen Zeiten t_e nach schneller Abkühlung des Probekörpers von 85 °C auf 23 °C

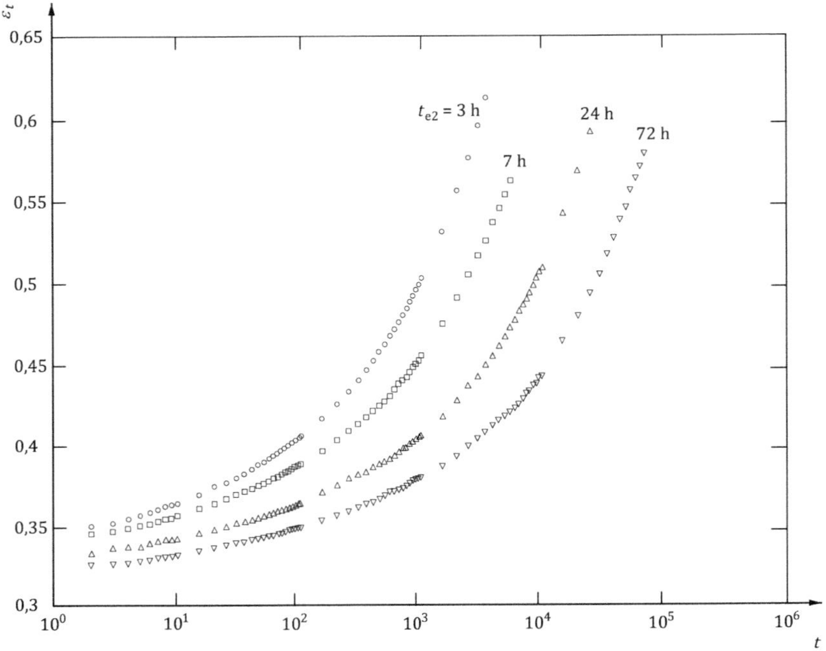

Legende

t Zeit, in s

ε_t Kriechdehnung, in GPa^{-1}

Bild A.2 — Kriechkurven von PVC bei 44 °C, erhalten durch Aufbringung der Kraft zu verschiedenen Zeiten t_{e2} nach dem Erwärmen von 23 °C (der Probekörper war 200 h bei 23 °C vor dem Erwärmen gelagert worden)

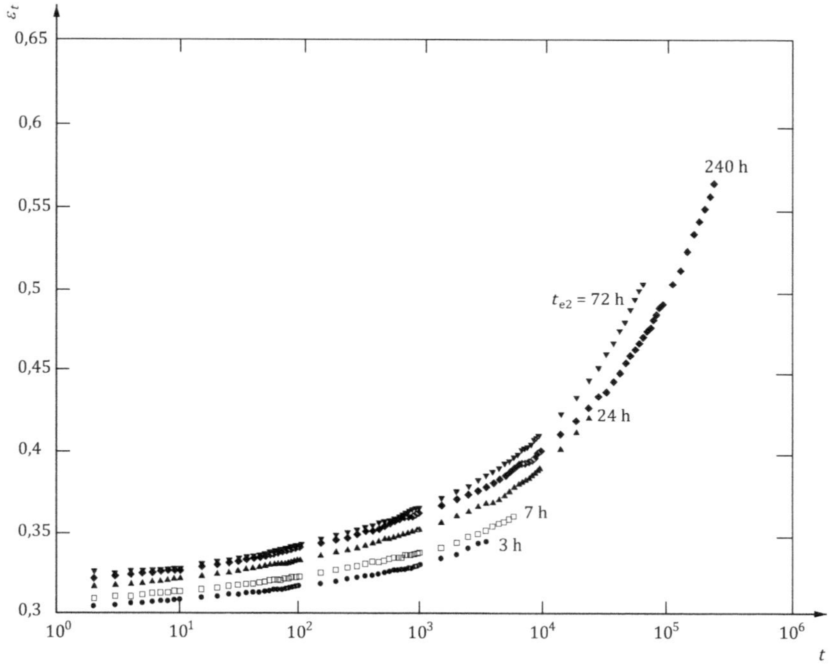

Legende

t Zeit, in s

ε_t Kriechdehnung, in GPa^{-1}

Bild A.3 — Analog Bild A.2, aber nach einer Lagerzeit von mehr als 1 Jahr bei 23 °C vor dem Erwärmen

Literaturhinweise

[1] ISO 62, *Plastics — Determination of water absorption*

[2] ISO 10350-1, *Plastics — Acquisition and presentation of comparable single-point data — Part 1: Moulding materials*

[3] ISO 11403-1, *Plastics — Acquisition and presentation of comparable multipoint data — Part 1: Mechanical properties*

[4] TURNER, S. *Creep in thermoplastics — Preliminary concepts and definitions.* Br. Plast. 1964, (Juni) S. 322–324

[5] LEHMANN, J., *Zeitstandverhalten von PMMA in der Freibewitterung und im Normklima*, V15 in 27. Jahrestagung der GUS, 18. März 1998, ISBN 3-9806167-0-3

DIN EN ISO 899-2

DIN

ICS 83.080.01

Ersatz für
DIN EN ISO 899-2:2015-06

Kunststoffe – Bestimmung des Kriechverhaltens – Teil 2: Zeitstand-Biegeversuch bei Dreipunkt-Belastung (ISO 899-2:2024); Deutsche Fassung EN ISO 899-2:2024

Plastics –
Determination of creep behaviour –
Part 2: Flexural creep by three-point loading (ISO 899-2:2024);
German version EN ISO 899-2:2024

Plastiques –
Détermination du comportement au fluage –
Partie 2: Fluage en flexion par mise en charge en trois points (ISO 899-2:2024);
Version allemande EN ISO 899-2:2024

Gesamtumfang 28 Seiten

DIN-Normenausschuss Kunststoffe (FNK)

Nationales Vorwort

Das Dokument EN ISO 899-2:2024 wurde vom Technischen Komitee ISO/TC 61 „Plastics" in Zusammenarbeit mit dem Technischen Komitee CEN/TC 249 „Kunststoffe" erarbeitet, dessen Sekretariat von SIS (Schweden) gehalten wird.

Das zuständige nationale Normungsgremium ist der Arbeitsausschuss NA 054-01-02 AA „Mechanische Eigenschaften und Probekörperherstellung" im DIN-Normenausschuss Kunststoffe (FNK).

Für die in diesem Dokument zitierten internationalen Dokumente wird im Folgenden auf die entsprechenden deutschen Dokumente hingewiesen:

ISO 178	siehe	DIN EN ISO 178
ISO 291	siehe	DIN EN ISO 291
ISO 293	siehe	DIN EN ISO 293
ISO 294-1	siehe	DIN EN ISO 294-1
ISO 295	siehe	DIN EN ISO 295
ISO 472	siehe	DIN EN ISO 472
ISO 2818	siehe	DIN EN ISO 2818
ISO 9513	siehe	DIN EN ISO 9513
ISO 10724-1	siehe	DIN EN ISO 10724-1
ISO 16012	siehe	DIN EN ISO 16012
ISO 20753	siehe	DIN EN ISO 20753

Aktuelle Informationen zu diesem Dokument können über die Internetseiten von DIN (www.din.de) durch eine Suche nach der Dokumentennummer aufgerufen werden.

Änderungen

Gegenüber DIN EN ISO 899-2:2015-06 wurden folgende Änderungen vorgenommen:

a) die Genauigkeitsanforderungen an die Messeinrichtung für die Durchbiegung wurden aktualisiert;

b) die normativen Verweisungen wurden aktualisiert;

c) die Definition von „Kriechen" wurde aus Gründen der Klarheit angepasst;

d) die Festlegungen für die Form und Maße von Probekörpern wurden aus ISO 178:2019 übernommen;

e) festgestellte Unstimmigkeiten und Fehler wurden korrigiert.

Frühere Ausgaben

DIN 54852: 1986-09
DIN EN ISO 899-2: 1997-03, 2003-10, 2015-06

Nationaler Anhang NA
(informativ)

Literaturhinweise

DIN EN ISO 178, *Kunststoffe — Bestimmung der Biegeeigenschaften*

DIN EN ISO 291, *Kunststoffe — Normalklimate für Konditionierung und Prüfung*

DIN EN ISO 293, *Kunststoffe — Formgepresste Probekörper aus Thermoplasten*

DIN EN ISO 294-1, *Kunststoffe — Spritzgießen von Probekörpern aus Thermoplasten — Teil 1: Allgemeine Grundlagen und Herstellung von Vielzweckprobekörpern und Stäben*

DIN EN ISO 295, *Kunststoffe — Pressen von Probekörpern aus duroplastischen Werkstoffen*

DIN EN ISO 472, *Kunststoffe — Fachwörterverzeichnis*

DIN EN ISO 2818, *Kunststoffe — Herstellung von Probekörpern durch mechanische Bearbeitung*

DIN EN ISO 9513, *Metallische Werkstoffe — Kalibrierung von Längenänderungs-Messeinrichtungen für die Prüfung mit einachsiger Beanspruchung*

DIN EN ISO 10724-1, *Kunststoffe — Spritzgießen von Probekörpern aus duroplastischen rieselfähigen Formmassen (PMC) — Teil 1: Allgemeine Grundlagen und Herstellung von Vielzweckprobekörpern*

DIN EN ISO 16012, *Kunststoffe — Bestimmung der linearen Maße von Probekörpern*

DIN EN ISO 20753, *Kunststoffe — Probekörper*

– Leerseite –

EUROPÄISCHE NORM

EUROPEAN STANDARD

NORME EUROPÉENNE

EN ISO 899-2

Oktober 2024

ICS 83.080.01

Ersetzt EN ISO 899-2:2003,
EN ISO 899-2:2003/A1:2015

Deutsche Fassung

Kunststoffe — Bestimmung des Kriechverhaltens — Teil 2: Zeitstand-Biegeversuch bei Dreipunkt-Belastung (ISO 899-2:2024)

Plastics — Determination of creep behaviour — Part 2: Flexural creep by three-point loading (ISO 899-2:2024)

Plastiques — Détermination du comportement au fluage — Partie 2: Fluage en flexion par mise en charge en trois points (ISO 899-2:2024)

Diese Europäische Norm wurde vom CEN am 18. Oktober 2024 angenommen.

Die CEN-Mitglieder sind gehalten, die CEN/CENELEC-Geschäftsordnung zu erfüllen, in der die Bedingungen festgelegt sind, unter denen dieser Europäischen Norm ohne jede Änderung der Status einer nationalen Norm zu geben ist. Auf dem letzten Stand befindliche Listen dieser nationalen Normen mit ihren bibliographischen Angaben sind beim CEN-CENELEC-Management-Zentrum oder bei jedem CEN-Mitglied auf Anfrage erhältlich.

Diese Europäische Norm besteht in drei offiziellen Fassungen (Deutsch, Englisch, Französisch). Eine Fassung in einer anderen Sprache, die von einem CEN-Mitglied in eigener Verantwortung durch Übersetzung in seine Landessprache gemacht und dem Management-Zentrum mitgeteilt worden ist, hat den gleichen Status wie die offiziellen Fassungen.

CEN-Mitglieder sind die nationalen Normungsinstitute von Belgien, Bulgarien, Dänemark, Deutschland, Estland, Finnland, Frankreich, Griechenland, Irland, Island, Italien, Kroatien, Lettland, Litauen, Luxemburg, Malta, den Niederlanden, Norwegen, Österreich, Polen, Portugal, der Republik Nordmazedonien, Rumänien, Schweden, der Schweiz, Serbien, der Slowakei, Slowenien, Spanien, der Tschechischen Republik, der Türkei, Ungarn, dem Vereinigten Königreich und Zypern.

EUROPÄISCHES KOMITEE FÜR NORMUNG
EUROPEAN COMMITTEE FOR STANDARDIZATION
COMITÉ EUROPÉEN DE NORMALISATION

CEN-CENELEC Management-Zentrum: Rue de la Science 23, B-1040 Brüssel

Ref. Nr. EN ISO 899-2:2024 D

Inhalt

Bilder

Tabellen

Europäisches Vorwort

Dieses Dokument (EN ISO 899-2:2024) wurde vom Technischen Komitee ISO/TC 61 „Plastics“ in Zusammenarbeit mit dem Technischen Komitee CEN/TC 249 „Kunststoffe“ erarbeitet, dessen Sekretariat von SIS (Schweden) gehalten wird.

Diese Europäische Norm muss den Status einer nationalen Norm erhalten, entweder durch Veröffentlichung eines identischen Textes oder durch Anerkennung bis April 2025, und etwaige entgegenstehende nationale Normen müssen bis April 2025 zurückgezogen werden.

Es wird auf die Möglichkeit hingewiesen, dass einige Elemente dieses Dokuments Patentrechte berühren können. CEN ist nicht dafür verantwortlich, einige oder alle diesbezüglichen Patentrechte zu identifizieren.

Dieses Dokument ersetzt EN ISO 899-2:2003.

Rückmeldungen oder Fragen zu diesem Dokument sollten an das jeweilige nationale Normungsinstitut des Anwenders gerichtet werden. Eine vollständige Liste dieser Institute ist auf den Internetseiten von CEN abrufbar.

Entsprechend der CEN-CENELEC Geschäftsordnung sind die nationalen Normungsinstitute der folgenden Länder gehalten, diese Europäische Norm zu übernehmen: Belgien, Bulgarien, Dänemark, Deutschland, die Republik Nordmazedonien, Estland, Finnland, Frankreich, Griechenland, Irland, Island, Italien, Kroatien, Lettland, Litauen, Luxemburg, Malta, Niederlande, Norwegen, Österreich, Polen, Portugal, Rumänien, Schweden, Schweiz, Serbien, Slowakei, Slowenien, Spanien, Tschechische Republik, Türkei, Ungarn, Vereinigtes Königreich und Zypern.

Anerkennungsnotiz

Der Text von ISO 899-2:2024 wurde von CEN als EN ISO 899-2:2024 ohne irgendeine Abänderung genehmigt.

Vorwort

ISO (die Internationale Organisation für Normung) ist eine weltweite Vereinigung nationaler Normungsinstitute (ISO-Mitgliedsorganisationen). Die Erstellung von Internationalen Normen wird üblicherweise von Technischen Komitees von ISO durchgeführt. Jede Mitgliedsorganisation, die Interesse an einem Thema hat, für welches ein Technisches Komitee gegründet wurde, hat das Recht, in diesem Komitee vertreten zu sein. Internationale staatliche und nichtstaatliche Organisationen, die in engem Kontakt mit ISO stehen, nehmen ebenfalls an der Arbeit teil. ISO arbeitet bei allen elektrotechnischen Normungsthemen eng mit der Internationalen Elektrotechnischen Kommission (IEC) zusammen.

Die Verfahren, die bei der Entwicklung dieses Dokuments angewendet wurden und die für die weitere Pflege vorgesehen sind, werden in den ISO/IEC-Directives, Teil 1, beschrieben. Es sollten insbesondere die unterschiedlichen Annahmekriterien für die verschiedenen ISO-Dokumentenarten beachtet werden. Dieses Dokument wurde in Übereinstimmung mit den Gestaltungsregeln der ISO/IEC-Directives, Teil 2, erarbeitet (siehe www.iso.org/directives).

ISO weist auf die Möglichkeit hin, dass die Anwendung dieses Dokuments mit der Verwendung eines oder mehrerer Patente verbunden sein kann. ISO bezieht jedoch in dieser Hinsicht keinerlei Stellung bezüglich Nachweis, Gültigkeit oder Anwendbarkeit jeglicher beanspruchten Patentrechte. Zum Zeitpunkt der Veröffentlichung dieses Dokuments lag ISO keine Mitteilung über ein Patent bzw. mehrere Patente vor, welche/s zur Umsetzung dieses Dokuments erforderlich sein könnte/n. Anwender werden jedoch darauf hingewiesen, dass dies möglicherweise nicht der aktuelle Informationsstand ist. Dieser kann jedoch der Patentdatenbank unter www.iso.org/patents entnommen werden. ISO ist nicht dafür verantwortlich, einige oder alle diesbezüglichen Patentrechte zu identifizieren.

Jeder in diesem Dokument verwendete Handelsname dient nur zur Unterrichtung der Anwender und bedeutet keine Anerkennung.

Für eine Erläuterung des freiwilligen Charakters von Normen, der Bedeutung ISO-spezifischer Begriffe und Ausdrücke in Bezug auf Konformitätsbewertungen sowie Informationen darüber, wie ISO die Grundsätze der Welthandelsorganisation (WTO, en: World Trade Organization) hinsichtlich technischer Handelshemmnisse (TBT, en: Technical Barriers to Trade) berücksichtigt, siehe www.iso.org/iso/foreword.html.

Dieses Dokument wurde vom Technischen Komitee ISO/TC 61, *Plastics*, Unterkomitee SC 2, *Mechanical behavior*, in Zusammenarbeit mit dem Europäischen Komitee für Normung (CEN), Technisches Komitee CEN/TC 249, *Kunststoffe*, in Übereinstimmung mit der Vereinbarung zur technischen Zusammenarbeit zwischen ISO und CEN (Wiener Vereinbarung) erarbeitet.

Diese dritte Ausgabe ersetzt die zweite Ausgabe (ISO 899-2:2003), die technisch überarbeitet wurde. Sie enthält auch die Änderung ISO 899-2:2003/Amd. 1:2015.

Die wesentlichen Änderungen sind folgende:

— die Genauigkeitsanforderungen an die Messeinrichtung für die Durchbiegung wurden aktualisiert;

— die normativen Verweisungen wurden aktualisiert;

— die Definition von „Kriechen“ wurde aus Gründen der Klarheit angepasst;

— die Festlegungen für die Form und Maße von Probekörpern wurden aus ISO 178:2019 übernommen;

— festgestellte Unstimmigkeiten und Fehler wurden korrigiert.

Eine Auflistung aller Teile der Normenreihe ISO 899 ist auf der ISO-Internetseite abrufbar.

Rückmeldungen oder Fragen zu diesem Dokument sollten an das jeweilige nationale Normungsinstitut des Anwenders gerichtet werden. Eine vollständige Auflistung dieser Institute ist unter www.iso.org/members.html zu finden.

1 Anwendungsbereich

1.1 Dieses Dokument legt ein Verfahren zur Bestimmung des Biege-Kriech-Verhaltens von Kunststoffen in Form von genormten Probekörpern unter festgelegten Bedingungen z. B. von Vorbehandlung, Temperatur und Luftfeuchte fest. Es ist nur auf einen einfachen, frei aufgelegten Biegebalken anwendbar, der in der Mitte belastet ist (Dreipunkt-Biegeversuch).

1.2 Das Verfahren ist geeignet für die Anwendung auf Probekörper aus steifen und halbsteifen unverstärkten, gefüllten und faserverstärkten Kunststoff-Formmassen (Definitionen siehe ISO 472), die entweder direkt gespritzt oder spanend aus Platten oder gespritzten Fertigteilen entnommen wurden.

ANMERKUNG Das Verfahren kann für bestimmte faserverstärkte Kunststoffe wegen Unterschieden in der Faserorientierung ungeeignet sein.

1.3 Das Verfahren soll Daten für konstruktive Zwecke, Qualitätskontrolle, Forschung und Entwicklung liefern.

1.4 Das Verfahren ist möglicherweise nicht anwendbar für die Bestimmung des Biege-Kriech-Verhaltens von harten Schaumstoffen (in diesem Zusammenhang wird auf ISO 1209-1 und ISO 1209-2 verwiesen).

2 Normative Verweisungen

Die folgenden Dokumente werden im Text in solcher Weise in Bezug genommen, dass einige Teile davon oder ihr gesamter Inhalt Anforderungen des vorliegenden Dokuments darstellen. Bei datierten Verweisungen gilt nur die in Bezug genommene Ausgabe. Bei undatierten Verweisungen gilt die letzte Ausgabe des in Bezug genommenen Dokuments (einschließlich aller Änderungen).

ISO 178, *Plastics — Determination of flexural properties*

ISO 291, *Plastics — Standard atmospheres for conditioning and testing*

ISO 472, *Plastics — Vocabulary*

ISO 9513, *Metallic materials — Calibration of extensometer systems used in uniaxial testing*

ISO 16012, *Plastics — Determination of linear dimensions of test specimens*

3 Begriffe

Für die Anwendung dieses Dokuments gelten die Begriffe nach ISO 472 und die folgenden Begriffe.

ISO und IEC stellen terminologische Datenbanken für die Verwendung in der Normung unter den folgenden Adressen bereit:

— ISO Online Browsing Platform: verfügbar unter https://www.iso.org/obp

— IEC Electropedia: verfügbar unter https://www.electropedia.org/

3.1
Kriechen
zeitliche Zunahme der Dehnung bei konstanter Kraft, gemessen ab Beginn der Belastung des Probekörpers

3.2
Belastung
in der Mitte der Stützweite auf den Probekörper aufgebrachte Kraft

Anmerkung 1 zum Begriff: Sie wird in Newton angegeben.

3.3
Biegespannung
σ
Spannung in der Randfaser des Probekörpers in der Mitte der Stützweite

Anmerkung 1 zum Begriff: Sie wird in Megapascal angegeben.

Anmerkung 2 zum Begriff: Sie wird nach der in 7.1.3 angegebenen Beziehung berechnet.

3.4
Durchbiegung
s_t
Abstand, über den sich die Ober- oder Unterseite des Probekörpers in der Mitte der Stützweite beim Biegeversuch gegenüber der ursprünglichen Lage verschiebt

Anmerkung 1 zum Begriff: Sie wird in Millimeter angegeben.

3.5
Biege-Kriech-Dehnung
ε_t
Dehnung in der Randfaser des Probekörpers, die durch eine Spannung zu jedem Zeitpunkt t des Kriechversuchs hervorgerufen wird

Anmerkung 1 zum Begriff: Sie wird nach 7.1.4 berechnet.

Anmerkung 2 zum Begriff: Sie wird als dimensionsloses Verhältnis oder in Prozent angegeben.

3.6
Biege-Kriech-Modul
E_t
Quotient aus Biegespannung und Biege-Kriech-Dehnung

Anmerkung 1 zum Begriff: Er wird nach 7.1.1 berechnet.

Anmerkung 2 zum Begriff: Er wird in Megapascal angegeben.

3.7
Biege-Kriech-Nachgiebigkeit
D_t
Quotient aus Biege-Kriech-Dehnung und Biegespannung

Anmerkung 1 zum Begriff: Sie wird nach 7.1.2 berechnet.

Anmerkung 2 zum Begriff: Sie wird in Gigapascal^{-1} angegeben.

3.8
isochrone Spannungs-Dehnungs-Kurve
Darstellung in kartesischen Koordinaten der Spannung in Abhängigkeit von der Kriechdehnung, zu einer festgelegten Zeit nach Aufbringung der Last auf die Probe

3.9
Zeit bis zum Bruch
Zeitspanne unter voller Last bis zum Probenbruch

3.10
Zeitstand-Biegefestigkeit
Anfangsspannung, die bei vorgegebener Temperatur und relativer Luftfeuchte gerade einen Bruch erzeugt ($\sigma_{B,t}$) oder die eine festgelegte Dehnung ($\sigma_{\varepsilon,t}$) bei einer festgelegten Zeit t erzeugt

Anmerkung 1 zum Begriff: Sie wird in Megapascal angegeben.

3.11
anfänglicher Abstand zwischen den Probekörperauflagern
Auflagerabstand
L
anfänglicher Abstand der Berührungslinien zwischen Probekörper und Auflagern (siehe Bild 1)

Anmerkung 1 zum Begriff: Er wird in Millimeter angegeben.

4 Prüfeinrichtung

4.1 Prüfgestell, das aus einem festen Rahmen mit zwei Auflagern besteht, eines für jedes Ende des Probekörpers; der Abstand zwischen den Auflagern kann für übliche Probekörper auf das (16 ± 1)-Fache der Dicke (Höhe) des Probekörpers (siehe Bild 1) oder für sehr steife, unidirektional faserverstärkte Probekörper auf mehr als das 17-Fache der Dicke (Höhe) des Probekörpers oder auf einen festen Abstand zwischen den Auflagern (100 mm) eingestellt werden (siehe 6.3). Das Prüfgestell muss waagerecht ausgerichtet sein und unter der Mitte des Probekörpers muss genügend Platz für dessen Durchbiegung unter Dauerbelastung sein.

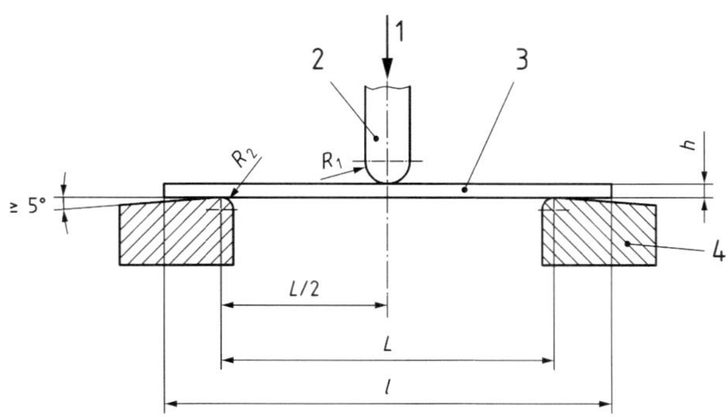

Legende

1	aufgebrachte Kraft *F*	L	anfänglicher Abstand zwischen den Probekörperauflagern
2	Druckfinne	l	Länge des Probekörpers
3	Probekörper	h	Dicke des Probekörpers
4	Auflager	R_1	Radius der Druckfinne
		R_2	Radius der Auflager

Bild 1 — Prinzipskizze einer Prüfeinrichtung für den Biegekriechversuch

Der Radius R_1 der Druckfinne und der Radius R_2 der Auflager müssen den Angaben in Tabelle 1 entsprechen.

Tabelle 1 — Radius der Druckfinne und Radius der Auflager

Maße in Millimeter

Dicke des Probekörpers	Radius der Druckfinne R_1	Radius der Auflager R_2
≤ 3	5 ± 0,1	2 ± 0,2
> 3	5 ± 0,1	5 ± 0,2

4.2 Belastungssystem, das ermöglicht, dass die Last stoßfrei und ohne kurzzeitiges Überschwingen aufgebracht wird, und das die Last auf ±1 % der Soll-Last konstant hält. Bei Versuchen bis zum Bruch muss dafür gesorgt werden, dass Erschütterungen beim Bruch nicht auf benachbarte Messstellen übertragen werden. Das Belastungssystem muss eine zügige, stoßfreie und reproduzierbare Belastung sicherstellen.

4.3 Messeinrichtung für die Durchbiegung, die aus jedem berührungslosen oder berührenden Messsystem bestehen kann, das in der Lage ist, die Durchbiegung des Probekörpers unter Belastung zu messen, ohne dabei das Verhalten des Probekörpers durch mechanische Einwirkungen (z. B. unerwünschte Deformationen, Kerben) oder andere physikalische Einwirkungen (z. B. Erwärmung des Probekörpers) oder chemische Einwirkungen zu beeinflussen.

Die Messeinrichtung für die Durchbiegung muss der Klasse 1 von ISO 9513 entsprechen. Bei der Kalibrierung muss die Nulllage der Messeinrichtung für die Durchbiegung mit der Lage am unbelasteten Probekörper vor der Prüfung übereinstimmen.

Daten zur Verwendung in der Dimensionierung von Bauteilen erfordern den Gebrauch eines Deflektometers zur Messung der Durchbiegung der Probe. Daten für Forschungs- oder Qualitätssicherungszwecke dürfen unter Verwendung der Verschiebung zwischen der Druckfinne und den Auflagern bestimmt werden.

4.4 Zeitmesseinrichtung, mit einer Fehlergrenze von 0,1 %.

4.5 Messschraube, mit einem Skalenteilungswert von 0,01 mm oder besser, zur Bestimmung der Anfangsdicke und -breite des Probekörpers.

4.6 Messschieber, zur Bestimmung der Stützweite, mit einer Fehlergrenze von 0,1 % der Stützweite zwischen den Auflagern oder besser.

5 Probekörper

5.1 Form und Maße

Die Maße der Probekörper müssen mit der entsprechenden Werkstoffnorm und, sofern zutreffend, mit 5.2 oder 5.3 übereinstimmen. Anderenfalls muss der Probekörpertyp zwischen den interessierten Seiten vereinbart werden.

5.2 Bevorzugter Probekörpertyp

Die Maße des bevorzugten Probekörpers, in Millimeter, sind:

Länge, l: 80 ± 2

Breite, b: 10,0 ± 0,2

Dicke, h: 4,0 ± 0,2

Bei keinem Probekörper darf die Dicke im mittleren Drittel der Länge um mehr als 2 % von ihrem Mittelwert abweichen. Die Breite darf vom Mittelwert dieses Teils des Probekörpers um nicht mehr als 3 % abweichen. Der Probekörperquerschnitt sollte bevorzugt rechteckig sein und keine abgerundeten Kanten aufweisen.

Der bevorzugte Probekörper darf aus dem Mittelteil eines Vielzweckprobekörpers nach ISO 20753 ausgearbeitet werden.

5.3 Andere Probekörper

Wenn es nicht möglich oder erwünscht ist, den bevorzugten Probekörper zu verwenden, wird ein Probekörper mit den in Tabelle 2 angegebenen Maßen verwendet.

ANMERKUNG Bestimmte Prüfvorschriften erfordern, dass Probekörper aus Platten, deren Dicke größer ist als die festgelegte obere Grenze, auf eine genormte Dicke reduziert werden, indem nur eine Seite abgearbeitet wird. In solchen Fällen wird der Probekörper üblicherweise so positioniert, dass die Originaloberfläche Kontakt mit den beiden Auflagern hat und die Belastung mittig über die Druckfinne auf die bearbeitete Probenkörperoberfläche erfolgt.

Tabelle 2 — Werte der Probekörperbreite *b* in Abhängigkeit von der Dicke *h*

Maße in Millimeter

Nominale Dicke h	Breite b^{a} (±0,5)
$1 \leq h \leq 3$	25,0
$3 < h \leq 5$	10,0
$5 < h \leq 10$	15,0
$10 < h \leq 20$	20,0
$20 < h \leq 35$	35,0
$35 < h \leq 50$	50,0

[a] Bei Materialien mit sehr grobem Füllstoff muss die Mindestbreite des Probekörpers 30 mm betragen.

6 Durchführung

6.1 Allgemeines

Das Biege-Kriech-Verhalten kann je nach Probenvorbereitung, Abmessungen und Prüfumgebung erheblich variieren. Die thermische Vorbehandlung des Probekörpers kann ebenfalls einen ausgeprägten Effekt auf sein Kriechverhalten haben (siehe Anhang A). Daraus folgt, dass bei genauen Vergleichsmessungen diese Einflussfaktoren sorgfältig beachtet werden müssen.

Wenn Eigenschaften aus dem Zeitstand-Biegeversuch für konstruktive Zwecke verwendet werden sollen, sollten die Kunststoffe in einem breiten Spektrum von Spannungen, Zeiten und Umgebungsbedingungen geprüft werden.

6.2 Konditionierung und Prüfklima

Die Probekörper werden nach den Festlegungen der internationalen Norm für den zu untersuchenden Werkstoff konditioniert. Falls keine Information über die Konditionierung vorliegt, werden die gebräuchlichsten Bedingungen verwendet, die in ISO 291 festgelegt sind, falls zwischen den Beteiligten keine anderen Bedingungen festgelegt wurden.

Das Kriechverhalten wird nicht nur durch die thermische Vorgeschichte des zu prüfenden Probekörpers beeinflusst, sondern zusätzlich durch die Temperatur und (falls zutreffend) die Luftfeuchte, die bei der Konditionierung herrschten. Es wird empfohlen, eine Konditionierungszeit von $\geq t_{90}$ zu verwenden.

Die Prüfung wird unter den gleichen Umgebungsbedingungen durchgeführt, die auch für die Konditionierung verwendet wurden, falls nicht durch die Beteiligten andere Bedingungen vereinbart wurden, z. B. für die Prüfung bei hohen oder niedrigen Temperaturen. Es ist sicherzustellen, dass die Temperaturschwankung während der Dauer der Prüfung innerhalb von ±2 °C bleibt.

6.3 Messung der Probekörpermaße und der Stützweite

Die Maße der vorbehandelten Probekörper werden nach ISO 16012 und ISO 178 gemessen.

Bei Verwendung des bevorzugten Probekörpertyps wird die (Ausgangs-)Stützweite L zwischen den Auflagern des Probekörpers auf

$$(16 \pm 1)\,h$$

eingestellt, wobei h die Dicke des Probekörpers ist.

Bei sehr steifen, unidirektional faserverstärkten Probekörpern darf die Stützweite auf einen Wert > 17 h oder auf einen festen Abstand zwischen den Auflagern von 100 mm eingestellt werden, falls dies notwendig ist, um eine Delaminierung durch Scher- oder Druckbeanspruchung zu vermeiden.

Die Stützweite zwischen den Auflagern wird auf ±0,5 % gemessen.

6.4 Auflegen der Probekörper

Ein vorbehandelter und ausgemessener Probekörper wird symmetrisch auf die Auflager gelegt, dabei steht seine Längsachse im rechten Winkel zu den Auflagern; das Messgerät zur Bestimmung der Durchbiegung wird nach seinen jeweiligen Anforderungen angebracht.

6.5 Auswahl der Prüfspannung

Die Prüfspannung wird nach dem vorgesehenen Anwendungszweck des zu prüfenden Werkstoffs ausgewählt, und die erforderliche Belastung des Probekörpers wird unter Verwendung der in 7.1.3 angegebenen Gleichung berechnet.

Die Prüfspannung wird so ausgewählt, dass die Durchbiegung zu keinem Zeitpunkt der Prüfung größer ist als 0,1-mal die Stützweite zwischen den Auflagern.

6.6 Aufbringung der Belastung

6.6.1 Aufbringung der Vorlast

Wenn es notwendig ist, den Probekörper vorzubelasten, bevor die Kraft auf die Prüfkraft erhöht wird, ist sicherzustellen, dass die Vorkraft nicht die Prüfergebnisse beeinflusst. Die Vorkraft darf erst aufgebracht werden, wenn die Temperatur und Luftfeuchte des (auf das Prüfgestell aufgelegten) Probekörpers den Prüfbedingungen entsprechen.

Das Messgerät zur Bestimmung der Durchbiegung wird auf Null gestellt, bevor der Probekörper berührt wird. Die durch Vorkraftgewichte aufgebrachte Kraft addiert sich zu der aufgebrachten Kraft, falls solche Vorkraftgewichte verwendet werden.

Unmittelbar nachdem die Vorkraft aufgebracht wurde, wird die Messeinrichtung für die Durchbiegung auf Null gestellt.

6.6.2 Belastung

Der Probekörper wird schrittweise belastet, so dass die volle Kraft auf den Probekörper innerhalb 1 s bis 5 s nach Beginn der Belastung erreicht wird. In jeder Prüfserie an einem Werkstoff wird die gleiche Belastungsgeschwindigkeit verwenden.

Als Prüfkraft gilt die Gesamtkraft (einschließlich der Vorlast).

6.7 Zeitplan für die Messung der Durchbiegung

Der Zeitpunkt, an dem der Probekörper voll belastet ist, wird als $t = 0$ aufgezeichnet. Wenn die Durchbiegung nicht automatisch und/oder kontinuierlich aufgezeichnet wird, werden die Zeiten zur Bestimmung einzelner Messwerte je nach Verlauf der Kriechkurve des zu prüfenden Werkstoffs festgelegt. Der folgende Zeitplan wird bevorzugt:

— 1 min, 3 min, 6 min, 12 min und 30 min;

— 1 h, 2 h, 5 h, 10 h, 20 h, 50 h, 100 h, 200 h, 500 h, 1 000 h usw.

Falls Unregelmäßigkeiten im zeitlichen Verlauf der Kriechdehnung vermutet oder beobachtet werden, werden häufigere Messungen durchgeführt.

6.8 Zeitmessung

Die gesamte Zeit, die bis zu jedem Messpunkt des Kriechversuchs verstrichen ist, wird auf ±0,1 % oder ±2 s gemessen (wobei jeweils die weniger strenge Grenzabweichung einzuhalten ist).

6.9 Überwachung von Temperatur und Luftfeuchte

Falls Temperatur und relative Luftfeuchte (wo erforderlich) nicht automatisch aufgezeichnet werden, werden sie zu Beginn des Versuchs und dann anfangs mindestens dreimal je Tag bestimmt. Wenn sichergestellt ist, dass die Umgebungsbedingungen innerhalb der vorgesehenen Grenzen stabil sind, dürfen sie auch weniger häufig überprüft werden (jedoch mindestens einmal täglich).

6.10 Messung der Rückstellgeschwindigkeit (wahlweise)

Nach Beendigung einer Prüfung ohne Bruch wird die Belastung schnell und stoßfrei entfernt und die Rückstellgeschwindigkeit gemessen, indem z. B. der gleiche Zeitplan verwendet wird, der auch für den Kriechversuch verwendet wurde.

7 Angabe der Ergebnisse

7.1 Berechnungsverfahren

7.1.1 Biege-Kriechmodul

Der Biege-Kriechmodul, E_t, angegeben in Megapascal, wird zu jedem ausgewählten Zeitpunkt der Prüfung nach Gleichung (1) berechnet:

$$E_t = \frac{L^3 \cdot F}{4b \cdot h^3 \cdot s_t} \quad (1)$$

Dabei ist

L der anfängliche Abstand zwischen den Probekörperauflagern, in Millimeter;

F die aufgebrachte Kraft, in Newton;

b die Breite des Probekörpers, in Millimeter;

h die Dicke (Höhe) des Probekörpers, in Millimeter;

s_t die Durchbiegung in der Mitte der Stützweite zum Zeitpunkt t, in Millimeter.

7.1.2 Biege-Kriech-Nachgiebigkeit

Die Biege-Kriech-Nachgiebigkeit, D_t, angegeben in 1/Gigapascal, wird zu jedem ausgewählten Zeitpunkt der Prüfung nach Gleichung (2) und Gleichung (3) berechnet:

$$D_t = \frac{1\,000}{E_t} \tag{2}$$

oder

$$D_t = \frac{4\,000 \cdot b \cdot h^3 \cdot s_t}{F \cdot L^3} \tag{3}$$

Dabei ist

E_t Biege-Kriechmodul zum ausgewählten Zeitpunkt t der Prüfung, in Megapascal;

L der anfängliche Abstand zwischen den Probekörperauflagern, in Millimeter;

F die aufgebrachte Kraft, in Newton;

b die Breite des Probekörpers, in Millimeter;

h die Dicke (Höhe) des Probekörpers, in Millimeter;

s_t die Durchbiegung in der Mitte der Stützweite zum Zeitpunkt t, in Millimeter.

7.1.3 Biegespannung

Die Biegespannung, σ, angegeben in Megapascal, wird nach Gleichung (4) berechnet:

$$\sigma = \frac{3F \cdot L}{2b \cdot h^2} \tag{4}$$

Dabei ist

F die aufgebrachte Kraft, in Newton;

L der Abstand zwischen den Probekörperauflagern, in Millimeter;

b die Breite des Probekörpers, in Millimeter;

h die Dicke (Höhe) des Probekörpers, in Millimeter.

7.1.4 Biege-Kriech-Dehnung

Die Biege-Kriech-Dehnung, ε_t, wird nach Gleichung (5) berechnet:

$$\varepsilon_t = \frac{6s_t \cdot h}{L^2} \tag{5}$$

Dabei ist

s_t die Durchbiegung in der Mitte der Stützweite zum Zeitpunkt t, in Millimeter;

h die Dicke (Höhe) des Probekörpers, in Millimeter;

L der Abstand zwischen den Probekörperauflagern, in Millimeter.

7.1.5 Zeit bis zum Bruch

Wenn während des gewählten Zeitplans für die Messung der Durchbiegung ein Bruch des Probekörpers beobachtet wurde, wird die Zeitspanne von dem Zeitpunkt, an dem sich der Probekörper unter voller Last befindet, bis zum Auftreten des Bruchs bestimmt.

7.1.6 Zeitstand-Biegefestigkeit

Bei Bedarf wird die Anfangsspannung bestimmt, die bei vorgegebener Temperatur und relativer Luftfeuchte gerade einen Bruch erzeugt ($\sigma_{B,t}$) oder die eine festgelegte Dehnung ($\sigma_{\varepsilon,t}$) bei einer festgelegten Zeit t erzeugt.

7.2 Darstellung der Ergebnisse

7.2.1 Kriechkurven

Wenn die Versuche bei verschiedenen Temperaturen durchgeführt werden, sollten die Ausgangsdaten vorzugsweise für jede Temperatur als eine Serie von Kriechkurven dargestellt werden. Dabei wird die Biegedehnung über einer logarithmischen Zeitskala aufgetragen, wobei für jede Ausgangsspannung eine Kurve dargestellt wird (siehe Bild 2).

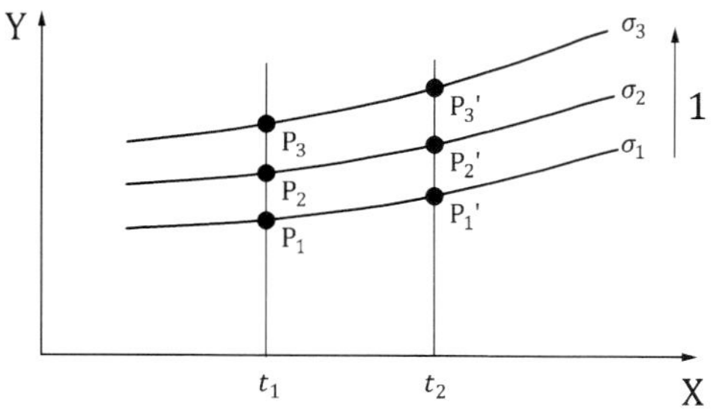

Legende

X $\log_{10}$ Zeit, t
Y Kriechdehnung, ε_t
1 zunehmende Spannung, σ

Bild 2 — Kriechkurven

Die Daten dürfen auch auf andere Weise dargestellt werden, zum Beispiel wie in 7.2.3 und 7.2.4 beschrieben, um Informationen für besondere Anwendungen zu liefern.

7.2.2 Kriechmodul-Zeit-Kurven

Für jede Ausgangsspannung sollte der Biege-Kriechmodul, der nach 7.1.1 errechnet wurde, in Abhängigkeit vom Logarithmus der Belastungszeit aufgetragen werden (siehe Bild 3).

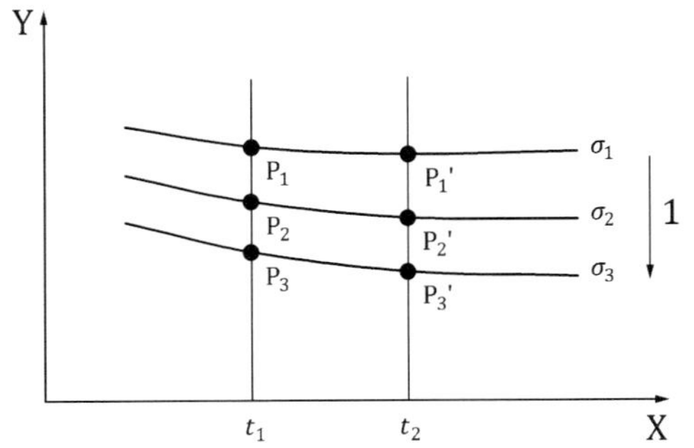

Legende

X $\log_{10}$ Zeit, t
Y Kriechmodul, E_t
1 zunehmende Spannung, σ

Bild 3 — Kriechmodul-Zeit-Kurven

Wenn bei verschiedenen Temperaturen geprüft wird, für jede einzelne Temperatur eine Kurvenschar zeichnen.

7.2.3 Isochrone Spannungs-Dehnungs-Kurven

Eine isochrone Spannungs-Dehnungs-Kurve ist eine Darstellung im kartesischen Koordinatensystem, die anzeigt, wie die Dehnung zu einem bestimmten Zeitpunkt nach Aufbringung der Kraft von dieser abhängt. Üblicherweise werden mehrere Kurven aufgezeichnet, die den Belastungszeiten von 1 h, 10 h, 100 h, 1 000 h und 10 000 h entsprechen. Da jeder Kriechversuch nur einen Punkt für jede Kurve liefert, muss der Versuch bei mindestens drei verschiedenen Spannungen durchgeführt werden, vorzugsweise sogar bei mehr, um eine isochrone Spannungs-Dehnungs-Kurve zu erhalten.

Eine isochrone Spannungs-Dehnungs-Kurve für eine bestimmte Belastungszeit (z. B. 10 h) wird aus einer Serie von Kriechkurven nach Bild 2 erhalten, indem von jeder Kriechkurve die Dehnung bei 10 h abgelesen wird, und diese Dehnungswerte (x-Achse) und die dazugehörigen Spannungswerte (y-Achse) gegeneinander aufgetragen werden. Dieser Vorgang wird für andere Zeiten wiederholt, um eine Serie von isochronen Spannungs-Dehnungs-Kurven zu erhalten (siehe Bild 4).

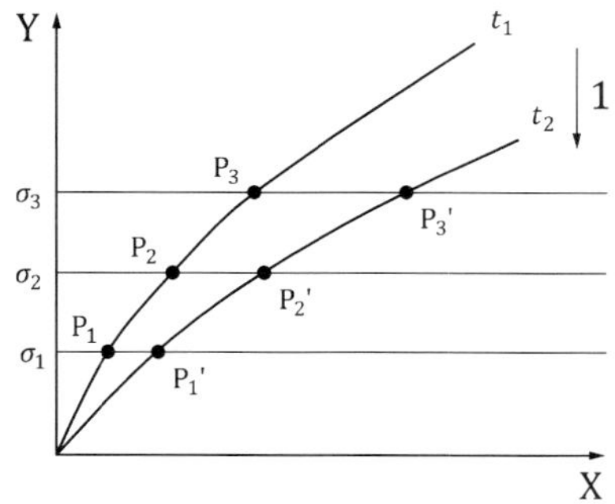

Legende

X Kriechdehnung, ε_t

Y Spannung, σ

1 zunehmende Zeit, t

Bild 4 — Isochrone Spannungs-Dehnungs-Kurven

Wenn bei verschiedenen Temperaturen geprüft wird, für jede einzelne Temperatur eine Kurvenschar zeichnen.

7.2.4 Dreidimensionale Darstellung

Eine Beziehung in der Form $\varepsilon = f\,(t,\sigma)$ existiert zwischen den verschiedenen Kurventypen (siehe Bild 2 bis Bild 4), die aus den Ursprungsdaten des Kriechversuchs abgeleitet werden kann. Diese Beziehung kann als eine Fläche im dreidimensionalen Raum dargestellt werden (siehe Literaturhinweis [9]).

Alle Kurven, die aus den Ursprungsdaten des Kriechversuchs abgeleitet werden können, sind ein Teil dieser Fläche. Wegen der unvermeidbaren experimentellen Fehler bei jeder Messung liegen die tatsächlichen Messwerte üblicherweise nicht genau auf den Kurven, sondern etwas daneben.

Die Fläche $\varepsilon = f(t,\sigma)$ kann daher aus einer Reihe von Kurven bestimmt werden, die auf ihr liegen, aber in der Regel ist eine Reihe von komplizierten Glättungsoperationen notwendig. Mit Hilfe von Computerprogrammen gelingt dies schnell und zuverlässig.

7.2.5 Bruchkennlinien

Bruchkennlinien erlauben die Vorhersage der Bruchzeiten bei beliebigen Spannungen. Sie sollten dargestellt werden als Spannung über dem Logarithmus der Zeit bis zum Bruch (siehe Bild 5) oder als Logarithmus der Spannung über dem Logarithmus der Zeit beim Bruch.

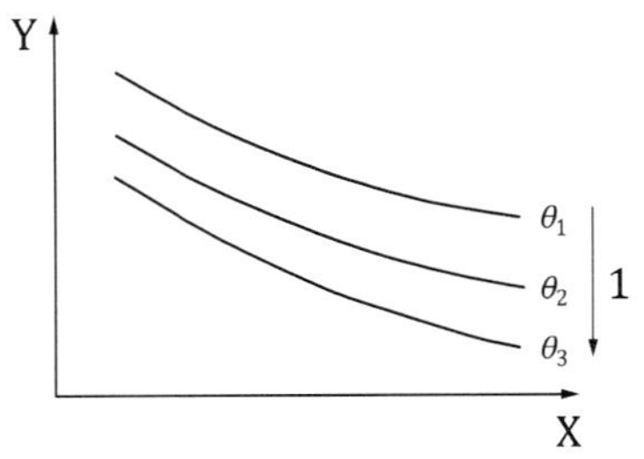

Legende

X $\log_{10}$ Zeit bis zum Bruch, t

Y Spannung, σ

1 zunehmende Temperatur, Θ

ANMERKUNG Die Spannung, σ, kann auch in logarithmischem Maßstab dargestellt werden.

Bild 5 — Bruchkennlinien

7.3 Präzision

Zum Zeitpunkt der Veröffentlichung sind keine Ergebnisse von Ringversuchen verfügbar. Sobald solche Ringversuche durchgeführt wurden, wird eine Angabe über die Präzision bei der nächsten Revision in den Text eingefügt.

8 Prüfbericht

Der Prüfbericht muss mindestens Folgendes enthalten:

a) eine Verweisung auf dieses Dokument, d. h. ISO 899-2:2024;

b) eine vollständige Beschreibung des untersuchten Werkstoffs, sofern verfügbar einschließlich einer vollständigen Information über Zusammensetzung, Herstellung, Hersteller, Handelsname, Code-Nummer, Herstelldatum, Art der Formgebung und eventuell Temperung;

c) die Maße jedes Probekörpers und das Verhältnis Stützweite zu Dicke, L/h, falls es anders als 16 ist (siehe 6.3), oder der Abstand zwischen den Auflagern;

d) die Art der Probekörperherstellung;

e) die Richtungen der Hauptachsen des Probekörpers in Bezug auf die Maße des Fertigteils oder in Bezug auf bekannte oder abgeleitete Orientierungsrichtungen im Werkstoff;

f) Einzelheiten der Umgebungsbedingungen bei Vorbehandlung und Prüfung;

g) Ergebnisse aus dem Kriechversuch für jede Prüftemperatur, dargestellt in einer oder mehreren der in 7.2 beschriebenen Arten der graphischen Darstellung oder in Tabellenform;

h) die zeitabhängige Dehnung, nachdem die Belastung entfernt wurde, falls Rückstellgeschwindigkeiten gemessen werden (siehe 6.10);

i) jegliche Abweichung vom beschriebenen Verfahren;

j) jede festgestellte Besonderheit;

k) Datum, an dem die Prüfung abgeschlossen wurde.

Anhang A
(informativ)

Physikalische Alterungseffekte beim Kriechversuch an Polymeren

A.1 Allgemeines

Physikalische Alterung tritt auf, wenn ein Kunststoff abgekühlt wird von einer erhöhten Temperatur, bei der die molekulare Beweglichkeit hoch ist, auf eine niedrige Temperatur, bei der die Relaxationszeiten für molekulare Bewegungen lang sind im Vergleich zu der Lagerzeit bei dieser Temperatur. Unter diesen Bedingungen werden über eine lange Zeitspanne Strukturänderungen auftreten, die Umlagerungen in der Gestalt und Packungsdichte der Moleküle einschließen, während sich das Polymer bei der niedrigeren Temperatur dem neuen Gleichgewichtszustand annähert. Mit diesem Alterungsprozess verbunden ist eine fortschreitende Abnahme der molekularen Beweglichkeit des Polymers, selbst wenn die Temperatur konstant bleibt. Als direkte Folge davon wird die durch eine angelegte Spannung erzeugte Kriechdeformation vom Alter des Polymers abhängen, wobei die Kriechgeschwindigkeiten in den bereits stärker gealterten Proben niedriger sein werden.

Dies wird in Bild A.1 erläutert, in dem Kriechnachgiebigkeitskurven für PVC-Proben von unterschiedlichem Alter dargestellt sind. Jeder dieser Probekörper wurde, ausgehend von einer Temperatur von 85 °C (nahe bei T_g), schnell abgekühlt und dann bei der Prüftemperatur von 23 °C bei verschieden langen Zeiten t_e gelagert, bevor die Belastung aufgebracht wurde. Das physikalische Alter des Probekörpers ist dann durch die Zeit t_e definiert, und es ist zu erkennen, dass seine Kriechkurve umso weiter auf der Zeitachse verschoben ist, je älter der Probekörper ist.

A.2 Kriechen bei erhöhten Temperaturen

Der Einfluss der physikalischen Alterung auf das Kriechverhalten ist komplizierter, wenn Messungen bei erhöhten Temperaturen durchgeführt werden, die auf eine Lagerung bei niedriger Temperatur folgen. Es ist allgemein bekannt, dass eine Erhöhung der Temperatur zu einer Erhöhung der molekularen Beweglichkeit und damit einer höheren Geschwindigkeit der Kriechdeformation führt. Darüber hinaus treten beim Erwärmen des Probekörpers Änderungen der molekularen Struktur ein, die mit einer Verringerung des physikalischen Alters des Polymers zusammenhängen und zu einer weiteren Erhöhung der Beweglichkeit führen. Daher verläuft die Kriechdeformation bei einer höheren Temperatur schneller als aus der Erhöhung der Temperatur allein erwartet wird. Mit zunehmender Dauer wird die physikalische Alterung reaktiviert, und die damit zusammenhängende fortschreitende Abnahme der Beweglichkeit führt zu einer Verschiebung des Kriechverhaltens zu längerer Zeit, wie in Abschnitt A.1 beschrieben, und damit zu einer Abhängigkeit des Kriechverhaltens von der Verweilzeit bei hoher Temperatur, bevor die Kraft aufgebracht wird. Die mit den Änderungen des physikalischen Alters zusammenhängenden Zeitmaßstäbe hängen vom Alter des Polymers vor der Temperaturerhöhung, der Größenordnung der Temperaturerhöhung und der Glasübergangstemperatur ab.

Bild A.2 und Bild A.3 zeigen die vorübergehenden Änderungen des Kriechverhaltens, die mit der Verweilzeit bei erhöhter Temperatur auftreten können. Die in Bild A.2 dargestellten PVC-Probekörper wurden 200 h bei 23 °C gelagert, bevor diese auf die Prüftemperatur von 44 °C erwärmt wurden. Die Kriechkurven wurden anschließend nach verschieden Verweilzeiten t_{e2} bei 44 °C vor Aufbringung der Last ermittelt. Die Verschiebung des Kriechverhaltens zu längeren Zeiten wird als Reaktivierung der physikalischen Alterung bei 44 °C vor Aufbringung der Last gedeutet, die auf die Verringerung des Alterszustands gegenüber dem bei 23 °C folgt, die aus der Erhöhung der Temperatur resultiert. In Bild A.3 wurden Kriechversuche unter denselben Bedingungen durchgeführt, aber nach einer Lagerzeit von mehr als 1 Jahr bei 23 °C vor dem Erwärmen auf die Prüftemperatur. Die fortschreitende Abnahme des effektiven Alters der Probekörper wird hier als eine Verschiebung der Kurven zu kürzeren Zeiten beobachtet und rührt von den umfangreicheren strukturellen Änderungen her, die in den Probekörpern durch physikalische Alterung bei 23 °C vor dem Erwärmen stattgefunden haben und die durch die relativ kurzen Zeiten t_e bei erhöhter Temperatur vor Aufbringung der Last nicht vollständig beseitigt wurden.

Bei der Analyse von Kriechdaten bei erhöhten Temperaturen muss ein weiterer Aspekt berücksichtigt werden. Die Form einer Kriechkurve bei der erhöhten Temperatur wird sich ändern, wenn während der erneuten Aktivierung der physikalischen Alterung im Verlaufe des Kriechversuchs beträchtliche Änderungen des Alters eintreten. Bei jedem Versuch, Masterkriechkurven unter Anwendung von Verfahren auf Basis der Äquivalenz von Zeit und Temperatur zu erstellen, müssen diese vorübergehenden Änderungen der molekularen Beweglichkeit, die mit der physikalischen Alterung zusammenhängen, bei Vorhersagen des Langzeitverhaltens berücksichtigt werden, damit diese Vorhersagen gültig sind.

Die in diesen Bildern dargestellten Änderungen des Kriechverhaltens mit der Zeit, die auf ein Abkühlen oder Erwärmen folgen, hängen mit Änderungen der Nichtgleichgewichtsstruktur der amorphen Phase zusammen, die sich bildet, wenn das Polymer unter dessen Glasübergangstemperatur abgekühlt wird. Ähnliche Effekte werden beim Kriechverhalten von teilkristallinen Polymeren beobachtet, selbst wenn die Glasübergangstemperatur unter der Umgebungstemperatur liegt. Es wird angenommen, dass diese Effekte durch die physikalische Alterung in der amorphen Phase bedingt sind, die mit einem Relaxationsprozess (dem α-Prozess) zusammenhängt, der gekoppelte Bewegungen der Moleküle sowohl in der Kristallphase als auch der amorphen Phase umfasst.

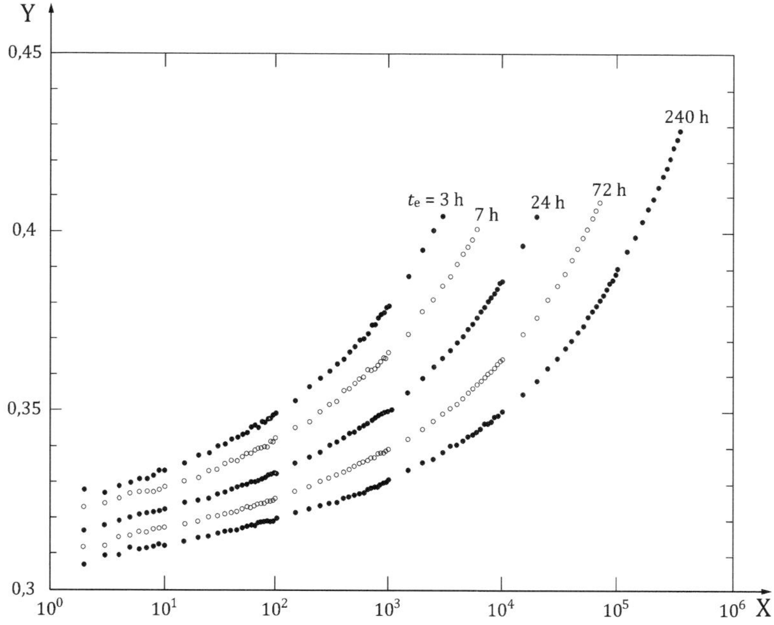

Legende

X Zeit, t, in Sekunden

Y $D_{(t)}$, (GPa^{-1})

Bild A.1 — Kriechnachgiebigkeitskurven von PVC bei 23 °C, erhalten zu verschiedenen Zeiten t_e nach schneller Abkühlung des Probekörpers von 85 °C auf 23 °C

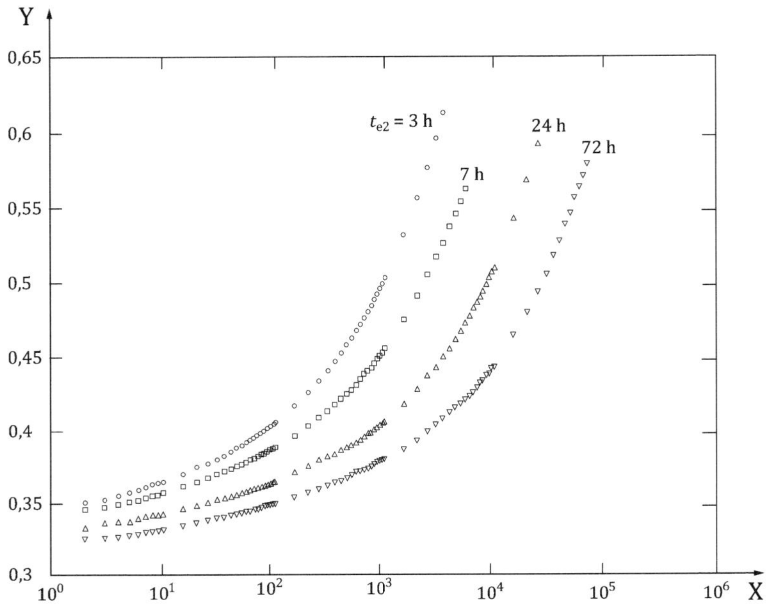

Legende

X Zeit, t, in Sekunden

Y $D_{(t)}$, (GPa^{-1})

Bild A.2 — Kriechnachgiebigkeitskurven von PVC bei 44 °C, erhalten durch Aufbringung der Last zu verschiedenen Zeiten t_{e2} nach dem Aufheizen von 23 °C (der Probekörper war 200 h bei 23 °C vor dem Aufheizen gelagert worden)

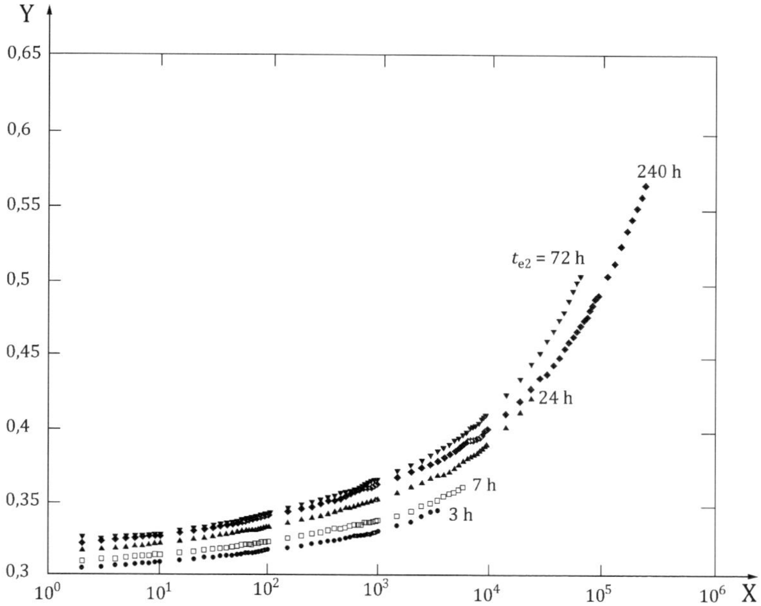

Legende

X Zeit, t, in Sekunden

Y $D_{(t)}$, (GPa^{-1})

Bild A.3 — Kriechnachgiebigkeitskurven wie in Bild A.2, aber nach einer Lagerzeit von mehr als 1 Jahr bei 23 °C vor dem Aufheizen

Literaturhinweise

[1] ISO 1209-1, *Rigid cellular plastics — Determination of flexural properties — Part 1: Basic bending test*

[2] ISO 1209-2, *Rigid cellular plastics — Determination of flexural properties — Part 2: Determination of flexural strength and apparent flexural modulus of elasticity*

[3] ISO 293, *Plastics — Compression moulding of test specimens of thermoplastic materials*

[4] ISO 294-1, *Plastics — Injection moulding of test specimens of thermoplastic materials — Part 1: General principles, and moulding of multipurpose and bar test specimens*

[5] ISO 295, *Plastics — Compression moulding of test specimens of thermosetting materials*

[6] ISO 2602, *Statistical interpretation of test results — Estimation of the mean — Confidence interval*

[7] ISO 2818, *Plastics — Preparation of test specimens by machining*

[8] ISO 10724-1, *Plastics — Injection moulding of test specimens of thermosetting powder moulding compounds (PMCs) — Part 1: General principles and moulding of multipurpose test specimens*

[9] TOMLINS, P.E., READ, B.E., DEAN, G.D.: The effect of temperature on creep and physical ageing of poly(vinyl chloride), Polymer, Volume 35, Issue 20, 1994, Pages 4376-4381, DOI: 10.1016/0032-3861(94)90095-7

Sachgebiet 6

Klebstoffe –
Bestimmung der Zugfestigkeit

 August 2009

DIN EN 15870

ICS 83.180

Ersatz für
DIN EN 26922:1993-05

Klebstoffe –
Bestimmung der Zugfestigkeit von Stumpfklebungen (ISO 6922:1987 modifiziert);
Deutsche Fassung EN 15870:2009

Adhesives –
Determination of tensile strength of butt joints (ISO 6922:1987 modified);
German version EN 15870:2009

Adhésifs –
Détermination de la résistance en traction des joints bout à bout
(ISO 6922:1987 modifiée);
Version allemande EN 15870:2009

Gesamtumfang 10 Seiten

Normenausschuss Materialprüfung (NMP) im DIN

www.din.de
www.beuth.de

1524436

Nationales Vorwort

Dieses Dokument (EN 15870:2009) wurde vom Technischen Komitee CEN/TC 193 „Klebstoffe“ erarbeitet, dessen Sekretariat von AENOR (Spanien) gehalten wird.

Das zuständige deutsche Gremium ist der NA 062-04-55 AA „Prüfung von Konstruktionsklebstoffen, -klebeverbindungen und Kernverbunden“ im Nomenausschuss Materialprüfung (NMP).

Dieses Dokument ersetzt DIN EN 26922:1993-05. Die Änderungen gegenüber dieser Norm sind durch senkrechte Striche am Rand gekennzeichnet.

Änderungen

Gegenüber DIN EN 26922:1993-05 wurden folgende Änderungen vorgenommen:

a) Nummer der Norm geändert;

b) Sicherheitshinweis eingefügt;

c) Normative Verweisungen geändert;

d) Prüfeinrichtung geändert;

e) Angabe der Art des Bruchs geändert.

Frühere Ausgaben

DIN 53288: 1968-06, 1979-09
DIN EN 26922: 1993-05

EUROPÄISCHE NORM

EUROPEAN STANDARD

NORME EUROPÉENNE

EN 15870

April 2009

ICS 83.180

Ersatz für EN 26922:1993

Deutsche Fassung

Klebstoffe — Bestimmung der Zugfestigkeit von Stumpfklebungen (ISO 6922:1987 modifiziert)

Adhesives — Determination of tensile strength of butt joints (ISO 6922:1987 modified)

Adhésifs — Détermination de la résistance en traction des joints bout à bout (ISO 6922:1987 modifiée)

Diese Europäische Norm wurde vom CEN am 26. März 2009 angenommen.

Die CEN-Mitglieder sind gehalten, die CEN/CENELEC-Geschäftsordnung zu erfüllen, in der die Bedingungen festgelegt sind, unter denen dieser Europäischen Norm ohne jede Änderung der Status einer nationalen Norm zu geben ist. Auf dem letzten Stand befindliche Listen dieser nationalen Normen mit ihren bibliographischen Angaben sind beim Management-Zentrum des CEN oder bei jedem CEN-Mitglied auf Anfrage erhältlich.

Diese Europäische Norm besteht in drei offiziellen Fassungen (Deutsch, Englisch, Französisch). Eine Fassung in einer anderen Sprache, die von einem CEN-Mitglied in eigener Verantwortung durch Übersetzung in seine Landessprache gemacht und dem Management-Zentrum mitgeteilt worden ist, hat den gleichen Status wie die offiziellen Fassungen.

CEN-Mitglieder sind die nationalen Normungsinstitute von Belgien, Bulgarien, Dänemark, Deutschland, Estland, Finnland, Frankreich, Griechenland, Irland, Island, Italien, Lettland, Litauen, Luxemburg, Malta, den Niederlanden, Norwegen, Österreich, Polen, Portugal, Rumänien, Schweden, der Schweiz, der Slowakei, Slowenien, Spanien, der Tschechischen Republik, Ungarn, dem Vereinigten Königreich und Zypern.

EUROPÄISCHES KOMITEE FÜR NORMUNG
EUROPEAN COMMITTEE FOR STANDARDIZATION
COMITÉ EUROPÉEN DE NORMALISATION

Management-Zentrum: Avenue Marnix 17, B-1000 Brüssel

Ref. Nr. EN 15870:2009 D

Inhalt

Vorwort

Dieses Dokument (EN 15870:2009) wurde vom Technischen Komitee CEN/TC 193 „Klebstoffe" erarbeitet, dessen Sekretariat vom AENOR gehalten wird.

Diese Europäische Norm muss den Status einer nationalen Norm erhalten, entweder durch Veröffentlichung eines identischen Textes oder durch Anerkennung bis Oktober 2009, und etwaige entgegenstehende nationale Normen müssen bis Oktober 2009 zurückgezogen werden.

Es wird auf die Möglichkeit hingewiesen, dass einige Texte dieses Dokuments Patentrechte berühren können. CEN [und/oder CENELEC] sind nicht dafür verantwortlich, einige oder alle diesbezüglichen Patentrechte zu identifizieren.

Dieses Dokument ersetzt EN 29622:1993.

SICHERHEITSHINWEIS — Anwender dieser Norm müssen mit üblicher Laborpraxis vertraut sein. Diese Norm kann nicht alle Sicherheitsprobleme, soweit vorhanden, die mit ihrer Anwendung verbunden sind, ansprechen. Es liegt in der Verantwortung des Anwenders, Maßnahmen für den Arbeits- und Gesundheitsschutz festzulegen und deren Übereinstimmung mit den Bestimmungen aller europäischen und nationalen Regelungen sicherzustellen.

UMWELTSCHUTZHINWEIS — Selbstverständlich können die in dieser Norm zugelassenen Materialien negative Auswirkungen auf die Umwelt haben. Sobald der technologische Fortschritt zu besseren Alternativen zu diesen Materialien führt, werden sie soweit wie möglich aus der Norm entfernt. Am Ende der Prüfung muss der Anwender der Norm für eine geeignete Entsorgung des Abfalls entsprechend den regionalen Bedingungen Sorge tragen.

Entsprechend der CEN/CENELEC-Geschäftsordnung sind die nationalen Normungsinstitute der folgenden Länder gehalten, diese Europäische Norm zu übernehmen: Belgien, Bulgarien, Dänemark, Deutschland, Estland, Finnland, Frankreich, Griechenland, Irland, Island, Italien, Lettland, Litauen, Luxemburg, Malta, Niederlande, Norwegen, Österreich, Polen, Portugal, Rumänien, Schweden, Schweiz, Slowakei, Slowenien, Spanien, Tschechische Republik, Ungarn, Vereinigtes Königreich und Zypern.

1 Anwendungsbereich

Diese Europäische Norm legt ein Verfahren zur Bestimmung der Festigkeit einer Stumpfklebung fest, wenn diese mit einer Zugkraft beansprucht wird. Das Verfahren ist auf alle Arten von Klebstoffen anwendbar. Obwohl es in erster Linie zur Anwendung unter normalen Umgebungsbedingungen vorgesehen ist, kann das Grundverfahren auch für eine Prüfung in einem weiten Temperaturbereich und unter anderen Umgebungsbedingungen angewendet werden. Das Prüfverfahren erfordert starre Fügeteile, die mit den geforderten Maßtoleranzen herstellbar sind und der Zugbeanspruchung widerstehen, die während der Prüfung auf sie einwirkt.

2 Normative Verweisungen

Die folgenden zitierten Dokumente sind für die Anwendung dieses Dokuments erforderlich. Bei datierten Verweisungen gilt nur die in Bezug genommene Ausgabe. Bei undatierten Verweisungen gilt die letzte Ausgabe des in Bezug genommenen Dokuments (einschließlich aller Änderungen).

EN 13887, *Strukturklebstoffe — Leitlinien für die Oberflächenvorbehandlung von Metallen und Kunststoffen vor dem Kleben*

EN ISO 291, *Kunststoffe — Normalklimate für Konditionierung und Prüfung (ISO 291:2008)*

EN ISO 7500-1, *Metallische Werkstoffe — Prüfung von statischen einachsigen Prüfmaschinen — Teil 1: Zug- und Druckprüfmaschinen — Prüfung und Kalibrierung der Kraftmesseinrichtung (ISO 7500-1:2004)*

EN ISO 10365, Klebstoffe — *Bezeichnung der wichtigsten Bruchbilder (ISO 10365:1992)*

3 Kurzbeschreibung

Eine Klebung aus zwei viereckigen oder runden Fügeteilen, die an den Stirnflächen im rechten Winkel zu ihrer Längsachse stumpf aneinander geklebt sind, wird bis zum Bruch durch eine längs der Probenachse wirkende Zugkraft belastet. Das aufgezeichnete Ergebnis ist die ermittelte Bruchkraft.

4 Prüfeinrichtungen

4.1 Prüfmaschine, die Prüfmaschine muss mit EN ISO 7500-1, Klasse 1 übereinstimmen. Außerdem muss die Ansprechzeit der Prüfmaschine ausreichend kurz sein, damit die Genauigkeit der Kraftmessung nicht beeinflusst wird, Die aufgezeichnete Kraft darf von der tatsächlich aufgebrachten Kraft um nicht mehr als 1 % abweichen. Die Prüfmaschine muss in der Lage sein, die aufgebrachte Zugkraft gleichmäßig zu steigern (siehe Anmerkung). Sie muss mit einem Paar geeigneter, sich selbsttätig ausrichtender Einspannklemmen zum Festhalten des Prüfkörpers ausgerüstet sein. Die Einspannklemmen müssen so beschaffen sein, dass sie mit dem Prüfkörper fluchten, sobald die Kraft aufgebracht wird, damit die Längsachse des Prüfkörpers und die Zugrichtung der aufgebrachten Kraft durch die Längsachse der Einspannklemmen übereinstimmen.

ANMERKUNG Sofern die Prüfmaschine keine stetige Zunahme der Lastaufbringung erlaubt, muss eine Prüfgeschwindigkeit gewählt werden, die der angegebenen Belastungsgeschwindigkeit nahe kommt (siehe EN ISO 527).

4.2 Vorrichtung zum Ausrichten der Fügeteile während des Klebevorganges. Ein Beispiel für eine derartige einfache Vorrichtung ist im Bild 1 dargestellt.

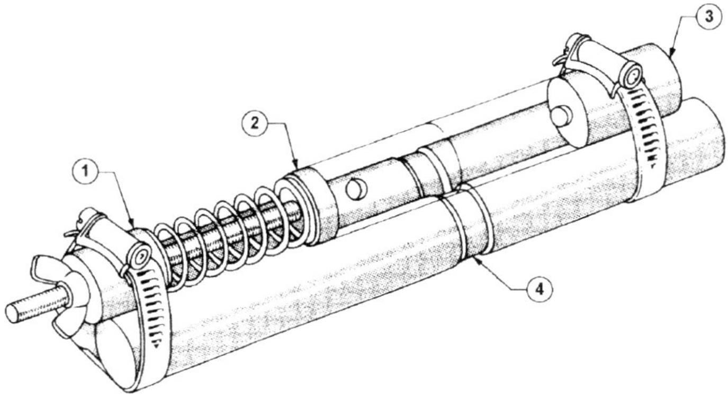

Legende

1 Ende ‚A'
2 Druckstempel
3 Ende ‚B'
4 Vertiefung

Bild 1 — Beispiel einer einfachen Vorrichtung zur Herstellung von Stumpfklebungen

ANMERKUNG 1 Bei der dargestellten Vorrichtung ist zuerst die Lage des Endes ‚B' so zu justieren, dass jeglicher Klebstoffüberschuss, der aus der Klebfuge herausgepresst wird, sich im Bereich der Vertiefung befindet.

ANMERKUNG 2 Dann ist das Ende ‚A' derart zu justieren, dass die Feder bei eingelegten Fügeteilen den erforderlichen Druck ausübt.

ANMERKUNG 3 Schließlich ist der Druckstempel durch Drehen der Flügelmutter zurückzuziehen, und die zu klebenden Fügeteile sind einzusetzen. Die Flügelmutter ist dann festzudrehen, so dass der volle Federdruck auf die Klebung wirkt.

5 Prüfkörper

5.1 Fügeteile

5.1.1 Zum Zweck des Vergleiches von Klebstoffen und für Ringversuche müssen die beiden Fügeteile aus identischem Werkstoff bestehen und mechanisch fest genug sein, damit übermäßige Deformationen vermieden werden. Für andere Zwecke ist es zulässig, dass die Fügeteile aus unterschiedlichem Werkstoff bestehen.

5.1.2 Sofern nicht anders festgelegt, müssen die zu klebenden Fügeteile folgende Maße besitzen:

a) runde Querschnitte: 10 mm, 15 mm, 25 mm oder 50 mm Durchmesser;

b) quadratische Querschnitte: 10 mm, 15 mm, 25 mm oder 50 mm Seitenlänge des Quadrates.

Das Grenzabmaß für die angegebenen Maße beträgt ± 0,1 mm.

Die Länge der Fügeteile kann 50 mm oder das Dreifache des Durchmessers (oder der Seitenlänge) betragen, wobei der kleinere Wert gilt.

5.1.3 Die zu klebenden Flächen müssen plan und senkrecht zur Längsachse der Probe sein. Die anderen Enden der Fügeteile müssen so ausgeführt sein, dass sie in die Einspannklemmen der Prüfmaschine (4.1) passen.

5.1.4 Vor dem Kleben müssen die Klebflächen der Fügeteile entsprechend den Empfehlungen des Klebstoffherstellers oder nach den in EN 13887 empfohlenen Verfahren vorbehandelt werden.

5.2 Maße der Klebverbindungen

Die Maße der Klebverbindungen hängen ab von:

c) der Festigkeit des zu prüfenden Klebstoffes;

d) dem Messbereich der Prüfmaschine;

e) der Art des Fügeteilwerkstoffs;

f) der Art der Umweltbeanspruchung, der die Klebverbindung unterzogen wird.

5.3 Klebung

Der Klebstoff ist auf die Fügeteile aufzubringen, und das Fügen ist unter Bedingungen vorzunehmen, die vom Klebstoffhersteller empfohlen werden. Andere Fügebindungen müssen im Prüfbericht erwähnt werden. Falls diese Empfehlungen fehlen, muss ein Verfahren gewählt werden, das eine optimale Klebung sicherstellt. In jedem Fall ist die Vorrichtung (4.2) zu verwenden, um die einwandfreie Ausrichtung der Fügeteile sicherzustellen.

Es ist ausreichend Klebstoff zu verwenden, um eine unzureichende Klebung zu vermeiden und einen Klebstoffüberschuss am Klebefugenrand zu erreichen. Eine Beseitigung des überschüssigen Klebstoffs ist in der Regel nicht notwendig, sollte sie dennoch erforderlich sein, so ist die Beseitigung vor dem Aushärten des Klebstoffes vorzunehmen. Nach dem Aushärten in der Vorrichtung ist die Klebung für einen angemessenen Zeitraum ohne Druckanwendung klimatisiert zu lagern (siehe Abschnitt 6).

ANMERKUNG Der Begriff „unzureichende Klebung" ist in EN ISO 472 als „Klebefuge, die eine ungenügende Menge Klebstoff enthält, um eine befriedigende Bindung zu ergeben." definiert.

5.4 Anzahl der Prüfkörper

Die Anzahl der zu prüfenden Prüfkörper muss den Festlegungen in der Spezifikation des Klebstoffes entsprechen oder, sofern diese Festlegungen nicht bestehen, darf die Anzahl der Prüfkörper nicht kleiner als fünf sein, und sie muss ausreichend sein, um mindestens fünf gültige Prüfergebnisse zu erhalten (siehe 7.2).

6 Lagerungsbedingungen und Prüfklima

Die Fügeteile sind im Normalklima vorzubehandeln, zu lagern und zu kleben; die Prüfkörper sind ebenfalls im Normalklima zu lagern und zu prüfen. Wenn nicht anders festgelegt, wird nach EN ISO 291 eine Temperatur von (23 ± 2) °C bei (50 ± 5) % relativer Luftfeuchte empfohlen.

7 Durchführung

7.1 Der Prüfkörper wird in den Einspannklemmen symmetrisch angeordnet. Die Maschine wird so betrieben, dass die auf die Klebverbindung wirkende Belastung mit einer gleich bleibenden Geschwindigkeit von 10 mm/min zunimmt. Diese Prüfgeschwindigkeit muss innerhalb von (60 ± 20) s zum Bruch der Klebung führen.

ANMERKUNG 1 Die Prüfmaschine sollte während der gesamten Prüfung unter konstanten Bedingungen arbeiten, obwohl das Spannungs-Dehnungsdiagramm zu Beginn oder am Ende der Prüfung ein nichtlineares Verhalten zeigen kann (siehe ISO 5893).

ANMERKUNG 2 Liegen noch keine Erfahrungen mit der zu prüfenden Klebverbindung vor, sollten Vorprüfungen durchgeführt werden, um geeignete Arbeitsbedingungen zu ermitteln.

7.2 Für jeden Prüfkörper wird die größte Kraft während des Bruchvorganges ermittelt und festgehalten. Ergebnisse von Prüfkörpern, die eine unzureichende Klebung aufweisen oder bei denen die Fügeteile brechen, sind zu verwerfen, sofern die Bruchkraft nicht die Mindestanforderungen in der entsprechenden Vorschrift für den Klebstoff erfüllt.

7.3 Die Art des Bruches ist für jeden Prüfkörper, wie in EN ISO 10365 beschrieben, anzugeben.

8 Angabe der Ergebnisse

Sofern in der entsprechenden Vorschrift für den Klebstoff nicht anders festgelegt, werden die Prüfergebnisse als arithmetischer Mittelwert der Bruchkraft aus fünf gültigen Prüfergebnissen angegeben.

ANMERKUNG Es wird vorgeschlagen, dass für die nach dieser Europäischen Norm erhaltenen Prüfergebnisse folgende Kriterien (siehe ISO 3534) für die Wiederholpräzision und die Vergleichpräzision angewendet werden. Es wird darauf hingewiesen, dass es sich hier nur um Anhaltsangaben handelt. Die Nichteinhaltung eines Kriteriums oder beider Kriterien stellt an sich noch keinen Verstoß gegen die Festlegungen dieser Europäischen Norm dar.

a) Die **Wiederholpräzision**, d. h. die Differenz zwischen zwei beliebigen, aus Versuchsreihen errechneten Mittelwerten für die Bruchkraft, die mit einer Klebstoffprobe und dem gleichen Fügeteilsystem von einem Prüfer in einem bestimmten Prüfraum oder Laboratorium ermittelt wurden, sollte kleiner als das 2,5fache der Standardabweichung der Ergebnisse aus fünf Prüfungen sein; und

b) die **Vergleichpräzision**, d. h. die Differenz zwischen aus Versuchsreihen errechneten Mittelwerten für die Bruchkraft, die mit einer Klebstoffprobe und dem gleichen Fügeteilsystem in unterschiedlichen Prüfräumen oder Laboratorien ermittelt wurde, sollte weniger als 15 % des arithmetischen Mittelwertes der einzelnen Mittelwerte betragen.

9 Prüfbericht

Der Prüfbericht muss mindestens folgende Angaben enthalten:

a) Bezugnahme auf diese Europäische Norm (d. h. EN 15870);

b) Bezeichnung des geprüften Klebstoffes einschließlich Typ, Herkunft, Schlüsselnummer des Herstellers, Chargen- oder Losnummer, Lieferform usw.;

c) Bezeichnung der Fügeteilwerkstoffe einschließlich der Prüfkörpermaße und der Klebeflächenvorbehandlung;

d) Verfahren zum Auftragen des Klebstoffes, Verarbeitungszeit, Einzelheiten über Druck, Temperatur, relative Luftfeuchte und Dauer des Klebevorgangs sowie Lagerungsdauer der geklebten Probe bis zur Prüfung;

e) mittlere Dicke der Klebschicht (möglichst genau) nach Herstellung der Klebverbindung oder Menge des je Flächeneinheit der Klebverbindung aufgetragenen Klebstoffes;

f) Anzahl der geprüften Prüfkörper und mittlere Bruchkraft zusammen mit Angaben über die Streuung (einschließlich der gemessenen Höchst- und Mindestwerte der Bruchkraft und die Aufbringungsgeschwindigkeit der Kraft);

g) Art des Bruches bei jedem Prüfkörper.

Literaturhinweise

[1] EN ISO 527 (alle Teile), *Kunststoffe — Bestimmung der Zugeigenschaften — Teil 1: Allgemeine Grundsätze*

[2] ISO 3534 (all parts), *Statistics — Vocabulary and symbols*

[3] ISO 5893, *Rubber and plastics test equipment — Tensile, flexural and compression types (constant rate of traverse) — Specification*

[4] EN ISO 472, *Kunststoffe — Fachwörterverzeichnis (ISO 472:1999)*

Service-Angebote von DIN Media

DIN und DIN Media

DIN Media ist eine Tochtergesellschaft von DIN Deutsches Institut für Normung e. V. – gegründet im April 1924 in Berlin.

Neben den Gründungsgesellschaftern DIN und VDI (Verein Deutscher Ingenieure) haben im Laufe der Jahre zahlreiche Institutionen aus Wirtschaft, Wissenschaft und Technik ihre verlegerische Arbeit an DIN Media übertragen. Seit 1993 sind auch das Österreichische Normungsinstitut (ASI) und die Schweizerische Normen-Vereinigung (SNV) Teilhaber der DIN Media GmbH.

Nicht nur im deutschsprachigen Raum nimmt DIN Media damit als Fachverlag eine führende Rolle ein: DIN Media ist einer der größten Technikverlage Europas. Von den Synergien zwischen DIN und DIN Media profitieren heute über 178.000 Kundinnen und Kunden weltweit.

Normen und mehr

Die Kernkompetenz von DIN Media liegt in ihrem Angebot an Fachinformationen rund um das Thema Normung. In diesem Bereich hat sich in den letzten Jahren ein rasanter Medienwechsel vollzogen – die Mehrheit der DIN-Normen wird mittlerweile als PDF-Datei genutzt. Auch DIN-Taschenbücher sind als PDF-E-Books beziehbar.

Als moderner Anbieter technischer Fachinformationen stellt DIN Media Produkte nach Möglichkeit medienübergreifend zur Verfügung. Besondere Aufmerksamkeit gilt dabei den Online-Entwicklungen. Im Webshop unter www.dinmedia.de sind bereits heute 900.000 Titel lieferbar. Ein Großteil davon ist auch im Download erhältlich und kann von den Anwendenden innerhalb weniger Minuten digital eingesehen und eingesetzt werden.

Von der Pflege individuell zusammengestellter Normensammlungen für Unternehmen bis hin zu maßgeschneiderten Recherchedaten bietet DIN Media ein breites Spektrum an Dienstleistungen an.

So erreichen Sie uns

DIN Media GmbH
Am DIN-Platz
Burggrafenstraße 6
10787 Berlin

Telefon +49 30 588 857 00-70
kundenservice@dinmedia.de
www.dinmedia.de

Ihre Ansprechpartner*innen in den verschiedenen Bereichen von DIN Media finden Sie auf der Seite „Kontakt“ unter www.dinmedia.de.

Stichwortverzeichnis

Die hinter den Stichwörtern stehenden Nummern sind DIN-Nummern der enthaltenen Normen.